普通高等教育"十二五"规划教材

示范院校重点建设专业系列教材

水利水电工程建筑物

主　编　田明武

副主编　张　磊　由金玉　潘　妮

主　审　刘建明

U0238624

中国水利水电出版社

www.waterpub.com.cn

内 容 提 要

本书是根据国家"十二五"教育发展规划纲要及《中共中央 国务院关于加快水利改革发展的决定》（2011 中央 1 号文件）、《国家中长期教育改革和发展规划纲要》（2010—2020 年）、《教育部关于全面提高高等职业教育教学质量的若干意见》（教高[2006] 16 号）等文件的精神，按照水利部示范院校建设、省级示范院校建设有关要求，为适应现代高职教育培养应用型、技能型人才需求而编制的。

本书共分 10 章，包括：绪论、岩基上的重力坝、土石坝与堤防、其他坝型及过坝建筑物、水闸、河岸溢洪道、进水建筑物、引水建筑物、水电站厂房、水利水电工程枢纽布置。

本书为高职高专水利水电建筑工程、水利工程、水利工程监理、水利工程施工等专业的通用教材，也可作为其他专业教材或教学参考书，同时也可作为水利工程技术人员学习参考用书。

图书在版编目（CIP）数据

水利水电工程建筑物/田明武主编 . —北京：中国水利水电出版社，2013.9（2016.8 重印）
普通高等教育"十二五"规划教材 示范院校重点建设专业系列教材
ISBN 978 - 7 - 5170 - 1294 - 8

Ⅰ.①水… Ⅱ.①田… Ⅲ.①水工建筑物-高等学校-教材 Ⅳ.①TV6

中国版本图书馆 CIP 数据核字（2013）第 236800 号

书 名	普通高等教育"十二五"规划教材 示范院校重点建设专业系列教材 **水利水电工程建筑物**
作 者	主编 田明武 副主编 张磊 由金玉 潘妮 主审 刘建明
出版发行	中国水利水电出版社 （北京市海淀区玉渊潭南路 1 号 D 座 100038） 网址：www.waterpub.com.cn E - mail：sales@waterpub.com.cn 电话：（010）68367658（营销中心）
经 售	北京科水图书销售中心（零售） 电话：（010）88383994、63202643、68545874 全国各地新华书店和相关出版物销售网点
排 版	中国水利水电出版社微机排版中心
印 刷	北京嘉恒彩色印刷有限责任公司
规 格	184mm×260mm 16 开本 23.25 印张 551 千字
版 次	2013 年 9 月第 1 版 2016 年 8 月第 4 次印刷
印 数	5531—8530 册
定 价	**48.00 元**

本书是根据国家"十二五"教育发展规划纲要及《中共中央 国务院关于加快水利改革发展的决定》（2011 中央 1 号文件）、《国家中长期教育改革和发展规划纲要》（2010—2020 年）、《教育部关于全面提高高等职业教育教学质量的若干意见》（教高［2006］16 号）等文件精神，按照水利部示范院校建设、省级示范院校建设对水利水电建筑工程专业课程改革的相关要求，在总结水利类高等职业教育多年教学改革的基础上，本着理论够用，实践突出，体现现代水利新技术、新材料、新理念的原则，对水利、水电、防洪工程等在知识体系上进行有机结合，将原来的水工建筑物、水电站等有机整合为一门课程——水利水电工程建筑物，使专业课程内容结合更紧密、系统更完整，调整以后的理论课时比原来大为减少，同时更加突出实践性教学环节，在教材中尽可能地插入部分典型工程图片，能更好地培养学生识读图能力、培养学习兴趣，体现了教育教学改革教学做一体化培养高素质、技能型人才的要求。

本书在编写过程中，对进水建筑物、引水建筑物等作了较大的调整，将以前教材的无压引水建筑物、有压引水建筑物整合成进水口建筑物与引水建筑物，对水电站部分与水机相关内容删除，在厂房部分结合厂房布置作简明介绍，水电站的水力过渡过程理论上过于专业，也予以删减，合并到调压室部分简要介绍。整合以后新编的本教材，力求最好地满足我国现代高职教育教学改革与发展、现代水利发展与水利教育的需要。

本书主要编写人员如下：四川水利职业技术学院田明武（绪论、进水建筑物、引水建筑物），张磊（土石坝与堤防、水闸、水利水电工程枢纽布置），由金玉（其他坝型及过坝建筑物、河岸溢洪道），潘妮（岩基上的重力坝、水电站厂房）。本书由田明武主编，张磊、由金玉、潘妮担任副主编，四川水利职业技术学院刘建明担任主审。

本书在编写过程中，学习和借鉴了很多参考书，同时得到相关兄弟院校的大力支持，四川水利职业技术学院水工专业建设指导委员会的校外专家对本书提出了很多的修改意见与建议。在此，对相关作者和专家表示衷心的感谢。对书中存在的不足之处，恳请所有读者批评指正，多提宝贵意见。

编 者

2013 年 5 月

目 录

绪　　论

学习要求：掌握水利水电工程的基本任务、水利水电工程的分等及水工建筑物的分级；熟悉水利水电工程建筑物的组成与分类；了解我国水利水电工程建设与发展情况。

0.1　我国的水资源及水利水电工程建设

0.1.1　水资源

水是生命之源、生产之要、生态之基。兴水利、除水害，事关人类生存、经济发展、社会进步，历来是治国安邦的大事。地球上的总水量约为 13.86 亿 km³，其中 97.5% 的地球水是海洋中的咸水。通过太阳做功、大气循环，而以降水、径流方式在陆地运行的淡水，相对就很少了，淡水资源只占总水量的 2.5%，在这 2.5% 中又有 87% 是人类难以利用的两极冰盖、高山冰川和永冻地带的冰雪，人类能够利用的只是江河湖泊及地下水的一部分，仅仅占地球总水量的 0.26%。就是这些水支撑着人类的生存、繁衍和发展，支撑着地球上万事万物的运动。

从人均意义上说，我国的水资源并不丰富，而降水、径流在时间和地域上的分布相对更不均衡，南方一日雨量可远超过西北地区全年降水量，同一地区，一次暴雨可超过多年平均年降水量，这就导致我国各地历史上洪、涝、旱灾频发。

我国的水资源虽然不丰富，但是由于从青藏高原到海平面之间的巨大落差，使得我国可用于发电的水能资源十分丰富。全国水能理论蕴藏量达 6.8 亿 kW，其中可开发的也达 3.78 亿 kW，年发电量可达 19100 亿 kW·h 以上，这些数字均居世界首位。因此，利用我国这一优势，大搞水力发电，对解决我国建设中的能源问题具有决定性意义。

随着近年来世界范围内环境问题日趋严重，以及能源问题的日趋严峻，全世界对水这一基本无污染、可循环利用的资源的认可度越来越高。基于我国的现状，国家出台了 2011 年中央 1 号文件《中共中央　国务院关于加快水利改革发展的决定》，从战略高度明确了新时期水利发展的地位，对我国经济发展、社会稳定、资源保护、环境保护具有重要意义，对推动循环经济、低碳经济的发展，也具有重要的战略意义。因此，大力发展治河防洪、水利、水电事业，是历史发展的必然趋势。

0.1.2　水利工程

水利工程是指以除害兴利为目的的兴建的对自然界地表水和地下水进行控制和调配的工程。

按水利工程对水的作用可分为：蓄水工程、排水工程、取水工程、输水工程、提水工程、水质净化和污水处理工程等。

按水利工程承担任务主要分为：防洪工程、农田水利工程、水力发电工程、供水和排水工程、航运工程、环境水利工程等。

0.1.2.1 防洪工程

防洪工程是指建立"上蓄下排"的防洪工程体系。

"上蓄"就是拦蓄水流，调节进入下游河道流量。主要措施有：①在山地丘陵地区进行水土保持，拦截水土，有效地减少地面径流；②在干、支流的中上游兴建水库拦蓄洪水，调节下泄流量不超过下游河道的安全过流能力。由于拦蓄水流，使水库水位抬高，可以用来满足灌溉、发电、供水、航运和淡水养殖的需要。

"下排"就是疏浚河道，修筑堤防，提高河道泄洪能力，减轻洪水威胁。筑堤防洪是一种重要有效的工程措施，同时也需要加强汛期的防护、管理、监督等非工程措施，以确保安全。

此外，还可以采用"两岸分滞"的措施，在河道两岸适当位置修建分洪闸、引洪道、滞洪区等，将超过河道安全泄量的洪峰流量通过泄洪建筑物分流到该河道下游或其他水系，或者蓄于低洼地区（滞洪区），以保证河道两岸保护区的安全。滞洪区的规划与兴建，应根据当地经济发展情况、人口因素、地理情况和国家的需要，由国家统一安排。

0.1.2.2 农田水利工程

农田水利工程是通过修闸建渠等工程措施，构建灌、排系统，调节和改变农田水分状态和地区水利条件，使之符合农业生产发展的需要。农田水利工程一般包括：

（1）取水工程。从河流、湖泊、水库、地下水等水源适时适量地引取水量的工程称之为取水工程。河流取水工程一般包括拦河坝（闸）、进水闸、冲砂闸、沉砂池等建筑物。当河流流量较大、水位较高能满足引水灌溉要求时，可以不修建拦河坝（闸），直接引水灌溉。当水源水位较低时，可建提灌站，提水灌溉。

（2）输水配水工程。将一定流量的水流输送并配置到田间的建筑物的综合体称为输水配水工程。如各级固定渠道系统及渠道上的涵洞、渡槽、交通桥、分水闸等。

（3）农田排水工程。将暴雨或农田内多余水分排泄到一定范围之外，使农田水分保持适宜状态，以适应农作物的正常生长的工程，包括各级排水渠及渠系建筑物。农田排水工程也需要考虑化肥农药残渣的污染问题。

0.1.2.3 水力发电工程

将水流的巨大能量通过水轮机转换为机械能，并通过发电机将机械能转换为电能的工程称为水力发电工程。

落差、流量是水力发电的基本要素。为了能够利用天然河道的水能，需要采用工程措施集中落差，输送水量，使水流符合水力发电工程的要求。在山区常用的水能开发方式是拦河筑坝，形成水库，它既可以调节径流又可以集中落差。在坡度很陡或有瀑布、急滩、弯道的河段，可以沿河岸修建引水建筑物（渠道、隧洞）来集中落差。有条件的可以同时采用拦河坝和引水建筑物方式来开发水能。

0.1.2.4 供水和排水工程

供水工程是指从天然水源中取水，经过净化、加压和输送管网供给城市、工矿企业等用水部门的工程。城市供水对水质、水量及供水可靠性的要求很高。

城市排水工程是指与工矿企业及城市排出的废水、污水和地面雨水相关的工程。排水必须符合国家规定的污水排放标准。

0.1.2.5 航运工程

航运包括船运与筏运（木、竹浮运）。发展航运对物质交流、繁荣市场、促进经济和文化发展是很重要的。它运费低廉，运输量大。内河航运有天然水道（河流、湖泊等）和人工水道（运河、河网、水库、渠化河流等）两种。

利用天然河道通航，必须进行疏浚、河床整治、改善河道的弯曲情况，设立航道标志，以建立稳定的航道。当河道航运深度不足时，可以通过拦河建闸、坝的措施抬高河道水位；或利用水库进行径流调节，改善水库下游的通航条件。

在航道上如建水闸、坝等拦河建筑物时，应同时修建通航建筑物。通航建筑物主要有：升船机、船闸、过木道等。

0.1.2.6 环境水利工程

环境水利工程包括：①水资源保护。可分为水质和水量两个方面。前者包括水质监测、水质调查与评价、水质管理、水质规划、水质预测等；后者包括节约用水和污水重新利用等；②水利工程的环境影响评价；③流域（区域）、城市环境水利。包括流域（区域）、城市环境水利规划，水污染综合防治和环境水利经济等。

0.1.3 我国水利工程建设的发展

我国是水利大国，特殊的自然地理条件决定了除水害、兴水利历来是我国治国安邦的大事。水利兴则天下定，百业兴。历代善治国者均以治水为重。1949 年前，水利基础设施非常薄弱，水旱灾害十分频繁。中华人民共和国成立后，党和政府对水利高度重视，领导全国各族人民，进行了大规模水利建设，取得了举世瞩目的成就。从 1949 年到 2010 年，水利事业得到了前所未有的发展，取得了辉煌的成就。

中华人民共和国成立后，按照"蓄泄兼筹"和"除害与兴利相结合"的方针，对大江大河进行了大规模的治理。全国已建成江河堤防 413679km，5 级及以上堤防长度为 275495km，全国已建成各类水库 98002 余座，水库总库容 9323.12 亿 m^3。其中，大型水库 756 座，总库容 7499.85 亿 m^3，全国主要江河初步形成了以堤防、河道整治、水库、蓄滞洪区等为主的工程防洪体系，以及预测预报、防汛调度、洪泛区管理、抢险救灾等非工程防护体系，使我国主要江河的防洪能力有了明显的提高。

在农田水利事业方面，我国共兴建万亩以上灌区 5824 个，总面积 4.46 亿亩。累计打机井 541 万眼，井灌面积 2.12 亿亩；在干旱区兴修小水塘、小水窖 771 万个。机电排灌总动力由 7 万 kW 发展到 798 万 kW。节水灌溉从无到有，目前节水灌溉面积已达 3.86 亿亩，其中，喷灌、滴灌和微灌等现代化节水灌溉面积 0.69 亿亩，管道输水灌溉面积 7800 万亩，渠道防渗面积 1.67 亿亩。

水力发电已成为我国日益重要的能源供应。我国水能资源丰富，理论蕴藏量为 6.76 亿 kW，可开发资源为 3.78 亿 kW，均占世界第一位。经过 60 年的开发建设，一大批举世闻名的水利水电枢纽工程已经建成或正在建设。

1910 年 8 月，中国内地第一座水电站——石龙坝水电站在昆明开工建设。中华人民共和国建国初，全国水电装机容量仅为 36 万 kW，年发电量 12 亿 kW·h。到 2009 年底，全国已建水电站装机容量 1.96 亿 kW，年发电量 5717 亿 kW·h，在建规模约 4600 万

kW。全国水电装机和发电量已占全国电力总装机和发电量的 23.4% 和 17.8%。在水电建设中，农村水电已经成为一支重要力量。2009 年年末，全国共建成农村水电站 44804 座，装机容量 5512 万 kW，占全国水电装机容量的 28%。全国农村水电年发电量达到 1567 亿 kW·h，占全国水电总发电量的 31%。

"十二五"期间，我国计划新增水电装机容量 1.0 亿 kW。到 2020 年，我国水电装机总规模将达到 3.5 亿 kW。

0.2　水利水电工程枢纽

0.2.1　水利水电工程枢纽

为防洪、灌溉、发电、供水和航运等多个目的，需要组合兴建多种不同类型的建筑物，形成一个相互联系的整体，共同控制和分配水流，满足国民经济发展的需要，由此构成的综合体称为水利水电工程枢纽，其组成建筑物称为水利水电工程建筑物。例如三峡水利枢纽工程，见图 0.1，其主要建筑物自右岸往左岸依次是：电站、溢流重力坝、电站、升船机、双线五级船闸。葛洲坝水利枢纽见图 0.2。

图 0.1　三峡水利枢纽工程

0.2.2　水利水电工程的分等和水工建筑物的分级

为了科学合理地确定水利水电工程建设的标准，应根据水利水电工程的类型、规模、重要性、效益和国民经济发展水平等因素，制定水利水电工程和水工建筑物的建设标准。水利水电工程建设标准包括水利水电工程的等别、水工建筑物的级别和其他技术指标的分级。

根据《水利水电工程等级划分及洪水标准》（SL 252—2000）、《水电枢纽工程等级划分及设计安全标准》（DL 5180—2003），水利水电工程等级见表 0.1。工程等别按工程规模、水库总库容、保护城市的重要性 3 个方面来确定。

水工建筑物的级别要根据其所在工程的等级及其重要性来确定，见表 0.2。

部分水工建筑物，由于失事后造成的损失较大，有必要提高其设计等别，凡符合表 0.3 提级指标的水工建筑物，经论证并报主管部门批准，可以提高一级设计。

图 0.2 葛洲坝水利枢纽

表 0.1   **水利水电工程的等别**

工程等别	工程规模	水库总库容（亿 m³）	防洪		治涝	灌溉	供水	发电
			保护城镇及工矿企业的重要性	保护农田（万亩）	治涝面积（万亩）	灌溉面积（万亩）	供水对象重要性	装机容量（万 kW）
I	大（1）型	≥10	特别重要	≥500	≥200	≥150	特别重要	≥120
II	大（2）型	10～1	重要	500～100	200～60	150～50	重要	120～30
III	中型	1.0～0.10	中等	100～30	60～15	50～5	中等	30～5
IV	小（1）型	0.10～0.01	一般	30～5	15～3	5～0.5	一般	5～1
V	小（2）型	0.01～0.001		<5	<3	<0.5		<1

注   总库容是指水库最高水位以下的静库容；治涝面积和灌溉面积均指设计面积。

表 0.2   **永久性建筑物级别**

工程等别	主要建筑物	次要建筑物	工程等别	主要建筑物	次要建筑物
I	1	3	IV	4	5
II	2	3	V	5	5
III	3	4			

表 0.3   **水利水电枢纽工程挡水建筑物提级指标**

坝型 坝高 坝的原级别	2	3
土石坝	90	70
混凝土坝、浆砌石坝	130	100

0.2.3　水利水电工程永久性水工建筑物的洪水标准

永久性水工建筑物所采用的洪水标准分为正常运用（设计情况）和非常运用（校核情况）洪水标准。洪水标准根据建筑物类型、级别来选定，具体见表 0.4 和表 0.5。

表 0.4　　　　山区、丘陵区水利水电枢纽工程水工建筑物洪水标准　　单位：重现期（年）

项　目		水工建筑物级别				
		1	2	3	4	5
设计		1000～500	500～100	100～50	50～30	30～20
校核	土石坝	可能最大洪水（PMF）1000～5000	5000～2000	2000～1000	1000～300	300～100
	混凝土坝、浆砌石坝	5000～2000	2000～1000	1000～500	500～200	200～100

表 0.5　　　　山区、丘陵区水利水电工程永久性水工建筑物洪水标准　　单位：重现期（年）

项　目		水工建筑物级别				
		1	2	3	4	5
设计		1000～500	500～100	100～50	50～30	30～20
校核	土石坝	可能最大洪水（PMF）或 1000～5000	5000～2000	2000～1000	1000～300	300～200
	混凝土坝、浆砌石坝	5000～2000	2000～1000	1000～500	500～200	200～100

在山区、丘陵区，土石坝失事将会造成特别重大灾害时，1 级建筑物的校核洪水标准应取可能最大的洪水或万年一遇洪水。2～4 级建筑物可提高一级设计。

对于混凝土和浆砌石坝，如果洪水漫顶时将造成严重损失的 1 级建筑物，校核洪水标准需经过专门论证并报主管部门批准，应取可能最大的洪水或万年一遇洪水。

0.3　水利水电工程建筑物的类型

0.3.1　一般水工建筑物的类型
0.3.1.1　按建筑物用途分类

（1）挡水建筑物。用以拦截江河，形成水库或壅高水位、调蓄水量的建筑物。如各种坝和闸，以及为防御洪水或挡潮，沿江河海岸修建的堤防等。

（2）泄水建筑物。用于排泄水库、湖泊、河渠等的多余水量，或为人防、检修而放空水库，以保证枢纽安全的建筑物。如溢流坝、溢洪道、泄水隧洞等。

（3）输水建筑物。输送河水或库水以满足灌溉、发电或工业用水等需要的水工建筑物。如输水洞、引水管、渠道、渡槽等。输水建筑物还分为有压输水（引水）和无压输水（引水）建筑物两类。

（4）取（进）水建筑物。直接从河、库中取水的建筑物。输水建筑物的首部建筑物如进水闸、扬水站等。

（5）整治建筑物。用于加固河堤、整治河道、改善河道水流条件的水工建筑物。如丁坝、顺坝、导流堤、护岸等。

（6）专门水工建筑物。专门为灌溉、发电、供水、过坝等需要而修建的建筑物。如水电站厂房、沉沙池、船闸、升船机、鱼道、筏道等。

同一种水工建筑其功能并非单一，有时也兼有多种功用，所以难于严格区分其类型。如溢流坝和泄洪闸都有挡水和泄水功能。

0.3.1.2　按建筑物使用期限分类

水工建筑物按使用时间的长短分为永久性建筑物和临时性建筑物两类。

（1）永久性建筑物。在枢纽运行期间使用的建筑物。根据其在整体工程中的重要性又分为主要建筑物和次要建筑物。主要建筑物是指该建筑物失事后将造成下游灾害或严重影响工程效益，如闸、坝、泄水建筑物、输水建筑物及水电站厂房等；次要建筑物是指失事后不致造成下游灾害或对工程效益影响不大且易于检修的建筑物，如挡土墙、导流墙、工作桥及护岸等。

（2）临时性建筑物。仅在工程施工期间使用的建筑物，如围堰、导流建筑物等。有些水工建筑物在枢纽中的作用并不是单一的，如溢流坝既可挡水，又能泄水；水闸既可挡水，又能泄水，还可作为取水之用。

0.3.2　水电站的类型

在开发河流中的水能资源时，按集中落差形成水头的方式不同，将水电站分为坝式、引水式和混合式三种。

0.3.2.1　坝式水电站

主要依靠拦河筑坝（或闸）抬高水位、集中落差形成水头的水电站，称为坝式水电站。坝式水电站有河床式（图0.3）、坝后式（图0.4）和河岸式等类型。

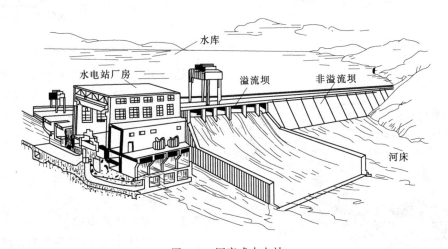

图0.3　河床式水电站

当水头不大时，水电站厂房本身能承受上游水压力，成为挡水建筑物上的一个组成部

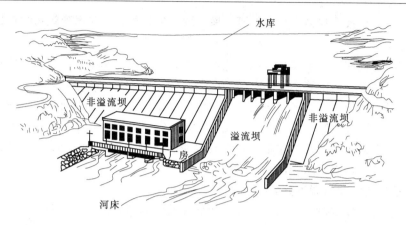

图 0.4　坝后式水电站

分，这种坝式水电站称为河床式水电站。河床式水电站多建于河流的中、下游，且水头较低，适用于水头为 30～40m。

当水头较大时，水电站厂房难以独立承担上游水压力，因此厂房不能起挡水作用。水电站厂房一般布置在挡水坝下游，这种坝式水电站的厂房称为坝后式厂房。坝后式水电站多建于河流的中、上游，并具有一定的水库库容，对水量进行重新分配。

0.3.2.2　引水式水电站

引水式水电站是在河段上游筑闸或低坝（无坝）取水，经引水道引水至河段下游来集中落差形成水头的水电站，见图 0.5、图 0.6。

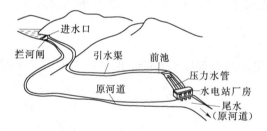

图 0.5　无压引水式水电站

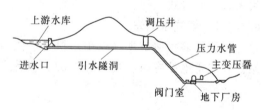

图 0.6　有压引水式水电站

图 0.7　混合式水电站

这类水电站的水头主要依靠引水道来形成，多建于河流的中、上游，河道坡陡流急或有跌水，有时也修建于河流中、下游有大弯段的河段，利用裁弯取直集中水头。

引水道可以是无压的（如明渠、明流隧洞等），也可以是有压的（如有压隧洞、压力水管等）。

0.3.2.3　混合式水电站

通过拦河筑坝集中部分落差，再通过有压引水道集中另一部分落差而形成总水头的水电站，称为混合式水电站，见图 0.7。

当上游河段有良好筑坝建库条件，且下游河段坡降大时，适于建混合式水电站。混合式水电站大多为中大型水电站。

还有抽水蓄能电站、潮汐电站等。

0.3.3 水电站建筑物的组成

水电站建筑物的组成一般包括挡水建筑物、泄水建筑物、进水口、引水建筑物、平压建筑物、冲沉沙建筑物、压力管道、厂区建筑物（厂房、变电站、开关站等）等。

发电建筑物是发电专用，但其中的进水口和引水道，有时也可以和其他用途（给水、灌溉）共用。

思 考 题

1. 防洪工程体系有哪些类型？包括哪些建筑物？

2. 灌溉工程组成建筑物主要有哪些？

3. 水利水电工程洪水标准的确定主要依据哪些因素？

4. 水力发电工程有哪些类型？组成建筑物有哪些？

5. 查阅有关资料，了解一般水工建筑物的其他类型。

6. 专门水工建筑物与一般水工建筑物相比较主要有何区别？

7. 水电站有哪些类型？

8. 水利水电工程枢纽等别划分主要依据哪些因素？

第1章 岩基上的重力坝

学习要求：掌握重力坝的工作原理和工作特点；了解重力坝的分类；掌握作用在重力坝上荷载的种类和计算方法（特别是自重、水压力、扬压力、浪压力）；掌握重力坝的荷载组合类型和方法；掌握坝体稳定及强度分析方法和控制标准；掌握非溢流重力坝剖面拟定方法；掌握溢流重力坝剖面设计、孔口拟定、消能设计方法；掌握岩石地基的处理措施；了解重力坝材料、构造和混凝土分区的依据。

1.1 重力坝概述

重力坝是一种古老而又应用广泛的坝型，它因主要依靠坝体自重产生的抗滑力维持稳定而得名。通常修建在岩基上，用混凝土或浆砌石筑成。坝轴线一般为直线，垂直坝轴线方向设有永久性横缝，将坝体分为若干个独立坝段，以适应温度变化和地基不均匀沉陷，坝的横剖面基本上是上游近于铅直的三角形（图1.1）。

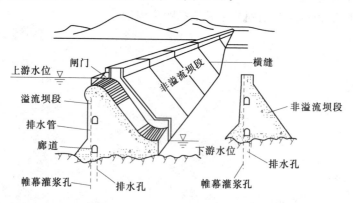

图1.1 混凝土重力坝示意图

1.1.1 重力坝的工作原理及特点

重力坝的工作原理是在水压力及其他荷载的作用下，主要依靠坝体自身重量在滑动面上产生的抗滑力来满足稳定要求；同时也依靠坝体自重在水平截面上产生的压应力来抵消由于水压力所引起的拉应力，以满足强度要求。

1. 重力坝的优点

（1）结构作用明确，设计方法简便。重力坝沿坝轴线用横缝将坝体分成若干个坝段，各坝段独立工作，结构作用明确，稳定和应力计算都比较简单。

（2）泄洪和施工导流比较容易解决。重力坝的断面大，筑坝材料抗冲刷能力强，适用于在坝顶溢流和坝身设置泄水孔。在施工期可以利用坝体或底孔导流。枢纽布置方便紧凑，一般不需要另设河岸溢洪道或泄洪隧洞。在特殊的情况下，即使从坝顶少量过水，一般也不会招致坝体失事,这是重力坝最大的优点。

(3) 结构简单,施工方便,安全可靠。坝体放样、立模、混凝土浇筑和振捣都比较方便,有利于机械化施工。而且由于剖面尺寸大,筑坝材料强度高,耐久性好,因此抵抗水的渗透、冲刷,以及地震和战争破坏的能力都比较强,安全性较高。

(4) 对地形、地质条件适应性强。地形条件对重力坝的影响不大,几乎任何形状的河谷均可修建重力坝。由于坝体作用于地基面上的压应力不是很高,所以对地质条件的要求也较低。重力坝对地基的要求虽比土石坝高,但低于拱坝及支墩坝,对于无重大缺陷、一般强度的岩基均可满足要求。

2. 重力坝的缺点

(1) 坝体剖面尺寸大,材料用量多。

(2) 坝体应力较低,材料强度不能充分发挥。

(3) 坝体与地基接触面积大,相应坝底扬压力大,对稳定不利。

(4) 坝体体积大,由于施工期混凝土的水化热和硬化收缩,将产生不利的温度应力和收缩应力,因此,在浇筑混凝土时,需采取严格温控措施,以防产生裂缝。

1.1.2 重力坝的类型

(1) 按坝的高度分类,可分为高坝、中坝、低坝三类。坝高大于70m的为高坝;坝高在30~70m之间的为中坝;坝高小于30m的为低坝。坝高是指坝体最低面(不包括局部深槽或井、洞)至坝顶路面的高度。

(2) 按筑坝材料分类,可分为混凝土重力坝和浆砌石重力坝。一般情况下,较高的坝和重要的工程经常采用混凝土重力坝;中、低坝则可以采用浆砌石重力坝。

(3) 按泄水条件分类,可分为溢流坝和非溢流坝。坝体内设有泄水孔的坝段和溢流坝段统称为泄水坝段。非溢流坝段也可称做挡水坝段(图1.1)。

(4) 按施工方法分类,可分为浇筑式混凝土重力坝和碾压式混凝土重力坝。

(5) 按坝体的结构型式分类,可分为实体重力坝 [图1.2 (a)]、宽缝重力坝 [图1.2 (b)]、空腹重力坝 [图1.2 (c)]。

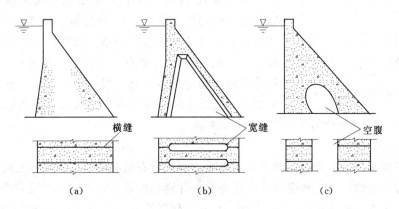

图 1.2 混重力坝的类型

(a) 实体重力坝;(b) 宽缝重力坝;(c) 空腹重力坝

1.1.3　重力坝的设计内容

（1）总体布置。首先选择坝址、坝轴线和坝的结构形式，然后确定坝体与两岸及交叉建筑物的连接方式，最终确定坝体在枢纽中的布置。

（2）剖面设计。可参照已建的类似工程，初拟剖面尺寸。

（3）稳定分析。验算坝体沿坝基面或沿地基深层软弱结构面的抗滑稳定安全度。

（4）应力分析。用材料力学法对坝体进行强度校核，使坝体、坝基应力满足要求。

（5）构造设计。根据施工和运行要求，确定坝体细部构造，包括廊道、排水、分缝、止水等。

（6）地基处理。地基的开挖、防渗（帷幕灌浆）、排水、断层、破碎带的处理等。

（7）溢流重力坝和泄水孔的孔口设计。堰顶高程、孔口尺寸、体型、消能防冲设计等。

（8）监测设计。包括坝体内部和外部的观测、监测设计，制定大坝的运行、维护和监测条例。

1.1.4　非溢流重力坝的剖面设计

重力坝剖面设计的任务是在满足稳定和强度要求的条件下，求得一个施工简单、运用方便、体积最小的剖面。影响剖面设计的因素很多，主要有作用荷载、地形地质条件、运用要求、筑坝材料、施工条件等。其设计步骤一般是：首先简化荷载条件并结合工程经验，拟定出基本剖面；其次根据坝的运用和安全要求，将基本剖面修改为实用剖面，并进行稳定计算和应力分析；第三优化剖面设计，得出满足设计原则条件下的经济剖面；最后进行构造设计和地基处理。

1.1.4.1　基本剖面

重力坝承受的主要荷载是静水压力、扬压力和自重，控制剖面尺寸的主要指标是稳定和强度要求。因为作用于上游面的水压力呈三角形分布，所以重力坝的基本剖面是三角形（图1.3）。

图中坝高 H 是已知的，关键是要确定最小坝底宽 B 以及上下游边坡系数 n、m。经分析计算可知，坝体断面尺寸与坝基的好坏有着密切关系，当坝体与坝基的摩擦系数较大时，坝体断面由应力条件控制；当摩擦系数较小时，坝体断面由稳定条件控制。根据工程经验，重力坝基本剖面的上游边坡系数 n 常采用 $0\sim0.2$，下游边坡系数 m 常采

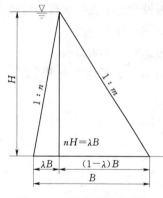

图1.3　重力坝的基本剖面

用 $0.6\sim0.8$，坝底宽约为坝高的 $0.7\sim0.9$ 倍。

1.1.4.2　实用剖面

（1）坝顶宽度。由于运用和交通的需要，坝顶应有足够的宽度。坝顶宽度应根据设备布置、运行、检修、施工和交通等需要确定，并满足抗震、特大洪水时抢护等要求。无特殊要求时，常态混凝土坝坝顶最小宽度为 $3m$，碾压混凝土坝为 $5m$，一般取坝高的 $1/8\sim1/10$。若有交通要求或有移动式启闭设施时，应根据实际需要确定。

（2）坝顶超高。实用剖面必须加安全高度，坝顶应高于校核洪水位，坝顶上游防浪墙

顶的高程应高于波浪顶高程。坝顶高于水库静水位的高度按式（1.1）计算

$$\Delta h = h_{1\%} + h_z + h_c \qquad (1.1)$$

式中 Δh——坝顶高于水库静水位的高度，m；

　　　$h_{1\%}$——累积频率为 1％时的波浪高度，计算方法见 1.3.1.5，m；

　　　h_z——波浪中心线至静水面的高度，计算方法见 1.3.1.5，m；

　　　h_c——安全超高，m，按表 1.1 选用。

表 1.1　　　　　　　　　　　　　安 全 超 高 h_c

运用情况 \ 坝的安全级别	Ⅰ	Ⅱ	Ⅲ
正常蓄水位	0.7	0.5	0.4
校核洪水位	0.5	0.4	0.3

必须注意，在计算 $h_{1\%}$ 和 h_z 时，由于对应于正常蓄水位和校核洪水位时采用不同的计算风速值。正常蓄水位时，采用重现期为 50 年的最大风速；校核洪水位时，采用多年平均最大风速。故坝顶高程或坝顶上游防浪墙顶高程应按式（1.2）、式（1.3）计算，并取大值。

$$Z_{坝顶}（坝顶高程）= Z_设（设计洪水位）+ \Delta h_设 \qquad (1.2)$$

$$Z_{坝顶}（坝顶高程）= Z_校（校核洪水位）+ \Delta h_校 \qquad (1.3)$$

式中 $\Delta h_设$——计算的坝顶（或防浪墙顶）距设计洪水位的高度，m；

　　　$\Delta h_校$——计算的坝顶（或防浪墙顶）距校核洪水位的高度，m。

有时为了同时满足稳定和强度的要求，重力坝的上游面布置成倾斜面或折面（图 1.4），这样可利用部分水重，以满足坝体抗滑稳定要求，同时也避免施工期下游面产生拉应力。折坡点高度应结合引水管、泄水孔的进口布置等因素确定，一般为坝前最大水头的 1/2～1/3。

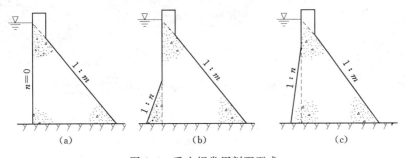

图 1.4　重力坝常用剖面型式

1.1.4.3　优化设计

前面介绍的由三角形基本剖面经反复验算修改成为实用剖面的方法，是工程设计中常用的坝体经济剖面选择方法，但此方法试算工作繁重，故较难真正求得最优剖面。近些年来，大中型工程设计一般都要进行优化设计。重力坝结构优化设计要点如下。

1. 设计变量

一个结构的设计方案是由若干个变量来描述的，首先规定描述坝体体形的设计参数，

对于实体重力坝，一般是上、下游坝面的坡率，坝体高度，坝顶宽度，坝顶距上、下游起坡点的高度等。这些参数中的一部分是按照某些具体要求事先给定的，它们在优化设计过程中始终保持不变，称为预定参数，如坝体高度、坝顶宽度等。另一部分参数在优化过程中是可以变化的，称为设计变量，如上、下游坝面的坡率，起坡点等。

2. 建立目标函数

一般取结构重量或造价作为目标函数。由于重力坝的造价主要取决于坝体混凝土的工程量，所以常取坝体体积作为目标函数，记为 $V(x)$。

3. 确定约束条件

根据重力坝设计规范的规定，对坝段的稳定和应力施加限制，同时考虑布置和施工要求，规定设计参数的上、下限，如上游坡度不为倒坡，也不易太缓等。在给定预定参数情况下，求一组设计变量 $V(X) = x_i$，使目标函数 $V(x)$ 趋于最小。

4. 选择求解方法

目标函数和约束条件都是设计参数的非线性函数，因此重力坝的优化设计是一个非线性规划问题，具体计算方法可参考有关书籍。

1.2 溢流重力坝

1.2.1 溢流重力坝的工作特点

溢流坝既是挡水建筑物又是泄水建筑物，除应满足稳定和强度要求外，还需要满足泄流能力的要求（图1.5）。溢流坝在枢纽中的作用是将规划确定的库内所不能容纳的洪水由坝顶泄向下游，以确保大坝的安全。溢流坝泄水必须满足以下几个要求。

(a)   (b)

图1.5 溢流重力坝

（1）有足够的孔口尺寸、良好的孔口体型和较大的流量系数，以满足泄洪能力要求。

（2）体型和流态良好，使水流平顺地流过坝体，控制不利的负压和振动，避免产生空蚀现象。

（3）满足消能防冲要求，保证下游河床不产生危及坝体安全的局部冲刷。

（4）溢流坝段在枢纽中的布置，应使下游流态平顺，不产生折冲水流，不影响枢纽中其他建筑物的正常运行。

（5）有灵活控制水流下泄的机械设备，如闸门、启闭机等。

1.2.2 孔口设计

溢流坝孔口尺寸的拟定包括洪水设计标准、孔口型式及孔口尺寸。设计时一般先选定泄水方式，再根据泄流量和允许单宽流量，以及闸门形式和运用要求等因素，通过水库的调洪计算、水力计算，求出各泄水布置方案的防洪库容、设计和校核洪水位及相应的下泄流量等，进行技术经济比较，选出最优方案。

1.2.2.1 洪水标准

洪水标准包括洪峰流量和洪水总量，是确定孔口尺寸、进行水库调洪演算的重要依据，可根据《水利水电工程等级划分及洪水标准》（SL 252—2000）的规定，参照表 0.4 选用。

1.2.2.2 孔口型式

溢流坝常用的孔口型式有坝顶溢流式和大孔口溢流式。

1. 坝顶溢流式（图 1.6）

坝顶溢流式也称开敞式，这种形式的溢流孔除宣泄洪水外，还能用于排除冰凌和其他漂浮物。通常在大中型工程溢流坝的堰顶装有闸门，对于洪水流量较小、淹没损失不大的小型工程堰顶可不设闸门。

坝顶溢流式闸门承受的水头较小，所以孔口尺寸可以较大。当闸门全开时，下泄流量与堰上水头 H_0 的 3/2 次方成正比。随着库水位的升高，下泄流量可以迅速增大，当遭遇意外洪水时可有较大的超泄能力。闸门在顶部，操作方便，易于检修，工作安全可靠，因此坝顶溢流式得到广泛采用。

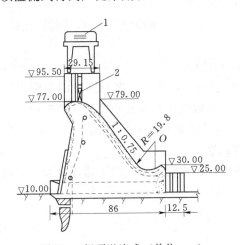

图 1.6　坝顶溢流式（单位：m）

1—门机；2—工作闸门

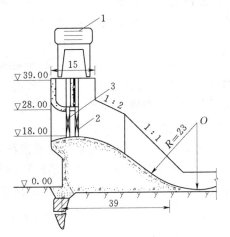

图 1.7　大孔口溢流式（单位：m）

1—门机；2—工作闸门；3—检修闸门

2. 大孔口溢流式（图 1.7）

泄水孔的上部设置胸墙，堰顶高程较低。这种形式的溢流孔可根据洪水预报提前放水，以便腾出较多库容储蓄洪水，从而提高调洪能力。当库水位低于胸墙时，泄流和坝顶溢流式相同；当库水位高出孔口一定高度时为大孔口泄流，下泄流量与作用水头 H_0 的 1/2 次方成正比，超泄能力不如坝顶溢流式。胸墙为钢筋混凝土结构，一般与闸墩固接，也有做成活动的，遇特大洪水时可将胸墙吊起以提高泄水能力。

1.2.2.3 溢流孔口尺寸

溢流坝的孔口设计涉及的因素有：如洪水设计标准，下游防洪要求，库水位壅高有无限制，是否利用洪水预报，泄水方式，枢纽布置，坝址的地形、地质条件等。若已知溢流坝的下泄流量 Q，可通过下列步骤求得孔口尺寸。

1. 单宽流量的确定

设 L 为溢流段净宽度（不包括闸墩的厚度），则通过溢流孔口的单宽流量 q 为

$$q = \frac{Q}{L} \tag{1.4}$$

单宽流量是决定孔口尺寸的重要指标。单宽流量愈大，孔口净宽愈小，从而减少溢流坝长度和交通桥、工作桥等造价。但是，单宽流量愈大，单位宽度下泄水流所含的能量也愈大，消能愈困难，下游局部冲刷可能愈严重。若选择过小的单宽流量 q，则会增加溢流坝的造价和枢纽布置上的困难。因此，单宽流量的选定，一般首先考虑下游河床的地质条件，在冲坑不危及坝体安全的前提下选择合理的单宽流量。根据国内外工程实践得知：软弱基岩通常取 $q = 20 \sim 50 \text{m}^3/(\text{s} \cdot \text{m})$，较好的基岩取 $q = 50 \sim 70 \text{m}^3/(\text{s} \cdot \text{m})$，特别坚硬完整的基岩取 $q = 100 \sim 150 \text{m}^3/(\text{s} \cdot \text{m})$。随着消能工的研究和科技水平的提高，单宽流量取值有不断增大的趋势。我国乌江渡拱形重力坝的设计单宽流量为 $165 \text{m}^3/(\text{s} \cdot \text{m})$，校核情况为 $201 \text{m}^3/(\text{s} \cdot \text{m})$。国外有些工程的单宽流量高达 $300 \text{m}^3/(\text{s} \cdot \text{m})$ 以上。

2. 孔口尺寸的确定

（1）溢流前缘总长度 L_0。对于堰顶设闸门的溢流坝，用闸墩将溢流段分隔为若干个等宽的溢流孔口。设孔口数为 n，则孔口净宽 $b = L/n$。令闸墩厚度为 d，则溢流前缘总长度 L_0 为

$$L_0 = nb + (n+1)d \tag{1.5}$$

选择 n，b 时，要综合考虑闸门的形式和制造能力，闸门跨度与高度的合理比例，以及运用要求和坝段分缝等因素。我国目前大、中型混凝土坝的孔口宽度一般取用 $8 \sim 16 \text{m}$，有排泄漂浮物要求时，可以加大到 $18 \sim 20 \text{m}$。闸门的宽高比一般采用 $1.0 \sim 2.0$。为了方便闸门的设计和制造，应尽量采用规范推荐的标准尺寸。

（2）溢流坝的堰顶高程。由调洪演算得出设计洪水位和相应的下泄流量 Q。当采用开敞式溢流时，可利用式（1.6）计算出堰顶水头 H_0。

$$Q = Cm\varepsilon\sigma_s L \sqrt{2g} H_0^{3/2} \tag{1.6}$$

式中　Q——下泄流量，m^3/s；

　　　L——溢流段净长度，m；

　　　H_0——堰顶作用水头，m；

　　　g——重力加速度，9.81m/s^2；

　　　m——流量系数，与堰型有关；

　　　C——上游面坝坡影响修正系数，当上游坝面铅直时，C 值取 1.0；

　　　ε——侧收缩系数，根据闸墩厚度和墩头形状确定，取 $\varepsilon = 0.90 \sim 0.95$；

　　　σ_s——淹没系数，视淹没程度而定，不淹没时 $\sigma_s = 1.0$。

设计洪水位减去堰上水头 H_0 即为堰顶高程。

当采用大孔口泄洪时，可利用式（1.7）计算出堰顶水头 H_0。

$$Q = \mu A_k \sqrt{2gH_0} \tag{1.7}$$

式中　A_k——出口处孔口面积，m^2；

H_0——自由出流时为孔口中心处的作用水头，淹没泄流时为上下游水位差，m；

μ——孔口或管道的流量系数，对设有胸墙的堰顶高孔，当 $H_0/D = 2.0 \sim 2.4$（D 为孔口高度）时，取 $\mu = 0.83 \sim 0.93$。μ 的具体取值应通过计算沿程及局部水头损失后确定。

1.2.3　溢流坝的结构布置

1.2.3.1　闸门和启闭机

水工闸门按其功用可分为工作闸门、事故闸门和检修闸门。工作闸门用来控制下泄流量，需要在动水中启闭，要求有较大的启门力；检修闸门用于短期挡水，以便对工作闸门、建筑物及机械设备进行检修，一般在静水中启闭，启门力较小；事故闸门是在建筑物或设备出现事故时紧急应用，要求能在动水中快速关闭。溢流坝一般只设置工作闸门和检修闸门。工作闸门常设在溢流堰的顶部，有时为了使溢流面水流平顺，可将闸门设在堰顶稍下游一些。检修闸门和工作闸门之间应留有 $1\sim3m$ 的净距，以便进行检修。全部溢流孔通常备有 $1\sim2$ 个检修闸门，交替使用。

常用的工作闸门有平面闸门和弧形闸门。平面闸门的主要优点是结构简单，闸墩受力条件较好，各孔口可共用一个活动式启闭机；缺点是启门力较大，闸墩较厚。弧形闸门的主要优点是启门力小，闸墩较薄，且无门槽，水流平顺，闸门开启时水流条件较好；缺点是闸墩较长，且受力条件差。

检修闸门通常采用平面闸门，小型工程也可采用比较简单的叠梁门。

启闭机有活动式和固定式两种。活动式启闭机多用于平面闸门，可以兼用于启吊工作闸门和检修闸门。固定式启闭机有螺杆式、卷扬式和液压式三种。

1.2.3.2　闸墩和工作桥

闸墩的作用是将溢流坝前缘分隔为若干个孔口，并承受闸门传来的水压力（支承闸门），也是坝顶桥梁和启闭设备的支承结构。

闸墩的断面形状应使水流平顺，减小孔口水流的侧收缩。闸墩上游端常采用三角形、半圆形和流线型，下游端多为半圆形和流线型，以使水流平顺扩散。闸墩厚度与闸门形式有关。由于平面闸门的闸墩设有闸槽，工作闸门槽深一般不小于 0.3m，宽 $0.5\sim1.0m$，最优宽深比宜取 $1.6\sim1.8$；检修门槽深一般为 $0.15\sim0.25m$，宽 $0.15\sim0.3m$，故闸墩厚度一般为 $2.0\sim4.0m$；弧形闸门闸墩的厚度为 $1.5\sim3.0m$。如果是缝墩，墩厚要增加 0.5 $\sim1.0m$。闸墩通常需要配置受力钢筋和构造钢筋，并将钢筋伸入坝体受压区内，配筋数量由闸墩结构计算确定。

闸墩的长度和高度，应满足布置闸门、工作桥、交通桥和启闭机械的要求，如图 1.8 所示。

工作桥多采用钢筋混凝土结构，大跨度的工作桥也可采用预应力钢筋混凝土结构。工作桥的平面布置应满足启闭机械的安装和运行的要求。

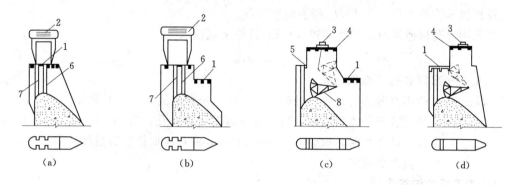

图 1.8 溢流坝顶布置图

1—公路桥；2—门机；3—启闭机；4—工作桥；5—便桥；6—工作门槽；7—检修门槽；8—闸门

溢流坝两侧设边墩，也称边墙或导水墙，一方面起闸墩的作用，同时也起分隔溢流段和非溢流段的作用（图 1.9）。边墩从坝顶延伸到坝趾，边墙高度由溢流水面线决定，并应考虑溢流面上水流的冲击波和掺气所引起的水面增高，一般应高出掺气水面 1～1.5 m。当采用底流式消能工时，边墙还需延长到消力池末端形成导水墙。

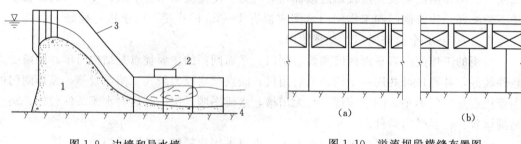

图 1.9 边墙和导水墙

1—溢流坝；1—水电站；3—边墙；4—护坦

图 1.10 溢流坝段横缝布置图

1.2.3.3 横缝的布置

溢流坝段的横缝有两种布置方式：①缝设在闸墩中间见图 1.10 (a)，各坝段产生不均匀沉陷时不影响闸门启闭，工作可靠，缺点是闸墩厚度增大；②缝设在溢流孔跨中见图 1.10 (b)，闸墩可以较薄，但易受地基不均匀沉陷的影响，且水流在横缝上流过，易造成局部水流不顺，适用于基岩较坚硬完整的情况。

1.2.4 溢流面曲线和剖面设计

1.2.4.1 溢流面曲线

溢流面曲线由顶部曲线段、中间直线段和下部反弧段三部分组成（图 1.11）。设计要求包括以下两个方面：①有较高的流量系数；②水流平顺，不产生空蚀。

1. 顶部曲线段

顶部曲线段的形状对泄流能力和流态有很大的影响。《混凝土重力坝设计规范》（SL 319—2005）推荐，当采用开敞式溢流孔时可采用 WES 幂曲线。堰面曲线方程如下：

$$x^n = KH_d^{n-1}y \tag{1.8}$$

式中　H_d——定型设计水头，取堰顶最大作用水头 H_{max} 的 $75\%\sim95\%$；

　　　K，n——与上游面倾斜坡度有关的参数，当上游面垂直时 $K=2.0$，$n=1.85$；

x，y——以溢流坝顶点为坐标原点的坐标，x 以指向下游为正，y 以向下为正。

坐标原点的上游段采用复合圆弧或椭圆曲线与上游坝面连接，曲线方程及相关参数确定详见《混凝土重力坝设计规范》（SL 319—2005）附录 A。

设有胸墙的溢流面曲线（图 1.12），当校核洪水情况下最大作用水头与孔口高度比值 $H_{max}/D>1.5$ 时或闸门全开仍属孔口出流时，可按孔口射流曲线设计。

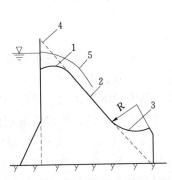

图 1.11　溢流坝剖面曲线组成图

1—顶部曲线段；2—直线段；3—反弧段；
4—基本剖面；5—溢流水舌

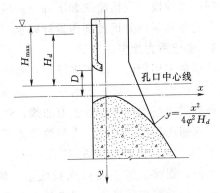

图 1.12　大孔口溢流面曲线

$$y=\frac{x^2}{4\varphi^2 H_d} \tag{1.9}$$

式中　　H_d——定型设计水头，取孔口中心至校核洪水位的 $75\%\sim95\%$；

φ——孔口收缩断面上的流速系数，一般取 $\varphi=0.96$，若有检修门槽时 $\varphi=0.95$。

若 $1.2<H_{max}/D\leqslant1.5$，则堰面曲线应通过试验确定。

按定型设计水头确定的溢流面曲线，当通过校核洪水闸门全部打开时，堰面将出现负压，其最大负压值不得超过 $6\times9.81\text{kPa}$。定型设计水头 H_d 的取值不同，堰面出现的最大负压值也不同，具体可参考表 1.2 估算。

表 1.2　　　　　　　　　　堰面最大负压值参考取值表

H_d/H_{max}	0.75	0.775	0.80	0.825	0.85	0.875	0.90	0.95	1.0
最大负压值	$0.5H_d$	$0.45H_d$	$0.4H_d$	$0.35H_d$	$0.3H_d$	$0.25H_d$	$0.2H_d$	$0.1H_d$	$0.0H_d$

2. 反弧段

溢流坝下游反弧段的作用是使溢流坝面下泄的水流平顺地与下游消能设施相衔接。对不同的消能设施可采用不同的公式。

（1）对于挑流消能，通常取反弧半径 $R=(4\sim10)h$。其中，h 为校核洪水位闸门全开时反弧段最低点处的水深。R 太小时，水流转向不够平顺，过大时又使反弧段向下游延伸太长，增加工程量。当反弧段流速 $v<16\text{m/s}$ 时，可取下限，流速越大，反弧半径也宜选用较大值。

（2）对于底流消能，反弧半径可按式（1.10）近似求得。

$$R=\frac{10x}{3.28} \tag{1.10}$$

其中
$$x=\frac{3.28v+21H+16}{11.8H+64}$$

式中　　H——不计行进流速的堰上水头，m；

　　　　v——坝址处流速，m/s。

3. 直线段

中间的直线段与坝顶曲线和下部反弧段相切，坡度一般与非溢流坝段的下游坡相同。具体应由稳定和强度分析及剖面设计确定。

1.2.4.2　溢流重力坝剖面设计

溢流坝的实用剖面，既要满足稳定和强度要求，也要符合水流条件的需要，还要与非溢流重力坝的剖面相适应，上游坝面尽量与非溢流坝相一致。设计时先按稳定和强度要求及水流条件定出基本剖面和溢流面曲线，然后使基本剖面的下游边与溢流面曲线相切。当溢流坝剖面超出基本剖面时，为节约坝体工程量并满足泄流条件，可以将堰顶做成悬臂式的见图 1.13（b）（悬臂高度 h_1 应大于 $H_{max}/2$，H_{max} 为堰顶最大水头）。若溢流坝剖面小于基本剖面，则将上游坝面做成折线形，使坝底宽等于基本剖面的底宽见图 1.13（a）。有挑流鼻坎的溢流坝，当鼻坎超出基本三角形以外时见图 1.13（b），若 $l/h>0.5$，应核算 C—C' 截面的应力，如果拉应力较大，可设缝将鼻坎与坝体分开。若溢流坝较低，其坝面顶部曲线段可直接与反弧段连接，见图 1.13（c）。

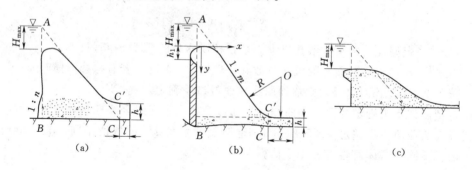

图 1.13　溢流重力坝实用剖面

l—C 点往下游方向的长度；h—鼻坎的高度

1.2.5　消能工的形式与设计

1.2.5.1　概述

（1）消能工的设计原则。①尽量使下泄水流的大部分动能消耗于水流内部紊动及水流与空气的摩擦中；②不产生危及坝体安全的河床冲刷或岸坡局部冲刷；③下泄水流平稳，不影响枢纽中其他建筑物的正常运行；④结构简单，工作可靠；⑤工程量小，经济。

（2）消能工形式。常用的消能工形式有底流式消能、挑流式消能、面流式消能、消力戽消能及联合式消能（宽尾墩—挑流、宽尾墩—消力戽、宽尾墩—消力池等）。设计时应根据地形、地质、枢纽布置、水头、泄量、运行条件、消能防冲要求、下游水深及其变幅等条件进行技术经济比较，选择消能工的形式。

（3）设计洪水标准。消能防冲建筑物设计的洪水标准，可低于大坝的泄洪标准。Ⅰ等工程消能防冲建筑物宜按 100 年一遇洪水设计；Ⅱ等工程消能防冲建筑物宜按 50 年一遇洪水设计；Ⅲ等工程消能防冲建筑物宜按 30 年一遇洪水设计。并需考虑在小于设计洪水时可能出现的不利情况，保证安全运行。

1.2.5.2 挑流消能

挑流消能是通过挑流鼻坎将高速水流自由抛射远离坝体，并利用水舌在空中扩散、掺气以及水舌跌入下游水垫内的紊动扩散消耗能量（图 1.14）。这种消能方式具有结构简单、工程造价省、施工检修方便等优点；但下泄水流会形成雾化，尾水波动较大，且下游冲刷较严重，冲刷坑后形成堆丘等。适用于水头较高、下游有一定水垫深度、基岩

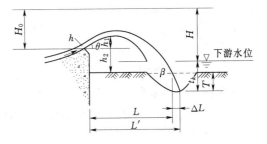

图 1.14　挑射距离和冲坑深计算图

条件良好的高、中坝，低坝经过严格论证也可采用这种消能方式。

挑流消能设计的任务是：选择鼻坎形式、反弧半径、鼻坎高程和挑射角，计算水舌挑射距离和冲刷坑深度等。

挑流鼻坎的常用形式有连续式和差动式两种。连续式鼻坎在工程中应用较为广泛。其优点是构造简单，水流平顺，防空蚀效果较好，但扩散掺气作用较差。连续式鼻坎的挑角可采用 $15°\sim35°$，反弧半径尺应在 $(4\sim10)h$ 范围内选取。鼻坎高程一般应高出下游最高水位约 $1\sim2\mathrm{m}$，以利于挑流水舌下缘的掺气。水舌挑射距离可用下式估算：

$$L' = L + \Delta L \tag{1.11}$$

其中
$$L = \frac{1}{g}\left[v_1^2\sin\theta\cos\theta + v_1\cos\theta\sqrt{v_1^2\sin^2\theta + 2g(h_1+h_2)}\right] \tag{1.12}$$

$$\Delta L = T\cot\beta \tag{1.13}$$

$$T = t_k - t \tag{1.14}$$

$$t_k = kq^{0.5}H^{0.25}$$

$$v_1 = 1.1v = 1.1\varphi\sqrt{2gH_0}$$

式中　L'——冲坑最深点到坝下游垂直面的水平距离，m；

$\quad\quad L$——坝下游垂直面到挑流水舌外缘与原河床面交点的水平距离，m；

$\quad\quad \Delta L$——水舌外缘与原河床面交点到冲坑最深点的水平距离，m；

$\quad\quad v_1$——坎顶水面流速。按鼻坎处平均流速 v 的 1.1 倍计，m/s；

$\quad\quad H_0$——水库水位至坎顶的落差，m；

$\quad\quad \varphi$——堰面流速系数，可取 $0.9\sim1.0$；

$\quad\quad \theta$——鼻坎的挑角；

$\quad\quad h_1$——坎顶垂直方向水深，m。$h_1 = h/\cos\theta$（h 为坎顶平均水深）；

$\quad\quad h_2$——坎顶至河床面高差，m。如冲坑已经形成，作为计算冲坑进一步发展时，可算至坑底；

$\quad\quad T$——最大冲坑深度（由河床面至坑底），m；

$\quad\quad \beta$——水舌外缘与下游水面的交角；

$\quad\quad t_k$——最大冲坑水垫层厚度（自下游水位算至坑底），m；

q——单宽流量，$\mathrm{m^3/(s \cdot m)}$；

  H——上下游水位差，m；

  t——下游水深，m；

  k——冲刷系数，坚硬完整的基岩取 0.6～0.9；坚硬但完整性较差的基岩取 0.9～1.2；较坚硬，但呈块状、碎石状的基岩取 1.2～1.6；软弱、完全碎石状的基岩取 1.6～2.0。

  为确保冲坑不致危及大坝和其他建筑物的安全，根据经验，安全挑距一般大于最大可能冲坑深度的 2.5～5.0 倍，具体取值需根据河床基岩节理裂隙的产状发育情况确定。

1.2.5.3　底流消能

  底流消能是在溢流坝坝趾下游设置一定长度的护坦，使过坝水流在护坦上发生水跃，通过水流的旋滚、摩擦、撞击和掺气等作用消耗能量，以减轻对下游河床和岸坡的冲刷。底流消能原则上适用于各种高度的坝以及各种河床地质情况，尤其适用于地质条件差，河床抗冲能力低的情况。底流消能运行可靠，下游流态比较平稳。对通航和发电尾水影响较小。但工程量较大，且不利于排冰和过漂浮物。

  设计底流消能时，首先要进行水力计算以判断水流衔接状态。若为远驱水跃，则应采取工程措施，如设置消力池、消力坎或综合消力池等，促使水流在池内发生水跃以消能。为提高消能效果，还可以布置一些辅助消能工，如趾坎、消力墩、尾槛等，以强化消能、减小消力池的深度和长度。底流消能的水力计算（消力池的深度和长度、导水墙高度）具体见"4.3 水闸的消能防冲设计"的相关内容。图 1.15 为湖北陆水水电站溢流坝的消能布置。

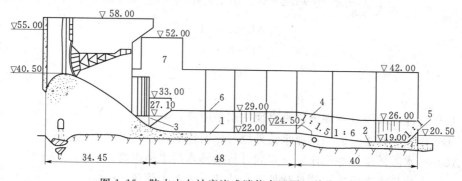

图 1.15　陆水水电站底流式消能布置图（单位：m）

1——一级消力池；2——二级消力池；3——趾墩；4——消力墩；5——尾墩；6——导水墙；7——电站厂房

  底流式消能的护坦通常用钢筋混凝土修筑，其配筋一般按构造要求配置。护坦厚度可由抗浮稳定和强度条件确定，一般为 1～3m；岩基上的护坦可用锚筋和基岩锚固，锚筋直径 25～36mm，间距 1.5～2.0m，按梅花形布置；当基岩软弱或构造发育时，也可在护坦底部设置排水系统以降低扬压力；护坦一般还应设置伸缩缝，以适应温度变形；护坦表层常采用高强度混凝土浇筑，以提高抗冲和抗磨能力。

1.2.5.4　面流消能

  面流消能是在溢流坝下游面设置低于下游水位、挑角不大（挑角小于 10°～15°）的鼻坎，使下泄的高速水流既不挑离水面也不潜入底层，而是沿下游水流的上层流动。水舌下有一水滚，主流在下游一定范围内逐渐扩散，使水流流速分布逐渐接近正常水流情况，故此称为面流式消能（图 1.16）。这种消能型式适用于水头较小的中、低坝，且下游水深较大，水位变幅小，河床和两岸有较高的抗冲能力，或有排冰和过木要求的情况；虽然水舌下的水滚是流向坝趾的，但流速较低，河床一般不需加固。由于表面高速水流会产

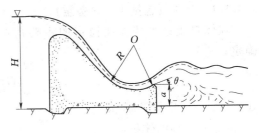

图 1.16　面流式消能

生很大的波动，有的绵延数公里还难以平稳，所以对电站运行和下游航运不利，且易冲刷两岸。

1.2.5.5　消力戽消能

这种消能形式是在坝后设一大挑角（约 45°）的低鼻坎（即戽唇，其高度 a 一般约为下游水深的 1/6），其水流形态的特征表现为三滚一浪（图 1.17）。戽内产生逆时针方向（如果水流方向向右时）的表面旋滚，戽外产生顺时针向的底部旋滚和逆时针向的表面旋滚，下泄水流穿过旋滚产生涌浪，并不断掺气进行消能。

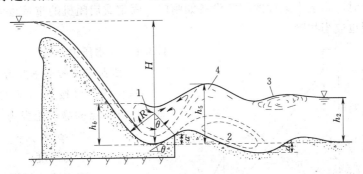

图 1.17　消力戽消能布置图
1—戽内旋滚；2—戽后底部旋滚；3—下游表面旋滚；4—戽后涌浪

消力戽式消能的优点是：工程量比底流式消能的小，冲刷坑比挑流消能的浅，不存在雾化问题。其主要缺点与面流式消能相似，并且底部旋滚可能将砂石带入戽内造成磨损。如将戽唇做成差动式可以避免上述缺点，但其结构复杂，齿坎易空蚀，采用时应慎重研究。消力戽消能的适用情况与面流式消能基本相同，但不能过木排冰，且对尾水的要求是须大于跃后水深。

1.3　重力坝的荷载及其组合

作用在重力坝上的主要荷载有：坝体自重、上下游坝面上的水压力、扬压力、浪压力或冰压力、泥沙压力以及地震荷载等。

1.3.1　荷载计算

荷载计算包括确定荷载的大小、方向、作用点。一般按单位坝长进行分析，对溢流坝段则通常取一个坝段进行计算。

1.3.1.1 自重 (包括永久设备重)

坝体自重是维持大坝稳定的主要荷载，其大小可根据坝的体积和材料重度计算确定。

$$G = \gamma_c V \tag{1.15}$$

式中　G——坝体自重，kN；

　　　V——坝的体积，m^3；

　　　γ_c——筑坝材料的重度，kN/m^3。

筑坝材料重度选用的是否合适，直接影响坝的安全和经济，对此必须慎重。在初步设计阶段可根据材料种类按表 1.3 选取，施工图设计阶段应通过现场实验确定。

表 1.3　　　　　　　　　　　　　　　　筑坝材料的重度

筑 坝 材 料	混 凝 土	浆 砌 石	浆 砌 条 石	细骨料混凝土砌石
重度（kN/m^3）	23.5～24	21～23	23～25	23～24

计算自重时，坝上永久性的固定设备如闸门、固定式启闭机的重量也应计算在内，坝内较大的孔洞也应当扣除。

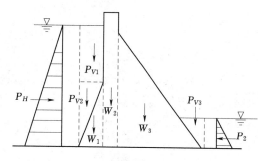

图 1.18　重力坝自重及静水压力计算图

1.3.1.2 水压力

1. 挡水坝段的静水压力

静水压力可按水力学的原理计算。坝面上任意一点的静水压强为

$$p = \gamma_0 y$$

式中　γ_0——水的重度；

　　　y——该点距水面深度。

当坝面倾斜或为折面时，为了计算方便，常将作用在坝面上的水压力分为水平水压力和垂直水压力分别计算，如图 1.18 所示。

2. 溢流坝的水压力

溢流坝段坝顶闸门关闭挡水时，静水压力计算与挡水坝段完全相同。在泄水时，作用在上游坝面的水压力可按式（1.16）近似计算（图 1.19）。

$$P = \frac{1}{2} \gamma_0 (H_1^2 - h^2) \tag{1.16}$$

式中　P——单位坝长的上游水平压力，kN/m，作用在压力图形的形心；

　　　H_1——上游水深，m；

　　　h——坝顶溢流水深，m；

　　　γ_0——水的重度，一般采用 $9.81 kN/m^3$。

3. 溢流坝下游反弧段的动水压力

可根据流体动量方程求得。若假设反弧段始、末两断面的流速相等，则单位坝长在该

反弧段上动水压力的总水平分力 P_x 与总垂直分力 P_y 的计算公式如下

$$P_x = \frac{\gamma_0 qv}{g}(\cos\varphi_2 - \cos\varphi_1) \tag{1.17}$$

$$P_y = \frac{\gamma_0 qv}{g}(\sin\varphi_2 + \sin\varphi_1) \tag{1.18}$$

式中　q——鼻坎处单宽流量，m^3/s；

　　　v——反弧段上的平均流速，m/s；

　φ_1、φ_2——反弧段圆心竖线左、右的中心角。

P_x，P_y 的作用点，可近似地认为在反弧段中央，其方向以图 1.19 所示为正。溢流面上的脉动水压力和负压对坝体稳定和坝内应力影响很小，可以忽略不计，但引起结构振动、结构安全时应计入。

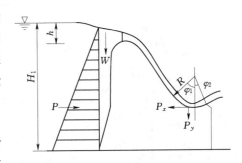

图 1.19　溢流重力坝水压力计算图

1.3.1.3　扬压力

扬压力包括渗透压力和浮托力两部分。前者由坝体上下游水位差引起，而后者是由下游水位淹没部分坝体时产生。扬压力分布图形，要根据水工结构的形式、地基地质条件和防渗排水设备分别确定。对于在坝基下游设置的抽排系统的情况，主排水孔之前部分的合力称为主排水孔前扬压力，主排水孔后的合力称为残余扬压力。

1. 坝基面上的扬压力

岩基上坝底扬压力按下列 3 种情况确定。

（1）当坝基设有防渗帷幕和排水孔时，坝底面上游坝踵处扬压力作用水头为 H_1，排水孔中心线为 $H_2 + \alpha(H_1 - H_2)$（α 为渗透压力强度系数），下游坝趾为 H_2，其间各段依次以直线连接。如图 1.20（a）、（b）、（c）、（d）所示。

（2）当坝基设有防渗帷幕和上游主排水孔，并设有下游副排水孔及抽排系统时，坝踵处扬压力作用水头为 H_1，主、副排水孔中心线处分别为 $\alpha_1 H_1$、$\alpha_2 H_2$（α_1、α_2 均为扬压力强度系数），坝趾处为 H_2，其间各段用直线连接。如图 1.20（e）所示。

（3）当坝基未设防渗帷幕和排水幕时，坝踵处扬压力作用水头为 H_1，坝趾处为 H_2，其间以直线连接。如图 1.20（f）所示。

渗透压力强度系数 α、扬压力强度系数 α_1 及残余扬压力强度系数 α_2 可参照表 1.4 采用。应注意，对河床坝段和岸坡坝段，α 取值不同，后者计及三向渗流作用，α_2 取值应大些。

当坝基仅设有防渗帷幕或排水设施时，渗透压力的分布要结合专门论证确定。

2. 坝体内部的扬压力

为了降低坝体内的扬压力，常在坝体上游面附近 3～5m 范围浇筑抗渗混凝土，并在紧靠该防渗层的下游面设排水管，从而构成了坝体的防渗排水系统。《混凝土重力坝设计

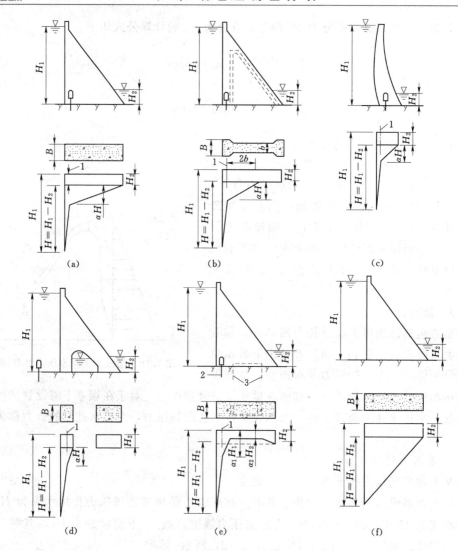

图 1.20 坝底面扬压力分布图

(a) 实体重力坝；(b) 宽缝重力坝及大头支墩坝；(c) 拱坝；(d) 空腹重力坝；

(e) 坝基设有抽排系统；(f) 未设帷幕及排水孔

1—排水孔；2—主排水孔；3—副排水孔

表 1.4　　　　　　　　　　　坝底面的渗透压力和扬压力强度系数

部位	坝型 坝基处理情况 系数	设置防渗帷幕及排水孔	设置防渗帷幕及主、副中排水孔并抽排	
		渗透压力强度系数 α	主排水孔前扬压力强度系数 α_1	残余扬压力强度系数 α_2
河床坝段	实体重力坝	0.25	0.20	0.50
	宽缝重力坝	0.20	0.15	0.50
	空腹重力坝	0.25		
	拱坝	0.25	0.20	0.50
岸坡坝段	实体重力坝	0.35		
	宽缝重力坝	0.30		

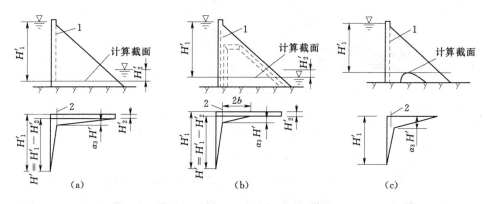

图 1.21 坝体计算截面扬压力分布

(a) 实体重力坝；(b) 宽缝重力坝；(c) 空腹重力坝

1—坝内排水管；2—排水管中心线

规范》(SL 319—2005) 规定，坝体内计算截面的扬压力分布图形，当设有坝体排水管时，可按图 1.21 确定。其中排水管中心线处的坝体内部渗透压力强度系数 α_3 可按下列情况采用。

实体重力、拱坝及空腹重力坝的实体部位采用 $\alpha_3 = 0.2$；宽缝重力坝、大头支墩坝的宽缝部位采用 $\alpha_3 = 0.15$。

当未设坝体排水管时，上游坝面处扬压力作用水头为 H_1，下游坝面处为 H_2，其间以直线连接。

1.3.1.4 泥沙压力

水库建成蓄水后，入库水流挟带的泥沙将逐年淤积在坝前，对坝体产生泥沙压力。取淤积计算年限为 50～100 年，参照经验数据，按主动土压力公式计算泥沙压力。

$$P_n = \frac{1}{2}\gamma_n h_n^2 \tan^2\left(45° - \frac{\varphi_n}{2}\right) \tag{1.19}$$

式中　P_n——泥沙压力，kN/m；

　　　γ_n——泥沙的浮重度，一般为 6.5～9.0 kN/m³；

　　　h_n——泥沙的淤积厚度，m；

　　　φ_n——泥沙的内摩擦角，对于淤积时间较长的粗颗粒泥沙 $\varphi_n = 18°～20°$，对于黏土质泥沙 $\varphi_n = 12°～14°$，对于淤泥、黏土和胶质颗粒 $\varphi_n = 0°$。

当上游坝面倾斜时，除计算水平向泥沙压力 P_n 外，还应计算铅直向泥沙压力。铅直泥沙压力可按作用在坝面上的土重计算。

1.3.1.5 浪压力

1. 波浪要素

水库水面在风的作用下产生波浪，波浪对坝面的冲击力称为浪压力。计算浪压力时，首先要计算波浪高度 h、波浪长度 L_m 和波浪中心线超出静水面的高度 h_z 等波浪要素（图 1.22）。由于影响波浪的因素很多，因此目前仍用已建水库长期观测资料所建立的经验公式进行计算。

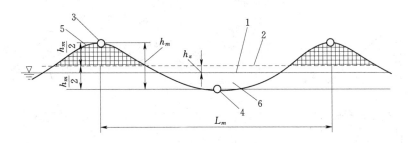

图 1.22　波浪要素

1—计算水位（静水水位）；2—平均波浪线；3—波顶；4—波底；5—波峰；6—波谷

（1）对于内陆峡谷水库，当吹程 $D<20\text{km}$，风速 $V<20\text{m/s}$ 时采用官厅水库公式计算 h 和 L_m。

$$\frac{gh}{v_0^2}=0.0076v_0^{-1/12}\left(\frac{gD}{v_0^2}\right)^{1/3} \qquad (1.20)$$

$$\frac{gL_m}{v_0^2}=0.331v_0^{-1/2.15}\left(\frac{gD}{v_0^2}\right)^{1/3.75} \qquad (1.21)$$

式中　h——波浪高度，m；

v_0——计算风速，m/s，设计情况取 50 年一遇风速，校核情况取多年平均最大风速；

D——吹程，m，可取坝前沿水面到水库对岸水面的最大直线距离；当水库水面特别狭长时，以 5 倍平均水面宽计算（图 1.23）。

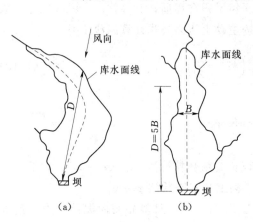

图 1.23　水库吹程

对于波浪高度 h，当 $gD/v_0^2=20\sim250$ 时，为累计频率 5% 的波高；当 $gD/v_0^2=250\sim1000$ 时，为累计频率 10% 的波高。计算浪压力时，规范规定应采用累计频率为 1% 的波高。对应于 5% 的波高，应乘以 1.24；对应于 10% 的波高，应乘以 1.41。

对于山区峡谷水库，当吹程 $D<7.5\text{km}$，风速 $V<26.5\text{m/s}$ 时，宜采用鹤地水库公式进行计算。

$$\frac{gh_{2\%}}{v_0^2}=0.00625v_0^{\frac{1}{6}}\left(\frac{gD}{v_0^2}\right)^{\frac{1}{3}} \qquad (1.22)$$

$$\frac{gL_m}{v_0^2}=0.0386\left(\frac{gD}{v_0^2}\right)^{\frac{1}{2}} \qquad (1.23)$$

由于波浪在空气和水两种介质中行进所受的阻力不同，波浪并不对称于静水面，而是波浪中心线高出静水位，如图 1.22 所示，其数值 h_z 按式（1.24）计算：

$$h_z=\frac{\pi h_{1\%}^2}{L_m}\text{cth}\frac{2\pi H_1}{L_m} \qquad (1.24)$$

式中　H_1——坝前水库水深，m；

$\operatorname{cth}\dfrac{2\pi H_1}{L_m}$——反双曲函数，取值为 $[0，1]$。

（2）对于平原、滨海地区水库，宜采用福建莆田试验站公式计算 h 和 L_m。

1）平均波高 h_m 和平均波周期 T_m。

$$\frac{gh_m}{v_0^2}=0.13\operatorname{th}\left[0.7\left(\frac{gH_m}{v_0^2}\right)^{0.7}\right]\operatorname{th}\left[\frac{0.0018(gD/v_0^2)^{0.45}}{0.13\operatorname{th}0.7(gH_m/v_0^2)^{0.7}}\right] \tag{1.25}$$

$$\frac{gT_m}{v_0}=13.9\left(\frac{gh_m}{v_0^2}\right)^{0.5} \tag{1.26}$$

式中　h_m——平均波高，m；

　　　H_m——风区内的平均水深，m；

　　　T_m——平均波周期，s。

2）计算波高 h_p。根据水闸级别，由表 1.5 查得波列的累积频率 P（%）值，再根据 P（%）及 h_m/H_m 值，查表 1.6 得 h_p/h_m 值，从而计算出波高 h_p。

表 1.5　　　　　　　　　　　　　　　　　P　值　表

水闸级别	1	2	3	4	5
P（%）	1	2	5	10	20

表 1.6　　　　　　　　　　　　　　　　　h_p/h_m　值　表

h_m/H_m ＼ P（%）	0.1	1	2	5	10	20	50
0.0	2.97	2.42	2.23	1.95	1.71	1.43	0.94
0.1	2.70	2.26	2.09	1.87	1.65	1.41	0.96
0.2	2.46	2.09	1.96	1.76	1.59	1.37	0.98
0.3	2.23	1.93	1.82	1.66	1.52	1.34	1.00
0.4	2.01	1.78	1.68	1.56	1.44	1.30	1.01
0.5	1.80	1.63	1.56	1.46	1.37	1.25	1.01

3）计算平均波长 L_m。

$$当 \frac{H_m}{L_m}\geqslant 0.5 \text{ 时，} L_m=\frac{gT_m^2}{2\pi} \tag{1.27}$$

$$当 \frac{H_m}{L_m}<0.5 \text{ 时，} L_m=\frac{gT_m^2}{2\pi}\operatorname{th}\frac{2\pi H_m}{L_m} \tag{1.28}$$

4）计算临界水深 H_{cr}。

$$H_{cr}=\frac{L_m}{4\pi}\ln\frac{L_m+2\pi h_{1\%}}{L_m-2\pi h_{1\%}} \tag{1.29}$$

5）波浪中心线高出静水位 h_z 仍按式（1.24）计算。

2. 浪压力的计算

当重力坝的迎水面为铅直或接近铅直时，波浪推进到坝前，受到坝的阻挡，而使波浪壅高形成驻波。计算浪压力和坝顶超高时，坝前波浪在静水位以上的高度为 $h_{1\%}+h_z$。此外，随着建筑物迎水面前水深的不同，可能产生3种波态：深水波、浅水波和破碎波（见图1.24），浪压力计算时需根据不同波态选择相应的计算公式。

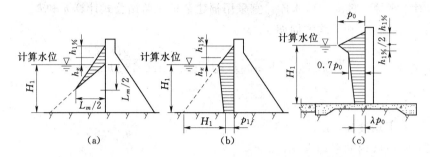

图1.24 直墙式挡水面浪压力分布图

（1）当 $H_1 \geqslant H_{cr}$ 和 $H_1 \geqslant L_m/2$ 时见图1.24（a），单位长度上的浪压力计算公式为

$$p_{uk} = \frac{1}{4}\gamma L_m(h_{1\%}+h_z) \tag{1.30}$$

（2）当 $H_{cr} \leqslant H_1 < L_m/2$ 时见图1.24（b），单位长度上的浪压力计算公式为

$$p_{uk} = \frac{1}{2}\left[(h_{1\%}+h_z)(\gamma H_1 + p_{1f}) + H_1 p_{1f}\right] \tag{1.31}$$

$$p_{1f} = \gamma h_{1\%} \operatorname{sech} \frac{2\pi H_1}{L_m} \tag{1.32}$$

式中　p_{1f}——坝基底面处剩余浪压力强度，kPa。

（3）当 $H_1 < H_{cr}$ 时见图1.26（c），单位长度上的浪压力计算公式为

$$p_{uk} = \frac{1}{2}p_0\left[(1.5-0.5\lambda)h_{1\%} + (0.7+\lambda)H_1\right] \tag{1.33}$$

$$p_0 = K_i \gamma h_{1\%} \tag{1.34}$$

式中　λ——浪压力强度折减系数，$H_1 \leqslant 1.7h_{1\%}$ 时，λ 为0.6，$H_1 > 1.7h_{1\%}$ 时，λ 为0.5；

　　　　p_0——计算水位处的浪压力强度，kPa；

　　　　K_i——底坡影响系数，见表1.7（i 为坝前一定距离库底纵坡平均值）。

表1.7　　　　　　　　　　　　　底坡影响系数 K_i 取值表

底坡 i	1/10	1/20	1/30	1/40	1/50	1/60	1/80	1/100
K_i	1.89	1.61	1.48	1.41	1.36	1.33	1.29	1.25

1.3.1.6　地震力

在地震区筑坝，必须考虑地震的影响。地震对建筑物的影响程度常用地震烈度表示。地震烈度划分为12度，烈度越大，对建筑物的影响越大。在抗震设计中常用到基本烈度和设计烈度两个概念。基本烈度是指该地区今后50年期限内，可能遭遇大于概率（P_{50}）为0.10的地震烈度。设计烈度是指设计时采用的地震烈度。一般情况下，采用基本烈度作为设计烈度；但对1级建筑物，可根据工程重要性和遭受震害的危险性，在基本烈度的基础上提高一度作为设计烈度。设计烈度为7度及以上的地震区应考虑地震力，设计烈度

超过9度时，应进行专门研究。设计烈度为6度及以下时，一般不考虑地震力。

地震力包括由建筑物重量引起的地震惯性力、地震动水压力和动土压力。地震对扬压力、坝前泥沙压力和浪压力的影响可不考虑。地震惯性力按式（1.35）、式（1.36）计算。

水平向 $\qquad\qquad F_i = a_h \xi G_{Ei} \alpha_i / g$ $\qquad\qquad$ (1.35)

垂直向 $\qquad\qquad F_i = a_v \xi G_{Ei} \alpha_i / g$ $\qquad\qquad$ (1.36)

式中 $\quad a_h$——水平向设计地震加速度，烈度为7、8、9度时分别取0.1g、0.2g、0.4g；

$\quad a_v$——竖向设计地震加速度，$a_v \approx 2/3 a_h$；

$\quad \xi$——地震作用效应折减系数，一般取 $\xi = 0.25$；

$\quad G_{Ei}$——集中在质点的重力作用标准值；

$\quad \alpha_i$——动态分布系数。

同时计入水平力和竖直力时，竖直力还应乘以折减系数0.5。

《水工建筑物抗震设计规范》（SL 203—97）规定：对于工程抗震设防类别为甲级（基本烈度不小于6度的1级坝）时，其地震作用效应计算应采用动力分析方法；对于设防类别为乙、丙级，设计烈度低于8度，且坝高小于或等于70m的重力坝可采用拟静力法计算；对于丁级（基本烈度不小于7度的4、5级坝）建筑物，可以用拟静力法计算或着重采取措施而不用计算。具体计算方法可参阅《水工建筑物抗震设计规范》（SL 203—97，DL5073—2000）。

1.3.1.7 冰压力

1. 静冰压力

库水结冰后，当气温升高时，冰层膨胀对坝面产生的压力称作静冰压力。静冰压力的大小取决于冰的最低温度、温度回升率、冰层厚度、热膨胀系数、冰的抗压强度和岸边对冰层的约束情况等。一般在确定开始升温时的气温及气温上升率后，可由表1.8查得单位长度上的静冰压力，乘以冰厚即为作用在单位坝长上的静冰压力。

当水库在冬季采用破冰、融冰措施以清除冰压力对建筑物的影响时，可不考虑坝体上的冰压力。

表1.8 　　　　　　　　　　　　　静 冰 压 力 标 准 值

冰层厚度（m）	0.4	0.6	0.8	1.0	1.2
静冰压力（kN/m）	85	180	215	245	280

注 1. 冰层厚度取多年平均年最大值。

2. 对于小型水库，应将静冰压力标准值乘以0.87；库面开阔的大型平原水库，应乘1.25。

3. 表中值仅适用于结冰期内水库水位基本不变的情况。结冰期间水库水位变动时应作专门研究。

4. 静冰压力数值可按表列冰厚内插。

2. 动冰压力

当冰盖破碎后发生冰块流动，流冰撞击坝面而产生的冲击力称为动冰压力。动冰压力的大小与冰的运动速度、冰块尺寸、建筑物表面积的大小和形状、风向和风速、流冰的抗碎强度等因素有关。

（1）冰块撞击在铅直坝面时的动冰压力可按式（1.37）计算。

$$P_{bd} = 0.07 V_b d_b \sqrt{A_b f_{ic}} \tag{1.37}$$

式中 P_{bd}——冰块撞击在铅直坝面时的动冰压力，kN；

        f_{ic}——冰的抗压强度，对于水库可取 0.3MPa，对于河流，流冰初期取 0.45MPa，后期可取 0.3MPa；

        V_b——冰块流速，对于大水库应通过研究确定，一般不大于 0.6m/s；

        A_b——冰块的面积，m²；

        d_b——冰块的厚度，m。

（2）冰块撞击在铅直闸墩上的动冰压力按式（1.38）计算。

$$P'_{bd} = m R_b B d_b \tag{1.38}$$

式中 P'_{bd}——冰块撞击在铅直闸墩上的动冰压力，kN；

        R_b——冰的抗压强度，当无资料时，在结冰初期取 750kPa，末期可取 450kPa；

        B——闸墩在冰层处的前沿宽度，m；

        m——闸墩的平面形状系数，按表 1.9 采用；

其他符号意义同前。

表 1.9   闸 墩 的 平 面 形 状 系 数

闸墩的平面形状	半圆形或多边形	矩 形	三 角 形（顶端角度 α）					
			45°	60°	75°	90°	120°	150°
形状系数 m	0.9	1.0	0.54	0.59	0.64	0.69	0.77	1.00

1.3.2   荷载组合

作用在重力坝上的各种荷载，除坝体自重外，都有一定的变化范围。例如在正常运行、放空水库、设计或校核洪水等情况，其上下游水位各不相同。当水位发生变化时，相应的水压力、扬压力亦随之变化。又如在短期宣泄最大洪水时，就不一定会同时发生强烈地震。再如当水库水面封冻，坝面受静冰压力作用时，波浪压力就不存在。因此，在进行坝的设计时，应该根据"可能性和最不利"的原则，把各种荷载合理地组合成不同的设计情况，然后进行安全核算，以妥善解决安全和经济的矛盾。

作用于重力坝上的荷载，按其出现的几率和性质，可分为基本荷载和特殊荷载。

1.3.2.1   基本荷载

基本荷载包括：1）坝体及其上永久设备自重，2）正常蓄水位或设计洪水位时大坝上、下游面的静水压力（选取一种控制情况），3）相应于正常蓄水位或设计洪水位时扬压力，4）大坝上游淤沙压力，5）相应于正常蓄水位或设计洪水位时的浪压力，6）冰压力，7）土压力，8）设计洪水位时的动水压力，9）其他出现机会较多的作用。

1.3.2.2   特殊荷载

特殊荷载包括：10）校核洪水位时的大坝上、下游面的静水压力，11）相应于校核洪水位时的扬压力，12）相应于校核洪水位时的浪压力，13）相应于校核洪水位时的动水压力，14）地震荷载，15）其他出现机会很少的荷载。

重力坝抗滑稳定及坝体应力计算的荷载组合分为基本组合和特殊组合两种情况。荷载组合按表 1.10（表中数字即荷载的序号）考虑，必要时还可考虑其他的不利组合。

表 1.10   荷 载 组 合

荷载组合	主要考虑情况	荷 载										附 注
		自重	静水压力	扬压力	淤沙压力	浪压力	冰压力	地震荷载	动水压力	土压力	其他荷载	
基本组合	（1）正常蓄水位情况	1）	2）	3）	4）	5）	—	—	—	7）	9）	土压力根据坝体外是否有填土而定
	（2）设计洪水位情况	1）	2）	3）	4）	5）	—	—	8）	7）	9）	
	（3）冰冻情况	1）	2）	3）	4）	—	6）	—	—	7）	9）	静水压力及扬压力按相应冬季库水位计算
特殊组合	（1）校核洪水情况	1）	10）	11）	4）	12）	—	—	13）	7）	15）	
	（2）地震情况	1）	2）	3）	4）	5）	—	14）	—	7）	15）	静水压力、扬压力和浪压力按正常水位计算，有论证时可另作规定

注 1. 应根据各种荷载同时作用的实际可能性，选择计算中最不利的荷载组合。
　　2. 分期施工的坝应按相应的荷载组合分期进行计算。
　　3. 施工期的情况应进行必要的核算，作为特殊组合。
　　4. 根据地质和其他条件，如考虑运用时排水设备易于堵塞，须经常维修时，应考虑排水失效的情况，作为特殊组合。
　　5. 地震情况，如按冬季计及冰压力，则不计浪压力。
　　6. 对于以防洪为主的水库，正常蓄水位较低时，采用设计洪水位情况进行组合。

1.4　重力坝的稳定分析

　　抗滑稳定分析是重力坝设计中的一项重要内容，其目的是核算坝体沿坝基面或沿地基深层软弱结构面抗滑稳定的安全性能。因为重力坝沿坝轴线方向用横缝分隔成若干个独立的坝段，假设横缝不传力，所以稳定分析可以按平面问题进行，取一个坝段或单位宽度作为计算单元。

　　岩基上的重力坝常见的失稳形式有两种。一种是沿坝体抗剪能力不足的薄弱面滑动，这种薄弱面包括坝体与坝基的接触面和坝基岩体内有连续的断层破碎带。另一种是在各种荷载作用下，上游坝踵出现拉应力导致裂缝，或下游坝趾压应力过大，超过坝基岩体或坝体混凝土的允许强度而被压碎，从而产生倾覆破坏。当重力坝满足抗滑稳定和应力要求时，通常不必校核抗倾覆的安全性。

　　核算坝体沿坝基面的抗滑稳定性时，应按抗剪强度公式或抗剪断强度公式进行计算。

1.4.1 抗剪强度公式（摩擦公式）

坝体抗滑稳定计算简图如图 1.25 所示。

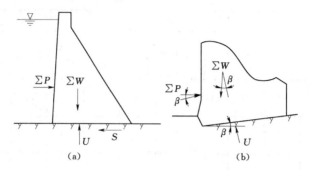

图 1.25　坝体抗滑稳定计算简图

抗剪强度分析法把坝体与基岩间看成是一个接触面，而不是胶结面，其抗滑稳定安全系数 K_s 为

$$K_s = \frac{f\sum W}{\sum P} \tag{1.39}$$

式中　K_s——按抗剪强度公式计算的抗滑稳定安全系数；

　　　$\sum W$——作用在坝体上全部荷载（包括扬压力，下同）对滑动平面法向分力的代数和，kN；

　　　$\sum P$——作用在坝体上全部荷载对滑动平面切向分力的代数和，kN；

　　　f——坝体混凝土与坝基的接触面间的抗剪摩擦系数，缺乏试验资料时，可按表 1.11、表 1.12 选用。

表 1.11　　　　　　　　　　　　　　坝 基 岩 体 力 学 参 数

岩体分类	混凝土与坝基接触面			岩　　　体		变 形 模 量 E_0（GPa）
	f'	c'（MPa）	f	f'	c'（MPa）	
Ⅰ	1.50～1.30	1.50～1.30	0.85～0.75	1.60～1.40	2.50～2.00	40.0～20.0
Ⅱ	1.30～1.10	1.30～1.10	0.75～0.65	1.40～1.20	2.00～1.50	20.0～10.0
Ⅲ	1.10～0.90	1.10～0.70	0.65～0.55	1.20～0.80	1.50～0.70	10.0～5.0
Ⅳ	0.90～0.70	0.70～0.30	0.55～0.40	0.80～0.55	0.70～0.30	5.0～2.0
Ⅴ	0.70～0.40	0.30～0.05	—	0.55～0.40	0.30～0.05	2.0～0.2

注　1. f'、c' 为抗剪断参数；f 为抗剪参数。

　　2. 表中参数限于硬质岩，软质岩应根据软化系数进行折减。

表 1.12　　　　　　　　　　　　结构面、软弱层和断层力学参数

类　　　型	f'	c'（MPa）	f
胶结的结构面	0.80～0.60	0.250～0.100	0.70～0.55
无充填的结构面	0.70～0.45	0.150～0.050	0.65～0.40
岩块岩屑型岩	0.55～0.45	0.250～0.100	0.50～0.40
岩屑夹泥型	0.45～0.35	0.100～0.050	0.40～0.30
泥夹岩屑型	0.35～0.25	0.050～0.020	0.30～0.23
泥	0.25～0.18	0.005～0.002	0.23～0.18

注　1. f'、c' 为抗剪断参数；f 为抗剪参数。

　　2. 表中参数限于硬质岩中的结构面。

　　3. 软质岩中的结构面应进行折减。

　　4. 胶结或无充填的结构面抗剪断强度，应根据结构面的粗糙程度选取大值或小值。

由于抗剪强度公式未考虑坝体混凝土与基岩间的胶结作用，因此该公式不能完全反映坝的实际工作状态，只是一个抗滑稳定的安全指标，《混凝土重力坝设计规范》（SL 319—2005）给出的控制值也较小，具体见表1.13。

表1.13　　　　　　　　　　抗滑稳定的安全系数 K_s、K'_s

安全系数 荷载组合 坝的级别	抗剪强度公式安全系数 K_s			抗剪断强度公式安全系数 K'_s		
	1	2	3	1	2	3
基本组合	1.10	1.05	1.05		3.0	
特殊组合1	1.05	1.00	1.00		2.5	
特殊组合2	1.00	1.00	1.00		2.3	

1.4.2　抗剪断强度公式

抗剪断强度公式计算坝基面的抗滑稳定安全系数，认为坝体与基岩胶结良好，滑动面上的阻滑力包括抗剪断摩擦力和抗剪断黏聚力，其抗滑稳定安全系数由式（1.40）计算。

$$K'_s = \frac{f'\sum W + c'A}{\sum P} \qquad (1.40)$$

式中　K'_s——按抗剪断强度公式计算的抗滑稳定安全系数；

f'——坝体混凝土与坝基的接触面间的抗剪断摩擦系数；

c'——坝体混凝土与坝基的接触面间的抗剪断黏聚力，MPa；

A——坝体与坝基接触面的面积，m^2；

其他符号意义同前。

式（1.40）考虑了坝体的胶结作用，计入了摩擦力和黏聚力，是比较符合坝的实际工作状态的，物理概念也比较明确。当无实验资料时，f'、c' 值可参考表1.11、表1.12选用。

1.4.3　提高坝体抗滑稳定性的措施

当坝体的抗滑稳定安全系数不能满足要求时，除改变坝体的剖面尺寸外，还可以采取以下的工程措施提高坝体的稳定性。

（1）利用水重。将坝体的上游面做成倾向上游的斜面或折坡面，利用坝面上的水重增加坝的抗滑力，以达到提高坝体稳定的目的。

（2）减小扬压力。通过结构措施或工程措施加强防渗排水，以达到减小扬压力的目的。

（3）提高坝基面的抗剪断参数 f'、c' 值。措施包括：将坝基开挖成"锯齿状"等形式；对整体性较差的地基进行固结灌浆；设置齿墙或抗剪键槽等。

（4）预应力锚固措施。一般是在靠近坝体上游面采用深孔锚固预应力钢索，既增加了坝体稳定性，又可消除坝踵处的拉应力。

（5）增大筑坝材料重度（在坝体混凝土中埋置重度大的块石），或将坝基面开挖成倾向上游的斜面，借以增加抗滑力，提高稳定性。

1.5 重 力 坝 的 应 力 分 析

1.5.1 重力坝应力分析的目的与方法

（1）应力分析的目的。①检验大坝在施工期和运行期是否满足要求；②研究、解决设计和施工中的某些问题。

（2）应力分析的过程。首先进行荷载计算和荷载组合，然后选择适宜的方法进行应力计算，最后检验坝体各部位的应力是否满足强度要求。

（3）应力分析方法。可归结为理论计算和模型试验两大类。对于中、小型工程，一般可只进行理论计算。理论计算法又包括材料力学法、弹性理论的解析法和有限元法，其中材料力学法应用最广、最简便，也是重力坝设计规范中规定采用的计算方法之一。

1.5.2 材料力学法

1.5.2.1 材料力学法的基本假定

（1）假定坝体混凝土为均质、连续、各向同性的弹性材料。

（2）假定坝段为固接于地基上的悬臂梁，不考虑地基变形对坝体应力的影响，并认为各坝段独立工作，横缝不传力。

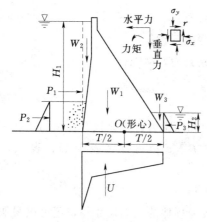

图 1.26 坝体应力计算简图

（3）假定坝体水平截面上的垂直正应力按直线分布，其数值可按偏心受压公式计算，其他应力分量可根据静力平衡条件确定，且不考虑廊道等对坝体应力的影响。

1.5.2.2 边缘应力计算

材料力学法通常沿坝轴线取单位长度（1m）的坝体作为计算对象。坝体的最大和最小应力一般发生在上、下游坝面，且计算坝体内部应力也需要以边缘应力作为边界条件，同时对于较低重力坝的强度，只需用边缘应力控制即可，所以，应首先计算坝体边缘应力。计算简图、荷载及应力的正方向，如图 1.26 所示。

1. 上、下游坝面垂直正应力

$$\begin{matrix} \sigma_y^u \\ \sigma_y^d \end{matrix} = \frac{\sum W}{T} \pm \frac{6\sum M}{T^2} \tag{1.41}$$

式中　σ_y^u——上游面垂直正应力，kPa；

　　　σ_y^d——下游面垂直正应力，kPa；

　　　T——坝体计算截面沿上下游方向的水平宽度，m；

　　　$\sum W$——计算截面以上所有垂直分力的代数和（包括扬压力，下同），以向下为正，kN；

　　　$\sum M$——计算截面以上所有作用力对计算截面形心的力矩代数和（以逆时针方向为正），kN·m；

2. 上、下游面坝剪应力

$$\tau^u = (p - p_u^u - \sigma_y^u)m_1 \tag{1.42}$$

$$\tau^d = (\sigma_y^d - p' + p_u^d)m_2 \tag{1.43}$$

式中　τ^u——上游面剪应力，kPa；

$\quad\quad\ \tau^d$——下游面剪应力，kPa；

$\quad\quad\ p$——计算截面在上游坝面所承受的水压力强度（如有泥沙压力和地震动水压力时，应计入在内），kPa；

$\quad\quad\ p'$——计算截面在下游坝面所承受的水压力强度（如有泥沙压力和地震动水压力时，应计入在内），kPa；

$\quad\quad\ p_u^u$——计算截面在上游坝面处的扬压力强度，kPa；

$\quad\quad\ p_u^d$——计算截面在下游坝面处的扬压力强度，kPa；

$\quad\quad\ m_1$——上游坝坡坡率；

$\quad\quad\ m_2$——下游坝坡坡率；

其他符号意义同前。

3. 上、下游坝面水平正应力

$$\sigma_x^u = (p - p_u^u) - (p - p_u^u - \sigma_y^u)m_1^2 \tag{1.44}$$

$$\sigma_x^d = (p' - p_u^d) + (\sigma_y^d - p' + p_u^d)m_2^2 \tag{1.45}$$

式中　σ_x^u——上游面水平正应力，kPa；

$\quad\quad\ \sigma_x^d$——下游面水平正应力，kPa；

其他符号意义同前。

4. 上、下游坝面主应力

$$\sigma_1^u = (1 + m_1^2)\sigma_y^u - m_1^2(p - p_u^u) \tag{1.46}$$

$$\sigma_2^u = p - p_u^u \tag{1.47}$$

$$\sigma_1^d = (1 + m_2^2)\sigma_y^d - m_2^2(p' - p_u^d) \tag{1.48}$$

$$\sigma_2^d = p' - p_u^d \tag{1.49}$$

式中　σ_1^u、σ_2^u——上游面主应力，kPa；

$\quad\quad\ \sigma_1^d$、σ_2^d——下游面主应力，kPa；

其他符号意义同前。

以上各式适用于考虑扬压力的情况。如果不计截面上扬压力的作用时，则上游面和下游面的各种应力计算公式中将 p_u^u 和 p_u^d 取值为零。

1.5.3　强度校核

1.5.3.1　重力坝坝基面坝踵和坝趾的垂直应力

重力坝坝基面坝踵、坝趾的垂直应力应符合下列要求。

（1）运用期。在各种荷载组合下（地震荷载除外），坝踵垂直正应力不应出现拉应力，坝趾垂直正应力应小于坝基容许压应力；在地震荷载作用下，坝踵、坝趾的垂直应力应符合《水工建筑物抗震设计规范》（SL 203—97）的要求。

（2）施工期。坝趾垂直正应力允许有小于 0.1MPa 的拉应力。

1.5.3.2　重力坝坝体应力

重力坝坝体应力应符合下列要求。

1. 运用期

(1) 坝体上游面的垂直正应力不出现拉应力（计扬压力）。

(2) 坝体最大主压应力，不应大于混凝土的允许压应力值。

(3) 在地震荷载作用下，坝体上游面的应力控制标准应符合《水工建筑物抗震设计规范》（SL 203—97）的要求。

2. 施工期

(1) 坝体任何截面上的主压应力不应大于混凝土的允许压应力。

(2) 在坝体的下游面，允许有不大于 0.2MPa 的主拉应力。

混凝土的允许应力按混凝土的极限强度除以相应的安全系数确定。坝体混凝土抗压安全系数，基本组合不应小于 4.0，特殊组合（不含地震情况）不应小于 3.5。当局部混凝土有抗拉要求时，抗拉安全系数不应小于 4.0。混凝土极限抗压强度是指 90d 龄期的 15cm 立方体强度，强度保证率应达 80% 以上。

地震荷载是一种出现机会较少的荷载，在动荷载的作用下混凝土材料的允许应力可适当提高，并允许产生一定的瞬时拉应力。

【**例 1.1**】 某混凝土重力坝为 3 级建筑物，剖面尺寸如图 1.27 所示。设计洪水位 177.20m，相应下游水位 154.30m；校核洪水位 177.80m，相应下游水位 154.70m；正常高水位 176.00m，相应下游水位 154.00m；死水位 160.40m，淤沙高程 160.40m；水的重度取 $10.0kN/m^3$，淤沙的浮重度为 $8.0kN/m^3$，内摩擦角 $\varphi=18°$；混凝土强度等级为 C10，混凝土的允许压应力为 2.5MPa，混凝土重度取 $24kN/m^3$；坝基为较完整的微风化花岗片麻岩，允许压应力为 20MPa，摩擦系数 $f=0.6$；帷幕及排水孔的中心线距上游坝脚分别为 5.3m 和 6.8m，排水处扬压力折减系数 $\alpha=0.3$。地震设计烈度为 Ⅵ 度，50 年一遇风速 22.5m/s，水库吹程 $D=3km$。试核算基本组合的设计洪水位情况下：

(1) 坝体与坝基接触面的抗滑稳定性。

(2) 坝趾和坝踵垂直正应力是否满足要求。

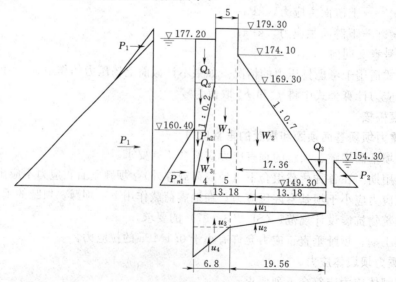

图 1.27 坝体剖面及荷载计算简图（单位：m）

解:

(1) 荷载及组合计算。

1) 波浪要素计算。已知设计洪水位50年一遇风速 $v_0=22.5\text{m/s}$，吹程 $D=3\text{km}$，应采用鹤地公式，则

$$h_{2\%}=0.00625v_0^{\frac{1}{8}}\left(\frac{gD}{v_0^2}\right)^{\frac{1}{3}}\frac{v_0^2}{g}$$

代入数据计算得：$h_{2\%}=1.84\text{m}$。

$$L_m=0.00386\left(\frac{gD}{v_0^2}\right)^{\frac{1}{2}}\frac{v_0^2}{g}$$

代入数据计算得：$L_m=15.18\text{m}$。

根据表1.7，将频率为2%的浪高转化为频率为1%的浪高，即

$$h_{1\%}=\frac{2.26}{2.09}\times h_{2\%}$$

则：$h_{1\%}=1.99\text{m}$。

$$h_z=\frac{\pi h_{1\%}^2}{L_m}\text{cth}\frac{2\pi H_1}{L_m}$$

则：$h_z=0.819\text{m}$。

又因为 $H_1=27.9\text{m}>L_m/2=7.59\text{m}$，所以浪压力可按深水波计算。

2) 荷载计算。作用在重力坝上的荷载包括坝体自重、水平水压力、水重、扬压力、浪压力、水平泥沙压力和垂直泥沙压力，荷载及其对坝基截面形心力矩的值，见计算简图1.27和表1.14。

表1.14 荷 载 计 算 表

荷 载	符号	计 算 式	垂直力（kN）↓	垂直力（kN）↑	水平力（kN）←	水平力（kN）→	对坝底面中心的偏心距（m）	力矩（kN·m）↙+	力矩（kN·m）↘-
自重	W_1	$5\times(179.3-149.3)\times24$	3600				$13.2-4-5/2=7$	24120	
	W_2	$[(19.56+6.8)-9]\times$ $(174.1-149.3)/2\times24$	5166				$13.2-9-17.4/3=-1.6$		8266
	W_3	$4\times20\times24/2$	960				$13.2-4\times2/3=10.5$	10080	
上游水平水压力	P_1	$1/2\times10\times(177.2-149.3)^2$				3892	$27.9/3=9.3$		36196
下游水平水压力	P_2	$1/2\times10\times(154.3-149.3)^2$			125		$5/3=1.7$		213
上游水重	Q_1	$4\times(177.2-169.3)\times10$	316				$13.2-4/2=11.2$	3539	
	Q_2	$4\times(169.3-149.3)\times10/2$	400				$13.2-4/3=11.9$	4760	
下游水重	Q_3	$0.7\times(154.3-149.3)^2$ $\times10/2$	88				$13.2-5\times0.7/3=12.0$		1056
浮托力	U_1	$26.4\times(154.3-149.3)$ $\times10$		1320			0	0	0
渗透压力	U_2	$19.6\times0.3(177.2-154.3)$ $\times10/2$		673			$13.2-6.8-19.6/3=0.1$	67	
	U_3	6.8×0.3 $(177.2-154.3)\times10$		467			$13.2-6.8/2=9.8$		4577
	U_4	$6.8\times(22.9-6.87)\times10/2$		545			$13.2-6.8/3=10.9$		5941

续表

荷 载	符号	计 算 式	垂直力(kN)		水平力(kN)		对坝底面中心的偏心距(m)	力矩(kN·m)	
			↓	↑	←	→		↙+	↘−
浪压力	P_{11}	$(15.2/2+0.819+1.99)$ $\times 7.59\times 10/2$				395	$27.9-7.6+(7.6+1.99$ $+0.819)/3=23.8$		9401
	P_{12}	$7.59^2\times 10/2$			288		$27.9-7.6\times 2/3=22.8$		6566
水平泥沙压力	P_{n1}	$8\times 11.1^2\tan^2$ $(45°-18°/2)/2$			260		$11.1/3=3.7$		962
垂直泥沙压力	P_{n2}	$8\times 0.2\times 11.1^2/2$	99				$13.2-11.1\times 0.2/3=12.5$	1238	
合计			10629	3005	413	4547		50595	63650
总计			7624		4134			−13055	

(2)坝基面抗滑稳定性核算。

$$\sum W=7624(\text{kN}),\ \sum P=4134(\text{kN})$$

$$K=\frac{f\sum W}{\sum P}=\frac{0.6\times 7624}{4134}=1.11>1.05$$

故在设计洪水位情况下,坝基面的抗滑稳定性满足要求。

(3)坝趾和坝踵应力核算。

已知计及扬压力时坝基面上的 $\sum W=7624\text{kN}$,$\sum M=-13055\text{kN·m}$;不计扬压力时坝基面上的 $\sum W=10629\text{kN}$,$\sum M=-2604\text{kN·m}$。

1)坝踵垂直正应力(计扬压力)。

$$\sigma_y^u=\frac{\sum W}{T}+\frac{6\sum M}{T^2}=\frac{7624}{26.4}+\frac{6\times(-13055)}{26.4^2}=176.4(\text{kPa})>0$$

2)坝趾垂直正应力(计或不计扬压力)。

不计扬压力时 $\quad\sigma_y^d=\frac{\sum W}{T}-\frac{6\sum M}{T^2}=\frac{10629}{26.4}-\frac{6\times(-2604)}{26.4^2}=425.03(\text{kPa})$

计入扬压力时 $\quad\sigma_y^d=\frac{\sum W}{T}-\frac{6\sum M}{T^2}=\frac{7624}{26.4}-\frac{6\times(-10355)}{26.4^2}=401.18(\text{kPa})$

远小于坝基和坝体允许压应力。

故在设计洪水位情况下,坝趾和坝踵应力满足要求。

1.6 重 力 坝 的 泄 水 孔

1.6.1 坝身泄水孔的作用

坝身泄水孔的进口全部淹没在设计水位以下,随时可以放水,故又称深式泄水孔。其作用有:①预泄洪水,增大水库的调蓄能力;②放空水库以便检修;③排放泥沙,减少水库淤积,延长水库使用寿命;④向下游供水,满足航运和灌溉要求;⑤施工导流。

1.6.2 坝身泄水孔的组成及形式

(1)泄水孔的组成。一般由进口段、闸门控制段、孔身段和出口消能段组成。

(2)泄水孔的形式。按孔身水流条件,坝身泄水孔可分为无压和有压两种类型。前者指泄水时除进口附近一段为有压外,其余部分均处于明流无压状态(图1.28)。后者是指闸门全开时,整个管道都处于满流承压状态(图1.29)。无压孔的有压段又包括进口段、门槽段和压坡段三个部分,压坡段末端设工作闸门;有压孔的进口段之后为事故检修门门槽段,其后接平坡段或小于1:10的缓坡段,工作闸门设在出口端,其前为压坡段。

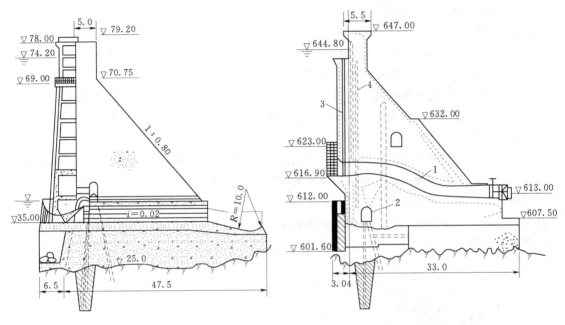

图1.28 无压泄水孔(单位:m) 图1.29 有压泄水孔(单位:m)

1—泄水孔;2—廊道;3—检修槽;4—通气孔

无压泄水孔的优点:①明流段不用钢板衬砌;②施工简单,干扰少,利于加快施工进度。缺点:对坝体削弱较大。丹江口、三门峡、刘家峡就是采用无压泄水孔。

有压泄水孔的优点:①工作闸门布置在出口处,门口为大气,可以部分开启;②出口高程较低,作用水头大,断面尺寸小。缺点:闸门关闭时,孔内承受较大的内水压力,对坝体的应力和防渗都不利,常需要钢板衬砌。

发电引水应为有压孔,其他用途的泄水孔,可以是有压或无压的。有压孔的工作闸门一般都设在出口,孔内始终保持满水有压状态。无压孔的工作闸门和检修闸门都设在进口,工作闸门后的孔口断面扩大抬高,以保证门后为无压明流。

1.6.3 泄水孔的布置

坝身泄水孔应根据其用途、枢纽布置要求、地形地质条件和施工条件等因素进行布置。泄洪孔宜布置在河槽部位,以便下泄水流与下游河道衔接。当河谷狭窄时,宜设在溢流坝段;当河谷较宽时,则可考虑布置于非溢流坝段。其进口高程在满足泄洪任务的前提下,应尽量高些,以减小进口闸门上的水压力;灌溉孔应布置在灌区一岸的坝段上,以便与灌溉渠道连接,其进口高程则应根据坝后渠首高程来确定,必要时,也可根据泥沙和水温情况分层设置进水口;排沙底孔应尽量靠近电站、灌溉孔的进水口及船闸闸首等需要排沙的部位；发电进水口的高程，应根据水力动能设计要求和泥沙条件确定。一般设于水库最低工作水位以下一倍孔口高度处，并应高出淤沙高程 1m 以上；为放空水库而设置的放水孔，施工导流孔，一般均布置得较低。

坝身泄水的水流流速高，边界条件复杂，应十分重视进口、闭门槽、渐变段、竖向连接段的体型设计，并注意施工质量，提高表面糙度，否则容易引起空蚀破坏。

1.6.4 泄水孔的体型与构造

1.6.4.1 有压泄水孔

（1）进水口。为使水流平顺、减少水头损失，避免孔壁空蚀，进口形状应尽可能符合流线变化规律，工程中宜采用四侧或顶侧面椭圆曲线进水口，其典型布置如图 1.30 所示。

（2）出水口。有压泄水孔的出口控制着整个泄水孔内的内水压力状况。为消除负压，避免出现空蚀破坏宜，将出口断面缩小，收缩量大致为孔身面积的 $10\% \sim 15\%$，并将孔顶降低，孔顶坡比可取 $1:10 \sim 1:5$。

（3）孔身断面及渐变段。有压泄水孔的断面一般为圆形，但进出口部分为适应闸门要求应为矩形断面，故圆、矩形断面间应设渐变段过渡连接。

（4）闸门槽。有压泄水孔出口的工作闸门，一般采用不设门槽的弧形闸门，而进口检修闸门常采用平面闸门。若闸门槽体型设计不当，很容易产生空蚀。对高水头的情况，闸门槽应用如图 1.31 所示的形状。

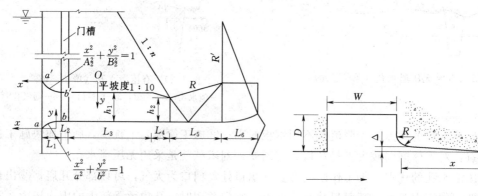

图 1.30　有压泄水孔典型布置图

图 1.31　闸门槽形状图
$W/D = 1.6 \sim 1.8$；$\Delta/D = 0.05 \sim 0.08$
$R/D = 0.1$；$x/\Delta = 10 \sim 12$

（5）通气孔。通气孔的作用是关闭检修闸门后，开工作闸门放水，向孔内充气；检修完毕后，关闭工作闸门，向闸门之间充水时排气。通气孔的断面积由计算确定，但宜大于充水管或排水管的过水断面积。为防止发生事故，通气孔的进口必须与闸门启闭室分开，以免影响工作人员的安全。

1.6.4.2 无压泄水孔

无压泄水孔在平面上宜作直线布置，其过水断面多为矩形。

（1）进水口。无压泄水孔的有压段与有压泄水孔的相应段体型、构造基本相同，如图 1.32 所示。压坡段的坡度一般为 $1:4 \sim 1:6$，压坡段的长度一般为 $3 \sim 6m$。

（2）明流段。为使水流平顺无负压，明流段的竖曲线通常设计为抛物线。明流段的孔顶在水面以上应有足够的余幅，当孔身为矩形时，顶部高出水面的高度取最大流量时不掺气水深的 30%～50%；当孔顶为圆拱形时，拱脚距水面的高度可取不掺气水深的 20%～30%。明流段的反弧段，一般采用圆弧式，末端鼻坎高程应高于该处下游水位以保证发生自由挑流。

（3）通气孔。检修闸门后的通气孔布置要求与有压泄水孔完全相同。除此之外，为使明流段流态稳定，还应在工作闸门后设通气孔（图 1.32），向明流段不断补气。

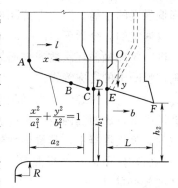

图 1.32 无压泄水孔布置

1.7 重力坝的材料及构造

1.7.1 混凝土重力坝的材料
1.7.1.1 水工混凝土的特性指标

建造重力坝的混凝土，除应有足够的强度承受荷载外，还要有一定的抗渗性、抗冻性、抗侵蚀性、抗冲耐磨性以及低热性等。

1. 强度

混凝土按标准立方体试块抗压极限强度分为 12 个强度等级，用符号 C 表示。重力坝常用的有 C7.5、C10、C15、C20、C25、C30 6 个级别。混凝土的强度随龄期而增加，坝体混凝土抗压强度一般采用 90d 龄期强度，保证率为 80%。抗拉强度采用 28d 龄期强度，一般不采用后期强度。

2. 混凝土的耐久性

混凝土的耐久性包括抗渗、抗冻、抗冲耐磨、抗侵蚀等。

（1）抗渗性是指混凝土抵抗水压力渗透作用的能力。抗渗性可用抗渗等级表示，抗渗等级是用 28d 龄期的标准试件测定的，分为 W2，W4，W6，W8，W10 和 W12 六级。重力坝所采用的抗渗等级应根据所在的部位及承受的渗透水力坡降进行选用。对承受侵蚀作用的建筑物，应专门进行研究，但不应小于 W4。坝体混凝土抗渗等级的最小容许值见表 1.15。

表 1.15　　　　　　　　　坝体混凝土抗渗等级的最小容许值

部　　位	渗　流　坡　降	渗　流　等　级
坝体内部	—	W2
其他部位按渗流坡降考虑	$10 \leqslant i < 30$	W4
	$30 \leqslant i < 50$	W6
	$i < 10$	W8
	$50 \leqslant i$	W10

（2）抗冻性是表示混凝土在饱和状态下能经受多次冻融循环而不破坏，同时也不严重

降低强度的性能。混凝土抗冻性用抗冻等级表示。抗冻等级是用 28d 龄期的试件采用快冻试验测定的，分为 F50，F100，F150，F200，F300 五级。应根据建筑物所在地区的气候分区、年冻融循环次数、表面局部小气候条件、结构构件重要性和检修的难易程度等因素确定混凝土的抗冻等级。

（3）抗冲耐磨性是指混凝土抗高速水流或挟沙水流的冲刷、磨损的性能。目前对于抗磨性尚未订出明确的技术标准。根据经验，使用高等级硅酸盐水泥或硅酸盐大坝水泥拌制成的高等级混凝土，其抗磨性较强，且要求骨料坚硬、振捣密实。

（4）抗侵蚀性是指混凝土抵抗环境侵蚀的性能。当环境水有侵蚀时，应选择抗侵蚀性能较好的水泥，水位变化区及水下混凝土的水灰比，可比常态混凝土的水灰比减少 0.05。

（5）抗裂性，为防止大体积混凝土结构产生温度裂缝，除合理分缝、分块和采取必要的温控措施外，还应选用热量较低的水泥和适量减少水泥用量，以提高混凝土的抗裂性能。

为了降低水泥用量并提高混凝土的性能，在坝体混凝土内可适量掺加粉煤灰掺和料及引气剂、塑化剂等外加剂。

1.7.1.2 坝体混凝土分区

混凝土重力坝坝体各部位的工作条件及受力条件不同，对上述混凝土材料性能指标的要求也不同。为了满足坝体各部位的不同要求，节省水泥用量及工程费用，把安全与经济统一起来，通常将坝体混凝土按不同工作条件分为 6 个区，如图 1.33 所示。

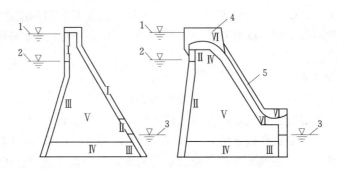

图 1.33　坝体混凝土分区示意图

1—上游最高水位；2—上游最低水位；3—下游最低水位；4—闸墩；5—导墙

Ⅰ区—上、下游水位以上坝体表层混凝土，其特点是受大气影响；Ⅱ区—上、下游水位变化区坝体
表层混凝土，既受水的作用也受大气影响；Ⅲ区—上、下游最低水位以下坝体
表层混凝土；Ⅳ区—坝体基础混凝土；Ⅴ区——坝体内部混凝土；Ⅵ区—抗
冲刷部位的混凝土（如溢流面、泄水孔、导墙和闸墩等）

为了便于施工，选定各区混凝土强度等级时，强度等级的类别应尽量少，相邻区的强度等级相差应不超过两级，以免由于性能差别太大而引起应力集中或产生裂缝。分区的厚度一般不得小于 2～3m，以便浇筑施工。

1.7.2 混凝土重力坝的构造

重力坝的构造设计包括坝顶构造、坝体分缝、止水、排水、廊道布置等内容。这些构造的合理选型和布置，可以改善重力坝工作性能，满足运用和施工上的要求，保证大坝正常工作。

1.7.2.1 坝顶构造

溢流坝的坝顶构造已在"1.2.4"中讲述。非溢流坝坝顶上游侧一般设有防浪墙，防浪墙宜采用与坝体连成整体的钢筋混凝土结构，高度一般为1.2m，防浪墙在坝体横缝处应留伸缩缝并设止水。坝顶路面一般为实体结构，如图1.34（a）所示，并布置排水系统和照明设备。也可采用拱形结构支承坝顶路面，如图1.34（b）所示，以减轻坝顶重量，有利于抗震。

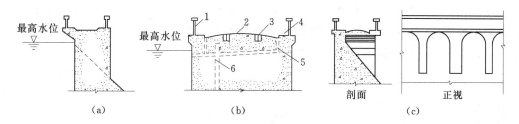

图1.34 非溢流坝坝顶构造

1—防浪墙；2—公路；3—起重机轨道；4—人行道；5—坝顶排水管；6—坝体排水管

1.7.2.2 坝体分缝与止水

为了适应地基不均匀沉降和温度变化，以及施工期混凝土的浇筑能力和温度控制等要求，常需设置垂直于坝轴线的横缝、平行于坝轴线的纵缝以及水平施工缝。横缝一般是永久缝，纵缝和水平施工缝则属于临时缝。重力坝分缝如图1.35所示。

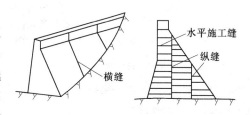

图1.35 坝体分缝示意图

1. 横缝及止水

永久性横缝将坝体沿坝轴线分成若干坝段，其缝面常为平面，各坝段独立工作。横缝可兼作伸缩缝和沉降缝，间距（坝段长度）一般为12～20m，也有达到24m的。当坝内设有泄水孔或电站引水管道时，还应考虑泄水孔和电站机组间距；对于溢流坝段还要结合溢流孔口尺寸进行布置。

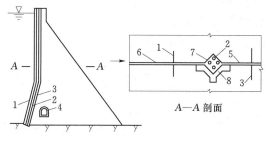

图1.36 横缝止水构造图

1—第一道止水铜片；2—沥青井；3—第二道止水片；
4—廊道止水；5—横缝；6—沥青油毡；
7—加热电极；8—预制块

横缝内需设止水设备，止水材料有金属片、橡胶、塑料及沥青等。高坝的横缝止水应采用两道金属止水铜片和一道防渗沥青井，如图1.36所示。对于中、低坝的止水可适当简化，中坝第二道止水片，可采用橡胶或塑料片等，低坝经论证也可仅设一道止水片。金属止水片的厚度一般为1.0～1.6mm，加工成"}"形，以便更好地适应伸缩变形。第一道止水片距上游坝面约为0.5～2.0m，以后各道止水设备之间的距离为 0.5～1.0m；止水每侧埋入混凝土的长度为 20～25cm。沥青井为方形或圆形，边长或内径为 15～25cm，为便于施工，后浇坝段一侧可用预制混凝土块构成，井内灌注石油沥青和设置加热设备。

止水片及沥青井需伸入基岩 30～50cm，止水片必须延伸到最高水位以上，沥青井需延伸到坝顶。溢流孔口段的横缝止水应沿溢流面至坝体下游尾水位以下，穿越横缝的廊道和孔洞周边均需设止水片。

当遇到下述情况时，可将横缝做成临时性横缝：①河谷狭窄时做成整体式重力坝，可适当发挥两岸的支撑作用，有利于坝体的强度和稳定；②岸坡较陡，将各坝段连成整体，以改善岸坡坝段的稳定性；③坐落在软弱破碎带上的各坝段，连成整体可增加坝体刚度；④在强地震区，各坝段连成整体可提高坝段的抗震性能。

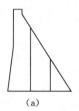 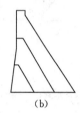 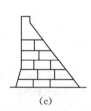

(a)   (b)   (c)

2. 纵缝

为了适应混凝土的浇筑能力和减少施工期的温度应力，常在平行坝轴线方向设纵缝，将一个坝段分成几个坝块，待坝体降到稳定温度后再进行接缝灌浆。常用的纵缝形式有竖直纵缝、斜缝和错缝等，图 1.37 所示。纵缝间距一般为 15～30m。为了在接缝

图 1.37　重力坝纵缝布置图
(a) 竖直纵缝；(b) 斜缝；(c) 错缝

之间传递剪力和压力，缝内还必须设置足够数量的三角形键槽（图 1.38）。斜缝适用于中、低坝，可不灌浆。错缝也不做灌浆处理，施工简便，可在低坝上使用。

3. 水平工作缝

水平工作缝是分层施工的新老混凝土之间的接缝，是临时性的。为了使工作缝结合好，在新混凝土浇筑前，必须清除施工缝面的浮渣、灰尘和水泥乳膜，用风水枪或压力水冲洗，使表面成为干净的麻面，再均匀铺一层 2～3cm 的水泥砂浆，然后浇筑。国内外普遍采用薄层浇筑，浇筑块厚 1.5～3.0m。在基岩表面须用 0.75～1.0m 的薄层浇筑，以便通过表面散热，降低混凝土温升，防止开裂。

1.7.2.3　坝体排水

为了减少坝体渗透压力，靠近上游坝面应设排水管幕，将渗入坝体的水由排水管排入廊道，再由廊道汇集于集水井，由抽水机排到下游。排水管距上游坝面的距离，一般要求不小于坝前水头的 1/15～1/25，且不小于 2m，以使渗透坡降在允许范围以内。排水管的间距为 2～3m，上、下层廊道之间的排水管应布置成垂直的或接近于垂直方向，不宜有弯头，以便检修。

排水管可采用预制无砂混凝土管、多孔混凝土管，内径为 15～25cm，见图 1.39。排水管施工时用水泥浆砌筑，随着坝体混凝土的浇筑而加高。在浇筑坝体混凝土时，须保护好排水管，以防止水泥浆漏入而造成堵塞。

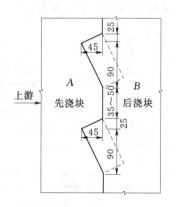

图 1.38　三角形键槽

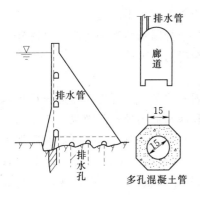

图 1.39 坝体排水管（单位：cm）

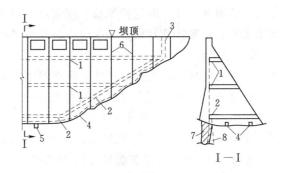

图 1.40 廊道和竖井系统布置图
1—检查廊道；2—基础灌浆廊道；3—竖井；4—排水廊道；
5—集水井；6—横缝；7—灌浆帷幕；8—排水孔幕

1.7.2.4 廊道系统

为了满足施工运用要求，如灌浆、排水、观测、检查和交通的需要，须在坝体内设置各种廊道。这些廊道互相连通，构成廊道系统，如图 1.40 所示。

1. 基础灌浆廊道

帷幕灌浆须在坝体浇筑到一定高程后进行，以便利用混凝土压重提高灌浆压力，保证灌浆质量。为此，须在坝踵部位沿纵向设置灌浆廊道，以便降低渗透压力。基础灌浆廊道的断面尺寸，应根据钻灌机具尺寸及工作要求确定，一般宽度可取 2.5～3m，高度可为 3.0～3.5m。断面形式采用城门洞形。灌浆廊道距上游面的距离可取 0.05～0.1 倍水头，且不小于 4～5m。廊道底面距基岩面的距离不小于 1.5 倍廊道宽度，以防廊道底板被灌浆压力掀动开裂。廊道底面上、下游侧设排水沟，下游排水沟设坝基排水孔及扬压力观测孔。灌浆廊道沿地形向两岸逐渐升高，坡度不宜大于 40°～45°，以便进行钻孔、灌浆操作和搬运灌浆设备。对坡度较陡的长廊，应分段设置安全平台及扶手。

2. 检查坝体排水廊道

为了检查巡视和排除渗水，常在靠近坝体上游面沿高度方向每隔 15～30m 设置检查排水廊道。断面形式多采用城门洞形，最小宽度为 1.2m，最小高度为 2.2m，距上游面距离应不小于 0.05～0.07 倍水头，且不小于 3m。寒冷地区应适当加厚。

1.8 重力坝的地基处理

重力坝承受较大的荷载，对地基的要求较高。除少数较低的重力坝可建在土基上之外，一般建在岩基上。然而天然基岩经受长期地质构造运动及外界因素的作用，多少存在着风化、节理、裂隙、破碎等缺陷，在不同程度上破坏了基岩的整体性和均匀性，降低了基岩的强度和抗渗性。因此必须对地基进行适当的处理，以满足重力坝对地基的要求。这些要求包括：①具有足够的强度，以承受坝体的压力；②具有足够的整体性、均匀性，以满足坝基抗滑稳定和减少不均匀沉陷；③具有足够的抗渗性，以满足渗透稳定，控制渗流量；④具有足够的耐久性，以防止岩体性质在水的长期作用下发生恶化。

重力坝的地基处理一般包括坝基开挖清理，对基岩进行固结灌浆和防渗帷幕灌浆，设置基础排水系统，对特殊软弱带如断层、破碎带进行专门的处理等。

1.8.1 开挖与清理

坝基开挖与清理的目的是使坝体坐落在稳定、坚固的地基上。开挖深度应根据坝基应力、岩石强度及完整性，结合上部结构对地基的要求和地基加固处理的效果、工期和费用等研究确定。《混凝土重力坝设计规范》（SL 319—2005）要求，凡 100m 以上的高坝须建在新鲜、微风化或弱风化下部基岩上；50～100m 的坝可建在微风化至弱风化中部基岩上；坝高小于 50m 时，可建在弱风化层中部或上部基岩上。同一工程中，两岸较高部位的坝段，其利用基岩的标准可比河床部位适当放宽。

坝基开挖的边坡必须保持稳定；在顺河方向，各坝段基础面上、下游高差不宜过大，为有利于坝体的抗滑稳定，可开挖成略向上游倾斜；两岸岸坡应开挖成台阶形，以利于坝块的侧向稳定；基坑开挖轮廓应尽量平顺，避免有高差悬殊的突变，以免应力集中造成坝体裂缝；当地基中存在有局部工程地质缺陷时，也应予以挖除。

为保持基岩完整性，避免开挖爆破震裂，基岩应分层开挖。当开挖到距设计高程 0.5～1.0m 的岩层时，宜用手风钻造孔，小药量爆破。如岩石较软弱，也可用人工借助风镐清除。基岩开挖后，在浇筑混凝土前，需进行彻底的清理和冲洗；对易风化、泥化的岩体，应采取保护措施，及时覆盖开挖面。

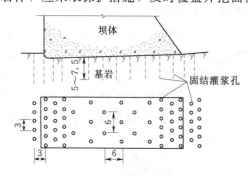

图 1.41 固结灌浆孔的布置（单位：m）

1.8.2 固结灌浆

在重力坝工程中采用浅孔低压灌注水泥浆的方法对地基进行加固处理，称为固结灌浆，如图 1.41 所示。固结灌浆的目的是提高基岩的整体性和强度，降低地基的透水性。现场试验表明，在节理裂隙较发育的基岩内进行固结灌浆后，基岩的弹性模量可提高 2 倍甚至更多，在帷幕灌浆范围内先进行固结灌浆可提高帷幕灌浆的压力。

固结灌浆孔一般布置在应力较大的坝踵和坝趾附近，以及节理裂隙发育和破碎带范围内。灌浆孔呈梅花形或方格形布置，孔距、排距和孔深根据坝高、基岩的构造情况确定，一般孔距和排距从 10～20m 开始采用逐步内插加密的方法最终为 3～4m，孔深 5～8m。帷幕上游区的孔深一般为 8～15m，钻孔方向垂直于基岩面。当无混凝土盖重灌浆时，压力一般为 0.2～0.4MPa，有盖重时为 0.4～0.7MPa，以不掀动基础岩体为原则。

1.8.3 帷幕灌浆

帷幕灌浆的目的是降低坝底的渗透压力，防止坝基内产生机械或化学管涌，减少坝基和绕渗渗透流量。帷幕灌浆是在靠近上游坝基布设一排或几排深钻孔，利用高压灌浆充填基岩内的裂隙和孔隙等渗水通道，在基岩中形成一道相对密实的阻水帷幕（图 1.42）。帷幕灌浆材料目前最常用的是水泥浆，水泥浆具有结石体强度高，经济和施工方便等优点。在水泥浆灌注困难的地方，可考虑采用化学灌浆。化学灌浆具有很好的灌注性能，能够灌入细小的裂隙，抗渗性好，但价格昂贵，又易造成环境污染，使用时需慎重。

防渗帷幕的深度应根据基岩的透水性、坝体承受的水头和降低坝底渗透压力的要求确定。当坝基下存在可靠的相对隔水层时，帷幕应伸入相对隔水层内 3～5m。不同坝高所要求的相对隔水层的透水率 q（1m 长钻孔在 1MPa 水压力作用下，1min 内的透水量）应采取下列不同标准：坝高在 100m 以上，$q=1～3Lu$；坝高在 100～50m 之间，$q=3～5Lu$；坝高在 50m

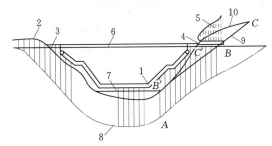

图 1.42 防渗帷幕沿坝轴线的布置图

1—灌浆廊道；2—山坡钻进；3—坝顶钻进；4—灌浆平洞；5—排水孔；6—最高库水位；7—原河水位；8—防渗帷幕底线；9—原地下水位线；10—蓄水后地下水位线

以下，$q=5Lu$（Lu 读：吕容）。如相对隔水层埋藏很深，帷幕深度可根据降低渗透压力和防止渗透变形的要求确定，一般可在 0.3～0.7 倍水头范围内选取。

防渗帷幕的排数、排距及孔距，应根据坝高、作用水头、工程地质、水文地质条件确定。在一般情况下，高坝可设两排，中坝设一排。当帷幕由两排灌浆孔组成时，可将其中的一排钻至设计深度，另一排可取其深度的 1/2 左右。帷幕灌浆孔距为 1.5～3.0m，排距宜比孔距略小。

帷幕灌浆需要从河床向两岸延伸一定的范围，形成一道从左到右的防渗帷幕。当相对不透水层距地面较近时，帷幕可伸入岸坡与相对不透水层相衔接。当两岸相对不透水层很深时，帷幕可以伸到原地下水位线与最高库水位相交点 B 附近，如图 1.42 所示。在最高库水位以上的岸坡可设置排水孔以降低地下水位，增加岸坡的稳定性。

帷幕灌浆必须在浇筑一定厚度的坝体混凝土作为盖重后进行，灌浆压力由试验确定，通常在帷幕孔顶段取 1.0～1.5 倍的坝前静水压强，在孔底段取 2～3 倍的坝前静水压强，但应以不破坏岩体为原则。

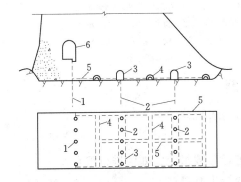

图 1.43 坝基排水设施布置图

1—主排水孔；2—辅助排水孔；3—坝基纵向排水廊道；4—半圆形排水管；5—横向排水沟；6—灌浆廊道

1.8.4 坝基排水设施

为了进一步降低坝底扬压力，需在防渗帷幕后设置排水系统，如图 1.43 所示。坝基排水系统一般由排水孔幕和基面排水组成。主排水孔一般设在基础灌浆廊道的下游侧，孔距 2～3m，孔径 15～20cm，孔深常采用帷幕深度的 0.4～0.6 倍，方向则略倾向下游。除主排水孔外，还可设辅助排水孔 1～3 排，孔距一般为 3～5m，孔深为 6～12m。

如基岩裂隙发育，还可在基岩表面设置排水廊道或排水沟、管作为辅助排水。排水沟、管纵横相连形成排水网，增加排水效果和可靠性。并在坝基上布置集水井，渗水汇入集水井后，用水泵排向下游。

1.8.5 坝基软弱破碎带的处理

当坝基中存在断层破碎带或软弱结构面时，则需要进行专门的处理。处理方式应根据软弱带在坝基中的位置、走向、倾角的陡缓以及对强度和防渗的影响程度而定。

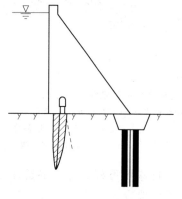

图 1.44 陡倾角断层处理

对于走向与水流方向大致垂直、倾角较大的断层破碎带，常采用混凝土梁（塞）或混凝土拱进行加固，如图 1.44 所示。混凝土塞是将破碎带挖除至一定深度后回填混凝土，以提高地基局部的承载能力。当破碎带的宽度小于 2～3m 时，混凝土塞的深度可采用破碎带宽度的 1～2 倍，且不得小于 1m。若破碎带的走向与水流方向大致相同，与上游水库连通时，则须同时做好坝基加固和防渗处理，常用的方法有钻孔灌浆、混凝土防渗墙、防渗塞（图 1.45）等。

对于某些倾角较缓的断层破碎带，除应在顶部做混凝土塞外，还应沿破碎带开挖若干个斜井和平洞，用混凝土回填密实，形成斜塞和水平塞组成的刚性骨架（图 1.46），封闭破碎物，增加抗滑稳定性和提高承载能力。

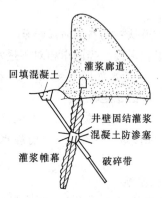

图 1.45 混凝土防渗塞

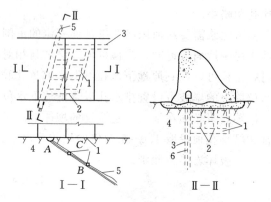

图 1.46 缓倾角断层破碎带处理
1—平洞回填；2—斜井回填；3—阻水斜塞；
4—表面混凝土梁（塞）；5—破碎带；
6—帷幕灌浆孔

思 考 题

1. 重力坝的工作原理是什么？重力坝的工作特点有哪些？
2. 重力坝是如何分类的？
3. 作用于重力坝上的荷载有哪些？为什么要进行荷载组合？如何进行组合？
4. 何谓扬压力？试述减小坝基、坝体扬压力的措施有哪些？
5. 波浪要素有哪些？如何计算？
6. 试述浪压力的计算方法有哪些？适用情况如何？
7. 重力坝抗滑稳定分析方法有哪些？各有什么特点？

8. 提高坝体抗滑稳定的工程措施有哪些？

9. 重力坝的应力分析方法有几种？用材料力学法计算坝体应力的基本假设是什么？

10. 试述重力坝的应力计算内容和控制标准有哪些？

11. 非溢流重力坝剖面设计的程序如何？

12. 溢流面曲线有哪几部分组成？各部分曲线如何设计？

13. 溢流坝孔口设计的主要内容有哪些？

14. 溢流坝常用的消能方式有几种？适用条件如何？

15. 坝身泄水孔的类型有哪些？如何布置？

16. 混凝土重力坝对筑坝材料有哪些要求？为什么要对坝体混凝土进行分区？

17. 为什么要对重力坝分缝？分缝的类型有哪些？横缝如何处理？

18. 重力坝对地基的要求是什么？地基处理措施有哪些？

19. 帷幕灌浆和固结灌浆的作用是什么？设计内容有哪些？

20. 断层破碎带的处理措施有哪些？

21. 试述坝基排水系统的组成和作用。

22. 重力坝内设置廊道系统的组成和作用是什么？各种廊道设置部位和尺寸如何？

第2章 土石坝与堤防

学习要求：掌握土坝的工作原理、工作特点和分类；掌握土坝坝顶高程计算方法和土坝的剖面拟定的方法；掌握土坝渗流计算的水力学方法和稳定分析的基本方法；掌握土坝地基的处理方法；熟悉土坝土料选用和施工要求、土坝排水设施构造和坝基处理方法。

2.1 概 述

土石坝（图2.1～图2.3）是指由土料、石料或土石混合料，采用抛填、碾压等方法堆筑成的挡水坝。堤防是沿河岸修建构筑的护岸建筑物，大多数采用土石坝的结构型式，在许多方面土石坝与堤防都存在共性。由于筑坝材料主要来自坝址区，因而也称为当地材料坝。

图2.1 土石坝

土石坝历史悠久，是应用最为广泛和最有发展前途的一种坝型，主要原因包括以下几点。

（1）可以就地取材，节约大量水泥、木材和钢材，减少工地的外线运输量。

（2）能适应各种不同的地形、地质和气候条件。任何不良的坝址地基，经处理后均可筑坝。

（3）大功率、多功能、高效率施工机械的发展，提高了土石坝的施工质量，加快了进度，降低了造价，促进了高土石坝的发展。

（4）岩土力学理论、试验手段和技术的发展，提高了大坝分析计算的水平，加快了设计进度，进一步保障了大坝设计的安全可靠度。

（5）高边坡、地下工程结构、高速水流消能防冲等土石坝配套工程设计和施工技术的发展，对加速土石坝的建设和推广也起了重要的促进作用。

（6）结构简单，便于维修和加高扩建。

当然，土石坝也存在着一些缺点：坝顶一般不能溢流，需另设溢洪道；施工导流不如混凝土坝方便；当采用黏性土料填筑时受气候条件的影响较大等。

图 2.2　某施工中的土石坝

图 2.3　小浪底斜心墙堆石坝

2.1.1　土石坝的工作特点和设计要求

土石坝是由散粒体土石料填筑而成的。因此，土石坝与其他坝型相比，在稳定、渗流、冲刷、沉陷等方面具有不同的特点和设计要求。

2.1.1.1　稳定

由于土石材料为松散体，抗剪强度低，主要依靠土石颗粒之间的摩擦和黏聚力来维持稳定，没有支撑的边坡是填筑体稳定问题的关键。所以，土石坝失稳的型式主要是坝坡的滑动或坝坡连同部分坝基一起滑动，影响坝体的正常工作，甚至导致工程失事。为确保土石填筑体的稳定，土石坝断面一般设计成梯形或复合梯形，而且边坡较缓，通常 1：1.5

～1：3.5。同时做好地基处理并严格控制施工质量。

2.1.1.2 渗流

水库蓄水后，土石坝迎水面与背水面之间形成一定的水位差，在坝体内形成由上游向下游的渗流。渗流不仅使水库损失水量，还会使背水面的土体颗粒流失、变形，引起管涌和流土等渗透破坏。在坝体与坝基、两岸以及其他非土质建筑物的结合面，还会产生集中渗流现象。

防止渗流破坏的原则是"前堵后排"，在坝前（迎水面）采取防渗、防漏的工程措施，减少渗流量，同时要尽量排出渗入坝体的水量，降低渗流对坝体的不利影响。

2.1.1.3 沉陷

由于土石颗粒之间存在较大的孔隙，在外荷载的作用下，易产生移动、错位，细颗粒填充部分孔隙，使坝体产生沉降，也使土体逐步密实、固结。如果土石坝颗粒级配不合理，不均匀沉降变形会产生裂缝，破坏坝体结构，也会降低坝顶高程，使坝顶高程不足。设计时对于重要工程，沉陷值应通过沉陷计算确定；对于一般的中小型土石坝，如坝基没有压缩性很大的土层，可按坝高的 1‰ 预留沉陷值，同时应严格控制碾压质量。

2.1.1.4 冲刷

土石坝为散粒结构，抗冲能力低，受到波浪、雨水和水流作用，会造成冲刷破坏。因此，设计时应设置护坡、坝面排水；为防止漫顶，坝顶应有一定的超高；同时，在布置泄水建筑物时，注意进出口离坝坡要有一定的距离，以免泄水时对坝坡的冲刷。土石堤防还要采用各种护脚措施，例如抛石和模袋混凝土护脚，或设置丁坝。

2.1.1.5 其他

严寒地区水库水面冬季结冰形成冰盖，冰盖层的膨胀对坝坡产生很大的推力，导致护坡的破坏；位于水库冰冻层底部以上的坝体黏性土壤，在冻融作用下，会造成孔穴、裂缝。在夏季，由于含水量的损失，黏性土壤也可能干裂。为了防止这些现象的发生，应采取相应的保护措施。地震地区地震惯性力也会增加坝坡滑坡可能性；当坝体或坝基土层是均匀的中细砂或粉砂时，在强烈振动作用下，还会引起液化破坏。

根据一些国家对土坝失事的统计，水流漫顶失事的占 30％，滑坡失事的占 25％，坝基渗漏占 25％，坝下涵管失事的占 13％，其他占 7％。因此需要正确地进行设计和施工，加强运用期间的管理，以保证土坝的安全运行和正常工作。

2.1.2 土石坝的类型

2.1.2.1 按坝高分类

根据我国《碾压式土石坝设计规范》（SL 274—2001）的规定：土石坝按其坝高可分为低坝、中坝和高坝。高度在 30m 以下的为低坝，高度在 30～70m 为中坝，高度在 70m 以上为高坝。土石坝的坝高应从坝体防渗体（不含混凝土防渗墙、灌浆帷幕、截水槽等坝基防渗设施）底部或坝轴线部位的建基面算至坝顶（不含防浪墙），取其大者。

2.1.2.2 按施工方法分类

1. 碾压式土石坝

碾压式土坝的施工方法是用适当的土料、以合理的厚度分层填筑，逐层压实而成的坝。这种施工方法在土坝中用的较多。近年来用振动碾压方法修建堆石坝得到了迅速的发展。

2. 水力冲填坝

以水力为动力完成土料的开采、运输和填筑全部筑坝工序而建成的土坝。利用水力冲刷泥土形成泥浆，通过泵或沟槽将泥浆输送到土坝填筑面，泥浆在土坝填筑面沉淀和排水固结形成新的填筑层，这样逐层向上填筑，直至完成整个坝体填筑（图2.4）。这种坝因填筑质量难以保证，目前在国内外很少采用。

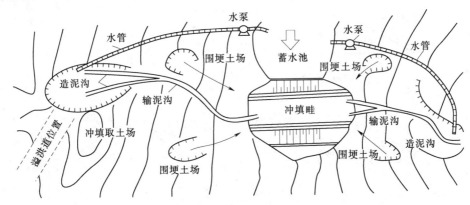

图 2.4　水力冲填坝施工示意图

3. 定向爆破堆石坝

利用定向爆破方法，将河两岸山体的岩石爆出、抛向筑坝地点，形成堆石坝体，经过人工修整，浇筑防渗体，即可完成坝体建筑。这种坝增筑防渗部分比较困难。除苏联外，其他国家极少采用。我国已建有40多座，最高的为陕西石砭峪水库大坝，最大坝高82.5m（图2.5）。

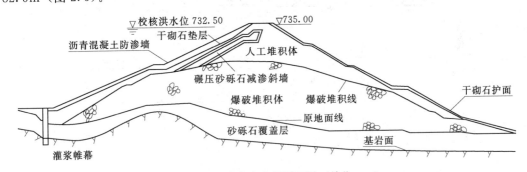

图 2.5　石砭峪水库大坝剖面图（单位：m）

2.1.2.3　按防渗材料及结构分类

1. 均质坝

均质坝坝体断面不分防渗体和坝壳，坝体基本上是由均一黏性土料（壤土、砂壤土）筑成，如图2.6（a）所示。整个坝体防渗并保持自身的稳定，由于黏性土料抗剪强度较低，对坝坡稳定不利，坝坡较缓，体积庞大，使用的土料多，铺土厚度薄，填筑速度慢，易受降雨和冰冻的影响。故多用于低、中坝，坝址处除土料外，缺乏其他材料的情况下才采用。

2. 土质防渗体分区坝

土质防渗体分区坝是用透水性较大的土料（砂、砂砾料或堆石料）作坝的主体，用透水性极小的黏性土料作防渗体的坝。其中，防渗体位于坝体中部或稍向上游倾斜的，称为心墙土石坝或斜心墙土石坝；防渗体位于坝体上游的，称为斜墙土石坝。土质斜墙的上游也可设置较厚的砂砾石层或堆石层。另外，还有土质防渗体在中央，透水性自中央向上、下游两侧逐渐增大的几种土料构成的多种土质坝及防渗体在上游、土料透水性自上游向下游逐渐增大的多种土质坝，如图 2.6（b）～（h）所示。

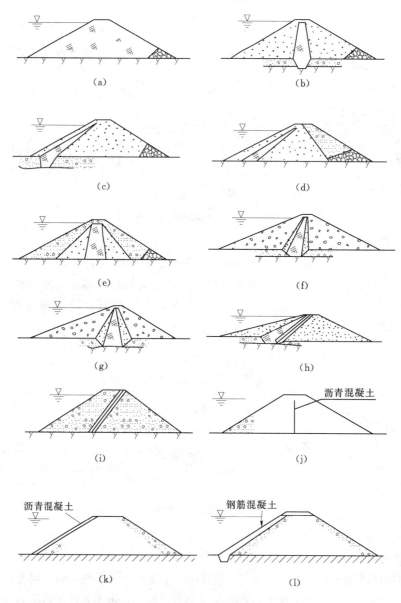

图 2.6　土石坝的类型

（a）均质坝；（b）黏土心墙坝；（c）黏土斜墙坝；（d）多种土质坝；（e）多种土质坝；
（f）黏土斜心墙土石混合坝；（g）黏土心墙土石混合坝；（h）黏土斜墙土石混合坝；
（i）土石混合坝；（j）沥青混凝土心墙坝；（k）沥青混凝土坝斜墙坝；
（l）钢筋混凝土斜墙坝

在黏性土较少，而砂石料较多的地方，可采用这种坝型。土质斜墙坝与心墙坝相比，斜墙与坝壳之间施工干扰较小，防渗效果也较好，但黏土用量和坝体总工程量一般比心墙坝大些，并且其抗震性能和对不均匀沉陷的适应性也不如心墙坝好。

3. 人工防渗材料坝

当坝址附近缺少合适防渗土料而又有充足砂石料时，可采用钢筋混凝土、沥青混凝土、土工膜等人工材料作防渗体，坝体其余部分由砂砾料或堆石填筑。防渗体可位于坝上游面、中间或中间偏上游。常见的坝型有沥青混凝土心墙坝、沥青混凝土斜墙坝和钢筋混凝土斜墙坝，如图 2.6 (j) ～ (l) 所示。

4. 过水土石坝

当坝址处没有适宜的地形和地质条件布置河岸溢洪道、工程的泄流量不大，溢洪道的利用率较低或者设置独立的溢洪道投资大时，可考虑采用土石坝坝身过水泄洪，即采用过水土石坝。

过水土石坝是从过水土石围堰的基础上发展起来的一种坝型，按坝体主要材料的不同可分为过水堆石坝和过水土坝见图 2.7。

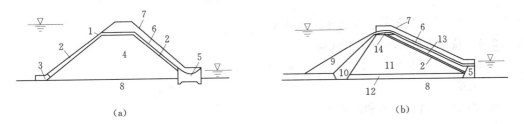

图 2.7　过水土石坝

（a）过水堆石坝；（b）过水土坝

1—混凝土防渗斜墙；2—垫层；3—趾板；4—堆石；5—混凝土墩；6—混凝土溢流面板；7—导流墙；
8—岩石地基；9—保护层；10—土质斜墙；11—砂砾料；12—覆盖层；13—干砌块石；14—堰体

土石坝过水要采取必要的保护措施。在溢洪道堰顶部位主要是溢流头嵌固稳定问题，由于头部的流速不是很大，按常规的土基上的溢流堰基础处理即可；在过水土石坝的下游坝坡段，由于水流流速逐步加大，要做好过流面板的搭接。面板的几种结构型式与搭接方式如图 2.8 所示。

（1）面板分块上下搭接，上块尾部压下块头部，形成叠瓦搭接方式，这种搭接方式有利于水流下泄时掺气及消能，同时避免了溢流面板上游头部上翘翻转失稳问题。

（2）面板相互之间均可以有一定的位移和转角，可以适应坝体的沉降变形，避免了因坝体不均匀变形引起的面板开裂。

为保证过水土石坝的安全，必须要注意一些细部结构的设计。如处理好面板与坝体的变形协调；采用有效的锚固方式或支撑方式，阻止面板下滑失稳；为减小结构分缝对水流的影响，防止过水时动水荷载过大，溢洪道结构缝可与掺气槽结合设置；选用合理的面板布置方式，使水流顺畅，减小附加荷载；做好下游消能防冲措施，防止坝趾冲刷破坏等。

根据国内外一些过水土石坝的工程实践表明，这种坝在技术上并不十分复杂，经济性能好，对环境影响较小，具有较好的应用前景。但这种坝体施工受干扰时，工期将有所延

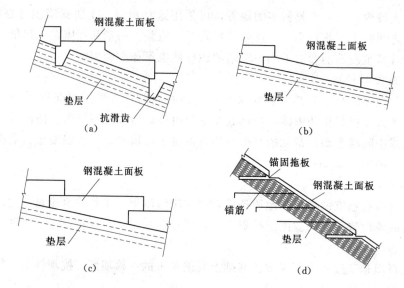

图 2.8 面板的结构型式与搭接方式

长，而且对施工单位的技术工艺水平要求更高。

2.1.2.4 按坝体材料所占比例分类

土石坝按坝体材料所占比例分类可以分为三种。

1. 土坝

土坝的坝体材料以土和砂砾为主。

2. 土石混合坝

当土料和石料均占相当比例时，称为土石混合坝。根据坝体防渗体位置和材料的不同，可分为心墙坝和斜墙坝。

3. 堆石坝

以石渣、卵石、爆破石料为主，除防渗体外，坝体的绝大部分或全部由石料堆筑起来的坝称为堆石坝。按防渗体布置，同样也有斜墙坝、心墙坝两种。钢筋混凝土面板堆石坝应用最为广泛。最大坝高为 233.0m 的水布垭水电站大坝为此种坝型。堆石坝与普通土坝相比具有如下优点。

（1）抗滑稳定性好。水荷载作用在面板上传到坝体，整个堆石坝重量及面板上部分水重抵抗水压；分层碾压的堆石密实度高，抗剪强度大。大多数堆石坝不需作稳定分析，取坝坡 1:1.3 或 1:1.4，对应坡角 37.6°或 35.5°，接近松散抛填堆石的自然休止角，大大低于碾压土石的内摩擦角（大于 45°）。

（2）坝坡陡，断面小，枢纽布置紧凑。

（3）透水性好，抗震性能强。排水性好，处于无水状态，地震时不会产生孔隙水压力，不会液化或坝坡失稳。

（4）施工导流方便，坝体可过水。

（5）施工受雨季影响小，可分期施工。

（6）可承受水头不大的坝顶漫溢，较之土坝有更大的安全性，施工度汛时也允许有少量漫水。

堆石坝的坝坡与石料性质、坝高、坝型和地基条件有关，下游坡一般取 1∶1.25～1∶1.4。如果石料质量或地基条件较差，则需要放缓边坡，有的达 1∶2.0～1∶2.2。我国有些岩基上的堆石坝下游坡用大块石护面或干砌石护面，坡度可陡至 1∶1，甚至 1∶0.5～1∶0.7，运用情况良好。上游坡取决于防渗体的材料和结构，变化范围较大，可自 1∶0.5～1∶2.5，在地震区有的达 1∶3.0，由稳定计算条件确定。

坝体应根据料源及对筑坝材料强度、渗透性、压缩性、施工方便和经济合理等要求进行分区，如图 2.9 所示。从上游向下游宜分为垫层区、过渡区、主堆石区、下游堆石区；在周边缝下游侧设置特殊垫层区；100m 以上高坝，宜在面板上游面低部位设置上游铺盖区及盖重区。各区坝料的渗透性宜从上游向下游增大，并应满足水力过渡要求。下游堆石区下游水位以上的坝料不受此限制。堆石坝体上游部分应具有低压缩性。下游围堰和坝体结合时，可在下游坝趾部位设硬岩抛石体。

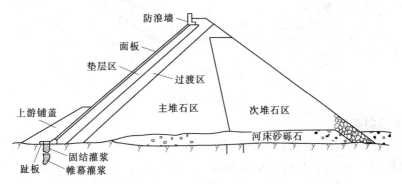

图 2.9 面板堆石坝的基本构造

2.2 土石坝剖面设计

剖面设计是土坝设计的主要内容，包括坝顶高程、坝顶宽度、上下游坝坡、防渗结构、排水结构及其细部构造。

设计步骤：计算坝顶高程，根据具体要求和经验拟定剖面，进行渗流计算，最后进行坝坡稳定分析，根据稳定分析的结果判断坝剖面的合理性。一般需要多次重复以上步骤，直至得到合理的剖面。本节主要介绍土坝剖面尺寸拟定，渗流和稳定分析在后面介绍。

2.2.1 坝顶高程

坝顶高程要保证挡水需要，同时要防止波浪超越坝顶，有些海堤允许波浪越顶，但也需要控制。坝顶高程按水库静水位加上防浪超高来确定，《碾压式土石坝设计规范》（SL 274—2001）规定，按下列运用条件计算，取其大者。

（1）设计洪水位加正常运用条件的坝顶超高。

（2）正常蓄水位加正常运用条件的坝顶超高。

（3）校核洪水位加非常运用条件的坝顶超高。

（4）正常蓄水位加非常运用条件的坝顶超高，再加地震安全超高。

当上游设防浪墙时，以上确定的坝顶高程改为防浪墙顶高程。此时，在正常运用情况下，坝顶高程应至少高于静水位 0.5m；在非常运用情况下，坝顶高程应高于静水位。

堤防堤顶高程按设计洪水位或设计高潮位加超高，且 1、2 级堤防的超高不应小于 2.0m。

坝顶超高图见图 2.10，超高的计算公式如下：

$$Y = R + e + A \tag{2.1}$$

式中　R——波浪在坝坡上的爬高，m；

　　　e——最大风壅水面高度，m；

　　　A——安全加高，m。

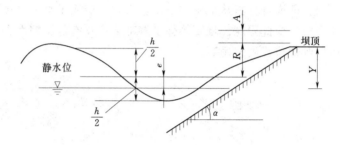

图 2.10　坝顶超高

2.2.1.1　波浪爬高

波浪爬高与累积频率有关，一般用 R_P 表示，P 为累积频率（%）。对于 1、2、3 级土石坝取累积频率 $P=1\%$ 的波浪爬高值 $R_{1\%}$，对于 4、5 级土石坝取累积频率 $P=5\%$ 的波浪爬高值 $R_{5\%}$。对于不允许越浪的堤防取累积频率 $P=2\%$ 的波浪爬高值 $R_{2\%}$；对于允许越浪的堤防取累积频率 $P=13\%$ 的波浪爬高值 $R_{13\%}$。

当坝坡为 $m=1.5\sim5.0$ 时，R_P 的计算公式为

$$R_P = \frac{K_\Delta K_w K_P K_\beta}{\sqrt{1+m^2}} \sqrt{h_m L_m} \tag{2.2}$$

式中　K_Δ——斜坡的糙率及渗透系数，见表 2.1；

　　　K_w——经验系数，与 $\dfrac{v_0}{\sqrt{gH_m}}$ 有关，见表 2.2；

　　　H_m——坝前水域平均水深，m；

　　　K_P——爬高累积频率换算系数，见表 2.3；

　　　K_β——斜向来波折减系数，见表 2.4；

v_0、h_m、L_m——计算风速、平均波高和波长，具体计算见第 1 章 1.3.1.5 节。

表 2.1　　　　　　　　　　　　　　斜坡的糙率及渗透系数 K_Δ

护面类型	K_Δ	护面类型		K_Δ
光滑不透水护面（沥青混凝土）	1.0	砌石护面		0.75~0.85
混凝土板护面	0.9	抛填两层块石	不透水地基	0.6~0.85
草皮护面	0.85~0.90		透水地基	0.5~0.55

表 2.2　　　　　　　　　　　　　　　　　经 验 系 数 K_w

$\dfrac{v_0}{\sqrt{gH_m}}$	≤1	1.5	2.0	2.5	3.0	3.5	4.0	>5.0
K_Δ	1.0	1.02	1.08	1.16	1.22	1.25	1.28	1.30

表 2.3　　　　　　　　　　　　　　　爬高累积频率换算系数 K_P

P（%） h_m/H_m	1	2	5	13
<0.1	2.23	2.07	1.84	1.54
0.1～0.3	2.08	1.94	1.75	1.48
>0.3	1.86	1.76	1.61	1.40

表 2.4　　　　　　　　　　　　　　　斜向来波折减系数 K_β

β（°）	0	10	20	30	40	50	60
K_β	1.00	0.98	0.96	0.92	0.87	0.82	0.76

2.2.1.2　最大风壅水面高度

最大风壅水面高度用式（2.3）计算。

$$e=\frac{Kv_0^2 D}{2gH_m}\cos\beta \tag{2.3}$$

式中　K——综合摩阻系数，其值在 $(1.5\sim5.0)\times10^{-6}$ 之间，计算时可取 3.6×10^{-6}；

　　　β——风向与坝轴法线的夹角；

其余符号意义同前。

2.2.1.3　安全加高

（1）土石坝安全加高，根据坝等级和运行情况确定，见表 2.5。

表 2.5　　　　　　　　　　　　　　土 石 坝 安 全 加 高　　　　　　　　　　　单位：m

运行情况	坝的级别	1	2	3	4、5
设　　　计		1.5	1.0	0.7	0.5
校核	山区、丘陵区	0.7	0.5	0.4	0.3
	平原、滨海区	1.0	0.7	0.5	0.3

（2）堤防工程安全加高，根据堤防等级（见表 2.6）和是否允许越浪来确定，见表 2.7。

表 2.6　　　　　　　　　　　　　　堤 防 工 程 等 级

防洪标准[重限期（年）]	≥100	<100，且≥50	<50，且≥30	<30，且≥20	<20，且≥10
堤防工程级别	1	2	3	4	5

表 2.7　　　　　　　　　　　　　　堤 防 工 程 安 全 加 高　　　　　　　　　　　单位：m

堤防工程级别	1	2	3	4	5
不允许越浪堤防工程的安全加高	1.0	0.8	0.7	0.6	0.5
允许越浪堤防工程的安全加高	0.5	0.4	0.4	0.3	0.3

2.2.2 坝顶宽度

坝顶宽度主要满足运行、施工、交通和人防等要求。无特殊要求时，高坝的最小坝顶宽度一般为10～15m，中低坝为5～10m；有交通要求时，应按交通规定确定。

堤防工程最小堤顶宽度见表2.8。

表2.8   **堤 防 工 程 堤 顶 宽 度**   单位：m

堤防工程级别	1	2	3～5
堤防工程的堤顶宽度	>8.0	>6.0	>3.0

2.2.3 坝坡

坝坡应根据坝型、坝高、坝体材料和坝基情况，还要考虑坝体承受的荷载、施工和运用条件等因素，通过技术经济分析比较确定。一般方法是根据经验初步拟定坝坡，再进行渗流和稳定分析，根据分析计算结果修改坝坡，直至获得合理的坝坡。

一般情况下，上游坝坡经常浸在水中，工作条件不利，所以当上下游坝坡采用同一种土料时，上游坝坡比下游坝坡缓。心墙坝上下游坝壳多采用强度较高的非黏性土填筑，所以坝坡一般比均质坝陡。斜墙坝上游坝坡较缓，下游坡则和心墙坝相仿。地基条件好、土料碾压密实的，坝坡可以陡些，反之则应放缓。黏性土料的稳定坝坡为一曲面，上部坡陡，下部坡缓，所以用黏性土料做成的坝坡，常沿高度分成数段，每段10～30m，从上而下逐渐放缓，相邻坡率差值取0.25或0.5。砂土和堆石的稳定坝坡为一平面，可采用均一坡率。当坝基或坝体土料沿坝轴线分布不一致时，应分段采用不同坡率，在各段间设过渡区，使坝坡缓慢变化。表2.9所示为坝坡经验值。

表2.9   **坝 坡 经 验 值**

类型			上游坝坡	下游坝坡
土坝坝高 （m）		<10	1：2.00～1：2.50	1：1.50～1：2.00
		10～20	1：2.25～1：2.75	1：2.00～1：2.50
		20～30	1：2.50～1：3.00	1：2.25～1：2.75
		>30	1：3.00～1：3.50	1：2.5～1：3.00
分区坝	心墙坝	堆石（坝壳）	1：1.7～1：2.7	1：1.5～1：2.5
		土料（坝壳）	1：2～1：3.0	1：2.0～1：3.0
	斜墙坝		石质比心墙坝缓0.2；土质缓0.5	取值比心墙坝可适当偏陡

在变坡处可根据需要确定是否设置马道，其宽度不宜小于1.5m。马道内侧设置排水沟，用以拦截雨水，防止冲刷坝面。土质防渗体分区坝和均质坝上游坡少设马道，非土质防渗材料面板坝上游坡不宜设马道。

2.3 细部构造与坝体材料

土石坝的构造主要包括防渗体、排水设施、护坡、坝顶等部位的构造。

2.3.1 防渗体

设置防渗设施的目的是减少通过坝体和坝基的渗漏量，降低浸润线，以增加下游坝坡的稳定性；降低渗透坡降以防止渗透变形。土石坝的防渗措施应包括坝体防渗、坝基防渗及坝体与坝基、岸坡及其他建筑物连接的接触防渗。防渗体主要是心墙、斜墙、铺盖、截水槽等，它的结构和尺寸应能满足防渗、构造、施工和管理方面的要求。

2.3.1.1 土质心墙

土质心墙位于土石坝坝体断面的中心部位，并略为偏向上游（图 2.11），有利于心墙与坝顶的防浪墙相连接；同时也可使心墙后的坝壳先期施工，坝壳得到充分的先期沉降，从而避免或减少坝壳与心墙之间因变形不协调而产生的裂缝。

心墙的厚度应根据土料的容许渗透坡降来确定，保证心墙在渗透坡降作用下不至于被破坏，有时也需考虑控制下游浸润线的要求。

轻壤土的允许渗透坡降为 3～4，壤土为 4～6，黏土为 6～8。心墙顶部的水平宽度不宜小于 3m，心墙底部厚度不宜小于作用水头的 1/4。心墙的两侧坡度一般在 1:0.15～1:0.3 之间，有些两侧坡度可达 1:0.4～1:0.5。

心墙的顶部应高出设计洪水位 0.30～0.60m，且不低于校核水位，当有可靠的防浪墙时，心墙顶部高程也不应低于设计洪水位。

心墙顶部与坝顶之间应设置保护层，以防止冻结、干燥等因素的影响，并按结构要求不小于 1m，一般为 1.5～2.5m。

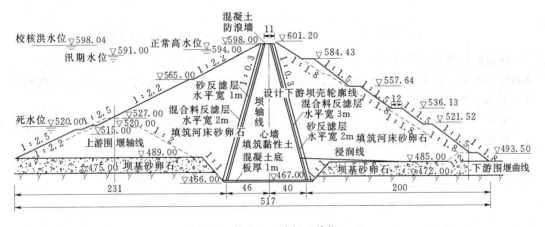

图 2.11 某黏土心墙坝（单位：m）

心墙与坝壳之间应设置过渡层。过渡层的要求可以比反滤层的要求低，一般采用级配较好的、抗风化的细粒石料和砂砾石料。过渡层除具有一定的反滤作用外，主要还是为了避免防渗体与坝壳两种刚度相差较大的土料之间刚度的突然变化，使应力传递均匀，防止防渗体产生裂缝，或控制裂缝的发展。

心墙与坝基及两岸必须有可靠的连接。对土基，一般采用黏性土截水槽；对岩基，一般采用混凝土垫座或混凝土齿墙，见图 2.12。

2.3.1.2 土质斜墙

土质斜墙位于土石坝坝体上游面，如图 2.13 所示。它是土石坝中常见的一种防渗结构。填筑材料与土质心墙材料相近。

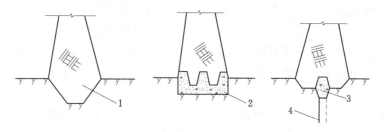

图 2.12 心墙与地基的连接
1—截水槽；2—混凝土垫座；3—混凝土齿墙；4—灌浆孔

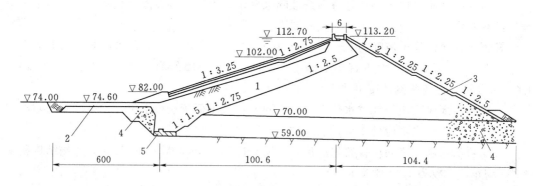

图 2.13 某黏土斜墙坝（单位：m）
1—黏土斜墙；2—黏土铺盖；3—砂砾石坝壳；4—砂砾石地基；5—混凝土齿墙

斜墙的厚度应根据土壤的容许渗透坡降和结构稳定性来确定，有时也需考虑控制下游浸润线的要求，以及渗透流量的要求。斜墙顶部的水平宽度不宜小于 3m；斜墙底部的厚度应不小于作用水头的 1/5。

墙顶应高出设计洪水位 0.60～0.80m，且不低于校核水位。同样，如有可靠的防浪墙，斜墙顶部也不应低于设计洪水位。

斜墙顶部与坝顶之间应设置保护层，以防止冻结、干燥等因素的影响，并按结构要求不小于 1m，一般为 1.5～2.5m。

斜墙及过渡层的两侧坡度，主要取决于土坝稳定计算的结果，一般外坡应为 1：2.0～1：2.5，内坡为 1：1.5～1：2.0。

斜墙的上游侧坡面和斜墙的顶部，必须设置保护层。其目的是防止斜墙被冲刷、冻裂或干裂，一般用砂、砂砾石、卵石或碎石等砌筑而成。保护层的厚度不得小于冰冻和干燥深度，一般为 2～3m。

斜墙与坝壳之间应设置过渡层。过渡层的作用、构造要求等与心墙和坝体间的过渡层类似，但由于斜墙在受力后更容易变形，因此斜墙后的过渡层的要求应适当高一些，且常设置为 2 层。斜墙与保护层之间的过渡层可适当简单，当保护层的材料比较合适时，可只设一层，有时甚至可以不设保护层。

2.3.1.3 非土料防渗体

非土料防渗体，也称人工材料防渗体，包括沥青混凝土或钢筋混凝土做成的防渗体。

1. 沥青混凝土防渗体

沥青混凝土具有较好的塑性和柔性，渗透系数很小，约为 $1 \times 10^{-7} \sim 1 \times 10^{-10}$ cm/s，防渗和适应变形的能力均较好；产生裂缝时，有一定的自行愈合的功能；施工受气候的影响小，是一种合适的防渗材料。沥青混凝土可以做成心墙，见图 2.14，也可以做成斜墙。

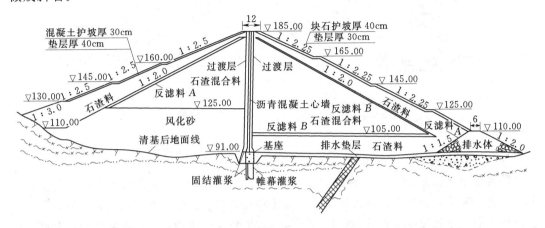

图 2.14　某沥青混凝土心墙防护坝

沥青混凝土心墙不受气候和日照的影响，可减少沥青的老化速度，对抗震也有利，但检修困难。沥青混凝土心墙底部厚度一般为坝高的 $1/40 \sim 1/60$，且不少于 0.4m；顶部厚度不少于 0.3m。心墙两侧应设置过渡层。

沥青混凝土斜墙铺筑在厚 $1 \sim 3$cm、由碎石或砾石做成的垫层和 $3 \sim 4$cm 厚的沥青碎石基垫上，以调节坝体变形。沥青混凝土斜墙一般厚 20cm，分层铺填碾压，每层厚 $3 \sim 6$cm。沥青混凝土斜墙上游侧坡度不应陡与 $1:1.6 \sim 1:1.7$。

2. 钢筋混凝土防渗体

钢筋混凝土心墙已较少使用。钢筋混凝土心墙底部厚度一般为坝高的 $1/20 \sim 1/40$，顶部厚度不少于 0.3m。心墙两侧应设置过渡层。

钢筋混凝土面板一般不用于以砂砾石为坝壳材料的土石坝，因为土石坝坝面沉降大，而且不均匀，面板容易产生裂缝。钢筋混凝土面板主要用于堆石坝中。

2.3.2　坝体排水

土石坝坝身排水设施的主要作用是：①降低坝体浸润线，防止渗流逸出处的渗透变形，增强坝坡的稳定性；②防止坝坡受冰冻破坏；③有时也起降低孔隙水压力的作用。

2.3.2.1　堆石棱体排水

堆石棱体排水（图 2.15）是在坝趾处用块石堆筑而成的棱体，也称为排水棱体或滤水坝趾。堆石棱体排水能降低坝体浸润线，防止坝坡冰冻和渗透变形，保护下游坝脚不受尾水淘刷，同时还可支撑坝体，增加坝的稳定性。堆石棱体排水工作可靠，便于观测和检修，是目前使用最为广泛的一种坝体排水设施，多设置在下游有水的情况。

棱体排水顶部高程应超出下游最高水位。对 1、2 级坝，不应小于 1.0m；对 3、4、5 级坝，不应小于 0.5m；并应超过波浪沿坡面的爬高；顶部高程应使坝体浸润线距坝面的距离大于该地区冻结深度；顶部宽度应根据施工条件和检查观测需要确定，且不宜少于1.0m；应避免在棱体上游坡脚处出现锐角。棱体的内坡坡度一般为 1：1～1：1.5，外坡坡度一般为 1：1.5～1：2.0。排水体与坝体及地基之间应设置反滤层。

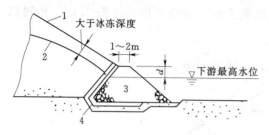

图 2.15　堆石棱体排水示意图（单位：m）
1—下游坝坡；2—浸润线；3—棱体排水；4—反滤层

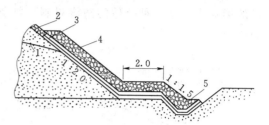

图 2.16　贴坡排水示意图（单位：m）
1—浸润线；2—护坡；3—反滤层；
4—排水体；5—排水沟

2.3.2.2　贴坡排水

贴坡排水（图 2.16）是一种直接紧贴下游坝坡表面铺设的排水设施，不伸入坝体内部。因此，又称表面排水。贴坡排水不能缩短渗径，也不影响浸润线的位置，但它能防止渗流溢出点处土体发生渗透破坏，提高下游坝坡的抗渗稳定性和抗冲刷的能力。贴坡排水构造简单，用料节省，施工方便，易于检修。

贴坡排水顶部高程应高于坝体浸润线出逸点，且应使坝体浸润线在该地区的冻结深度以下。对 1、2 级坝，不应小于 2.0m；对 3、4、5 级坝，不应小于 1.5m；并应超过波浪沿坡面的爬高；底脚应设置排水沟或排水体；材料应满足防浪护坡的要求。

贴坡排水单独使用时，主要用于周期性被淹没的、坝的滩地部分的下游坝坡上。贴坡排水常用于与其他排水设施结合在一起使用，形成组合式排水。

贴坡排水一般由 1～2 层足够均匀的块石组成，从而保证有很高的渗透系数。石块的粒径应根据在下游波浪的作用下坝面的稳定条件来确定。下游最高水位以上的贴坡排水，可只填筑砾石或碎石。

贴坡排水砌石或堆石与下游坡面之间应设置反滤层。

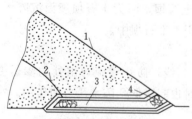

图 2.17　褥垫排水
1—护坡；2—浸润线；3—排水体；4—反滤层

2.3.2.3　褥垫排水

褥垫排水（图 2.17）是设在坝体基部、从坝趾部位沿坝底向上游方向伸展的水平排水设施。

褥垫排水的主要作用是降低坝内浸润线。褥垫伸入坝体越长，降低坝内浸润线的作用越大，但越长也越不经济。因此，褥垫伸入坝内的长度以不大于坝底宽度的 1/3～1/4 为宜。褥垫排水一般采用粒径均匀的块石，厚度约为 0.4～0.5m。在褥垫排水的周围，应设置反滤层。

褥垫排水一般设置在下游无水的情况。但由于褥垫排水对地基不均匀沉降的适应性较差，且难以检修，因此在工程中很少应用。

2.3.2.4 组合式排水

组合式排水（图 2.18）是为了充分发挥不同排水设施的功效，根据工程的需要，采用两种或两种以上的排水设施型式组合而成的排水设施。

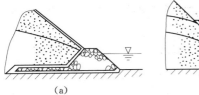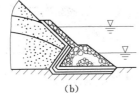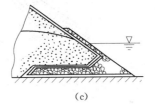

(a)   (b)   (c)

图 2.18　组合式排水示意图

2.3.3 坝顶及护坡

2.3.3.1 坝顶

坝顶一般采用碎石、单层砌石、沥青或混凝土路面。如坝顶有公路交通要求，坝顶结构应满足公路交通路面的有关规定。坝顶上游侧常设防浪墙，见图 2.19，防浪墙应坚固、不透水。一般采用浆砌石或钢筋混凝土筑成，墙底应与坝体中的防渗体紧密连接。坝顶下游一般设路边石或栏杆。坝顶面应向两侧或一侧倾斜，形成 2%～3% 的坡度，以便排除雨水。

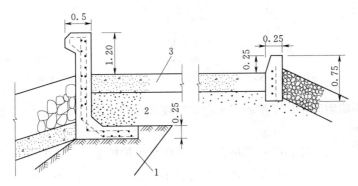

图 2.19　坝顶构造（单位：m）

1—斜墙；2—回填土；3—碎石路面

2.3.3.2 护坡

护坡的主要作用是保护坝坡免受波浪和降雨的冲刷；防止坝体的黏性土发生冰结、膨胀、收缩现象。对坝表面为土、砂、砂砾石等材料的土石坝，其上、下游均应设置专门的护坡。对堆石坝，可采用堆石材料中的粗颗粒料或超径石做护坡。

1. 上游护坡

上游护坡可采用抛石、干砌石、浆砌石、混凝土块（板）或沥青混凝土，如图 2.20、图 2.21 所示，其中以砌块石护坡最常用。根据风浪大小，干砌石护坡可采用单层砌石或双层砌石，单层砌石厚约 0.3～0.35m，双层砌石厚约 0.4～0.6m，下面铺设 0.15～0.20m 厚的碎石或砾石垫层。

护坡范围上至坝顶，下至水库最低水位 2.5m 以下，4、5 级坝可减至 1.5m，不高的

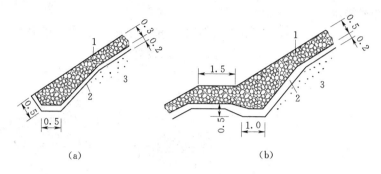

图 2.20　干砌石护坡（单位：m）

1—干砌石；2—垫层；3—坝体

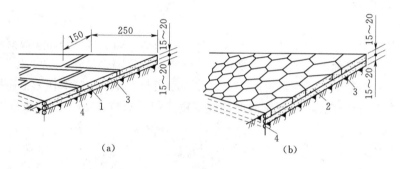

图 2.21　混凝土板护坡（单位：cm）

（a）矩形板；（b）六角形板

1—矩形混凝土板；2—六角形混凝土板；3—碎石或砾石；4—结合缝

坝或最低水位不确定时常护至坝底。上游护坡在马道及坡脚应设置基座以增加稳定性。

2. 下游护坡

下游护坡可采用草皮、碎石或块石等，其中草皮护坡是最经济的形式之一。草皮厚度一般为 0.05～0.10m，且在草皮下部一般先铺垫一层厚 0.2～0.3m 的腐殖土。

下游面护坡的覆盖范围应由坝顶护至排水棱体；无排水棱体时，应护至坝脚。如坝体为堆石、碎石或卵石填筑，可不设护坡。

2.3.4　坝体各部分对土料的要求

2.3.4.1　均质坝

均质坝的土料应具有一定的抗渗性能，其渗透系数不宜大于 1×10^{-4} cm/s；要求粒径小于 0.005mm 的颗粒的含量不大于 40%，一般为 10%～30% 为宜；有机质含量（按质量计）不大于 5%。常用的是砂质黏土和壤土。

2.3.4.2　心墙坝和斜墙坝的坝壳

坝壳土石料主要是为了保持坝体的稳定性，一般要求有较高的强度。下游坝壳水下部分及上游坝壳水位变化区宜有较高的透水性，且具有抗渗和抗震稳定性。砂、砾石、卵石、漂石、碎石等无黏性土料，料场开采的石料，开挖的石渣料，均可作为坝壳填料。均匀的中、细砂及粉砂一般只能用于坝壳的干燥区，因在地震作用下，用于浸润线以下坝区时易发生震动液化。

坝壳土石料应优先选用不均匀和连续级配的砂石料，一般认为不均匀系数 C_u（d_{60}/d_{30}）在 30～100 时较易压实，C_u 小于 5～10 时则压实性不好。

2.3.4.3 土质防渗体

防渗土料一般要求渗透系数不大于 1×10^{-5} cm/s，与坝壳材料的渗透系数之比不大于 1/1000；水溶盐含量（易溶盐和中溶盐，按质量计）应不大于 3%，有机质含量应不大于 2%。塑性和渗透稳定性较好；浸水和失水时体积变化小。

用于填筑防渗体的砾石土，粒径大于 5mm 的颗粒含量不宜超过 50%，最大粒径不宜大于 150mm 或铺填厚度的 2/3，0.075mm 以下的颗粒含量不应小于 15%。填筑时不得发生粗料集中架空现象。

有几种黏性土料不宜作为防渗体土料：塑性指数大于 20 和液限大于 40% 的冲积黏土；膨胀土；开挖、压实困难的干硬黏土；冻土；分散性黏土。

2.3.4.4 排水设施和砌石护坡用石料

排水设备和砌石护坡所用的石料，要求具有较高抗压强度，良好的抗水性、抗冻性和抗风化性的块石。块石料重度应大于 22kN/m³，岩石孔隙率不应大于 3%，吸水率（按孔隙体积比计算）不应大于 0.8；其饱和抗压强度不小于 40～50MPa，软化系数不应大于 0.75～0.85。

2.3.5 填筑标准

土石料的填筑标准是指土料的压实程度及其适宜含水量。一般情况下，土石料压得越密实，即干密度越大，其抗剪强度、抗渗性、抗压缩性也越好，可使坝坡较陡、剖面缩小。但过大的密实度，需要增加碾压费用，往往不一定经济，工期还可能延长。因此，应综合分析各种条件，并通过试验，合理地确定土料的填筑标准，达到既安全又经济的目的。

2.3.5.1 黏性土的填筑标准

对不含砾或含少量砾的黏性土料的填筑标准应以压实度和最优含水率作为设计控制指标。设计干密度应以击实最大干密度乘以压实度求得。

对于 1 级、2 级坝和高坝的压实度为 0.98～1.00，对于 3 级中、低坝及其以下的中坝压实度为 0.96～0.98。

2.3.5.2 非黏性土料的填筑标准

非黏性土料是填筑坝体或坝壳的主要材料之一，对它的填筑密度也应有严格的要求，以便提高其抗剪强度和变形模量，增加坝体稳定和减小变形，防止砂土料的液化。它的压密程度一般与含水量关系不大，而与粒径级配和压实功能有密切关系。压密程度一般用相对密度 D_r 来表示。

砂砾石的相对密度不应低于 0.75，砂的相对密度不应低于 0.70，反滤料的相对密度宜为 0.70。砂砾石粗粒料含量小于 50% 时，应保证细料（小于 5mm 的颗粒）的相对密度也符合上述要求。

堆石的填筑标准，宜以孔隙率为设计控制标准。土质防渗体分区坝和沥青混凝土心墙坝的堆石料，其孔隙率宜为 20%～28%。

2.4 渗 流 分 析

2.4.1 概述

2.4.1.1 渗流分析的目的

土石坝基本剖面确定后，需要通过渗流分析检验坝体及坝基的安全性，并为坝坡稳定分析提供依据。计算内容有：坝体浸润线、渗流出逸点的位置、渗透流量和各点的渗透压力或渗透坡降，并绘制坝体及坝基内的等势线分布图或流网图等。

2.4.1.2 计算工况

根据土石坝的运行情况，渗流计算的工况应能涵盖各种不利运行条件及其组合，一般需要计算的工况有：①上游正常蓄水位与下游相应的最低水位；②上游设计洪水位与下游相应的水位；③上游校核洪水位与下游相应的水位；④库水位降落时上游坝坡稳定最不利的情况。

2.4.1.3 计算方法

渗流分析的依据是达西定律和连续方程，各向同性的三维渗流分析基本方程为

$$\frac{\partial^2 h}{\partial x^2}+\frac{\partial^2 h}{\partial y^2}+\frac{\partial^2 h}{\partial z^2}=\frac{S_s}{k}\frac{\partial h}{\partial t} \tag{2.4}$$

稳定流基本方程为

$$\frac{\partial^2 h}{\partial x^2}+\frac{\partial^2 h}{\partial y^2}+\frac{\partial^2 h}{\partial z^2}=0 \tag{2.5}$$

式（2.4）或式（2.5）在简单渗流区域内，可以解析求解，但绝大部分情况是难于解析求解的。比较成熟的计算方法是数值计算法，但需要专用程序计算。近似计算方法主要有水力学法，计算公式简单，便于应用，但精度较差。一般对于1、2级坝和高坝应采用数值法计算确定渗流场各因素，其他可采用水力学公式法计算。

2.4.2 渗流分析的水力学法

假设铅直线上各点的渗流坡降均相等，并可用浸润线导数来表示，即 dx/dy。那么，渗流的达西定律可以写成微分方程表达式为

$$v=-k\frac{dy}{dx} \tag{2.6}$$

式中　x——渗流沿程坐标；

y——浸润线高度坐标；

k——渗透系数；

v——渗透流速。

设渗流单宽流量为 q，则由式（2.6）可得

$$q=-ky\frac{dy}{dx} \tag{2.7}$$

式（2.7）为浸润线微分方程，其解为

$$y=\sqrt{H_1^2-\frac{2q_1}{k}x} \tag{2.8}$$

式中　H_1——上游水深；

q_1——坝体单宽渗流流量。

渗流计算基本方程

表 2-10

坝型	计算简图	基本方程	备注
均质坝，无排水设施（不透水地基）		$$\frac{H_1^2-(H_2+a_0)^2}{2L'}=\frac{a_0}{m_2+0.5}\left(1+\frac{H_2}{a_0+a_mH_2}\right)$$ $$a_m=\frac{m_2}{2}\frac{m_2}{(m_2+0.5)^2},\quad L'=L-m_2\frac{H_1^2-(H_2+a_0)^2}{2L'}$$ $$q_1=k\frac{H_1^2-(H_2+a_0)^2}{2L'}$$	先求解 a_0。L 为坝底宽度
均质坝，棱体排水设施（不透水地基）		$$h_0=\begin{cases}\sqrt{L'^2+(H_1-H_2)^2}-L',&T=0;\\0,&T>0;\end{cases}$$ $$q_1=k\frac{H_1^2-(H_2+h_0)^2}{2L'}$$	L_0 为上坝坝脚至棱体上游点 D 的宽度
均质坝，褥垫排水（不透水地基）		$$h_0=\begin{cases}\sqrt{L'^2+H_1^2}-L',&T=0;\\0,&T>0;\end{cases}$$ $$q_1=k\frac{H_1^2-h_0^2}{2L}$$	

续表

坝型	计算简图	基本方程	备注
心墙坝（有限深度透水地基）		$\dfrac{k_e}{2\delta}(H_1^2+T)-\dfrac{(h+T)^2}{2\delta}=k\dfrac{h^2-H_2^2}{2L'}+k_T\dfrac{h-H_2}{nL'}T$ $L'=L+m_3H_2$ $q_1=k\dfrac{h^2-H_2^2}{2L'},\quad q_2=k_T\dfrac{h-H_2}{nL'}T$	先求解 h
带截水槽的斜墙坝（有限深度透水地基）		$k_e\dfrac{H_1^2-h^2}{2\delta\sin\alpha}+k_e\dfrac{H_1-h}{\delta}T$ $=k\dfrac{h^2-H_2^2}{2(L-m_1h)}+k_T\dfrac{h-H_2}{n}\dfrac{T}{(L-m_1h)}$ $q_1=k\dfrac{h^2-H_2^2}{2(L-m_1h)},\quad q_2=k_T\dfrac{h-H_2}{n}\dfrac{T}{(L-m_1h)}$	先求解 h
带水平铺盖的斜墙坝（有限深度透水地基）		$k_T\dfrac{H_1-h}{n}\dfrac{T}{(L_n+m_1h)}=k\dfrac{h^2-H_2^2}{2(L-m_1h)}+k_T\dfrac{h-H_2}{n}\dfrac{T}{(L-m_1h)}$ $q_1=k\dfrac{h^2-H_2^2}{2(L-m_1h)},\quad q_2=k_T\dfrac{h-H_2}{n}\dfrac{T}{(L-m_1h)}$	先求解 h

注　表中 k、k_e、k_T 分别为坝体、防渗体和坝基的渗透系数；T 为透水地基深度；L_0 为排水体上游起点前的坝底宽度；n 为坝基渗径修正系数，见表 2.11；$n'=\dfrac{n+1}{2}$；m_1、m_2、m_3 分别是上游坝坡、下游坝坡和排水棱体上游边坡比；$\Delta L=\dfrac{m_1}{1+2m_1}H_1$。

对于心墙坝和斜墙坝，式（2.8）变为

$$y=\sqrt{h^2-\frac{2q_1}{k}x}\qquad\qquad(2.9)$$

式中　h——防渗体后水深。

土坝浸润线基本公式为式（2.8）或式（2.9），其中 q_1、h 为待定常数，其求解方程见表2.10。

单宽渗流量 $q=q_1+q_2$，q_2 为坝基渗流量，见表2.10。

水力学公式计算法对边界条件进行近似处理得到的，各种教科书提供的公式都有一定的差异，引用时需要仔细分析选用。对于特殊情况，可以按照以上基本原理和边界条件进行推求。

表 2.11　　坝 基 渗 径 修 正 系 数

L_0/T	20	5	4	3	2	1
n	1.15	1.18	1.23	1.30	1.44	1.87

2.4.3　渗流分析的数值计算法

2.4.3.1　边界条件

渗流的数值计算法，就是用数值方法求解式（2.4）或式（2.5），待求函数为渗流水头 h。

$$h=z+\frac{p}{\gamma}\qquad\qquad(2.10)$$

式中　z——计算点位置高程，m；

　　　　p——渗透水压力，kN/m；

　　　　γ——水容重，kN/m³。

求解边界条件为：上下游水面以下的坝面是等水头面，渗流水头为常数，即

$$h=H_1 \text{ 或 } H_2\qquad\qquad(2.11)$$

不透水地基是流面，渗透水流的法向导数为0，即

$$\frac{\partial h}{\partial n}=0\qquad\qquad(2.12)$$

浸润线满足式（2.11）和 $h=z$；自由渗出段也满足 $h=z$。

利用专用程序计算，直接输出浸润线计算结果和等势线图。例如某土坝计算输出的等势线图，见图2.22。图中上下游水头差为 H，相应两等势线的水头差为 ΔH，则 $\Delta H=0.1H$。

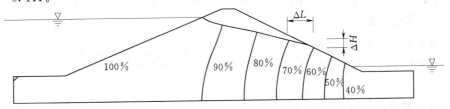

图 2.22　某土坝浸润线和渗流等势线图

2.4.3.2 流网的应用

1. 渗透坡降

渗透坡降是判别渗流安全与否的重要参数。设计算点等势线的距离为 ΔL_i，相应两等势线的水头（势能）差为 ΔH，则渗透坡降 J_i 为

$$J_i = \frac{\Delta H}{\Delta L_i} \tag{2.13}$$

一般需要计算渗流出逸点、坝脚附近的渗透坡降。

2. 渗流量

渗流量是衡量土石坝防渗的重要指标。计算时，取一等势线量取流线的距离 Δm_i 和相应相交点等势线的 ΔL_i，单宽流量为

$$q = \sum \frac{k \Delta H \Delta m_i}{\Delta L_i} \tag{2.14}$$

2.4.4 土石坝的渗流变形及其防治措施

土坝及地基中的渗流，由于其机械或化学作用，可能使土体产生局部破坏，称为"渗透破坏"。严重的渗透破坏可能导致工程失事，因此必须加以控制。

2.4.4.1 渗透变形的型式

渗透变形的型式及其发生、发展、变化过程与土料性质、土粒级配、水流条件以及防渗、排渗措施等因素有关，一般可归纳为：管涌、流土、接触冲刷、接触流土、接触管涌等类型。最主要的是管涌和流土两种类型。

1. 管涌

坝体或坝基中的细土壤颗粒被渗流带走，逐渐形成渗流通道的现象称为管涌或机械管涌。管涌一般发生在坝的下游坡或闸坝的下游地基面渗流逸出处。没有黏聚力的无黏性砂土、砾石砂土中容易发生管涌；黏性土的颗粒之间存在有黏聚力（或称黏结力），渗流难以将其中的颗粒带走，一般不易发生管涌。管涌开始时，细小的土壤颗粒被渗流带走；随着细小颗粒的大量流失，土壤中的孔隙加大，较大的土壤颗粒也会被带走；如此逐渐向内部发展，形成集中的渗流通道。使个别小颗粒土在孔隙内开始移动的水力坡降，称为管涌的临界坡降；使更大的土粒开始移动从而产生渗流通道和较大范围破坏的水力坡降，称为管涌的破坏坡降。

单个渗流通道的不断扩大或多个渗流通道的相互连通，最终将导致大面积的塌陷、滑坡等破坏现象。

2. 流土

在渗流作用下，成块的土体被掀起浮动的现象称为流土。流土主要发生在黏性土及均匀非黏性土体的渗流出口处。发生流土时的水力坡降，称为流土的破坏坡降。

3. 接触冲刷

当渗流沿两种不同土壤的接触面或建筑物与地基的接触面流动时，把其中细颗粒带走的现象称为接触冲刷。

4. 接触管涌和接触流土

渗流方向垂直于两种不同土壤的接触面时，如在黏土心墙与坝壳砂砾料之间，坝体或

坝基与排水设施之间,以及坝基内不同土层之间的渗流,可能把其中一层的细颗粒带到另一层的粗颗粒中去,称为接触管涌。当其中一层为黏性土,由于含水量增大致使黏聚力降低而成块移动,甚至形成剥蚀时,称为接触流土。

2.4.4.2 渗透变形的判别

渗流类型与土体的颗粒分布及其含量有关,是由内在因素决定的;至于会不会发生渗透变形还要根据外部因素——渗透坡降来判别。因此,渗透变形的判别包括两个方面:渗透类型与发生条件。

1. 非黏性土管涌与流土的判别

试验研究表明,土壤中的细颗粒含量是影响土体渗透性能和渗透变形的主要因素。南京水利科学研究院进行大量研究,结论是粒径在 2mm 以下的细粒含量 $P>35\%$ 时,孔隙填充饱满,易产生流土;$P<25\%$ 时,孔隙填充不足,易产生管涌;$25\%<P<35\%$ 时,可能产生管涌或流土;产生管涌或流土的细粒临界含量与孔隙率的关系为

$$P_z = \alpha \frac{\sqrt{n}}{1+\sqrt{n}} \tag{2.15}$$

式中 P_z——粒径不大于 2mm 的细粒临界含量,%;

$\quad\quad n$——土体孔隙率;

$\quad\quad \alpha$——修正系数,一般取为 0.95~1.00。

当土体中的细粒含量大于 P_z 时,可能产生流土;当土体中的细粒含量小于或等于 P_z 时,可能产生管涌。

2. 渗透变形的临界坡降

(1) 管涌的临界坡降。对于大中型工程,应通过管涌试验来确定管涌的临界坡降。对于中小型工程及初步设计时,且当渗流方向由下向上时,可用南京水利科学研究院的经验公式计算。

$$J_c = \frac{42d_3}{\sqrt{\dfrac{k}{n^3}}} \tag{2.16}$$

式中 d_3——相应于粒径曲线上含量为 3% 的粒径,cm;

$\quad\quad$ 其余同前。

容许渗透坡降 $[J]$,可由渗透变形的临界坡降除以安全系数来确定。安全系数应根据建设物的级别和土壤的类别选定,一般为 2~3。

无黏性土的容许渗透坡降当无试验资料时,且渗流出口无反滤层时,可按表 2.12 选用。

表 2.12　　　　　　　　　　无黏性土的容许渗透坡降

容许渗透坡降	渗透变形型式					
	流土型			过渡型	管涌型	
	$C_u \leqslant 3$	$3<C_u \leqslant 5$	$C_u>5$	0.25~0.40	连续级配	不连续级配
$[J]$	0.25~0.35	0.35~0.50	0.50~0.80		0.15~0.25	0.10~0.20

(2) 流土的临界坡降。当渗流方向由下向上时,常采用太沙基公式

$$J_B = (G-1)(1-n) \tag{2.17}$$

式中　G——土粒比重；

其余同前。

南京水利科学院建议式（2.17）计算结果乘以 1.17 为最终结果。

容许渗透坡降也要采用一定的安全系数，一般来说，对于黏性土，取 1.5；对于非黏性土，取 2.0~2.5。

2.4.4.3　防止发生渗透变形的措施

产生管涌和流土的条件，一方面取决于水力坡降的大小，另一方面又决定于土的组成。因此，防止渗透变形的工程措施，一方面是降低渗流坡降从而减小渗流速度和渗流压力；另一方面是增强渗流逸出处土体抵抗渗透变形的能力。具体工程措施有：①在上游侧设置水平与垂直防渗体，延长渗径，降低渗透坡降或截阻渗流；②在下游侧设置排水沟或减压井，降低渗流出口处的渗流压力；③对可能发生管涌的地段，需铺设反滤层，拦截可能被涌流携带的细粒；④对下游可能产生流土的地段，应加盖重，盖重下的保护层也必须按反滤原则铺设。这里重点介绍反滤层。

（1）反滤层的作用。反滤层的主要作用是滤土排水，可以提高土体抗渗破坏能力，防止各类渗透变形，如管涌、流土、接触冲刷等。

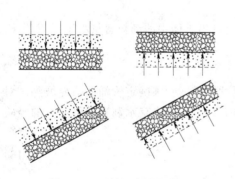

图 2.23　反滤层布置示意图

（2）反滤层的结构。反滤层一般由 2~3 层不同粒径的、级配均匀的、耐风化的砂、砾石、卵石或碎石构成。层的排列应尽量与渗流的方向垂直，各层的粒径按渗流方向逐层增大，如图 2.23所示。图中箭头方向代表土体中的渗流方向。反滤层位于被保护土下部，渗流方向由上向下，如均质坝的水平排水体和斜墙后的反滤层等属Ⅰ型反滤；反滤层位于被保护土上部，渗流方向由下向上，如坝基渗流出逸处和排水沟下边的反滤层属Ⅱ型反滤坝的反滤层必须满足一定要求：①使被保护土不发生渗透变形；②渗透性大于被保护土，能通畅地排出渗透水流；③不致被细粒土淤塞失效。

反滤层的厚度应根据材料的级配、料源、用途、施工方法等综合确定。人工施工时，水平反滤层的最小厚度可采用 0.30m；垂直或倾斜的反滤层的最小厚度为 0.50m。采用机械化施工时，反滤层的最小厚度根据施工方法确定。

（3）反滤层设计。反滤层的设计包括掌握被保护土、坝壳料和料场砂砾料的颗粒级配，根据反滤层在坝的不同部位确定反滤层的类型，计算反滤层的级配、层数和厚度。

当被保护土为无黏性土，且不均匀系数 $C_u \leqslant 5~8$ 时，紧邻被保护土的第一层反滤料，其级配按下式确定：

$$\frac{D_{15}}{d_{85}} \leqslant 4~5 \tag{2.18}$$

$$\frac{D_{15}}{d_{15}} \geqslant 5 \tag{2.19}$$

式中　　D_{15}——反滤层的粒径，小于该粒径的土重占总重的 15%；

　　　　d_{85}——被保护的土的粒径，小于该粒径的土重占总重的 85%；

　　　　d_{15}——被保护的土的粒径，小于该粒径的土重占总重的 15%。

当选择多层反滤料时，可同样按上述方法确定。选择第二层反滤料时，将第一层反滤料作为被保护土；选择第三层反滤料时，将第二层反滤料作为被保护土。依此类推。

2.5　土石坝稳定分析

2.5.1　概述

土石坝是由散颗粒体堆筑而成，依靠土体颗粒之间的摩擦力来维持其整体性，为此必须采用比较平缓的边坡，因而形成肥大的断面，以致有足够的强度抵挡上游水压力。所以，土石坝的稳定性主要是指边坡稳定问题，如果土石坝的边坡稳定性能得到保证，则其整体稳定性也就能得到保证。

摩尔认为土体的破坏主要是剪切破坏。一旦土体内任一平面上的剪应力达到或超过了土体的抗剪强度时，土体就发生破坏。土石坝边坡稳定性就是边坡的抗剪强度问题。土石坝结构、土料和地基的性质以及工况条件等因素决定边坡的失稳形式。通常主要有滑坡、塑性流动和液化三种形式。其中滑坡主要以下几种形式。

2.5.1.1　曲线滑动

曲线滑动（图 2.24）的滑动面是一个顶部稍陡而底部渐缓的曲面，多发生在黏性土坝坡中。在计算分析时，通常简化为一个圆弧面。

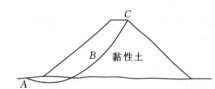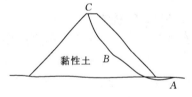

图 2.24　曲线滑动示意图

2.5.1.2　直线和折线滑动面

在均质的非黏性土边坡中，滑动面一般为直线；当坝体的一部分淹没在水中时，滑动面可能为折线。在不同土料的分界面，也可能发生直线或折线滑动，见图 2.25。

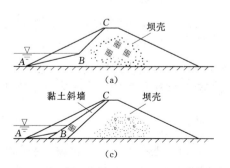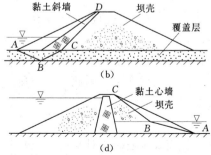

图 2.25　直线和折线滑动示意图

2.5.1.3 复式滑动面（图 2.26）

复式滑动面是同时具有黏性土和非黏性土的土坝中常出现的滑动面型式。复式滑动面比较复杂，穿过黏性土的局部地段可能为曲线面，穿过非黏性土的局部地段则可能为平面或折线面。在计算分析时，通常根据实际情况对滑动面的形状和位置进行适当的简化。

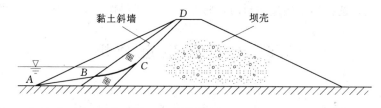

图 2.26 复式滑动示意图

2.5.2 荷载及其组合和稳定安全系数

2.5.2.1 荷载及其组合

1. 基本荷载

土石坝的荷载主要包括自重、水压力、渗透力、孔隙压力、浪压力、地震惯性力等，大多数荷载的计算与重力坝相似。其中土石坝主要考虑的荷载有自重、渗透力、空隙压力等，分述如下。

（1）自重。土坝坝体自重分三种情况来考虑，即：在浸润线以上的土体，按湿容重计算；在浸润线以下、下游水面线以上的土体，按饱和容重计算；在下游水位以下的土体，按浮容重计算。

（2）渗透力。渗透力是在渗流场内作用于土体的体积力。沿渗流场内各点的渗流方向，单位土体所受的渗透力 $p = \gamma J$，其中 γ 为水的容重；J 为该点的渗透坡降。

（3）孔隙压力。黏性土在外荷载的作用下产生压缩，由于土体内的空气和水一时来不及排出，外荷载便由土粒和空隙中的空气与水来共同承担。其中，由土粒骨架承担的应力称为有效应力 σ'，它在土体产生滑动时能产生摩擦力；由空隙中的水和空气承担的应力称为孔隙压力 u，它不能产生摩擦力。因此，孔隙压力是黏性土中经常存在的一种力。

土壤中的有效应力 σ' 为总应力 σ 与孔隙压力 u 之差，因此土壤的有效抗剪强度为

$$\tau = c' + (\sigma - u)\tan\varphi' = c' + \sigma'\tan\varphi' \tag{2.20}$$

式中　φ'——内摩擦角，（°）；

　　　c'——黏聚力。

孔隙压力的存在使土的抗剪强度降低，从而使坝坡的稳定性也降低。因此在土坝坝坡稳定分析时，应予以考虑。

孔隙压力的大小与土料性质、土料含水量、填筑速度、坝内各点荷载、排水条件等因素有关，且随时间而变化。因此，孔隙压力的计算一般比较复杂，且多为近似估计。具体计算可参考有关文献。

2. 荷载组合

根据《碾压式土石坝设计规范》（SL 274—2001），土石坝施工、建设、蓄水和水库水位降落的各个时期在不同荷载作用下，应分别计算其稳定性。土石坝稳定分析的荷载组合

主要有正常工作条件和非常运用情况。

（1）正常工作条件。①水库上游水位处于正常蓄水位和设计洪水位与死水位之间的各种水位的稳定渗流期；②水库水位在上述范围内经常性的正常降落情况；③抽水蓄能电站的水库水位的经常性变化和降落。

（2）非常运用情况。①施工期；②校核洪水位有可能形成稳定渗流的情况；③水库水位的非常降落，如自校核洪水位降落、降落至死水位以下、大流量快速泄空等。

2.5.2.2　土石坝坝坡稳定安全系数

根据《碾压式土石坝设计规范》（SL 274—2001）第 8.3.9 条规定：对于均质坝、厚斜墙坝和厚心墙坝，宜采用计及条间作用的简化毕肖普法；对于有软弱夹层、薄斜墙坝的坝坡稳定分析及其他任何坝型，可采用满足力和力矩平衡的摩根斯顿—普赖斯等滑楔法。

表 2.13　　　　　　　按简化毕肖普法计算时的容许最小抗滑稳定安全系数

运用条件 \ 工程等别	Ⅰ	Ⅱ	Ⅲ	Ⅳ、Ⅴ
正常运用	1.50	1.35	1.30	1.25
非常运用	1.30	1.25	1.20	1.15
正常运用＋地震	1.20	1.15	1.15	1.10

《碾压式土石坝设计规范》（SL 274—2001）第 8.3.11 条还规定：采用不计条间作用力的瑞典圆弧法计算坝坡抗滑稳定安全系数时，对 1 级坝正常运用条间最小安全系数应不小于 1.30，对其他情况应比表 2.13 规定值减小 8%。

《碾压式土石坝设计规范》（SL 274—2001）第 8.3.12 条还规定：采用滑楔法进行稳定计算时，如假设滑楔之间作用力平行于坡面和滑楔底斜面的平均坡度，安全系数应满足表 2.13 中的规定；若假设滑楔之间作用力为水平方向，安全系数应满足上述第 8.3.11 条的规定。

2.5.3　土石坝边坡稳定计算

目前所采用的土石坝坝坡稳定分析方法的理论基础是刚体极限平衡理论。所谓极限平衡状态是指土体某一面上导致土体滑动的滑动力，刚好等于抵抗土体滑动的抗滑力。计算的关键是滑动面的形式的选定，一般有圆弧、直线、折线和复合滑动面等。对黏性土填筑的均质坝或非均质坝多为圆弧；对非黏性土填筑的坝，或以心墙、斜墙为防渗体的砂砾石坝体，一般采用直线法或折线法；对黏性土与非黏性土填筑的坝，则为复合滑动面。

土石坝设计中目前最广泛的圆弧滑动静力计算方法有瑞典圆弧法和简化的毕肖普法。其中瑞典圆弧法是不计条块间作用力的方法，计算简单，但理论上有缺陷，且当孔隙压力较大和地基软弱时误差较大。简化的毕肖普法计及条块间作用力，能反映土体滑动土条之间的客观状况，但计算比瑞典圆弧法复杂。由于计算机的广泛应用，使得计及条块间作用力方法的计算变得比较简单，容易实现。

2.5.3.1　圆弧滑动法的基本原理

假定滑动面为圆柱面，将滑动面内土体视为刚体，边坡失稳时该土体绕滑弧圆心 O 作旋转运动，计算时沿坝轴线取单宽按平面问题进行分析。由于土石坝工作条件复杂，滑动体内的浸润线又呈曲线状，而且抗剪强度沿滑动面的分布也不一定均匀，因此，为了简化计算和得到较为准确的结果，实践中常采用条分法，即将滑动面上的土体按一定宽度分为若干个铅直土条，分别计算各土条对圆心 O 的抗滑力矩 M_r 和滑动力矩 M_s，再分别取其总和，其比值即为该滑动面的稳定安全系数 K，其计算公式为

$$K = \frac{M_r}{M_s} \tag{2.21}$$

2.5.3.2 瑞典圆弧法

瑞典圆弧法是目前土石坝设计中坝坡稳定分析的主要方法之一。该方法简单、实用，基本能满足工程精度要求，特别是在中小型土石坝设计中应用更为广泛。现以渗流稳定期，用总应力法计算为例分析如下。

（1）将土条编号。土条宽度常取滑弧半径 R 的 $1/10$，即 $b=0.1R$。各块土条编号的顺序为：零号土条位于圆心之下，向上游（对下游坝坡而言）各土条的顺序为 1、2、3、…、n，往下游的顺序为 -1、-2、…、$-m$，如图 2.27（a）所示。

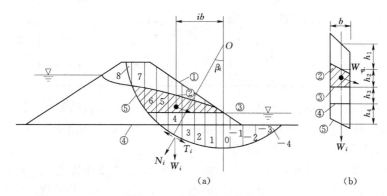

图 2.27 圆弧滑动计算简图

（2）计算土条的重量 W_i。由图 2.27（b）可求得 W_i 为

$$W_i = [\gamma_1 h_1 + \gamma_3(h_2 + h_3) + \gamma_4 h_4]b \tag{2.22}$$

式中 $h_1 \sim h_4$ ——土条各分段的中线高度；

  γ_1、γ_3、γ_4 ——坝体土的湿重度、浮重度和坝基土的浮重度。

（3）安全系数。其计算公式为

$$K_c = \frac{\sum \{[(W_i \pm V)\cos\beta_i - ub\sec\beta_i - Q\sin\beta_i]\tan\varphi'_i + c'_i b\sec\beta_i\}}{\sum \left[(W_i \pm V)\sin\beta_i + \dfrac{M_c}{R}\right]} \tag{2.23}$$

式中 W_i ——第 i 土条的自重；

  Q、V ——水平和垂直地震惯性力（向上为负，向下为正）；

  u ——作用于土条底面的孔隙水压力；

  φ'_i、c'_i ——土条底面的有效应力抗剪强度指标；

  β_i ——条块重力线与通过此条块底面中点的半径之间的夹角；

  b ——土条宽度；

  M_c ——水平地震惯性力对圆心的力矩；

  R ——圆弧半径。

如果两端土条的宽度 b' 不等于 b，可将其高度 b' 换算成宽度为 b 的高度 $h=b'h'/b$。

按总应力法计算时，式（2.23）中 φ'_i、c'_i 换成总应力强度指标 φ_i、c_i，同时令 $u=0$。

《碾压式土石坝设计规范》（SL 274—2001）第 8.3.2 条规定：土石坝各种工况，土体的抗剪强度均应采用有效应力法；黏性土施工期和黏性土库水位降落期，应同时采用有效应力法和总应力法。

2.5.3.3 简化的毕肖普法

瑞典圆弧法的主要缺点是没有考虑土条间的作用力，因而不满足力和力矩的平衡条件，所计算出的安全系数一般偏低。

毕肖普法是对瑞典圆弧法的改进。其基本原理是：考虑了土条水平方向的作用力（$H_i+\Delta H_i$ 与 H_i，即 $H_i+\Delta H_i\neq H_i$），忽略了竖直方向的作用力（切向力，$X_i+\Delta X_i$ 与 X_i，即令 $X_i+\Delta X_i=X_i=0$），如图 2.28。由于忽略了竖直方向的作用力，因此称为简化的毕肖普法。

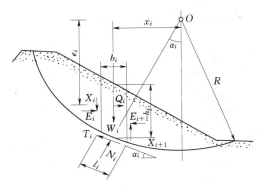

图 2.28 考虑条间作用力的毕肖普法土坝坝坡稳定计算示意图

毕肖普法是目前土坝坝坡稳定分析中使用得较多的一种方法。毕肖普法的安全系数计算公式为

$$K_c=\frac{\sum\dfrac{\left\{\left[(W_i\pm V)\sec\alpha_i-ubs\sec\alpha_i\right]\tan\varphi'_i+c'_ib\sec\alpha_i\right\}}{1+\tan\alpha_i\tan\varphi'_i/K_c}}{\sum\left[(W_i\pm V)\sin\alpha_i+\dfrac{M_c}{R}\right]} \tag{2.24}$$

式中符号同前。

上式中，两端均含有 K_c，必须用试算法或迭代法求解。

2.5.3.4 最危险圆弧位置确定

圆弧法计算需要选定圆弧位置——圆心位置和圆弧半径，但很难确定最危险圆弧位置（对应最小安全系数），一般是在一定范围内搜索，经过多次计算才能找到最小安全系数。

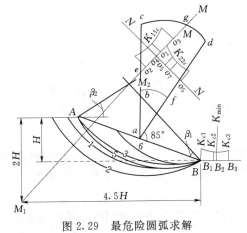

图 2.29 最危险圆弧求解

确定搜索范围有两种方法。

1. B.B 方捷耶夫法

B.B 方捷耶夫法认为最小安全数的滑弧圆心在扇形 $bcdf$ 范围内，如图 2.29 所示。具体做法为：首先由下游坝坡中点 a 引出两条直线，一条是铅直线，另一条与坝坡线成 85°角，再以 a 点为圆心，以 $R_内$、$R_外$ 为半径（$R_内$、$R_外$ 根据表 2.14 计算求出）作两个圆弧，得到扇形 $bcdf$。

2. 费兰钮斯法

费兰钮斯法认为最小安全系数的滑弧圆心

在直线 M_1M_2 的延长线附近。如图 2.29 所示，H 为坝高，定出距坝顶 $2H$、距坝趾 $4.5H$ 的点 M_1；再由坝趾 B 和坝顶 A 引出 BM_2 和 AM_2，它们分别与下游坝坡及坝顶的夹角为 β_1、β_2（见表 2.15），由此定出交点 M_2，并连接出直线 M_1M_2。

表 2.14　　$R_内$、$R_外$ 值

坝坡	1:1	1:2	1:3	1:4	1:5	1:6
$R_内/H$	0.75	0.75	1.0	1.5	2.2	3.0
$R_外/H$	1.50	1.75	2.30	3.75	4.80	5.50

表 2.15　　β_1、β_2 值

坝坡	1:1.5	1:2.0	1:3.0	1:4.0
β_1 (°)	26	25	25	25
β_2 (°)	35	35	35	36

以上两种方法，适用于均质坝，其他坝型也可参考。实际运用时，常将两者结合应用，即认为最危险的滑弧圆心在扇形中 eg 线附近，并按以下步骤计算最小安全系数。

（1）首先在 eg 线上假定几个圆心 o_1、o_2、o_3 等，从每个圆心作滑弧通过坝脚 B 点，按公式分别计算其 K_{1nc} 值。按比例将 K_{1nc} 值画在相应的圆心上，绘制 K_{1nc} 值的变化曲线，可找到该曲线上的最小 K_{11} 值，例如 o_2 点。

（2）再通过 eg 线上 K_c 最小的点 o_2，作 eg 垂线 NN。在 NN 线上取数点为圆心，画弧仍通过 B 点。求出 NN 线上最小的 K_{2nc} 值。一般认为该 K_c 值即为通过 B 点的最小安全系数，并按比例画在 B 点。有时为了更准确，还要通过 NN 线上 K_c 最小的点作垂线 N_1N_1，求出 N_1N_1 线最小的 K_{33c} 值。

（3）根据坝基土质情况，在坝坡上或坝脚外，再选数点 B_1、B_2、B_3 等，仿照上述方法，求出相应的最小安全系数 K_{c1}、K_{c2}、K_{c3} 等，并标注在相应点上，与 B 点的 K_c 连成曲线找到 K_{cmin}。一般至少要计算 15 个滑弧才能得到答案。

2.6　土石坝的坝基处理

土石坝建于天然地基上，但天然地基往往不能完全满足要求，如经常遇到深厚覆盖层地基，渗透性大、节理裂隙发育的岩层以及软弱夹层、断层破碎带等地质条件复杂的地基，均需要进行处理，以保证工程运行安全。

根据土石坝地基条件，地基处理的目的大体可归纳为以下几个方面：①改善地基的剪切特性，防止剪切破坏，减少剪切变形，保证地基不发生滑动；②改善地基的压缩性能，减少不均匀沉降，以限制坝体裂缝的发生；③减少地基的透水性，降低扬压力和地下水位，使地基以至坝身不产生渗透变形，并把渗流流量控制在允许的范围内；④改善地基的动力特性，防止液化。

对所有土石坝的坝基，首先应完全清除表面的腐殖土，可能形成集中渗流和可能发生滑动的表层土石，然后根据不同的地基情况采用不同的处理措施。

岩石地基的强度大，变形小，一般能满足土石坝的要求，其处理的目的主要是控制渗流，处理方法基本与重力坝相同。本节重点介绍非岩石地基的处理。

2.6.1 砂砾石地基处理

砂砾石具有足够的承载能力，压缩性不大，干湿变化对体积的影响也不大。但砂砾石地基的透水性很大，渗漏现象严重，而且可能发生管涌、流土等渗透变形。

因此，砂砾石地基的处理，主要是对地基的防渗处理，通常采取"上堵下排"的措施，"上堵"包括水平和铅直防渗措施，"下排"主要是排水减压。

2.6.1.1 垂直防渗设施

垂直防渗是解决坝基渗流问题效果最好的措施。垂直防渗的效果，相当于水平防渗效果的 3 倍。因此，在土石坝的防渗措施中，应优先选择垂直防渗措施。

垂直防渗措施主要有黏性土截水槽、混凝土防渗墙、灌浆帷幕、板桩等。

1. 黏性土截水槽

当覆盖层深度在 15m 以内时，可开挖深槽直达不透水层或基岩，槽内回填黏性土而成截水槽（也称截水墙），心墙坝、斜墙坝常将防渗体向下延伸至不透水层而成截水槽。如图 2.30（a）、（b）所示。

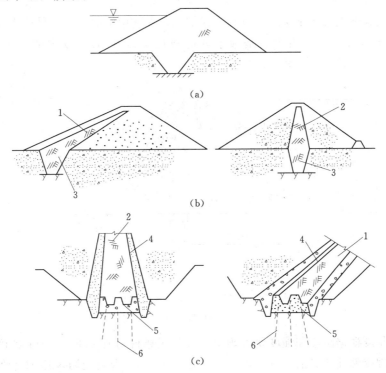

图 2.30 黏性土截水槽

(a) 均质坝的截水槽；(b) 斜墙坝、心墙坝的截水槽；(c) 截水槽与地基的连接

1—黏土斜墙；2—黏土心墙；3—截水槽；4—过渡层；5—垫座；6—固结灌浆

截水槽底宽 L 常根据回填土料的容许渗透坡降与基岩接触面抗渗流冲刷的允许坡降以及施工条件（要求 L 不小于 3m）确定。

$$L \geqslant \frac{\Delta H}{[J_c]} \qquad (2.25)$$

式中　ΔH——运行期最大水头；

　　　　$[J_c]$——回填土料的容许渗透坡降，一般砂壤土，$[J_c]=3\sim4$；对壤土，$[J_c]=4\sim6$；对黏土，$[J_c]=5\sim10$。

截水槽的土料应与其上部的心墙或斜墙一致。均质土坝截水槽所用土料应与坝体相同，其截水槽的位置宜设于距上游坝脚 $1/3\sim1/2$ 坝底宽处。

截水槽底部与不透水层的接触面是防渗的薄弱环节。若不透水层为岩基时，为了防止因槽底部接触面发生集中渗流而造成冲刷破坏，可在岩基建混凝土或钢筋混凝土齿墙；若岩石破碎，应在齿墙下进行帷幕灌浆，如图 2.30（c）所示。截水槽回填时，应在齿墙表面和齿墙岩面抹黏土浆。对于中小型工程，也可在截水槽底部基岩上挖一条齿槽以加长接触面的渗径，加强截水槽与基岩的连接。若不透水层为土层，则将截水槽底部嵌入不透水层 $0.5\sim1.0$m。

截水槽结构简单、工作可靠、防渗效果好，得到了广泛的应用。缺点是槽身挖填和坝体填筑不便同时进行。若汛前要达到一定的坝高拦洪度汛，工期较紧。

2. 混凝土防渗墙

用钻机或其他设备在土层中造成圆孔或槽孔，在孔中浇混凝土，最后连成一片，成为整体的混凝土防渗墙，适用于地基渗水砂砾石层深度在 80m 以内的情况，如图 2.31 所示。

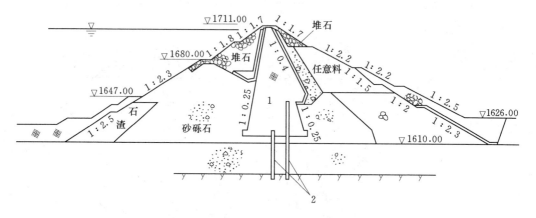

图 2.31　碧口土石坝防渗墙（单位：m）

1—黏土心墙；2—混凝土防渗墙

防渗墙厚度根据防渗和强度要求确定。按施工条件可在 $0.6\sim1.3$m 之间选用（一般为 0.8m），因受钻孔机具的限制，墙厚不能超过 1.3m。混凝土防渗墙的允许坡降一般为 $80\sim100$，混凝土强度等级为 C10，抗渗等级 $P_6\sim P_8$，坍落度 $8\sim20$cm，水泥用量为 300kg/ m³ 左右。墙底应嵌入半风化岩内 $0.5\sim1.0$m，顶端插入防渗体，插入深度宜为坝高的 $1/10$；高坝可以降低，或根据渗流计算确定；低坝应不小于 2m。

从 20 世纪 60 年代起，混凝土防渗墙得到了广泛的应用，我国积累了不少施工经验，并发展了反循环回转新型冲击钻机、液压抓斗挖槽等技术，在砂卵石层中纯钻工效较高，进入国际先进行列。黄河小浪底工程采用深度为 70m 的双排防渗墙，单排墙厚为 1.2m。

3. 板桩

当透水的冲积层较厚时，可采用板桩截水，或先挖一定深度的截水槽，槽下打板桩，槽中回填黏土，即合并使用板桩和截水墙。通常采用的是钢板桩，木板桩一般只用于围堰等临时性工程。

钢板桩可以穿过砾石类土和软弱或风化的岩石，在砂卵石层中打钢板桩时，由于孤石的阻力，可能使板桩歪斜，显著地增加透水性，加之造价较高，在我国用得不多。

4. 灌浆帷幕

当砂卵石层很厚，用上述三种方法都较困难或不够经济时，可采用灌浆帷幕防渗。灌浆帷幕的施工方法是：先用旋转式钻机造孔，同时用泥浆固壁，钻完孔后在孔中注入填料，插入带孔的钢管，如图 2.32 所

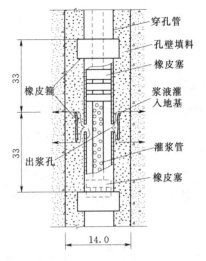

图 2.32 灌浆管结构示意图
（单位：cm）

示。待填料凝固后，在带孔的钢管中置入双塞灌浆器，用一定压力将水泥浆或水泥黏土浆压入透水层的孔隙中。压浆可自下而上分段进行，分段可根据透水层性质采用 0.33~0.5m 不等。待浆液凝固后，就形成了防渗帷幕。

砂卵石地基的可灌性，可根据地基的渗透系数，可灌比值 M 及小于 0.1mm 颗粒含量等因素来评判。$M = D_{15}/d_{85}$，D_{15} 为某一粒径，在被灌土层中小于此粒径的土重占总土重的 15%，d_{85} 是另一粒径，在灌浆材料中小于此粒径的重量占总土重的 85%。一般认为，地基中小于 0.1mm 的颗粒含量不超过 5%，或渗透系数 $k > 10^{-2}$cm/s 或 $M > 10$，可灌水泥黏土浆，当渗透系数 $k > 10^{-1}$cm/s 或 $M > 15$ 时，可灌水泥浆。

灌浆帷幕的厚度 T，根据帷幕最大设计水头 H 和允许水力坡降 $[J]$，按式（2.26）估算：

$$T = \frac{H}{[J]} \qquad (2.26)$$

对一般水泥黏土浆，$[J] = 3 \sim 4$。

帷幕的底部嵌入相对不透水层宜不小于 5m，若相对不透水层较深，可根据渗流分析，并结合类似工程研究确定。

多排帷幕灌浆的孔、排距应通过灌浆试验确定，初步可选用 2~3m，排数可根据帷幕厚度确定。

灌浆帷幕的优点是灌浆深度大，这种方法的主要问题是对地基的适应性较差，有的地基如粉砂、细砂地基，不易灌进，而透水性太大的地基又往往耗浆量太大。

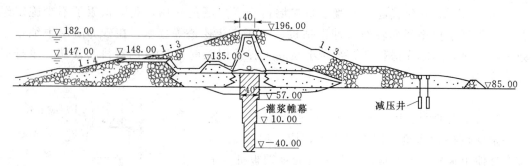

图 2.33 灌浆帷幕

2.6.1.2 水平防渗设施

防渗铺盖是由黏性土做成的水平防渗设施，是斜墙、心墙或均质坝体向上游延伸的部分。当采用垂直防渗有困难或不经济时，可考虑采用铺盖防渗。防渗铺盖构造简单，造价一般不高，但它不能完全截断渗流，只是通过延长渗径的办法，降低渗透坡降，减小渗透流量，所以对解决渗流控制问题有一定的局限性，其布置形式如图 2.34 所示。

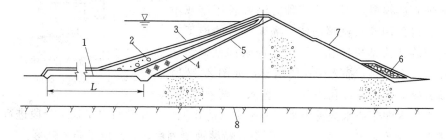

图 2.34 防渗铺盖示意图
1—防渗铺盖；2—保护层；3—护坡；4—黏土斜墙；5—反滤层；6—排水体；7—草皮护坡；8—基岩

铺盖常用黏土或砂质黏土材料，渗透系数应小于砂砾石层渗透系数的 1/100。铺盖长度一般为 4～6 倍水头，铺盖厚度主要取决于各点顶部和底部所受的水头差 ΔH_x 和土料的允许坡降 $[J]$，即距上游端为 x 处的厚度应不小于 $\delta_x = \Delta H_x / [J]$，$[J]$ 值对于黏土可取 5～10，对壤土可取 3～5。上游端部厚度不小于 0.5m，与斜墙连接处常达 3～5m。铺盖表面应设保护层，铺盖与砂砾石地基之间应根据需要设置反滤层或垫层。

巴基斯坦塔贝拉土坝坝高 147m，坝基砂砾石层厚度约 200m，采用了厚 1.5～10m，长 2307m 的铺盖，是目前世界上最长的铺盖。

2.6.1.3 排水减压措施

常用的排水减压设施有排水沟和排水减压井。

排水沟在坝趾稍下游平行坝轴线设置，沟底深入到透水的砂砾石层内，沟顶略高于地面，以防止周围表土的冲淤。按其构造，可分为明沟和暗管两种，如图 2.35、图 2.36 所示。两者都应沿渗流方向按反滤层布置，明沟沟底与下游的河道连接。

排水减压井将深层承压水导出水面，然后从排水沟中排出，其构造如图 2.37 所示。在钻孔中插入带有孔眼的井管，周围包以反滤料，管的直径一般为 20～30cm，井距一般为 20～30m。

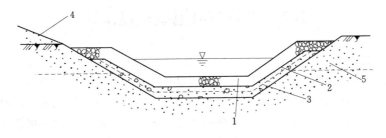

图 2.35 排水减压沟

1—干砌石;2—碎石;3—粗砂;4—坝坡;5—砂砾石层

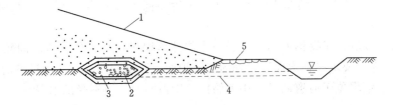

图 2.36 排水暗管

1—坝体;2—反滤层;3—坝身排水;4—暗沟;5—堆石盖重

2.6.2 细砂、软黏土和湿陷性黄土地基处理

2.6.2.1 细砂地基处理

细砂地基,特别是饱和的细砂地基,在动力作用下容易产生液化现象,因此应加以处理。对厚度不大的细砂地基,一般采用挖除的办法。对于厚度较大的细砂地基,以前采用板桩加以封闭的办法,但很不经济。现在主要采用人工加密的办法,即在细砂地基中人工掺入粗砂。近年来,我国采用振冲法加密细砂地基,从而提高细砂地基的相对密度,取得了较好的效果。

2.6.2.2 淤泥层地基处理

淤泥夹层的天然含水量较大,容重小,抗剪强度低,承载能力差。当淤泥层埋藏较浅时,一般将其全部挖除。当淤泥层埋藏较厚时,一般采用压重法或设置砂井加速固结的方法。

2.6.2.3 软黏土和湿陷性黄土地基处理

当软黏土层较薄时,一般全部挖除。当软黏土层较厚时,一般采用换砂法或排水砂井法。对黄土地基,一般的处理方法有:预先浸水,使其湿陷加固;将表层土挖除,换土压实;夯实表层土,破坏黄土的天然结构,使其密实等。

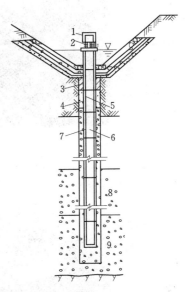

图 2.37 排水减压井

1—井帽;2—钢丝出水口;3—回填混凝土;4—回填砂;5—上升管;6—穿孔管;7—反滤层;8—砂砾石;9—砂卵石

2.7 堤防与河道整治建筑物

2.7.1 堤防工程

堤防是沿河流、湖泊、海洋的岸边或蓄滞洪区、水库库区的周边修筑的挡水建筑物，其作用是抵挡河道洪水、海潮，保护两岸或海岸不受洪水（海潮）威胁。同时，堤防也影响岸区雨洪的排泄，因此，必须设置穿堤排水建筑物——水闸和泵站。堤防完整体系的建立，应包括保护地区的外洪、内洪和内涝的防治体系。即要建立抵挡河道洪水的堤防，又要建立内河排洪水闸、排涝泵站的工程体系。

2.7.1.1 堤防的类型和作用

（1）堤防（图 2.38～图 2.40）按其所在位置不同，可分为湖堤、河堤、海堤、围堤和水库堤防五种。

1）湖堤。湖堤位于湖泊四周，由于湖水位涨落缓慢，高水位持续时间较长，且水域辽阔，风浪较大，要求在临水面有较好的防浪护面，背水面须有一定的排渗措施。

2）河堤。河堤位于河道两岸，用于保护两岸田园和城镇不受洪水侵犯。

图 2.38 堤防工程（1）

图 2.39 堤防工程（2）

图 2.40　堤防工程（3）

3）海堤。海堤（图 2.41）又称海塘、海堰，位于河口附近或沿海海岸，用以保护沿海地区坦荡的田野和城镇乡村免遭潮水海浪袭击。海堤临水面一般应设有较好的防浪消浪设施，或采取生物与工程相结合的保滩护堤措施。

图 2.41　海堤工程

4）围堤。围堤修建在蓄滞洪区的周边，在蓄滞洪运用时起临时挡水作用。

5）水库堤防。水库堤防位于水库回水末端及库区局部地段，用于限制库区的淹没范围和减少淹没损失。库尾堤防常需根据水库淤积引起翘尾巴的范围和防洪要求适当向上游延伸。

（2）河堤按其所在位置和重要性，又分为干堤、支堤和民堤。

1）干堤。干堤修建在大江大河的两岸，标准较高，保护重要城镇、大型企业和大范围地区，由国家或地方专设机构管理。

2）支堤。支堤沿支流两岸修建，防洪标准一般低于同流域的干堤。但有的堤段因保护对象重要，设计标准接近甚至高于一般干堤，如汉江下游遥堤和武汉市区堤防等。重要支流堤防一般由流域部门负责修防，一般支堤由地方修建管理。

3）民堤。民堤又称民埝，民修民守，保护范围小，抗洪能力低，如黄河滩的生产堤，长江中下游洲滩民垸的围堤等。

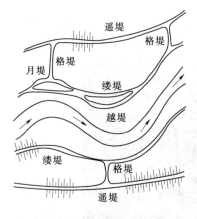

图 2.42 黄河堤防示意图

（3）在黄河上，河堤常分为遥堤、缕堤、格堤、越堤和月堤五种，见图 2.42。

1）遥堤即干堤，距河较远，堤高身厚，用以防御一定标准的大洪水，是防洪的最后一道防线。

2）缕堤又称民埝，距河较近，堤身较薄，保护范围较小，多用于保护滩地生产，遇大洪水时允许漫溢溃决。

3）格堤为横向堤防，连接遥堤和缕堤，形成格状。缕堤一旦溃决，水遇格堤即止，受淹范围限于一格，同时防止形成顺堤串沟，危及遥堤安全。

4）越堤和月堤皆依缕堤修筑，成月牙形。当河身变动远离堤防时，为争取耕地修筑越堤；当河岸崩退逼近缕堤时，则修筑月堤。

2.7.1.2 堤线布置及堤型选择

1. 堤线布置

堤线布置应根据防洪规划，地形、地质条件，河流或海岸线变迁，结合现有及拟建建筑物的位置、施工条件、已有工程状况以及征地拆迁、文物保护、行政区划等因素，经过技术经济比较后综合分析确定。堤线布置应遵循下列原则。

（1）河堤堤线应与河势流向相适应，并与大洪水的主流线大致平行。一个河段两岸堤防的间距或一岸高地一岸堤防之间的距离应大致相等，不宜突然放大或缩小。

（2）堤线应力求平顺，各堤段平缓连接，不得采用折线或急弯。

（3）堤防工程应尽可能利用现有堤防和有利地形，修筑在土质较好、比较稳定的滩岸上，留有适当宽度的滩地，尽可能避开软弱地基、深水地带、古河道、强透水地基。

（4）堤线应布置在占压耕地、拆迁房屋等建筑物少的地带，避开文物遗址，利于防汛抢险和工程管理。

（5）湖堤、海堤应尽可能避开强风或暴潮正面袭击。

2. 堤型选择

根据筑堤材料不同，堤防有土堤、石堤、混凝土或钢筋混凝土防洪墙、分区填筑的混合材料堤等。根据堤身断面型式，有斜坡式堤、直墙式堤、直斜复合式堤等。根据防渗体设计，有均质土堤、斜墙式土堤、心墙式土堤。

堤防工程的型式的选择应按照因地制宜、就地取材的原则，根据堤段所在的地理位置、重要程度、堤址地质、筑堤材料、水流及风浪特性、施工条件、运用和管理要求、环境景观、工程造价等因素，经过技术经济比较，综合确定。

土堤是我国江河、湖、海防洪广为采用的堤型。土堤具有就近取材、便于施工、能适应堤基变形、便于加修改建、投资较少等特点。目前我国多数堤防采用均质土堤，但是它体积大、占地多，易于受水流、风浪破坏。

同一堤线的各堤段可根据具体条件采用不同的堤型。但接合部易于出现质量问题，危及防洪安全，所以在堤型变换处应做好连接处理，必要时应设过渡段。

2.7.2 河道整治工程

河流是构成人类生存环境和经济社会建设的一个重要组成部分。自然状态下的河流不能满足人类活动的需要，甚至还会带来严重的灾难。因此必须对河流积极地进行整治，在一定程度上改变河流的自然状态，变水害为水利。

河流无论在自然状态下或在人类活动影响下，由于可动的边界条件和不恒定的来水来沙条件，总是处于不断的变化过程之中，这种变化，在许多情况下，可能会产生巨大的破坏作用，而必须采取工程措施加以控制，这类工程措施即是治河工程，或称为河道整治工程。

2.7.2.1 河道治理的基本要求

河道治理包括防洪、泥沙、水景观和水生态的治理等方面，堤防体系是人－水－生态环境的综合体系，即要确保河道有足够的行洪断面，又要考虑生态、环境以及河道泥沙运动的基本需要，要全面把握河道治理各个方面、各层面的需求，全面规划，统筹安排。从生态角度，应尽量维持现有河道形态，维持河道生态环境的多样性，要遵循泥沙运动和河道演变规律，将河道建设为人水和谐共处的水利工程。

2.7.2.2 河道整治设计标准

河道整治设计标准一般包括设计流量、设计水位和整治线。

1. 设计流量和设计水位

设计流量和设计水位的确定要根据河道整治的目的、河道特性和整治条件研究确定。针对洪水、中水、枯水河槽的整治，应有各自相应的特征流量和水位，作为设计的基本依据。洪水河槽一般按照当地的防洪标准，选择与之相应的洪峰流量或水位，作为设计河道整治建筑物高程的依据。中水河槽主要是在造床流量作用下形成的，一般情况下。平滩（河漫滩）流量接近造床流量，故常用平滩流量和水位作为设计标准。枯水河槽的整治主要是为了解决航运问题，一般根据长系列日均水位的某一保证率即通航保证率（90%～95%）来确定。

2. 整治线

整治线，又称为治导线，是河道经过整治后，在设计流量下的平面轮廓线（图2.43）。

整治线的确定最为重要和复杂，它决定了整治水位下的河势，应需反复研究论证和进行多种方案的比较，提出既符合河道自然演变规律，又能最大限度地照顾到各方利益的最佳方案。规划整治线的任务，主要是确定它的位置、宽度和线型。整治线的位置，要根据本河段的演变发展规律，考虑上下游河势，已建整治建筑物的位置，力求整治后的河岸线能平顺衔接，适应水沙变化规律，满足各方面的要求。整治线的宽度即河槽的宽度可参考本河道主流稳定、流态平顺、流速适中、河岸略呈弯曲、水深沿程变化不大的河段的宽度或经验公式比较后确定。对于整治线的线型，实践证明，适度弯曲的单一河段较为稳定，一般将其设计成曲线，并在曲线与曲线之间连以适当长度的直线过渡段。

2.7.2.3 平原河流的整治措施

平原河流按其平面形态和演变特性的不同，可分为蜿蜒型河段、游荡型河段、分汊型河段和顺直型河段四大类型。对于不同类型河段的治理，应从分析研究本河段具体特性入手，制定出切合河段实际情况的规划方案和工程设计方案。

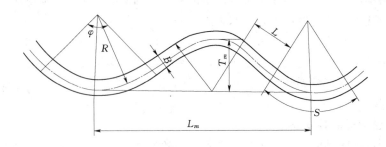

图 2.43　整治线曲线特性示意图

B—整治河宽；R—曲率半径；L—直线过渡段长度；L_m—弯顶距；
T_m—摆幅；φ—中心角；S—曲线段长度

1. 蜿蜒型河段

蜿蜒型河段一般出现在河流的中下游，多位于流量变幅小，中水期较长，河床组成均为可冲刷的土壤的河谷中。我国比较典型的蜿蜒型河段如长江中游的荆江河段、淮河流域的汝河下游和颖河下游、海河流域的南运河等。

弯曲河段的弯道凹岸由于受到水流的冲刷，产生的泥沙在凸岸淤积，在纵向输沙基本平衡的状态下，凹岸不断冲刷，凸岸不断淤积，其弯曲程度亦不断加剧，对防洪、航运、引水等各方面都是不利的，应及时加以治理。

当河弯发展至适度弯曲的河段时，应对弯道凹岸加以保护，以防止弯道的继续发展和恶化，具体的措施可在凹岸使用护岸工程。

对弯曲程度过大的蜿蜒型河段，可采用人工裁弯的方法，改变其弯曲程度，使其成为适度弯曲的河段。其方法是在河弯的狭颈处，先开挖一较小断面的引河，利用水流本身的能量使引河逐渐冲刷发展，老河自行淤废，从而达到新河通过全部流量。

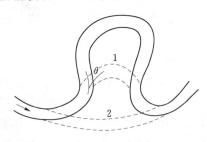

图 2.44　裁弯取直方式
1—内裁；2—外裁

人工裁弯规划设计的主要内容包括引河定线、断面设计和护岸工程。引河在设计时既要保证顺利冲开并满足枯水通航的要求，又要河道平顺且顺乎自然发展趋势，工程量小。衡量人工裁弯可行性的重要指标是裁弯比——老河与引河轴线长度的比值，根据经验一般控制在 3～7 之间。裁弯方式可分为内裁和外裁两种（图 2.44）。外裁因引河进出口很难与上下游平顺衔接，且线路较长，一般很少采用；内裁除因线路较短外，一般在狭颈处，容易冲开，对上下游影响也较小，满足正面进水侧面排沙的原则，故多采用。引河断面的设计，要保证引河能及时冲开，考虑施工条件，力求土方开挖量最小。一般设计成梯形，边坡系数按土壤性质、开挖深度和地下水等情况确定，可选为 1∶2～1∶3 左右；断面大小可设计成最终断面的 1/5～1/15 或原河道断面的 1/20。引河崩塌到设计新河岸线附近时，就应及时护岸，可采用预防石的办法，即事先备足石料，待岸线崩退到预防石处时，自行坍塌，形成抛石护岸。

2. 游荡型河段

游荡型河段在我国多分布在华北及西北地区河流的中下游，如黄河下游孟津至高村河段，永定河下游卢沟桥至梁各庄河段等。其主要特点是河道宽浅，河床组成物质松散，泥沙淤积严重，主流摆动不定。

对于游荡型河段的整治原则是以防洪为主，在确保大堤安全的前提下，兼顾引水和航运。采用"以弯导流，以坝护弯"的形式，控制好游荡型河段的河势。在工程布置时，对于河道宽阔、主流横向摆动较大，流向变化剧烈的河段，以坝为主，以垛为辅；对河道狭窄、主流横向摆动不大的河段，则以短坝为主，护坡为辅。

由于泥沙问题是游荡型河段难以治理的主要原因，要彻底治理好此种类型河段，应坚持标本兼治、综合处理的方针，即采取"上拦下排，两岸分滞"控制洪水，"拦、排、放、调、挖"处理和利用泥沙。

3. 分汊型河段

分汊型河段一般多出现在河流的中、下游，往往位于上游有节点或较稳定边界条件的河道边，流量变幅与含沙量均不过大、沿岸组成物质不均匀的宽阔河谷中，如长江下游镇扬河段等。其特点是中水河床在形态上呈现为宽窄交替，宽段存在江心洲，将水流分成两股或多股。

分汊型河段在发展演变过程中主要是洲滩的移动，江心洲在水流的作用下，洲头不断冲刷坍塌后退，洲尾不断淤积延伸，使江心洲缓慢向下游移动；主、支汊的交替兴衰也是其演变特征之一，但周期较长。相对来讲此类河道应当是较稳定的。

分汊型河段在整治时，应首先研究上游河势与本河段河势变化的规律，采取措施稳定上游河势，调整水流和分流分沙比。当分汊河段正处于对国民经济各方面均有利时，可采取措施把现状汊道的平面形态固定下来，维持良好的分流分沙比，使江心洲得以稳定，具体可

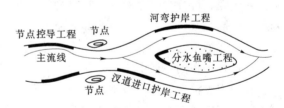

图 2.45 固定分汊河段工程整治措施

在分汊河段上游节点处、汊道入口处、弯曲汊道中局部冲刷段以及江心洲首部和尾部分别修建整治建筑物如图 2.45 所示。

在一些多汊的河段或两股汊道流量相差较大的河段，当通航或引水要求增加某一汊道的流量时，可以采用堵汊并流，塞支强干的方法。堵汊的措施视具体情况而定，可修建挑水坝或锁坝等，对主、支汊有明显兴衰趋势的河段，宜修建挑水坝，将主流逼向另一汊，以加速其衰亡，如图 2.46 所示；在中小河流上，为取得较好的整治效果，通常修建锁坝堵汊，在含沙量大的河流上，宜修建透水锁坝，而含沙量小的河流宜采用实体锁坝，如图 2.47 所示。当堵塞的汊道较长或汊道比降较大时，也可修建几道锁坝，以保证建筑物的安全。

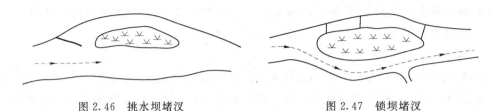

图 2.46　挑水坝堵汊　　　　　　　　　图 2.47　锁坝堵汊

4. 顺直型河段

顺直型河段往往处于顺直、狭窄的河谷中，或者处于由黏土与砂黏土组成发育较高的河漫滩和有人工控制情况的宽阔河谷中。中水河床比较顺直或稍有弯曲，河床两侧常有犬牙交错的边滩，深泓线在平面和纵剖面上均呈波状曲线，浅滩与深槽相间，滩槽水深相差不大。

顺直型河段的演变特点是边滩在水流的作用下，与河岸发生相对运动，不断平行下移，深槽与浅滩则在水流冲淤作用下不断易位，所以主流深槽和浅滩位置都不稳定，对防洪、航运和引水都不利。

对顺直型河段的整治，应从研究边滩运动规律开始，当河势向有利方向发展时，及时采取措施将边滩稳定下来，然后在横向环流的作用下，河弯形成、发展，当形成有适度弯曲的连续河弯时，采用护岸工程将凹岸保护起来，从而得到有利的河势。对于稳定边滩的措施，可采用淹没式正挑丁坝群，以利于坝档落淤，促使边滩淤长，对于多泥沙河道，可采用编篱栅槎等措施防冲落淤。

2.7.2.4　河道整治建筑物

河道整治建筑物，即河工建筑物，是以河道整治为目的所修筑的建筑物。按建筑材料和使用年限，可分为轻型的（或临时型的）和重型的（或永久型的）整治建筑物；按建筑物与水位的关系，可分为淹没式和非淹没式；按建筑物对水流的干扰情况，又可分为透水建筑物、非透水建筑物和环流建筑物。各种不同类型的建筑物常做成护岸、垛、坝等形式，结构基本相同，但由于形状各异，所起的作用并不相同。

在河道整治建筑物中最常用的是堤岸防护工程，它是为保护河岸，防止水流冲刷，控制河势，固定河床而修建的河工建筑物，分为坡式护岸、坝式护岸、墙式护岸及其他防护型式。

1. 堤岸防护工程类型

（1）坡式护岸。坡式护岸是采用具有抗冲性的材料平行覆盖于河岸，以抵抗水流的冲刷，起到保护岸坡的作用。其特点是不挑流，水流平顺，不影响泄洪和航运，但防守被动，重点不突出。按照水流对岸坡的作用和施工条件，可分成护脚工程、护坡工程和滩顶工程三部分。

1）护脚工程。设计枯水位以下为护脚工程，也叫护根、护底工程。护脚工程因长年在水下工作，要求能抵御水流的冲刷及推移质的磨损，具有较好的整体性且能适应河床变形，及较好的水下耐腐性。常用的传统型式有抛石护脚、石笼护脚、沉枕沉排护脚等，新型材料如土工织物近年被广泛采用。

抛石护脚是在需要防护的地段从深泓线到设计枯水位抛一定厚度的块石，以减弱水流对岸边的冲刷，稳定河势。要求护脚工程顶部平台高于枯水位 0.5～1.0m。抛石厚度不宜小于抛石粒径的 2 倍，水深流急处宜增大。抛石护脚的防护效果明显，施工简便易行，工程造价低。施工时应采用先进科学的管理方法来保证施工质量，提高工程管理效率。

石笼护脚是用铅丝、竹篾、荆条等编成各种网格的笼状物，内装块石、卵石或砾石，做成的护底材料。其主要优点是可以充分利用较小粒径的石料，具有较大体积和质量，整体性和柔韧性均较好。近年，由于土工织物网在水下长期不锈蚀，也广泛运用于石笼的编织材料。

沉枕包括柳石枕和土工织物枕，柳石枕是在梢料内裹以石块，捆扎成枕长 10～15m、枕径为 0.5～1.0m 的柱状物体，柴、石体积比宜为 7:3。柳石枕抛护上端应在多年平均最低水位处，其上再加抛接坡石；其外脚应加抛压脚大块石或石笼等。它的特点是具有一定的柔韧性，入水后紧贴河床，同时可以滞沙落淤。土工织物枕则是由土工织物和砂土填充物构成。

沉排护脚也有柴排和土工织物软体沉排两类。柴排是用上下两层梢枕做成网格，其间填以捆扎成方形或矩形的梢料（多采用秸料或苇料），上面再压石块的排状物，其厚度根据需要而定，一般为 0.45～1.0m，长度一般为 40～50m，宽度为 8～30m。采用柴排护脚，其岸坡不应陡于 1:2.5，且排体上端应在多年平均最低水位处；其垂直流向的排体长度应满足在河床发生最大冲刷时，在排体下沉后仍能保持缓于 1:2.5 的坡度；相邻排体之间应相互搭接，其搭接长度宜为 1.5～2.0m。柴排是传统的护岸型式，造价低，可就地取材。土工织物软体沉排则是由聚乙烯编织布、聚氯乙烯塑料绳和混凝土块组成，编织布是沉排的主体，塑料绳相当于排体的骨干，分上下两层，混凝土块用尼龙绳固定在网上。

2) 护坡工程。滩顶工程与护脚工程之间的部分为护坡工程。护坡工程主要受到水流冲刷作用，波浪的冲击及地下水外渗的侵蚀，要求建筑材料坚硬、密实，长期耐风化。护坡主要由脚槽、护坡坡面、导滤沟等组成。脚槽主要起支承坡面不致坍塌的作用；护坡坡面由面层与垫层组成，垫层起反滤作用，面层块石大小及厚度应能保证其在水流和波浪作用下不被冲走；导滤沟设在地下水逸出点以下，间距与沟的尺寸视地下渗水流量而定，一般沟的间距为 10m，断面尺寸为 0.6m×0.5m。

3) 滩顶工程。滩顶工程位于设计洪水位加波浪爬高和安全超高以上，该部分的破坏可能由下层工程的破坏引起，但主要是承受雨水冲刷和地下水的浸蚀。在处理时，可先平整岸坡，然后栽种树木，铺盖草皮或植草，同时应开挖排水沟或铺设排水管，并修建集水沟，将水分段排出。

(2) 坝式护岸。坝式护岸工程应按治理要求依堤岸修建。其布置可选用丁坝、顺坝及丁、顺坝相结合的"「"字形坝等型式。

1) 丁坝是一端与河岸相连，另一端伸向河槽的坝形建筑物。丁坝由坝头、坝身和坝根三部分组成。它可以起到挑流与导流的作用，但同时因丁坝改变了水流结构，还可能在坝头位置出现较大的冲刷坑，影响丁坝本身的安全。

丁坝的种类很多，根据丁坝坝身透水情况，可分为透水丁坝和不透水丁坝；按坝轴线与水流方向的夹角可分为上挑丁坝、正挑丁坝和下挑丁坝，如图 2.48 所示；按丁坝对水流的干扰情况，可分为长丁坝和短丁坝。

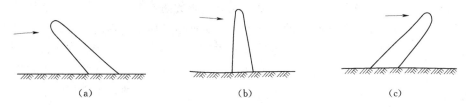

图 2.48　交角不同的丁坝

(a) 上挑丁坝；(b) 正挑丁坝；(c) 下挑丁坝

特别短的丁坝又常称为矶头、盘头、垛等，其平面形状有人字坝、月牙坝、雁翅坝、磨盘坝等，如图 2.49 所示。这种坝工主要起迎托主流，消杀水势，防止岸线崩退的作用。同时由于施工简便，防塌效果明显，在稳定河道和汛期抢险中经常采用。

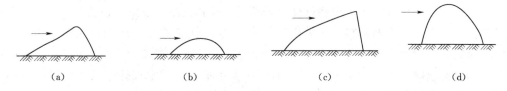

图 2.49　坝垛的平面形态

(a) 人字坝；(b) 月牙坝；(c) 雁翅坝；(d) 磨盘坝

丁坝的结构型式也较多，除了传统的沉排丁坝、土丁坝、抛石丁坝、柳石丁坝和枊槎丁坝外，还有一些轻型的丁坝，如工字钢桩插板丁坝、钢筋混凝土井柱坝、竹木导流屏坝和网坝等。在选择时应考虑水流条件，河床地质及丁坝的工作条件，按照因地制宜、就地取材的原则进行。

丁坝的平面布置应根据整治规划、水流流势、河岸冲刷情况和已建同类工程的经验确定，必要时，应通过河工模型试验验证。丁坝的平面布置应符合一定要求。

丁坝的长度应根据堤岸、滩岸与治导线距离确定，一般坝长不宜大于 50～100m，如离岸较远，可修土顺坝作为丁坝生根的场所，此顺坝在黄河下游称之为连坝。

丁坝的间距可为坝长的 1～3 倍，处于治导线凹岸以外位置的丁坝间距可增大。

非淹没丁坝宜采用上挑型式布置，坝轴线与水流流向的夹角可采用 30°～60°。

2) 顺坝是顺着水流方向沿整治线修建的坝形建筑物，它的上游与河岸相连，下游则与河岸有一定的距离。其作用是束窄河槽，引导水流，有时也做控导工程。顺坝也分淹没式与非淹没式，如为整治枯水河床，则坝顶略高于枯水位；如为整治中水河床，则坝顶与河漫滩齐平；如为整治洪水河床，则坝顶略高于洪水位。有时为了加速淤积，防止冲刷，常在坝身和岸边修筑格坝，如图 2.50 所示。

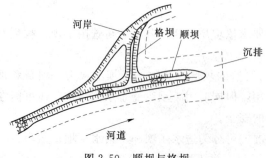

图 2.50　顺坝与格坝

（3）墙式护岸。对河道狭窄、堤外无滩易受水流冲刷、保护对象重要、受地形条件或已建建筑物限制的塌岸堤段宜采用墙式护岸。墙式护岸为重力式挡土墙护岸，临水侧可采用直立式、陡坡式，背水侧可采用直立式、斜坡式、折线式、卸荷台阶式等型式。墙式护岸断面在满足稳定要求的前提下，宜尽量小些，以减少占地。墙基嵌入堤岸坡脚的深度应根据具体情况及堤身和堤岸整体稳定计算分析确定。如冲刷深度大，应采取护基措施。墙式护岸在墙后与岸坡之间可回填砂砾石，以减少侧压力。墙体应设置排水孔，排水孔处应设置反滤层。墙式护岸沿长度方向应设置变形缝，分缝间距视结构材料而定，一般钢筋混凝土结构可为 20m，浆砌石结构可为 10m。

2. 堤岸冲刷深度的计算

块石是最常用的堤、坝护脚加固材料，新修的防护工程护脚部分将在水流作用下随着床面冲深变化而自动调整。为防止水流淘刷向深层发展造成工程破坏，应考虑在抛石外缘加抛防冲和稳定加固储备的石方量。石方量应根据河床可能冲刷的深度、岸床土质情况、防汛抢险需要及已建工程经验确定。不同的护岸工程其堤岸冲刷深度计算也不同。

（1）丁坝冲刷深度计算。丁坝冲刷深度计算公式应根据水流条件、边界条件并应用观测资料验证分析选择。

1）非淹没丁坝冲刷深度计算公式。

$$\Delta h = 27 K_1 K_2 \tan \frac{\alpha}{2} \frac{V^2}{g} - 30d \tag{2.27}$$

式中　Δh——冲刷深度，m；

　　　V——丁坝的行近流速，m/s；

　　　K_1——与丁坝在水流法线上投影长度 l 有关的系数；

　　　K_2——与丁坝边坡坡率 m 有关的系数；

　　　α——水流轴线与丁坝轴线的交角，当丁坝上挑 $\alpha > 90°$ 时，应取 $\tan \frac{\alpha}{2} = 1$；

　　　g——重力加速度，m/s²；

　　　d——床沙粒径，m。

2）非淹没丁坝所在河流河床质粒径较细时可按式（2.28）计算。

$$h_B = h_0 + \frac{2.8 V^2}{\sqrt{1 + m^2}} \sin \alpha \tag{2.28}$$

式中　h_B——局部冲刷深度，从水面算起，m；

　　　V——行近水流流速，m/s²；

　　　h_0——行近水流水深，m。

（2）顺坝及平顺护岸冲刷深度计算。

1）水流平行于岸坡产生的冲刷按式（2.29）计算。

$$h_B = h_p \left[\left(\frac{V_{cp}}{V_{容}} \right)^n - 1 \right] \tag{2.29}$$

式中　h_B——局部冲刷深度，从水面起算，m；

　　　h_p——冲刷处的水深，以近似设计水位最大深度代替，m；

　　　V_{cp}——平均流速，m/s²；

$V_容$——河床面上容许不冲流速，m/s²；

n——与防护岸坡在平面上的形状有关，一般取 1/4。

2）水流斜冲防护岸坡产生的冲刷按式（2.30）计算。

$$\Delta h_p = \frac{23\tan\frac{\alpha}{2}V_j^2}{\sqrt{1+m^2}g} - 30d \qquad (2.30)$$

式中　Δh_p——从河底算起的局部冲深，m；

　　　α——水流流向与岸坡交角，（°）；

　　　m——防护建筑物迎水面边坡系数；

　　　d——坡脚处土壤计算粒径，cm，对非黏性土取大于 15% （按重量计）的筛孔直径，对黏性土取表 2.16 中的当量粒径值；

　　　V_j——水流的局部冲刷流速，m/s²。

表 2.16　　　　　　　　　　黏性土的当量粒径值

土壤性质	空隙比（空隙体积/土壤体积）	干重度（kN/m³）	黏性土当量粒径		
			黏土及重黏壤土	轻黏壤土	黄土
不密实的	0.9~1.2	11.76	1	0.5	0.5
中等密实的	0.6~0.9	11.76~15.68	4	2	2
密实的	0.3~0.6	15.68~19.60	8	8	3
很密实的	0.2~0.3	19.60~21.07	10	10	6

V_j 的计算应符合下列规定。

a. 滩地河床，V_j 按式（2.31）计算。

$$V_j = \frac{Q_1}{B_1 H_1}\frac{2\eta}{1+\eta} \qquad (2.31)$$

式中　B_1——河滩宽度，从河槽边缘至坡脚距离，m；

　　　Q_1——通过河滩部分的设计流量，m³/s；

　　　H_1——河滩水深，m；

　　　η——水流流速分配不均匀系数，根据 α 角查表 2.17 采用。

表 2.17　　　　　　　　　　水流流速不均匀系数

α（°）	≤15	20	30	40	50	60	70	80	90
η	1.00	1.25	1.50	1.75	2.00	2.25	2.50	2.75	3.00

b. 无滩地河床，V_j 按式（2.32）计算。

$$V_j = \frac{Q}{W - W_p} \qquad (2.32)$$

式中　Q——设计流量，m³/s；

　　　W——原河道过水断面面积，m²；

　　　W_p——河道缩窄部分的断面面积，m²。

思 考 题

1. 土坝的适用条件是什么?

2. 如何选用土坝坝型?

3. 土坝设计的基本步骤是什么?

4. 查阅有关资料,了解土坝坝顶高程计算时的风速如何取得?不同高程的风速如何换算?陆地和水面风速如何换算?复杂水域的吹程如何确定?

5. 查阅有关资料,了解土坝、堤防和渠道等坝(堤)顶高程确定方法。

6. 参考其他教材和专著,了解各种土坝渗流的水力学计算方法,了解其他渗流计算方法和程序。

7. 土坝稳定分析方法如何确定?抗剪强度指标如何选用?

8. 查阅有关资料,了解面板堆石坝的结构和计算方法。

9. 查阅有关资料,了解堤防选线和河道治理的要求。

10. 查阅有关资料,了解海堤设计的基本要求。

第3章 其他坝型及过坝建筑物

学习要求：熟悉拱坝的工作原理及其特点；了解拱坝对地形地质条件的要求、类型、泄洪等；熟悉橡胶坝的工作原理、材料选用、细部构造；了解支墩坝的类型及特点；了解过坝建筑物的类型；熟悉船闸的构造、工作原理及布置。

3.1 拱　坝

3.1.1 拱坝的特点

拱坝是一固结于基岩的空间壳体结构，其坝体结构可近似看作由一系列凸向上游的水平拱圈和一系列竖向悬臂梁所组成。坝体结构既有拱的作用又有梁的作用，因此具有双向传递荷载的特点。坝体承受的水平荷载一部分通过拱的作用传至两岸基岩，另一部分通过竖直梁的作用传至坝底基岩，如图3.1所示。

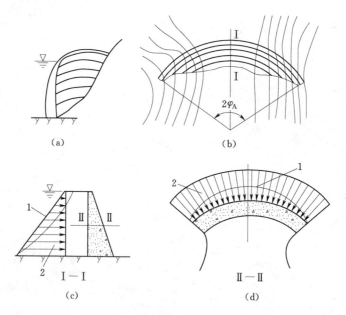

图3.1　拱坝立面、平面及荷载分配示意图
1—拱荷载；2—梁荷载

3.1.1.1 稳定特点

拱坝在外荷载作用下的稳定性主要依靠两岸拱端的反作用力，不像重力坝那样依靠自重来维持稳定。这样可以将拱坝设计得较薄。但拱坝对坝址地形地质条件要求高，对地基处理的要求也较为严格。在拱坝的设计与施工中，除考虑坝体强度外，还应十分重视坝肩岩体的抗滑稳定和变形。

3.1.1.2　结构特点

拱坝属于高次超静定结构，超载能力强，安全度高，当外荷增大或坝的某一部位发生局部开裂时，坝体拱和梁的作用因受变位的相互制约而自行调整，坝体应力出现重分配，原来应力较低的部位将承受增大的应力。从模型试验来看，拱坝的超载能力可以达到设计荷载的 5～11 倍。例如意大利的瓦依昂拱坝，坝高 262m，库容 1.5 亿 m^3，1961 年建成，1963 年 10 月 9 日坝头的左岸水库岸坡发生 2.7 亿 m^3 的高速岩石滑坡，涌浪爬高左岸约 100m、右岸约 260m，涌浪过后检查大坝的情况，除左岸坝顶局部破坏外，大坝一切完好。

拱坝坝体轻韧，弹性较好，工程实践证明，拱坝具有良好的抗震性能。例如美国的巴柯依玛拱坝，1971 年遭受强烈的地震，震害严重，但"大震未倒"。目前世界上高地震地区的拱坝日益增多，据不完全统计，坝高大于 200m，地震烈度在 8～10 度者 3 座；坝高超过 150m，地震烈度在 7～11 度者 9 座；坝高大于 100m，地震烈度在 8～11 度者 14 座；坝高大于 100m，地震烈度在 7 度及 7 度以上者 40 余座。

拱结构是一种推力结构，在外荷载作用下，有利于充分发挥筑坝材料（混凝土或浆砌块石）的抗压强度。若设计得当，拱圈应力分布较为均匀，弯矩较小，拱的作用发挥得更为充分，材料抗压强度高的特点就愈能充分发挥，从而坝体厚度就薄。一般情况下，拱坝的体积比同一高度的重力坝体积约可节省 1/3～2/3，因此，拱坝是一种比较经济的坝型。

3.1.1.3　荷载特点

拱坝不设永久伸缩缝，其周边通常固结于基岩上，温度变化和基岩变形对坝体应力的影响比较显著，设计时，必须考虑基岩变形，并将温度荷载作用作为一项主要荷载。

除以上三大特点外，拱坝不仅可以在坝顶安全溢流，而且可以在坝身设置单层或多层大孔口泄流，且泄洪量和单宽流量也越来越大。目前单宽流量有的工程达到 $200m^3/(s\cdot m)$，我国在建的溪洛渡拱坝坝身总泄量达到 3 万 m^3/s。由于拱坝剖面较薄，坝体几何形状复杂，因此对于施工质量、筑坝材料强度和防渗要求等都较重力坝严格。

拱坝是一种坝身及基础工作条件好、超载能力极强的坝工结构，有最可靠的抵御意外洪水和涌浪翻坝的能力，抗震性能好，耐久性能够得到充分的保证，垮坝事故率低，综合安全性高。

3.1.2　拱坝对地形和地质条件的要求

3.1.2.1　对地形的要求

地形条件是决定拱坝结构形式、工程布置以及经济性的主要因素。理想的地形应是左右两岸对称、岸坡平顺无突变，在平面上向下游收缩的峡谷段。坝端下游侧要有足够的岩体支撑，以保证坝体的稳定，如图 3.1（b）所示。

坝址处河谷形状特征常用河谷"宽高比" L/H 以及河谷的断面形状两个指标来表示。L/H 值小，说明河谷窄深，拱坝水平拱圈跨度相对较短，悬臂梁高度相对较大，即拱的刚度大，梁的刚度小，坝体所承受的荷载大部分是通过拱的作用传给两岸，因而坝体可设计得较薄。反之，当 L/H 值很大时，河谷宽浅，拱作用较小，荷载大部分通过梁的作用传给地基，坝断面必须设计得较厚。一般情况下，在 $L/H<1.5$ 的窄深河谷中可修建薄拱坝；在 $L/H=1.5\sim3.0$ 的中等宽度河谷中修建中厚拱坝；在 $L/H=3.0\sim4.5$ 的宽河

谷中多修建重力拱坝；在 $L/H>4.5$ 宽浅河谷中，一般只宜修建重力坝或拱形重力坝。随着近代拱坝建造技术的发展，已有一些成功的实例突破了这些界限。例如，中国安徽省陈村重力拱坝，高 76.3m，$L/H=5.6$；法国设计的南非亨德列·维乐沃特双曲拱坝，高 90m，河谷端面宽高比已达 10。

河谷横断面可以有外形较规则的河谷，也有外形不甚规则或者很不规则的河谷。规则河谷可分为 V 形、U 形和梯形河谷。拱坝一般应尽量不选择不规则河谷作坝址；在规则河谷中，V 形河谷最适宜于建造拱坝。在同宽条件下，V 形河谷拱坝较 U 形和梯形河谷拱坝所承担的总水压力最小（图 3.2）。

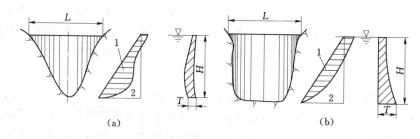

图 3.2　河谷形状对荷载分配和坝体剖面的影响
(a) V 形河谷；(b) U 形河谷
1—拱荷载；2—梁荷载

3.1.2.2　对地质的要求

地质条件也是拱坝建设中的一个重要问题。拱坝地基的关键是两岸坝肩的基岩，它必须能承受由拱端传来的巨大推力，保持稳定，并不产生较大的变形，以免恶化坝体应力甚至危及坝体安全。理想的地质条件是：基岩均匀单一、完整稳定、强度高、刚度大、透水性小和耐风化等。但是，在实际应用当中，理想的地质条件是不多的，应对坝址的地质构造、节理与裂隙的分布，断层破碎带的切割等认真查清。必要时，应采取妥善的地基处理措施。

随着经验的积累和地基处理技术水平的不断提高，在地质条件较差的地基上也建成了不少高拱坝。我国的龙羊峡重力拱坝，基岩被 8 条大断层和软弱带所切割，风化深，地质条件复杂，且位于 9 度强震区，但经过艰巨细致的高坝基础处理，成功地建成了高达 178m 的混凝土重力拱坝。但当地质条件复杂到难于处理，或处理工作量太大不经济时，则应另选其他坝型。

3.1.3　拱坝的分类

按照不同分类原则，拱坝可分为如下一些类型。

（1）按建筑材料和施工方法可分为常规混凝土拱坝、碾压混凝土拱坝（图 3.3、图 3.4）和砌石拱坝。

（2）按厚高比（即拱坝最大坝高处的坝底厚度 T 与坝高 H 之比 T/H）可分为：①薄拱坝，$T/H<0.2$；②中厚拱坝，$T/H=0.2\sim0.35$；③厚拱坝（或重力拱坝），$T/H>0.35$。

（3）按坝面曲率可分为单曲拱坝和双曲拱坝。只有水平曲率，而各悬臂梁的上游面呈铅直的拱坝称为单曲拱坝；水平和竖直向都有曲率的拱坝称为双曲拱坝。如图 3.5 所示。

（4）按水平拱圈的型式可分为单圆心拱、多心拱（二心、三心、四心等）、抛物线拱、椭圆拱、对数螺旋拱。水平拱圈的型式见图 3.6。

图 3.3　俄罗斯萨扬拱坝

图 3.4　二滩双曲重力拱坝

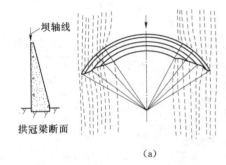

（a）

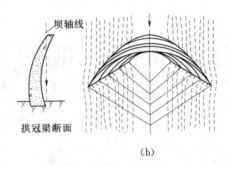

（b）

图 3.5　单、双曲拱坝

（a）单曲拱坝；（b）双曲拱坝

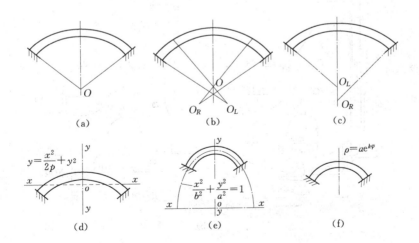

图 3.6　拱坝的水平拱圈型式

（a）圆拱；（b）三心拱；（c）二心拱；（d）抛物线拱；（e）椭圆拱；（f）对数螺旋线拱

ρ—极半径；φ—极角

（5）按拱坝的结构构造可分类为一般拱坝、周边缝拱坝、空腹拱坝等。通常拱坝多将拱端嵌固在岩基上。在靠近坝基周边设置永久缝的拱坝称为周边缝拱坝，例如巴尔西斯拱坝，见图3.7；坝体内有较大空腔的拱坝称为空腹拱坝，例如凤滩重力拱坝，见图3.8。

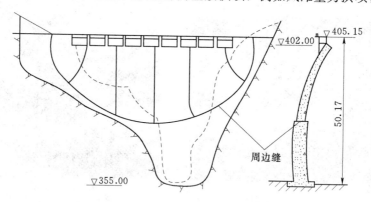

图 3.7　巴尔西斯拱坝（单位：m）

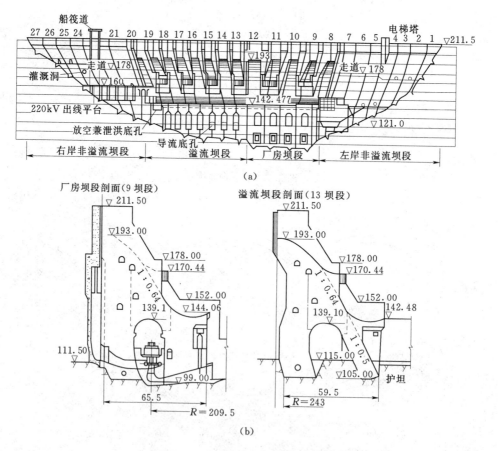

图 3.8　凤滩重力拱坝（单位：m）

（a）下游立视图；（b）剖面图

3.1.4 拱坝的发展概况

拱坝起源于欧洲。早在古罗马时代，于现今的法国圣·里米省南部即建造了世界上第一座拱坝——鲍姆拱坝。公元后邻接欧洲的中东地区开始出现了拱坝。自此至 20 世纪第二次世界大战前，拱坝技术先后由欧洲、美洲、大洋洲传播到世界各国。第一次世界大战前，世界拱坝建设的重心在欧洲，第一次世界大战后直至第二次世界大战前，拱坝建设的重心移到了北美，形成了世界范围内拱坝建设的第一个高峰时期。第二次世界大战后，拱坝建设的重心重又回到欧洲，拱坝取得了长足的发展，在世界范围内，形成了拱坝建设的第二个高峰时期，主要表现在：拱坝建设更加普遍，技术更先进的拱坝大量出现，模型试验技术快速发展。目前世界上最高的拱坝是格鲁吉亚的英古里双曲拱坝，最大坝高 272m，厚高比为 0.19，该坝位于烈度为 8～9 的地震区。

近代中国才开始修建拱坝。1927 年我国第一座拱坝建造于福建，即厦门市的上里浆砌石拱坝，坝高 27m。20 世纪 50 年代，我国修建了坝高 20m 左右的拱坝 13 座，属于拱坝建设的初期。20 世纪 60 年代，拱坝开始被人们注意，但建成的也不过 40 余座。开始大量建设拱坝是在 70 年代和 80 年代，这个时期我国每 10 年建成的拱坝数超过 300 座。目前，我国已建拱坝最高的是二滩抛物线双曲拱坝，坝高 240m；最高的重力拱坝是青海省的龙羊峡拱坝，高 178m；最薄的拱坝是广东省的泉水双曲拱坝，高 80m，$T/H=0.112$。

目前我国在建的金沙江溪洛渡双曲拱坝（坝高 278m）、澜沧江小湾拱坝（坝高 292m）以及雅砻江锦屏一级（坝高 305m）双曲拱坝，均超过世界最高的格鲁吉亚英古里双曲拱坝，这在我国拱坝建设史上是空前的，标志着我国坝工建设的快速发展。

为了适应不同的地质条件和布置要求，还修建了一些特殊的拱坝，如湖南省的凤滩拱坝，采用了空腹型式，如图 3.8 所示；贵州省的窄巷口水电站，采用拱上拱的工程措施，以跨过河床的深层砂砾层，如图 3.9 所示。

3.1.5 拱坝的布置

拱坝布置是指拱坝体型选择及其坝体布置。布置设计的总要求是在满足坝体应力和坝肩稳定的前提下尽可能地使工程量最省、造价最低、安全度高和耐久性好。同时，拱坝应满足枢纽总体布置及运行要求。

3.1.5.1 水平拱圈布置

1. 拱中心角 $2\varphi_A$ 的确定

为了便于说明水平拱圈中心角对坝体应力及工程量的影响，取单位高度的等截面圆拱为例（图 3.10），设沿坝体外弧均布压力 p 作用下，由静力平衡条件可得"圆筒公式"，即

$$T = \frac{pR_u}{\sigma} \tag{3.1}$$

$$R_u = R + \frac{T}{2} = \frac{l}{\sin\varphi_A} + \frac{T}{2} \tag{3.2}$$

式中　T——拱圈厚度；

σ——拱圈截面的平均应力；

l——拱圈平均半径处半弦长；

R_u、R——外弧半径、平均半径。

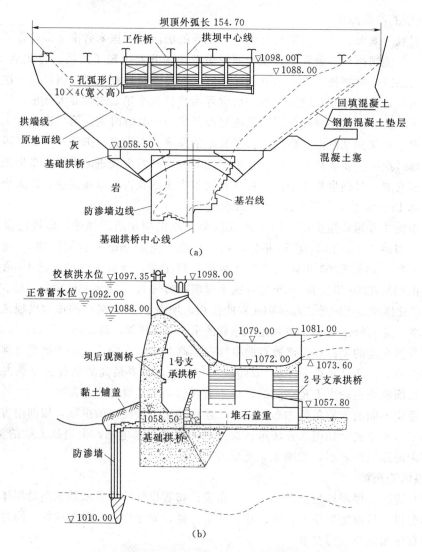

图 3.9　窄巷口拱坝（单位：m）

（a）上游立视图；（b）拱冠梁剖面图

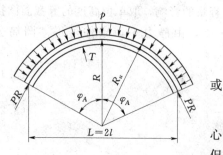

图 3.10　圆弧拱圈

圆筒公式式（3.1）还可以表示为

$$T = \frac{2lp}{(2\sigma - p)\sin\varphi_A} \tag{3.3}$$

或

$$\sigma = \frac{lp}{T\sin\varphi_A} + \frac{p}{2} \tag{3.4}$$

由式（3.3）可见，当应力条件相同时，拱圈中心角 $2\varphi_A$ 越大，拱圈厚度 T 越小，坝体就越经济。但中心角过大，拱圈弧线增长，相应坝体工程量就增大，在一定程度上也抵消了一部分由减小拱厚所节省的工程量。经过计算，可以得出拱圈体积最小时的中心角 $2\varphi_A = 133°34'$。由式（3.4）可见，当拱厚一定，在外荷载、河谷形状都相同的情况下，拱圈中心角 $2\varphi_A$ 越大，拱端应力越小，应力条件越好。因而从经济和改善坝体应力条件考虑，选用较大的中心角是比较有利的，但从稳定条件考虑，选用过大的中心角将难以满足拱座稳定的要求。

因此，选择中心角时，应当是在满足坝肩稳定条件下，尽量加大中心角，保证坝体力学工作条件，使坝体体积最小。一般情况，最大中心角在 $75°\sim110°$ 范围选择。

由于拱坝的最大应力常在坝高的 $1/3\sim2/3$ 处，所以，有的工程在坝的中下部采用较大的中心角，由此向上向下中心角都减小。如我国的泉水拱坝，最大中心角为 $101.6°$，约在 $2/5$ 坝高处。

2. 水平拱圈型式的选择

合理的拱圈型式应当是压力线接近拱轴线，使拱截面的压应力分布趋于均匀。在河谷狭窄而对称的坝址，水压荷载的大部分靠拱的作用传到两岸，采用圆弧拱圈，在设计和施工上都比较方便。但从水压荷载在拱梁系统的分配情况看，拱所分担的水荷载沿拱圈并非均匀分布，而是从拱冠向拱端逐渐减小，见图 3.1。因此，最合理的拱圈型式应该是变曲率、变厚度、扁平的。

三心圆拱由三段圆弧组成，通常两侧弧段的半径比中间的大，从而可以减小中间弧段的弯矩，使压应力分布趋于均匀，改善拱端与两岸的连接条件，更有利于坝肩的岩体稳定。美国、葡萄牙等国采用三心圆拱坝较多，我国的白山拱坝和李家峡拱坝都是采用的三心圆拱坝。

椭圆拱、抛物线拱等变曲率拱，拱圈中段的曲率较大，向两侧逐渐减小，使拱圈中的压力线接近中心线，使拱端推力方向与岸坡线的夹角增大，有利于坝肩岩体的抗滑稳定。瑞士康脱拉拱坝采用的是椭圆拱坝，我国的二滩水电站采用的是抛物线拱。

3.1.5.2 拱冠梁的型式和尺寸

拱坝断面选择应根据河谷形状、坝高、混凝土的允许压应力等条件，先拟定拱冠梁的断面，基本尺寸及断面形式。

1. 坝顶及坝底厚度

坝顶厚度 T_C 基本上代表了拱顶的刚度，加大坝顶厚度不仅能改善坝体上部下游面的应力状态，还能改善拱冠梁附近的梁底应力，有利于降低坝踵拉应力。在选择拱冠梁顶部厚度时，应考虑工程规模、交通和运行要求。如无交通要求，T_C 一般取 $3\sim5\text{m}$。

1）初拟拱冠梁厚度时可采用我国《水工设计手册》建议的公式。

$$T_C = 2\varphi_A R_轴 (3R_f/2E)^{\frac{1}{2}}/\pi \tag{3.5}$$

$$T_B = 0.7LH/[\sigma] \tag{3.6}$$

$$T_{0.45H} = 0.385HL_{0.45H}/[\sigma] \tag{3.7}$$

式中　T_C、T_B、$T_{0.45H}$——拱冠顶厚、底厚和 $0.45H$ 高度处的厚度，m；

$\qquad\quad \varphi_A$——顶拱的中心角，rad；

$\qquad\quad R_轴$——顶拱中心线的半径，m；

$\qquad\quad R_f$——混凝土的极限抗压强度，kPa；

$\qquad\quad E$——混凝土的弹性模量，kPa；

$\qquad\quad L$——两岸可利用基岩面间河谷宽度沿坝高的平均值，m；

H——拱冠梁的高度，m；

$[\sigma]$——坝体混凝土的容许压应力，kPa；

$L_{0.45H}$——拱冠梁 $0.45H$ 高度处两岸可利用基岩面间的河谷宽度，m。

2）美国垦务局经验公式。

$$T_C = 0.01(H + 1.2L_1) \tag{3.8}$$

$$T_B = \sqrt[3]{0.0012HL_1L_2\left(\frac{H}{122}\right)^{H/122}} \tag{3.9}$$

$$T_{0.45H} = 0.95T_B \tag{3.10}$$

式中　L_1——坝顶高程处拱端可利用基岩面间的河谷宽度，m；

L_2——坝底以上 $0.15H$ 处拱端可利用基岩面间的河谷宽度，m。

我国《水工设计手册》的公式是根据混凝土强度确定的，美国垦务局的公式是根据已建拱坝设计资料总结出来的，两者可以互相参考。

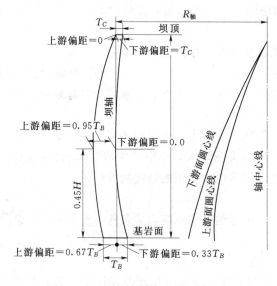

图 3.11　双曲拱坝拱冠梁剖面布置图

2. 拱冠梁剖面形式

拱冠梁的剖面形式多种多样，选择剖面形式应根据拱坝坝体的体形、拱坝的运行要求以及施工条件等因素进行综合考虑，并参照已建类似工程，经过反复修改而确定。对于单曲拱坝，多选用上游面近似铅直，下游面倾斜或曲线的形式，有时为了便于坝顶自由跌落泄水，也可将下游面做成铅直。对于双曲拱坝，拱冠梁剖面的曲率对坝体应力和两岸坝体倒悬影响较为敏感，并直接影响施工难易程度。

对于混凝土双曲拱坝，美国垦务局推荐的拱冠梁剖面形式及各部位尺寸，如图3.11 所示，其中 T_C、T_B 可用前面公式计算，其他各部位尺寸，可按表 3.1 参考选用，各控制厚度确定后，即可用光滑曲线绘出拱冠梁剖面。

表 3.1　　　　　　　　　　　　　拱冠梁剖面参考尺寸

高　程	坝　顶	$0.45H$	坝　底
上游偏距	0	$0.95T_B$	$0.67T_B$
下游偏距	T_C	0	$0.33T_B$

3.1.5.3　拱坝的总体布置

1. 拱坝布置的原则

（1）基岩轮廓线连续光滑。开挖后的基岩面应无突出的齿坎；岩性均匀连续变化；开挖后的河谷地形基本对称和连续变化。如天然河谷不满足要求时，可采用如图 3.12 所示的工程措施进行适当处理。

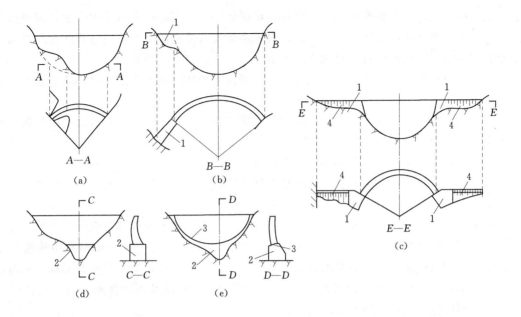

图 3.12 复杂断面河谷的处理

(a) 挖除岸边凸出部分；(b) 设置重力墩或推力墩；(c) 和其他挡水建筑物连接；
(d) 设置垫座；(e) 采用周边缝

1—重力墩；2—垫座；3—周边缝；4—其他挡水建筑物

(2) 坝体轮廓线连续光滑。拱坝坝体轮廓应力求简单，光滑平顺，避免有任何突变。圆心连线、中心角和内外半径沿高程的变化也是光滑连续或基本连续，悬臂梁的倒悬度应满足拱坝设计的规范要求。规范规定，悬臂梁上游面的倒悬度不宜大于 $0.3:1$。

2. 拱坝布置的步骤

拱坝的布置没有固定程序，而是一个反复调整和修改的过程。一般步骤如下。

(1) 根据坝址地形、地质资料，确定坝基开挖线，作出坝址可利用基岩面的等高线图。

(2) 在可利用基岩等高线图上，试定顶拱轴线的位置。为了方便，将顶拱轴线绘制在透明纸上，以便在地形图上移动、调整位置，尽量使拱轴线与基岩等高线在拱端处的夹角不小于 30°，并使两端夹角大致相同。按选定的半径、中心角及顶拱厚度画出顶拱内外圆弧线。

(3) 综合考虑坝址地形、地质、水文、施工及运行等条件，选择适宜的拱坝坝型，并按选定的坝型及工程规模初拟拱冠梁剖面形式及尺寸。

(4) 将拟定的拱冠梁剖面从顶到底分成若干层（一般选取 5～10 层），然后按照顶拱圈布置的原则，绘制出各层拱圈的平面图。一般在顶拱圈布置后即可布置底层拱圈，其次布置约 1/3 坝高处拱圈，然后再布置中间各层拱圈。布置时，各层拱圈的圆心连线在平面上最好能对称于河谷两岸可利用基岩面的等高线，在竖直面上圆心连线应能够形成光滑的曲线。

(5) 自对称中心线向两岸切取铅直剖面，检查其轮廓线是否连续光滑，有无倒悬现

109

象，确定倒悬度。为了检查方便，可将各层拱圈的半径、圆心位置以及中心角分别按高程点绘制，连成上下游圆心线及中心角线。对不连续或有突变的部位，应适当修改此拱圈的半径、中心角和圆心的位置，直至连续光滑。

（6）进行坝体应力分析计算和坝肩岩体抗滑稳定校核。如不满足要求，应修改布置和尺寸，直至满足拱坝布置设计的总要求为止。

（7）将坝体沿拱轴线展开，绘成拱坝上游或下游展开图，显示基岩面的起伏变化，对于突变处应采取削平或填塞措施。

（8）计算坝体工程量，作为不同方案比较的依据。

上述步骤计算工作重复繁琐，最好结合计算机应用技术进行拱坝的结构优化设计。

3. 坝面倒悬的处理

由于上、下层拱圈半径及中心角的变化，使坝体上游面不能保持直立，上层坝面突出于下层坝面，这种现象称为拱坝的坝面倒悬，用倒悬度来表示。在 V 形河谷中修建变中心角变半径的双曲拱坝，很容易形成坝面倒悬。这种倒悬不仅增加了坝体施工难度，而且坝体封拱前，由于自重作用很可能在坝面产生拉应力，甚至开裂。因此，对于坝体的倒悬，应根据实际情况进行适当处理，其处理方式一般有如下几种。

（1）使靠近岸边段的坝体上游面维持铅直，则河床中间坝段将俯向下游，如图 3.13（a）所示。这样既改善了坝体应力，利于坝体稳定，也有利于坝顶溢流。

（2）使河床中间的上游坝面维持铅直，而岸边坝段向上游倒悬，如图 3.13（b）所示。这种处理方式由于倒悬集中在岸边坝段，在施工期坝体下游面可能出现较大的拉应力或出现裂缝，甚至影响坝身稳定。

（3）协调前两种处理方案，使河床段坝体稍俯向下游，岸坡段坝体向上游倒悬，如图 3.13（c）所示。这样将倒悬分散到各个悬臂梁剖面上，减少了局部坝面的倒悬度，既解决了倒悬问题，又改善了坝体应力，提高了坝体稳定性。因此，设计宜采用该处理方式。

对于向上游倒悬的岸坡坝体，为了其下游面不产生过大的拉应力，必要时在上游坝脚处加设支墩，或在开挖时留下部分基坑岩壁作为支撑，如图 3.13（d）所示。

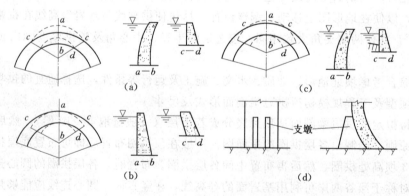

图 3.13　拱坝倒悬的处理

3.1.6 拱坝的泄流和消能

3.1.6.1 拱坝坝身泄水方式

拱坝坝身常用的泄水方式有：自由跌流式、鼻坎挑流式、滑雪道式及坝身孔口泄流式等。

1. 自由跌流式

对于较薄的双曲拱坝或小型拱坝，常采用自由跌流式，如图 3.14 所示。泄流时，水流经坝顶自由跌入下游河床。这种泄水方式适用于基岩良好，单宽泄洪量较小的小型拱坝。由于落水点距坝趾较近，坝下应设置必要的防护措施。

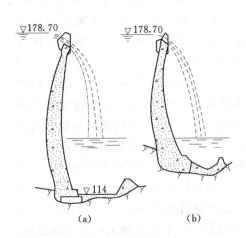

图 3.14 自由跌流与护坦布置
（单位：m）

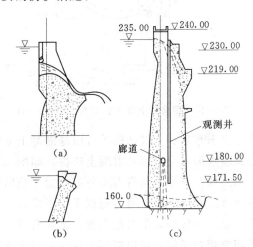

图 3.15 拱坝溢流表孔挑流（高程：m）
（a）带胸墙的坝顶表孔挑流坎；（b）坝顶表孔挑流孔；
（c）流溪河拱坝溢流表孔

2. 鼻坎挑流式

为了使泄水跌落点远离坝脚，常在溢流堰顶曲线末端以反弧段连接成为挑流鼻坎，如图 3.15 所示。挑流鼻坎多采用连续式结构，堰顶至鼻坎之间的高差一般不大于 $6\sim8m$，大致为设计水头的 1.5 倍，反弧半径约等于堰上设计水头，鼻坎挑射角一般为 $10°\sim25°$。过堰水流经鼻坎挑射后，落水点距坝趾较远，可适用于泄流量较大的轻薄拱坝。格鲁吉亚的英古里双曲拱坝，坝高 272m，就是采用坝顶鼻坎挑流的泄流方式。

我国凤滩重力拱坝是目前世界上拱坝坝身泄洪量最大的，泄洪量达 $32600m^3/s$，单宽流量为 $183.3m^3/(s \cdot m)$。经过方案比较和试验研究，采用高低鼻坎挑流互冲消能，共有 13 孔，其中高坎 6 孔，低坎 7 孔，见图 3.8。高低坎水流以 $50°\sim55°$ 交角互冲，充分掺气，效果良好。

3. 滑雪道式

滑雪道泄流是拱坝特有的一种泄洪方式，其溢流面由溢流坝顶和与之相连接的泄槽组成。水流经过坝以后，流经泄槽，由槽末端的挑流鼻坎挑出，使水流在空中扩散，下落到距坝趾较远的地点。挑流坎一般都较堰顶低很多，落差较大，因而挑距较远，适用于泄洪量较大的拱坝。

滑雪道式泄水结构因滑雪道支垫型式的不同，有重叠式泄流和支撑结构泄水两种布置型式。

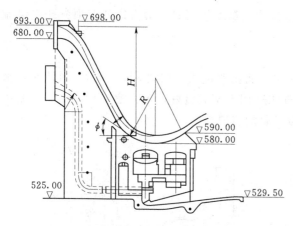

图3.16 重叠式泄流布置剖面（单位：m）

（1）重叠式泄流。重叠式泄流（图3.16）布置系指坝身泄水建筑物与发电主厂房在顺河向呈依次布置，在高度上呈双层布置。属于这种布置的有厂房顶溢流和厂房前挑流等。这种布置的最大优点在于布置紧凑，解决了狭窄河谷中拱坝—厂房—泄洪布置问题。另外，这种布置也可以将水流挑送的比较远，落点和水舌的空中轨迹比较容易控制。

（2）支撑结构泄流。支撑结构泄水是指在拱坝下游用支撑结构架设滑雪道的泄水布置。支撑结构既可以是混凝土支墩，如图3.17（a）所示的天堂山拱坝的滑雪道式泄水道，也可以是混凝土拱桥，如图3.17（b）所示。有时也可以用实体混凝土作为支撑结构。支撑结构滑雪道可以布置于坝后厂房的一侧或两侧，与厂房并列布置，但当坝后河床满布厂房时，滑雪道则不得不设置于岸坡上。如果厂房的两侧或两岸岸坡上都设置滑雪道，一般都采取对称布置，使左右两条泄水道的水流碰撞对冲消能。这种结构的优点是布置相对灵活，可以根据工程需要将水流挑送得很远，较重叠式泄流结构明确简单，施工相对容易。

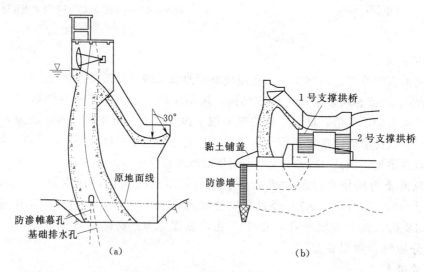

图3.17 支撑结构泄水剖面布置

4. 坝身孔口泄流式

在拱坝的中部、中高部或低部开设孔口用来辅助泄洪、放空水库或排沙的均属坝身孔口泄流。位于拱坝坝体中部偏上的泄水孔称为中孔，位于坝体中部偏下的称为深孔，位于底部附近的，称为底孔。

坝身孔口的泄水通道通常布置为水平或大体水平的，但有时因某种要求，例如下游落点控制、立面水流碰撞或结构布置要求，也可设计成上仰或下俯的。如图3.18所示的罗克斯拱坝泄水孔就设计成上仰的。

如果拱坝坝身设有多个泄水孔，为取得下游消能的效果，各泄水孔的出口高程可以相互错开，不一定非处在同一高程。

坝身开孔泄流的优点是能够将射出的水流送得很远，可以对水流的落点、挑射轨迹进行人为控制；高速水流流道短、初泄流量大，对调洪排沙有利。

图 3.18　罗克斯拱坝泄水孔的布置（单位：m）

3.1.6.2　拱坝的消能和防冲

拱坝泄流具有以下特点：水流过坝后具有向心集中现象，水舌入水处单位面积能量大，造成集中冲刷；拱坝河谷一般比较狭窄，当泄流量集中在河床中部时，两侧形成强力回流，淘刷岸坡。因此消能防冲设计要防止发生危害性的河床集中冲刷以及防止危及两岸坝肩的岸坡冲刷或淘刷。

1. 拱坝消能形式

（1）水垫消能。水流从坝顶表孔或坝身孔口直接跌落到下游河床，利用下游水深形成的水垫消能。水舌入水点距坝趾较近，需采取相应的防冲措施，一般在坝下游一定距离处设置消力坎、二道坝（图3.19）或挖深式消力池。

（2）挑流消能。这是拱坝采用最多的消能形式。鼻坎挑流式、滑雪道式和坝身孔口泄流式大都采用各种不同形式的鼻坎，使水流扩散、冲撞或改变方向，在空中消减部分能量后再跌入水中，以减轻对下游河床的冲刷。

为了减小水流向心集中，工程中将布置在拱坝两侧或一侧的溢洪道的挑流鼻坎做成窄缝式或扭曲挑坎，使挑射出的水舌能沿河谷纵向拉开，既减少落点处单位面积能量又不冲两岸。

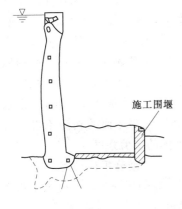

图 3.19　利用施工围堰做成二道坝

（3）空中冲击消能。对于狭窄河谷中的中、高拱坝，可利用过坝水流的向心作用特点，在拱冠两侧各布置一组溢流表孔或泄水孔，使两侧的水舌在空中交汇，冲击掺气，沿河槽纵向激烈扩散，从而消耗大量的能量，减轻对下游河床的冲刷。实际操作中应注意两侧闸门必须同步开启，否则射流将直冲对岸，危害更大。

在大流量的中、高拱坝上，采用高低坎大差动形式，形成水股上下对撞消能。这种消能形式不仅把集中的水流分散成多股水流，而且由于通气充分，有利于减免空蚀的破坏。我国的白山重力拱坝采用高差较大的溢流面低坎和中孔高坎相间布置，形成挑流水舌相互穿射、横向扩散、纵向分层的三维综合消能，效果很好。但对撞水流形成的

"雾化"程度更为严重，应适当加以控制。

（4）底流消能。对重力拱坝，也可以采用底流消能，我国拱坝采用较少。

泄水拱坝的下游一般都需采取防冲加固措施，如护坦、护坡、二道坝等。护坦、护坡的长度、范围以及二道坝的位置和高度等，应由水工模型试验确定。

2. 提高消能效果的工程措施

（1）从总体布局上采取措施。第一类措施是在拱坝不同高程、不同位置都布置泄水建筑物，组成立体泄洪体系，充分利用表孔、中孔、深孔各自的优势，调动整个泄水空间，使射流水股能在立面或平面上发生碰撞，互相冲击散裂，从而使各水股所含动能在进入下游水垫前，在空气中就能被大量消散。例如我国白山重力拱坝采用挑坎多层次（表孔、中孔）挑射碰撞消能，起到了良好的消能作用。

另一类措施是尽量将泄洪水流的落水点在平面上拉开，以减少下游单位面积上进入水垫水量，从而减少需要被单位体积水垫扩散消减的能量。例如我国龙羊峡拱坝，采取了使水流由深孔—底孔—溢流道—中孔沿纵向拉开的布置格局，以达到分散消能的目的，从而使下游冲刷坑深度由 40 多 m 减少到 20m 以内，收到了良好的消能效果。

（2）采用新型、高效的挑流鼻坎。工程实践中，挑流鼻坎所采用的形式多种多样，目前常用的挑坎体型有扩散坎、连续坎、差动坎、斜挑坎、扭曲坎、高低坎、窄缝坎、分流墩和宽尾墩等。其中高低坎、窄缝坎、分流墩、宽尾墩都可使高速射流的水股产生强烈变形，从而使空气中挑距段内的扩散、分散和消能作用大大增强。

3.1.7　拱坝的构造

3.1.7.1　坝体的分缝、接缝处理

拱坝是整体结构，为便于施工期间混凝土散热和降低收缩应力，防止混凝土产生裂缝，需要分段浇筑，各段之间设有收缩缝，在坝体混凝土冷却到年平均气温左右，混凝土充分收缩后，再用水泥浆封堵，以保证坝的整体性。

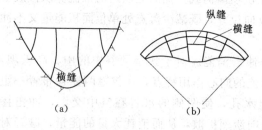

图 3.20　拱坝的横缝和纵缝

收缩缝有横缝和纵缝两类（图 3.20）。

拱坝横缝宜采用径向或接近径向布置，间距 15～25m。对于定中心拱坝，径向布置的横缝为一铅直平面，对于变半径的拱坝，为了使横缝与半径向一致，必然会形成一个扭曲面。有时为了简化施工，对不太高的拱坝，也可仅用与 1/2 坝高处拱圈的半径向一致的铅直面来分缝。横缝上游侧应设止水片，止水的材料和做法与重力坝相同。横缝底部缝面与建基面或垫座面的夹角不得小于 60°，并应尽可能正交。缝内设铅直向的梯形键槽，以提高坝体的抗剪强度。

拱坝厚度较薄，一般可不设纵缝。对厚度大于 40m 的拱坝，经分析论证可考虑设置纵缝。相邻坝块间的纵缝应错开，纵缝的间距约为 20～40m。为便于施工，一般采用铅直纵缝到缝顶附近应缓转与下游坝面正交，避免浇筑块出现尖角。

收缩缝是两个相邻坝段收缩后自然形成的冷缝，缝的表面做成键槽，预埋灌浆管与出

浆盒，在坝体冷却后进行压力灌浆。收缩缝的灌浆工艺和重力坝相同。

3.1.7.2　坝顶

拱坝坝顶（或防浪墙顶）高程的确定与重力坝相同。坝顶的宽度应根据剖面设计和满足运行、交通要求确定。当无交通要求时，非溢流坝的顶宽不宜小于 3m，溢流坝段坝顶布置应满足泄洪、闸门启闭、设备安装、交通、检修等的要求。

3.1.7.3　廊道

为满足检查、观测、灌浆、排水和坝内交通等要求，需要在坝体内设置廊道和竖井。廊道的布置、断面尺寸和配筋基本上和重力坝相同。对于高度不大、厚度较薄的拱坝，为避免对坝体削弱过多，在坝体内可只设一层灌浆廊道，而将检查、观测、交通和坝缝灌浆等工作移到坝后桥上进行，桥宽一般为 1.2～1.5m，上下层间隔 20～40cm，在与坝体横缝对应处留有伸缩缝，缝宽约 1～3cm。

3.1.7.4　坝体防渗和排水

拱坝上游面应采用抗渗混凝土，其厚度约为坝高的 1/10～1/15。对于薄拱坝，整个坝厚都应采用抗渗混凝土。

坝内一般设置竖向排水管，排水管与上游面的距离为坝高的 1/10～1/15，一般不小于 3m。管间距宜为 2.5～3.5m，管内径宜为 15～20cm。排水管应与纵向廊道分层连接，把渗水排入廊道的排水沟内。各层纵向廊道的渗漏水，与基础排水统筹安排形成一个排水系统，或自流排到坝外，或集中引到排水井，再抽排至下游。

3.1.7.5　垫座与周边缝

对地形不规则或局部有深槽时，可在基岩与坝体之间设置垫座，在垫座和坝体之间形成周边缝。周边缝一般做成二次曲线或卵形曲线，使垫座以上的坝体尽量接近对称。

垫座作为一种人工基础，可以减小河谷地形的不规则性和地质上局部软弱带的影响，改进拱坝的支承条件。拱坝设置周边缝后，梁的刚度有所减弱，相对加强了拱的作用，改变了拱梁分载的比例。周边缝还可以减小坝体传至垫座的弯矩，从而减小甚至消除坝体上游面的竖向拉应力，使坝体和垫座接触面的应力分布趋于均匀，并可利用垫座增大与基岩的接触面积，调整和改善地基的应力状态。

周边缝的构造一般是在大坝垫座浇筑后，混凝土表部不打毛，作为老混凝土，在其上浇筑坝体。缝的上游面设置钢筋混凝土塞，该塞与其周围混凝土之间涂以沥青等防渗填料，缝面设止水铜片。为防止止水片漏水后增加坝体渗压，在其下游又设置排水管，并在缝的两侧布设钢筋。

3.1.7.6　重力墩

重力墩是拱坝拱端的人工支座。对复杂的河谷形状，通过设重力墩可改善支承坝体的河谷断面形状，当河谷一岸或两岸较宽阔，可利用重力墩过渡到其他形式坝段。

重力墩承受拱端推力和上游库水压力作用，靠本身重力和适当的断面来保持墩的抗滑稳定和强度。

3.2 橡　胶　坝

3.2.1 概述

橡胶坝国外称尼龙坝、织物坝、可充胀坝等，我国通常称橡胶坝，它是 20 世纪 50 年代随着高分子合成材料工业的发展而出现的一种新型水工建筑物。橡胶坝是用胶布按设计要求的尺寸，锚固于底板上成封闭状的坝袋，通过连接坝袋和充胀介质的管道及控制设备，用水（气）将其充胀形成的袋式挡水坝（图 3.21）。需要挡水时用水（气）充胀，形成挡水坝；不需要挡水时，泄空坝袋内的水（气），便可恢复原有河（渠）的过水断面。坝高调节自如，溢流水深可控，起到闸门、滚水坝和挡水坝的作用，可用于防洪、灌溉、发电、供水、航运、挡潮、地下水回灌及城市园林美化等工程中。

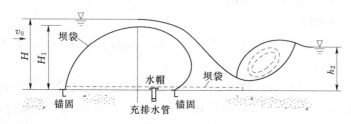

图 3.21　橡胶坝示意图

3.2.1.1 橡胶坝的主要优点

橡胶坝的结构简单新颖，坝袋是以石油副产品用现代工业技术生产的合成材料，原材料来源丰富，坝的跨度大，适用范围广，还具有造价低、节省三材（钢、木、水泥）、施工期短、抗震性能好、不阻水和止水效果好、操作灵活、管理运行费用低等优点。

（1）结构简单、节省三材、造价低。橡胶坝的坝袋是用合成纤维织物和合成橡胶制成的薄壁柔性结构，代替钢和钢筋混凝土结构，不需要修建中间闸墩、工作桥、机架桥等钢或钢筋混凝土结构，结构简单，只用一条通长的坝袋横卧河道，橡胶坝作用在底板上的荷载属均布荷载，且坝底板的承载比常规闸坝的要小，因此坝基础底板、上游防渗、下游消能等结构可适当简化，可大大节省工程投资。国内橡胶坝与同规模的钢闸门的造价相比，一般为 1:1.5～1:3。在橡胶坝工程费用组成中，坝袋造价一般为工程总造价的 20%～50%。建在水库溢洪道上的橡胶坝，由于混凝土基础底板工程量小，坝袋造价一般为总造价的 50%；建在河道上的橡胶坝，由于基础处理较为复杂，混凝土基础底板的工程量较大，坝袋的造价一般为总造价的 20%。

（2）施工期短。橡胶坝工程总工期的长短主要取决于土建工程的复杂程度和难易程度。由于橡胶坝没有闸门那样的启闭机、工作桥、闸墩等结构，橡胶坝的底板基础承担的荷载小，且属于均布荷载。与闸门比较，橡胶坝的底板、上游防渗及下游防冲等土建工程的施工难度低，技术要求也低，相应的施工期也短。用于挡水的坝袋，可安排有关厂家先行按设计图纸生产加工，然后运至施工现场进行安装。正常情况一般 5～10d 便可安装调试完坝袋。橡胶坝工程可安排在一个非汛期内，即可施工完毕，随即投入运行。

（3）抗震和抗冲击性能好。橡胶坝结构简单，其坝体为柔性薄壳结构，富有弹性，可适应基础的不均匀沉陷，能较好地承受地震波和水流的剧烈冲击。如1976年河北唐山发生了7.8级大地震后，修建于1968年的唐山市陡河橡胶坝却安然无恙。

（4）不阻水、止水效果好。橡胶坝体内的水泄空后，坝袋紧贴在底板上，不缩小原有河床的过水断面。橡胶坝跨度大，一般无需建中间闸墩和机架桥等结构物，不阻碍水流。橡胶坝将坝袋周边密封锚固在底板和岸墙上，可以达到滴水不漏，止水效果好。

（5）管理方便，运行费用低。橡胶坝的挡水主体为充满水（气）的坝袋，通过向坝袋内充排水（气）来调节坝高的升降，控制系统仅由水泵（空压机）、阀门等设备组成，简单可靠，管理方便，还可以配置自行充坍的自控装置。坝袋材料平时几乎不需要维修，避免了像闸门那样定期涂刷防锈漆。

3.2.1.2 橡胶坝的不足

橡胶坝作为一种新型的水工建筑物有其突出的优点，但也有自身的缺点。

（1）坝袋坚固性较差。坝袋仅为几毫米厚的胶布制品，虽然具有重量轻和柔性好的优点，但是其坚固性无法和钢、石、混凝土等相提并论，在使用中容易受砂石磨损、漂浮物刺破等。故在坝袋的运输、安装和运行管理中应精心保护。

（2）坝袋容易老化，使用寿命比较短。坝袋材料是高分子合成聚合物，在日光、大气、水以及交变应力的作用下，坝袋会逐渐失去原有的优良性能，强度和弹性降低，出现老化现象。根据工程经验，一般坝袋使用寿命可达20年左右。随着科技的进步及坝袋材料制造工艺的完善与提高，橡胶坝坝袋的使用寿命会随之延长。

（3）坝高受到限制。因橡胶坝坝袋材料的特点，橡胶坝的高度受到了限制。国内规范《橡胶坝技术规范》（SL 227—98）只适用于不大于5m的袋式橡胶坝工程，如需建造大于5m的橡胶坝，还需进行专题试验研究和技术论证。目前，世界上最高的橡胶坝为2003年建成的荷兰拉姆斯波水气双充橡胶坝，坝高为8m。高分子合成材料的发展和建坝技术的提高，使建设更高的橡胶坝成为可能。

3.2.1.3 橡胶坝的应用

橡胶坝以其自身的诸多特点，在低水头、大跨度的坝工程中得到了广泛的应用。

（1）改善城市水生态环境。人类择水而栖，而我国城市河流大多遭受不同程度污染，尤其北方城市季节性河流，枯水季节河底杂物污泥裸露，满目极尽凄凉。随着经济的发展，人民生活水平的改善，人们对生活环境的要求日益提高，对生存、生态环境有了更高的追求。在城市河道中建造橡胶坝，可以利用其充坝蓄水，坍坝过洪，利用自然又不破坏自然。橡胶坝在城市园林美化工程中得到越来越多的应用。如山西省太原市汾河城市段建造了若干橡胶坝，拦蓄上游来水，形成水面景观，不仅为市民提供了休闲娱乐场所，还对净化空气、消除水体污染、调节气温、增加空气湿度产生了重要作用。

（2）利用溢洪道或溢流堰抬高水头。将橡胶坝用于水库溢洪道的增高，可以充分利用水资源，发挥水库或水电站的潜在效益，尽可能多蓄水，取得较高的发电水头。且溢洪道下游一般紧接陡坡段，无回流顶托现象，坝袋体不易产生颤动；大量推移质在水库沉积，过流时不致磨损坝袋；不挡水或溢流时上下游均无水，有利于对坝袋进行全面检查维修；充坝挡水时，下游无水，可检修坝袋下游部分。因此，橡胶坝在水库溢洪道上被广泛采用。如广东省流溪河大型水库，在溢洪道上利用原有桥墩建造了充气式橡胶坝工程。

（3）沿海挡潮和防浪工程。橡胶坝袋是用高分子材料制成的，目前多数采用氯丁橡胶为主要材料，并用少量天然橡胶，氧化镁等其他材料配方，这种配方加工的坝袋在淡水中使用寿命已超过 20 年。橡胶坝袋耐海水和海生物的性能，使其可适用于沿海防廊或挡潮，克服了钢铁闸门容易锈蚀的缺点。如山东烟台市为解决夹河河口的海水入侵修建了高为 2.5m 的橡胶坝，全长 195m，有效的阻挡海水入侵。河北北戴河橡胶坝，主要作用是用来防潮蓄淡。

（4）回灌地下水。橡胶坝升坍自如，汛期洪水来临时，可坍坝行洪；之后升坝拦截汛末洪水。河道蓄水后不仅可美化环境，还可将水回灌地下，补充地下水。如北京市，几年来在潮白河上修建了 10 余座橡胶坝，将降雨和排泄下来的水分段蓄在沿线的拦河橡胶坝中，让其渗到地下，以补充地下水。

3.2.2　橡胶坝布置

3.2.2.1　基本资料收集

橡胶坝进行工程规划设计时，应搜集和掌握建坝地址的水文、气象、地形、地质、社会经济、生态环境等基本资料以及有关地区的水利规划，为设计提供依据。

1. 水文气象资料

（1）工程地址和流域的自然地理情况资料。

（2）坝址所在河段的有关河川径流量，洪水流量和洪水位，枯水流量及枯水位；河流泥沙来源、多年平均输沙量及月分配；冰凌情况以及分水、引水流量资料等；河道水质、漂浮物等；在潮汐地区建坝还应收集潮汐风暴潮等资料。

（3）气温、无霜期和冰冻期，日照、风力、风速和风向等气象资料。

2. 地形资料

地形测量的范围一般为上游测至回水区的末端，下游测至可能冲刷范围之外，一般情况下至少测至坝址上、下游各 100～300m 处。在水库溢洪道建造橡胶坝，上游测至库区，下游测至陡坡消力池以外约 100m。地形图的比例尺，一般采用 1∶200～1∶500，具体应能满足工程规划及布置的需要。

3. 工程地质资料

橡胶坝轴线钻探的深度，至少应是挡水高度的 1～2 倍，并测定基础土层、岩层的物理力学性能，作为选定坝基承载力和透水性能等参数，确定基础处理的措施、施工方法和开挖深度的依据。

4. 生态环境及社会经济资料

保持生态环境的良好与和谐已成为人类社会各项活动必须遵守的准则，橡胶坝工程建设也应进行环境影响评价。如工程地区的自然景观、生态环境状况和存在的主要问题与发展趋势，工程兴建后可能引起的生态环境变化等情况。

水利工程是地域性强的工程。对社会方面的资料，应收集能体现橡胶坝工程兴建后对保持社会稳定，促进社会和谐和与可持续发展方面的资料；对经济方面的资料，应从经济评价的角度，收集工程投资、费用、效益等方面的资料，以便为橡胶坝工程建设提供科学依据。

3.2.2.2　坝址选择

橡胶坝坝址选择应根据橡胶坝的特点及运用要求，综合考虑地形、地质、水流、泥沙、施工、运行管理及其他因素，经过技术经济比较和环境评价基础上确定。

（1）橡胶坝坝址应尽可能选在岩石坚硬完整或沉积紧密的地基上。橡胶坝由于坝体重量轻，且基础受力均匀，与其他坝相比，对地基的要求相对要低一些，但是，因地基不好造成的工程失事屡见不鲜。必要时，应做人工处理，确保坝体安全。

（2）橡胶坝坝址应选择在水流平顺及河床岸坡稳定的河段。为使过坝水流平稳，不形成强烈的回流和旋涡，应尽可能避免在河流的转弯处修建橡胶坝，防止冲刷和淤积，减轻坝袋振动和磨损。实践表明，水流不稳是引起坝袋振动的主要因素，而振动又是坝袋磨损破坏的主要原因。橡胶坝坝址应选在河流平顺段。

（3）在多泥沙河流建坝，坝址应避免选在纵坡突然变缓的河段。为了减少泥沙淤积，坝址应避开纵坡变缓河段，如难以避开，应将坝基底板的高程适当提高，并在底板高程以下设置排沙泄流孔。或者使水流过坝紧接陡坡段，利于泥沙排泄，避免泥沙淤积，防止坝袋被泥沙覆盖。

（4）选择坝址应利于枢纽建筑物布置。考虑施工导流、交通运输、供水供电、工程运行管理、坝袋检修等因素。橡胶坝跨度大，一般不设检修闸门，选择坝址时要为检修创造条件。

3.2.2.3　橡胶坝结构布置

1. 橡胶坝组成

橡胶坝工程一般由坝基土建工程、挡水坝体、控制与观测系统等组成，如图 3.22 所示。

（1）土建部分包括坝底板、边墩（墙）、上下游翼墙、上下游护坡、上游防渗铺盖或截渗墙、下游消力池、海漫等。其基本作用是将上游水流平稳而均匀地引入并流经橡胶坝，并保证过坝水流不产生淘刷。固定橡胶坝坝袋的基础底板要能抵抗通过锚固系统传递到底板的推力，使坝体保持稳定。

（2）挡水坝体包括橡胶坝坝袋和锚固结构，用水（气）将坝袋充胀后即可起到挡水作用，并可调节水位和控制流量。

（3）控制和观测系统包括充胀坝体的充排设备、安全观测装置等。充水式橡胶坝的充排设备有控制室、蓄水池、水泵、管路、阀门等，充气式橡胶坝的充排设备是用空气压缩机（鼓风机）代替水泵，不需要蓄水池。观测设备有压力表、水封管、U形管、水位计或水尺等。

2. 橡胶坝布置

橡胶坝的坝轴线应与所处河段水流方向垂直，土建、坝体、充排方式和安全观测系统等的布置应做到科学合理、结构简单、安全可靠、运行方便，并考虑美观因素。

（1）坝基底板高程，应根据地形、地质、水位、流量、泥沙、施工及检修条件等确定，在不影响河道泄洪情况下，底板高程应适当抬高，一般比上游河床平均高 0.2～0.4m。坝底板厚度应满足充排水（气）管路及锚固结构布置要求。顺水流向的坝底板宽

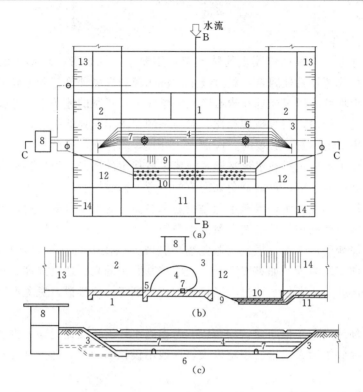

图 3.22　橡胶坝枢纽布置图

(a) 平面图；(b) B—B 横剖面；(c) C—C 纵剖面

1—铺盖；2—上游翼墙；3—岸墙；4—坝袋；5—锚固；6—基础底板；7—充排水管路；8—操作室；
9—陡坡段；10—消力池；11—海漫；12—下游翼墙；13—上游护坡；14—下游护坡

度应按照坝袋坍平宽度以及安装和检修的要求确定。

（2）坝袋设计高度，根据综合利用和工程规划的要求确定，一般情况坝顶高程高于上游正常水位 0.1～0.2m。

（3）坝长应与河（渠）宽度相适应，坍坝时应能满足河道行洪要求。单跨坝长度，应满足坝袋制造、运输、安装、检修以及管理运行要求。

（4）坝袋与两岸连接，应使过坝水流平顺。上、下游翼墙与岸墙两端应平顺连接，其顺水流方向的长度，应根据水流和地质条件确定，边墙顶高程应根据校核洪水位加安全超高确定。

（5）多跨橡胶坝之间应设置隔墩，墩高应不低于坝顶溢流水头，墩长应大于坝袋工作状态时的长度。

（6）防渗排水布置，应根据坝基地质条件和坝上游和下游水位差等因素，结合底板、消能和两岸布置综合考虑，构成完善的防渗、排水系统。承受双向水头的橡胶坝，其防渗排水布置，应以水位差较大的一方为控制条件，合理选择双向布置形式。

（7）消能防冲设施的布置，应根据地基情况、运行工况等因素确定。在枯水期流量较大河流上的橡胶坝工程，应考虑检修时的导流方式。坝袋充排控制设备及安全观测装置均应设置在控制室内，控制室布置应考虑运行管理方便和操作人员的安全。在严寒或潮湿的地区，注意做好防冻防潮措施。

3.2.3 坝袋设计

坝袋是橡胶坝工程的主体性挡水建筑物，坝袋的重要性显而易见。

3.2.3.1 坝袋形式的选择

坝袋按充胀介质可分为充水式、充气式。其剖面对比如图 3.23 所示。工程实践中，应按运用要求、工作条件等综合分析确定。

充水式橡胶坝在坝顶溢流时袋形比较稳定，振动小、过水均匀，对下游河床冲

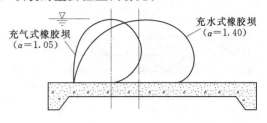

图 3.23 充水（充气）橡胶坝剖面示意图

刷较小。充气式橡胶坝在坝顶溢流时，由于气体有比较大的压缩性，会出现凹坑现象，造成水流集中，对下游河道冲刷较强。但在冰冻的地区，充气式橡胶坝内的介质没有冰冻的问题，而充水式橡胶坝没有这一优点。充气式橡胶坝比充水式橡胶坝对坝袋的气密性要求高。在确定选用充水式橡胶坝还是充气式橡胶坝时，应根据运用要求和工作条件等综合分析来进行坝型选择。充水式和充气式橡胶坝的主要特点对比见表 3.2，供选择坝型参考。

表 3.2　　　　　　　　　　充水式和充气式橡胶坝特点对比表

项　目	充水式橡胶坝	充气式橡胶坝
充坝介质	需要有水源	充坝气体容易得到
坝袋有效周长	坝体横断面为椭圆曲线，有效周长较长	坝体横断面近似圆形曲线，有效周长较短，一般为充水式的 70%左右
气温影响	在寒冷地区，坝袋内水有结冰的危险	在温差大的地区，坝袋内压将发生明显变化
基础底板	基础底板比较长。坝体内水重为均布荷载，可以增加基础底板的稳定性	基础底板比较短，坝袋可安装在曲线型堰顶上；因充气式坝袋锚固处的集中荷载，对基础底板要求高，需采取措施来提高底板的稳定性，基础处理费用比较高
锚固结构	坝袋拉力小，气密性要求低，可采用螺栓压板锚固、楔块锚固	坝袋拉力相对充水式大一些，对气密性要求高，宜采用螺栓压板锚固
操作稳定性	在充坍坝及正常挡水时坝体稳定	当坝袋内压下降，就会产生局部凹坑现象，最好以全升全坍模式运行
水位调节	调节范围比较大	当发生凹坑现象时，难以调节水位
消能防冲	常规处理即可	因易发生凹坑现象，消能防冲比充水式要求高
充排时间	充排时间较长	充排时间短
抗振动性	抗溢流振动能力好	抗溢流振动能力相对较差
耐老化	在日照时坝袋热量可传向坝袋内水体而扩散，坝体表面温度低，可延缓坝袋老化。	在日照时坝袋表面温度升高很快，容易加速坝袋的老化
维修	坝袋破损漏水点容易找出，且可以在不坍坝的情况下修补	坝袋破损漏气点难找出，需在坍坝情况下修补

3.2.3.2 坝袋胶布材料结构

坝袋胶布应达到强度高、耐老化、耐腐蚀、耐磨损、抗冲击、耐屈挠、耐寒等性能要求，能满足工程使用。

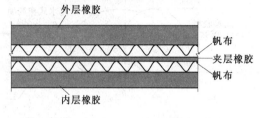

外层橡胶
帆布
夹层橡胶
帆布
内层橡胶

图3.24 坝袋胶布构造示意图

1. 坝袋胶布结构

坝袋胶布由帆布和橡胶加工硫化而成，帆布是橡胶坝坝袋胶布的骨架，橡胶是用来保护和连接各层帆布，并与帆布共同承载。把合成纤维按一定编织结构进行编织，织成坝袋用的帆布，然后在帆布上浸胶、贴胶、硫化、使帆布与橡胶粘合在一起，就可以做成单层或多层的坝袋用胶布，如图3.24所示。

2. 帆布材料

帆布是橡胶坝坝袋承载的主体，也起着维持坝袋胶布尺寸的作用，其强度的大小影响垂直交叉平面结构编制橡胶坝的规模、安全和稳定等。国内橡胶坝坝袋用的帆布是由锦纶丝束按织，橡胶容易渗入网眼起到"钉子"作用。锦纶又名尼龙，具有很好的强度和耐磨性。

3. 橡胶材料

橡胶起到保护和连接帆布的作用，其性能的优劣决定了坝袋使用寿命的长短。目前橡胶坝坝袋的制造主要采用氯丁橡胶，也有采用乙丙或彩色等橡胶的。胶布中各层橡胶应起到以下作用。

(1) 外层橡胶应具有良好的水气密封性能，能耐河流中泥沙、漂浮物的磨损，能耐日晒、耐热、耐臭氧老化等。

(2) 夹层橡胶应能很好的连接各层帆布，由于夹层橡胶能填满骨架材料之间的缝隙，使整个帆布层连接成密实的整体。

(3) 内层橡胶也应具有良好的水气密封性能，还应有一定的耐臭氧性能。

3.2.3.3 坝袋设计

橡胶坝坝袋的设计，首先要确定坝袋的设计内压比和坝袋强度设计安全系数，然后分析计算坝袋断面内力，按照坝袋的几何形状，推导出坝袋断面周长、容积以及坝袋贴地长度等参数。

1. 坝袋设计内压比及强度设计安全系数

坝袋设计内压比为 $\alpha = H_0/H_1$，其中 H_0 为坝袋内压水头，H_1 为设计坝高。当 H_1 一定时，α 值越大，坝袋外形越挺拔，所需要的坝袋胶布周长和坝袋容积越小，同时，坝袋贴地长度短，充胀容积小，所需基础底板和充排设备的投资可降低，但 α 值越大，坝袋胶布拉力也越大，坝袋投资就相应增加，工程实际中应综合分析比较，一般情况，充水式橡胶坝推荐值 $\alpha = 1.3 \sim 1.6$，充气式橡胶坝推荐值 $\alpha = 0.75 \sim 1.1$。

坝袋强度设计安全系数为坝袋抗拉强度与坝袋设计计算强度的比值。《橡胶坝技术规范》(SL 227—98) 规定充水式橡胶坝坝袋强度设计安全系数不小于6.0，充气式橡胶坝坝袋强度设计安全系数不小于8.0。在确定坝袋强度设计安全系数时还应考虑坝袋材料加工时的强度损失、材料强度的不均匀性以及在使用中的老化损失等因素。

2. 坝袋计算基本公式

（1）基本假定。

1）按平面问题考虑。坝袋锚固于垂直水流向的底板上，跨度比较长，袋壁在中间部位受力条件相同，基本上不受端部约束的影响，轴线方向变形小，变形主要发生在垂直轴线的平面内，可以近似按平面问题考虑，将坝袋的计算简化为坝袋断面的计算。

2）按薄膜理论计算。袋壁为柔性材料，其厚度远远小于坝袋长度及宽度，可以按薄膜理论来考虑，袋壁只承受均匀的经向拉力，不产生弯矩和剪力。

3）假定坝袋只承受静水压力作用，不考虑动荷载的影响，而且不计坝袋自重和受力后伸长的影响。

根据上述假定，可以导出坝袋断面上任一点处的内力基本公式。

$$T=RP \tag{3.11}$$

式中　T——任一点处的内力，kN/m；

　　　R——任一点处的曲率半径，m；

　　　P——任一点处的内外压力差，kN/m²。

（2）橡胶坝坝袋计算。

1）充水式橡胶坝径向计算强度。根据平衡条件，可推导出充水坝袋经向计算强度常用公式。

$$T=\frac{1}{2}\gamma\left(\alpha-\frac{1}{2}\right)H_1^2 \tag{3.12}$$

式中　T——坝袋经向计算强度，kN/m；

　　　γ——水的重度，10kN/m³；

　　　α——坝袋内外压比，$\alpha=H_0/H_1$；

　　　H_0——内压水头，m；

　　　H_1——设计坝高，m。

2）充气式橡胶坝经向计算强度。同样，根据平衡条件，可推导出充气坝袋径向计算强度常用公式。

$$T=\frac{1}{2}\alpha\gamma H_1^2 \tag{3.13}$$

式中　T——坝袋经向计算强度，kN/m；

　　　γ——水的重度，10kN/m³；

　　　α——坝袋内充气压力与相当于坝高的水柱压强之比；

　　　H_1——设计坝高，m。

在设计中，还可以根据充水式或充气式坝袋的断面尺寸，进一步计算坝袋断面周长、单宽容积以及坝袋贴地长度等，具体可参考相关资料。

3.2.4　橡胶坝锚固

橡胶坝是将坝袋安装锚固在基础底板和边坡（墙）上，用充水（气）将坝袋充胀，构成可升高挡水和可降低泄流的工程。锚固结构是橡胶坝工程的关键组成部分，工程中应切实做好锚固结构选择、锚固线布置及锚固结构强度试验研究等工作。

3.2.4.1　锚固线布置

锚固线是指用锚固构件将坝袋锚紧时，锚固构件沿坝底板和两岸边坡（岸墙）的布置线。锚固线如果布置不当，则会引起坝袋局部应力集中，造成坝袋撕裂，故锚固线的布置对橡胶坝工程很重要。按坝袋与坝底板和两岸边坡的连接方式不同，可有不同的锚固线形式。

1. 单锚固线

单锚固线是将坝袋胶布安装锚固在基础底板上，只有底板上游一条锚固线，如图3.25 所示。其锚线短，锚固件少，安装简单，密封和防漏性能好。但坝袋周长较长，坝袋胶布用量相对较多。由于单锚固线仅在上游锚固，坝袋可动范围大，对坝袋防振防磨不利，尤其当坝顶溢流时，在下游坝脚处产生负压，将泥沙吸进坝袋底部，造成坝袋磨损。一般充气式橡胶坝或坝高较低的充水式橡胶坝可采用单锚固线进行坝袋锚固。

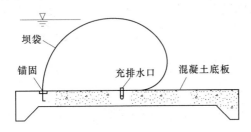

图 3.25　坝袋单锚固线示意图

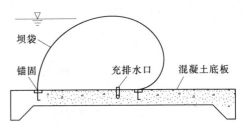

图 3.26　坝袋双锚固线示意图

2. 双锚固线

双锚固线是用两条锚线将坝袋胶布分别锚固于四周（图 3.26）。其锚线长，锚固件多，安装工作量大，相应处理密封的工作量也大，但坝袋四周被锚固，坝袋可动范围小，对坝袋防振防磨有利。由于在上下游锚固线间的贴地段可用纯胶片代替坝袋胶布防渗，从而可节省坝袋胶布约 1/3，可降低坝袋的投资，在工程中普遍采用。

3. 堵头式橡胶坝锚固线

如岸墙或中墩为直墙，为改善坝袋应力集中，宜采用堵头式坝袋，上下游的锚固线仍布置在底板两侧，其位置与双锚固线相同，两侧端头沿岸墙或中墩底脚顺水流向布置两条锚固线，组成矩形封闭的锚固线。

堵头式坝袋的两侧端一般采用外锚固，这样底板处的坝袋与直墙之间就会有空隙，充胀后的坝袋难以挤紧底板与直墙间的这个直角死角部位，容易引起漏水，工程中应注意做好封堵工作。

4. 岸墙（中墩）斜坡段锚固线

岸墙锚固线布置，应满足坍坝时坝袋平整不阻水，充坝时坝袋褶皱较少。当岸墙（中墩）为斜坡时，为改善坝袋局部受力状态，一般设渐变爬坡段，成为斜坡连接。斜坡段锚线最好按坝袋设计充胀断面与斜坡相交形成的空间曲线布置，这样坝袋边端须加工成相应曲线，锚固件也应做成曲线形，加工制作困难。实际工程中，一般上游侧多采用相切于坝袋设计外形的折线布置，下游侧为直线布置。上游锚线在边坡上要延长一段，然后分布若干段折线向上布置，便于坝袋在充胀时减少端部的法向应力（图 3.27）。

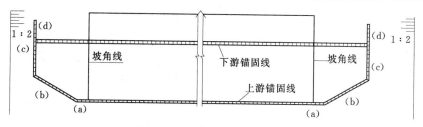

图 3.27　斜坡段锚固线示意图

总之，工程中应合理选择坝袋的锚固线形式，以改善坝袋的受力情况，确保坝袋运用过程中的安全可靠性和延长坝袋寿命。

3.2.4.2　锚固结构型式

橡胶坝的锚固是用锚固构件将坝袋胶布沿其周边安装固定在坝底板和岸墙（中墩）上，构成一个密封的袋体。工程中锚固结构型式多种多样，按锚固构件的材料来分，可分为螺栓压板式锚固、楔块挤压式锚固和胶囊充水式锚固三种。

1. 螺栓压板式锚固

螺栓压板式锚固的锚固构件由螺栓、压板及垫板组成，如图 3.28 所示。螺栓压板式锚固的锚固力可控，安装止水效果好，国内自橡胶坝建设之初就采用该种构件锚固，是应用最广泛的一种坝袋锚固型式。

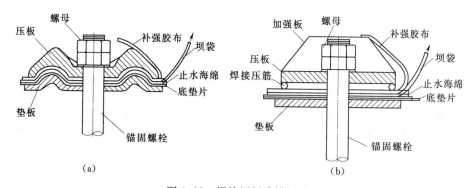

图 3.28　螺栓压板式锚固图

2. 楔块挤压式锚固

楔块挤压式锚固构件由前楔块、后楔块和压轴组成，如图 3.29 所示。锚固槽有靴形和梯形两种，施工时用压轴将坝袋胶布卷入槽中，用楔块挤紧。

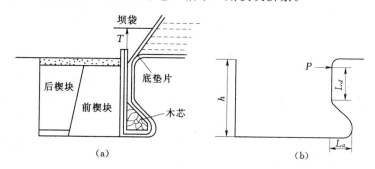

图 3.29　楔块挤压式锚固图
（a）楔块图；（b）锚固槽示意图

125

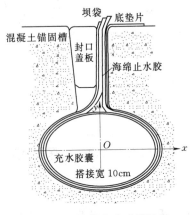

图 3.30　胶囊充水式锚固图

3. 胶囊充水式锚固

胶囊充水式锚固是先建一个椭圆形的锚固槽，再制作一条与锚固槽形状相似的封闭胶囊，将坝袋胶布、胶囊和底垫片共同放在锚固槽内，胶囊充水后使坝袋胶布受到挤压，利用坝袋胶布与锚固槽之间产生的摩擦力来抵抗坝袋的拉力（图 3.30）。

在工程实践中，可根据工程实际情况，综合分析并适当选择锚固方式。一般情况下，锚固施工绝大多数采用经验的方法对锚固楔块进行夯击，或对螺母进行拧紧。但对于重要的橡胶坝工程，应做专门的锚固结构试验，以达到牢固可靠的密封性要求。

3.3　支　墩　坝

支墩坝是由一系列顺水流方向的支墩和支撑在墩子上游的盖板所组成。盖板形成挡水面，将水压力传递给支墩，支墩沿坝轴线排列，支撑在岩基上。支墩坝按盖板型式不同分为平板坝、连拱坝和大头坝（图 3.31）；按支墩型式不同分为单支墩、双支墩、框格式支墩、空腹支墩等。

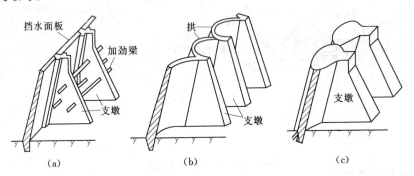

图 3.31　支墩坝的型式

（a）平板坝；（b）连拱坝；（c）大头坝

3.3.1　支墩坝的特点

与其他实体混凝土坝相比，支墩坝有以下一些特点。

（1）节省混凝土用量。支墩坝利用倾向上游的挡水面板，增加了水重，提高了坝体的抗滑稳定性；支墩坝的支墩较薄，墩间留有空隙，便于坝基排水，作用于坝底面的扬压力小，混凝土用量小。与实体重力坝相比，大头坝可节约混凝土约 20%～40%，平板坝和连拱坝可节省混凝土约 40%～60%。

（2）能充分利用材料的强度。支墩可随受力情况调整厚度，可以充分利用混凝土材料的受压强度。

（3）侧向稳定性差。支墩本身单薄又相互独立，侧向稳定性差，当作用力超过纵向稳定临界值时，支墩可能因丧失纵向稳定而破坏；在受到平行于坝轴线方向的地震力时，其抗侧向倾覆的能力较差。

（4）部分型式的支墩坝对地质和气候条件要求高。连拱坝和连续式平板坝都是超静定结构，其内力受地基变形和气温变化的影响大，其适用于基岩好，气候温和的地区。

（5）施工条件不同。因支墩间存在空隙，减少了地基的开挖量，便于布置底孔和施工导流，同时，施工散热面增加，坝体温度控制措施简易。但施工时模板用量大、立模复杂，施工难度加大。

3.3.2 平板坝

平板坝是支墩坝中结构最简单的型式，其上游挡水面板为钢筋混凝土平板，并常以简支的形式与支墩连接。以避免面板上游面产生的拉应力，并可适应地基变形。

面板的顶部厚度必须满足气候、构造和施工要求，一般不小于 0.3～0.6m。支墩多采用单支墩，中心距一般为 5～10m，顶厚 0.3～0.6m，向下逐渐加厚。

基本剖面的上下游坡度及支墩厚度由抗滑稳定和支墩上游面的拉应力条件决定。在支墩体积相同的前提下，上游坡度越缓，对抗滑稳定越有利，但也越易产生拉应力。为了利用水重增加坝的抗滑稳定性，往往将上游坝面做成一定的倾斜度，其倾角常为 40°～60°，下游坡角为 60°～80°。

对单支墩，为增加其侧向稳定性，在支墩之间用刚性梁加强。

支墩的水平断面基本上呈矩形，但为支承面板，在上游面需加厚成悬臂式的墩肩，其宽度一般为 0.5～1.0 倍的支墩厚度。墩肩断面一般为折线形。墩肩与支墩连接处，为了避免应力集中，亦可做成圆弧形，半径 1～2m。

平板坝可以做成非溢流坝或溢流坝。既可建在岩基上，也可建在非岩基上或软弱岩基上（此时需将 2～3 个坝段连在一起，在坝底做成有排水孔的连续底板）。溢流面板的厚度根据板上静水、动水压力及自重等荷载计算确定，一般不小于 0.8～1.0m。溢流堰面一般采用非真空实用堰，使溢流时坝面不产生负压和振动。

平板坝由于跨中弯矩大，一般适用于气候温和地区且高度小于 40m 的中、低坝。20世纪初用得较多，后来较少，主要是考虑到钢筋用量多，侧身稳定性及耐久性差。

我国的平板坝——福建古田二级（龙亭）水电站平板坝，最大坝高 43.5m。世界最高的平板坝——墨西哥的罗德里格兹，坝高 73m，支墩中心距 6.7m，支墩厚度 0.48m，底部 1.68m，平板坝厚度顶部 0.63m，底部 1.68m。

3.3.3 连拱坝

连拱坝是挡水盖板呈拱形的一种轻型支墩坝。这种倾向上游的拱状盖板称拱筒。拱筒与支墩刚性连接而成为超静定结构。因为温度变化和地基不均匀变形对坝体应力的影响显著，因此适宜建在气候温和的地区和良好的岩基上。

连拱坝能充分利用材料强度，拱壳可以做得较薄，支墩间距可大一些。所以在支墩坝中，以连拱坝的混凝土方量最小。但施工复杂，钢筋用量也多。

由于坝身比较单薄，施工、温度及运行期的不利荷载作用都会引起混凝土开裂并有可能进一步扩展。因此要求拱壳混凝土的抗拉防渗性能要求较高。在严寒地区，坝体还受冰冻和风化的破坏，修建薄连拱坝时，一定要在下游面设防寒隔墙。

连拱坝的拱壳一般采用圆弧形。支墩有单、双支墩两种，双支墩侧向刚度较大，多用在高坝中。

连拱坝的基本尺寸包括支墩间距、墩厚、上下游边坡，拱中心角和厚度等。

(1) 支墩间距随坝高而变。当坝高小于 30m 时，间距为 10～18m；当坝高为 30～60m 时，间距为 15～25m；当坝高为 60～120m 时，间距为 20～40m。

(2) 支墩厚度。对实体式支墩，顶部厚度一般为 0.4～2.0m，也有将支墩顶部加厚至 2.5～3.0m 或更厚，底部厚度一般为 1.5～7.0m。对空腹式支墩，厚度一般在 4.0～8.0m 之间，隔墙间距一般在 6.0～12.0m 之间。

(3) 边坡。上游坡度 n 一般为 0.9～0.6；下游坡度 m 一般为 1.1～1.3。

(4) 拱中心角一般在 135°～180°之间。拱中心角越大，受温度变化及地震时支墩的相对位移的影响越小，拱座处的剪力越小。常用 180°。

(5) 拱的厚度沿高度变化。顶部厚度一般为 0.5～0.6m，底部厚度则取决于坝高、支墩间距和拱内含筋率，应由结构计算确定。一般在 1.0～3.0m 之间。当支墩间距很大时，可达 8.0m。

我国的梅山连拱坝，空腹双墩式。拱圈为 180°中心角的等厚半圆拱，顶拱拱圈厚为 0.60m，底拱拱圈厚为 2.30m，内半径为 6.75m，支墩间距为 20m，最大坝高为 88.24m。

加拿大的丹尼尔约翰逊连拱坝是世界最高的连拱坝，最大坝高为 214m，坝长为 1220m，河谷中间一跨最大，跨距为 162m，顶拱圈厚 6.7m，底拱圈 25.3m。

3.3.4　大头坝

大头坝的头部和支墩连成整体，即头部是由上游面的支墩扩大形成。大头坝接近于宽缝重力坝，其支墩间距比宽缝更宽。

大头坝的头部主要有平头式、圆弧式和折线式。平头式施工简便，但头部应力条件较差，容易在坝面产生拉应力，出现劈头裂缝。圆弧式的受力条件合理，但施工模板比较复杂。折线式则兼有两者优点，只要设计合理，是能够达到施工简便、受力条件合理的目的。

1. 大头坝的型式

大头坝的支墩型式根据其组合共有四种。

(1) 开敞式单支墩。结构简单，施工方便，便于观察检修，但是侧向刚度较低，保温条件差。

(2) 封闭式单支墩。侧向刚度较高，墩间空腔被封闭，保温条件好，便于坝顶溢流，采用最广泛。

(3) 开敞式双支墩。侧向刚度高，但施工较复杂，多用于高坝。

(4) 封闭式双支墩。侧向刚度最高，但施工最复杂。

2. 大头坝的基本尺寸

大头坝的基本尺寸包括大头跨度、支墩平均厚度、上下游坡度等。

(1) 大头跨度。对于单支墩来说，坝高小于 45m，跨度 9～12m；坝高 45～60m，跨度 12～16m；坝高大于 60m，跨度 16～18m。

对于双支墩来说，坝高在 50m 以上时，跨度为 18～27m。

确定大头跨度还需考虑：①溢流大头坝可把支墩伸出溢流面作为闸墩。此时大头跨度必须与溢流孔口尺寸相一致；②如有厂房坝段，电站引水管由支墩穿出，大头跨度必须与机组间距相协调。

（2）支墩平均厚度。支墩过于单薄，侧向刚度不足，抗冻耐久性也差。跨厚比（$S=L/B$）常用范围如下。

坝高小于 40m，$S=1.4\sim1.6$；坝高 40~60m，$S=1.6\sim1.8$；坝高 60~100m，$S=1.8\sim2.0$；坝高 100m 以上，$S=2.0\sim2.4$。

支墩厚度增加可提高侧向刚度，便于机械化施工；但是相应大头面积增加，混凝土方量增加，要求提高浇筑能力，施工散热相对困难，温度应力大。

（3）上下游坡度。上下游坡度根据抗滑稳定和上游面不出现拉应力的要求确定。表 3.3 列出了几项已建工程的基本尺寸。

表 3.3　　　　　　　　　　大头坝的工程实例

工程名称	支墩形式	坝高（m）	上游坡率	下游坡率	大头跨度（m）
伊太普	双	180	0.58	0.46	34
柘溪	单	104	0.45	0.55	16
桓仁	单	100	0.40	0.55	16
磨子潭	双	82	0.50	0.40	18
双牌	双	58.8	0.60	0.50	18.23
涔天河	双	43	0.50	0.50	18.23

3.4　过坝建筑物

3.4.1　船闸

船闸是河流上水利枢纽中常用的一种过船建筑物，它是利用闸室中水位的升降将船舶浮运过坝的，通船能力大，安全可靠。

3.4.1.1　船闸的组成和工作原理

1. 船闸的组成

船闸由闸室、上下游闸首、上下游引航道等三部分组成（图 3.32）。

闸室是由上下游闸首内的闸门与两侧闸墙构成的一个长方体空间，是供过闸船只临时停泊的场所。当船闸充水或泄水时，闸室内水位就自动升降，船舶在闸室中亦随水位而升降。为了保证闸室充泄水时船舶的稳定停泊，在两侧闸墙上常设有系船柱和系船环等设备。

闸首是分隔闸室与上、下游引航道并控制水流的建筑物，位于上游的称上闸首，位于下游的称下闸首。在闸首内设有工作闸门、输水系统、启闭机械等设备。

引航道内设有导航建筑物和靠船建筑物，导航建筑物与闸首相连接，其作用是引导船

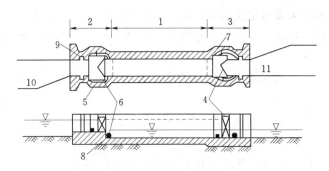

图 3.32　船闸组成示意图

1—闸室；2—上闸首；3—下闸首；4—闸门；5—阀门；
6—输水廊道；7—门槛；8—帷墙；9—检修门槽；
10—上游引航道；11—下游引航道

舶顺利地进出闸室，靠船建筑物与导航建筑物相连接，供等待过闸船舶停靠使用。

2. 船闸的工作原理

当船队（舶）从下游驶向上游时，其过闸程序如图 3.33 所示。首先关闭上、下游闸门及上游输水阀门；开启下游输水阀门，将闸室内的水位泄放到与下游水位相齐平；开启下游闸门，船舶从下游引航道驶向闸室内；关闭下游闸门及下游输水阀门；打开上游输水阀门向闸室内充水，直到闸室内水位与上游水位齐平；最后将上游闸门打开，船舶即可驶出闸室，进入上游引航道。

船舶从上游驶向下游时，其过闸程序与此相反。

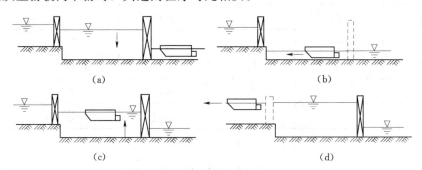

(a)　　　　　　　　　　　　(b)

(c)　　　　　　　　　　　　(d)

图 3.33　船闸工作原理示意图

3.4.1.2　船闸的类型

（1）闸室按级数可分为单级船闸和多级船闸。

1）单级船闸只建有一级闸室，如图 3.32、图 3.33 所示。船舶通过这种船闸只需经过一次充水、泄水即可克服上下游水位的全部落差。单级船闸的一般水头不超过 15～20m。但近年来国内外已在岩基上建成一些水头超过 20m 的单级船闸。如水头达 27m，闸室长 280m、宽 34m 的葛洲坝巨型船闸。

2）多级船闸是建有两级以上闸室的船闸（图 3.34）。当水头较大，采用单级船闸在技术上有困难、经济上不合理时，可采用多级船闸。船舶通过多级船闸时，需进行多次闸门启闭以及充水、泄水过程才能调节上下游水位的全部落差。

（2）船闸按船闸线数可分为单线船闸和多线船闸。单线船闸是在一个枢纽中只建有一条通航线路的船闸。多线船闸即在一个枢纽中建有两条或两条以上通航线路的船闸。

船闸线路的确定，取决于货运量与船闸的通航能力。通常情况下，只建单线船闸。只有当通过枢纽的货运量巨大，单线船闸的通航能力不能满足需求时，才修建多线船闸。如葛洲坝水利枢纽采用三线船闸，如图 3.35 所示。在有些水利枢纽中，水头高，航运货运

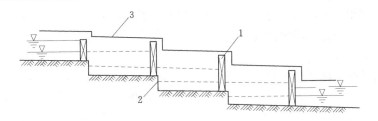

图 3.34　多级船闸示意图

1—闸门；2—帷墙；3—闸墙顶

量巨大，常采用多级多线船闸。三峡工程通航建筑物包括永久船闸和升船机，均位于左岸的山体中。永久船闸为双线五级连续梯级船闸，单级闸室有效尺寸长280m、宽34m，坎上最小水深5m，可通过万吨级船队，如图3.36所示。

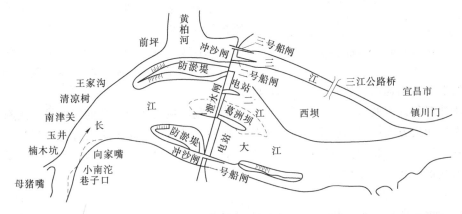

图 3.35　葛洲坝水利枢纽船闸布置图

图 3.36　三峡双线五级连续船闸

3.4.1.3　船闸的引航道

引航道的作用，是保证船舶安全地进出船闸，并供等待过闸船舶安全停泊，使进出闸船舶能交错避让。

引航道的平面形状与尺寸，主要取决于船舶过闸繁忙程度、船队进出船闸的行驶方式以及靠船和导航建筑物的型式与位置等。引航道平面形状与布置是否合理，直接影响船舶进出闸的时间，从而影响船闸的通航能力。

1. 引航道的平面形状

单线船闸引航道的平面形状，可分为对称式和非对称式两类（图 3.37）。

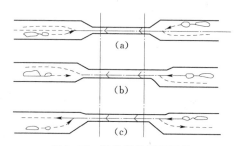

图 3.37　引航道的平面形状

（a）对称式；（b）非对称式（引航道向不同的岸侧扩宽）；（c）非对称式（引航道向相同的岸侧扩宽）

（1）对称式引航道的轴线与闸室的轴线相重合。当双向过闸时，为了进出闸船舶相交错避让，船舶进出闸都必须曲线行驶。因此，进出闸速度较慢，过闸时间较长，对提高船闸通过能力不利，如图 3.37（a）所示。

（2）非对称式引航道的轴线与闸室轴线不相重合，其布置方式通常有两种。

对于非对称式引航道，其引航道向不同的岸侧扩宽，双向过闸时船舶沿直线进闸，曲线出闸。这种型式适用于岸上牵引过闸及有强大制动设备的船闸，否则为防止船舶碰撞闸门，必须限制船舶进闸速度，如图 3.37（b）所示。

对于非对称式引航道，其引航道向同一岸侧扩宽，主要货流方向的船舶进出闸都走直线，而次要货流方向的船舶进出闸可走曲线。这种方式适用于岸上牵引过闸，货流方向有很大差别，以及有大量木排过闸的情况，对于受地形或枢纽布置限制的情况，也可采用这种布置型式如图 3.37（c）所示。

2. 引航道中的建筑物

（1）防护建筑物。为了防止风浪和水流对船舶的袭击，保证船舶的安全过闸和停靠，应修建必要的防护建筑物。一般是在引航道范围内进行护底与护岸，护底的常用材料多为干砌块石，护岸一般为浆砌块石。

（2）导航建筑物。导航建筑物的主要作用是为了保证船舶能从宽度较大的引航道安全、顺利地进入较窄的闸室。导航建筑物一般包括主、辅导航建筑物两种类型。主导航建筑物位于进闸航线一侧，用以引导船舶进闸；辅导航建筑物位于出闸航线一侧，用以引导受侧向风、水流和主导航建筑物弹力作用而偏离航线的船舶，使其循正确方向行驶。

（3）靠船建筑物。靠船建筑物的主要作用，是专门等待过闸的船舶停靠使用。其布置特点是均靠近闸船舶航线的一侧，即进闸航行方向的右侧。

3.4.1.4　船闸的布置

在水利枢纽中，除坝与船闸外，还有电站、取水建筑物、鱼道、筏道等建筑物，在进行枢纽布置时，应合理确定船闸与各建筑物间的相互位置。

1. 船闸与坝的布置

（1）闸坝并列式。船闸布置于河床之中，多用于低水头枢纽中。当河床宽度大，足以布置溢流坝和水电站时，宜将船闸设在水深较大、地质条件较好的一岸，当枢纽处于微弯河段时，大多将船闸布置在凹岸。这样，可使船闸及其引航道的挖方减少，而且引航道的进出口通航水深也易于保证。但是，施工时必须修筑围堰，工期较长，而且还需在上下游引航道中靠河一侧修建导堤，把引航道与河流隔开，以保证船舶的安全，如图3.38（a）所示。

（2）闸坝分离式。船闸布置于河岸凸岸的裁直引河中。船闸的施工条件较为优越，一般都可干地施工，无需修筑围堰，施工质量也易于得到保证。由于船闸布置在引河中，远离溢流坝，引航道进、出口处流速较小，便于船舶航行。但是，这种布置需挖引河，土石方开挖量大。选用这种方案时，为保证航行方便，引河长度不应小于4倍闸室长度，下游引航道的出口应布置在河流凹岸水深较稳定处，同时，引航道的轴线与河道水流方向夹角应尽量减小，如图3.38（b）所示。

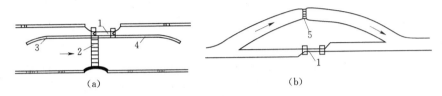

图3.38 船闸布置示意图
（a）闸坝并列式；（b）闸坝分离式
1—船闸；2—泄水闸；3—上导航墙；4—下导航墙；5—节制闸

2．船闸与其他建筑物的布置

（1）船闸、电站分设两岸。当船闸、电站并列于同一河床断面内时，电站下泄的尾水不会影响船舶进出船闸，可将它们分别布置在河流的两岸，使电站远离船闸，两者的施工和管理，互不干扰。但须在两岸布置施工场地，费用较大。

（2）船闸、电站均设同岸。将电站与船闸布置在河流的同一岸，最好将电站布置于靠河一侧，而船闸靠岸一侧，并使二者间隔开一定距离。这样既可在二者之间设置变电所，又可改善引航道水流条件。如河床宽度不足，难于使船闸与电站之间隔开一定距离，也可将电站与船闸布置成一定的交角，使电站尾水远离航道。

（3）船闸、取水建筑物分设两岸。如果水利枢纽中有取水建筑物，也可将船闸与取水建筑物分别布置于河流的两岸，以避免取水建筑物运行时影响船闸引航道的水流条件，而且取水建筑物也不致受到船舶、木筏的撞击而被损坏。

3.4.1.5 船闸的闸室结构

闸室是由两侧的闸室墙和闸底板组成。闸室墙主要承受墙后土压力和水压力。由于闸室内水位是经常变化的，闸室墙前后有水位差，因此闸室的墙和底板除了满足稳定和强度要求外，还要满足防渗的要求。

闸室的结构型式与各地的自然、经济和技术条件有关。按闸室的断面形状，可将闸室分为斜坡式和直立式两大类。

（1）斜坡式闸室结构是将河流的天然岸坡和底部加以砌石保护而成，如图3.39（a）所示。斜坡式闸室结构简单，施工容易，造价较低。但是，灌水体积大，灌水时间长，过闸耗水量大，由于闸室内水位经常变化，两侧岸坡在动水压力作用下容易坍塌，故需修筑坚固的护坡工程。

这种型式主要适用于水头和闸室平面尺寸较小，河流水量较为充沛的小型船闸。

（2）直立式闸室结构，如图 3.39（b）所示。一般适用于大、中型船闸中，根据地基的性质，这种结构又分为非岩基上的闸室和岩基上的闸室结构两大类。

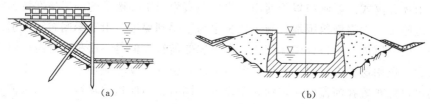

（a）　　　　　　　　　　　　　　　（b）

图 3.39　闸室的结构形式

（a）斜坡式闸室结构；（b）直立式闸室结构

3.4.2　升船机

3.4.2.1　升船机的组成及作用

升船机的组成，一般有承船厢、垂直支架或斜坡道、闸首、机械传动机构、事故装置和电气控制系统等几部分。

（1）承船厢。承船厢用于装载船舶，其上、下游端部均设有厢门，以使船舶进出承船厢体。

（2）垂直支架或斜坡道。垂直支架一般用于垂直升船机的支承，并起导向作用，而斜坡道则是用于斜面升船机的运行轨道。

（3）闸首。闸首用于衔接承船厢与上、下游引航道，闸首内一般设有工作闸门和拉紧（将承船厢与闸首锁紧）、密封等装置。

（4）机械传动机构。机械传动机构用于驱动承船厢升降和启闭承船厢的厢门。

（5）事故装置。事故装置当发生事故时，用于制动并固定承船厢。

（6）电气控制系统。电气控制系统主要是用于操纵升船机的运行。

3.4.2.2　升船机的工作原理

升船机与船闸的工作原理基本相同。以斜面升船机为例，船舶通过升船机的主要程序为：当船舶由下游驶向上游时，先将承船厢停靠在厢内水位同下游水位齐平的位置上；操纵承船厢与闸首之间的拉紧、密封装置，并充灌缝隙水；打开下闸首的工作闸门和承船厢的下游厢门，并使船舶驶入承船厢内；关闭下闸首的工作闸门和承船厢的下游厢门；将缝隙水泄除，松开拉紧和密封装置，提升承船厢使厢内水位相齐平；开启上闸首的工作闸门和承船厢的上游厢门，船舶即可由厢体驶入上游。

当船舶由大坝上游向下游驶入时，则按上述程序进行反向操纵（图 3.40）。

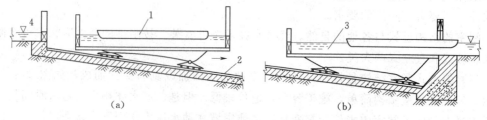

（a）　　　　　　　　　　　　　　　（b）

图 3.40　斜面升船机工作原理图

（a）斜面升船机在运动中；（b）斜面升船机在下闸首

1—船只；2—轨道；3—船厢；4—上闸首

3.4.2.3 升船机的类型

按承船厢的运行线路，一般将其分为垂直升船机和斜面升船机两大类。

1. 垂直升船机

垂直升船机按其升降设备特点，可以分为提升式、平衡重式和浮筒式等型式。

（1）提升式升船机。提升式升船机类似桥式升降机，船舶驶进船厢后，由起重机进行提升，经过平移，然后下降过坝。由于垂直提升所需动力较大，故一般只用于提升中小船只。我国丹江口水利枢纽中就采用了这种垂直升船机（图 3.41），其最大提升高度为 83.5m，最大提升力为 4500kN，提升速度为 11.2m/min，承船厢可湿运 150t 级驳船或干运 300t 级驳船。

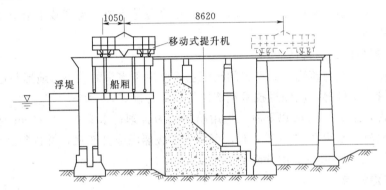

图 3.41　丹江口水利枢纽垂直升船机（单位：cm）

（2）平衡重式升船机。平衡重式垂直升船机利用平衡重来平衡承船厢的重量（图 3.42）。提升动力仅用来克服不平衡重及运动系统的阻力和惯性力，运动原理与电梯相似。其主要特点是可节省动力，过坝时间短，通航能力大，耗费电量小，运行安全可靠，进出口条件较好，但是工程技术较复杂，工程量较为集中，耗用钢材也较多。

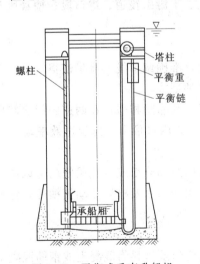

图 3.42　平衡式垂直升船机

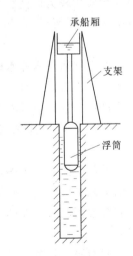

图 3.43　浮筒式垂直升船机

（3）浮筒式升船机。浮筒式升船机，其特点是将金属浮筒浸在充满水的竖井中（图

135

3. 43)，利用浮筒的浮力来平衡船厢的总重量，提升动力仅用来克服运动系统的阻力和惯性力。这种升船机的支承平衡系统简单，工作可靠。但是，提升高度因受到浮筒所需竖井深度的限制，其提升高度不宜太大，并且，一部分设备长期处于竖井的水下，检修较为困难。

2. 斜面升船机

斜面升船机是在斜坡上铺设升降轨道，将船舶置于特制的承船车中干运或在承船厢中湿运过坝，如图3.40所示。这种升船机按照运行方式不同，可以分为牵引式、自行式；按照运送方向与船只行驶方向的关系，又可分为纵向行驶和横向行驶两种。其中，牵引式纵向行驶的升船机应用最为广泛。

斜面升船机一般由承船厢、斜坡轨道和卷扬设备等组成。为了减小牵引动力，斜面升船机多设置平衡重块。

3.4.2.4 升船机的适用条件

升船机作为通航建筑物，其型式的确定主要取决于水头的大小、地形与地质条件、运输量、运行管理条件等，应经过技术经济比较后进行确定。

一般来说，水头在10m以下时，选用船闸较为合理；水头在10～40m时，可考虑单级船闸或升船机；水头在40～70m时，可考虑多级船闸或升船机，并进行经济比较确定；水头超过70m时，一般应选用升船机。

3.4.3 过木建筑物

对于有运送木材任务的河道，在其上兴建水利枢纽后，水工建筑物切断了木材运输的通道。为解决木材过坝问题，需要在枢纽中修建过木建筑物。常用的过木建筑物主要包括筏道、漂木道和过木机三种。

3.4.3.1 筏道

筏道是一种泄水的陡槽，用于浮运木排。筏道的运量大，使用方便，建筑技术要求低，运费便宜，故应用较为广泛。一般由上、下游引筏道、进口段、槽身段及出口段等几个部分组成，如图3.44所示。

1. 进口段

筏道的进口段必须适应水库水位的变化，准确调节筏道流量使得木排安全过筏。根据上游水位变化幅度，进口段通常采用以下两种型式。

（1）固定式进口。进口段设有两道闸门，和船闸相似，在两道闸门之间形成一个筏闸室，如图3.44（b）所示。这种筏道结构简单，用水量少，但运送效率较低，水位变动也不宜太大。

（2）活动式进口。由活动筏槽及叠梁闸门两部分组成。叠梁闸门可以调整不同挡水高度，活动筏槽则由起重机控制。叠梁闸门除用于挡水及检修活动筏槽外，主要是与活动筏槽联合运行，调节过筏流量，如图3.44（a）所示。

2. 槽身段

槽身是一个宽而浅的陡槽，其结构的主要建筑材料为混凝土或钢筋混凝土，也可以采用浆砌石或木材建造。

槽身的宽度不宜太大，常用的槽宽为4～10m。槽中水深，一般为木筏厚度的2/3，

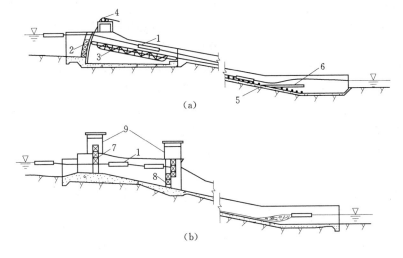

图 3.44　筏道型式

(a) 活动式进口；(b) 设两道门的固定进口

1—木筏；2—叠梁闸门；3—活动筏槽；4—卷扬机；5—糙齿；

6—消能栅；7—上闸门；8—下闸门；9—启闭机室

常用水深为 0.3～0.8m。槽中水深不宜过小，否则木筏不能浮运；若过大，则流速加大，运行不安全，而且耗水量也大。

筏道纵坡一般采用 3%～6%，人工加粗的筏道纵坡可达到 8%～14%。为了使槽内各段水深和流速都能满足安全运行的要求，槽身纵坡可采用几种不同的坡度，但坡度变化不宜太大，相邻两段的变化夹角应小于 1.5°。槽中的排速，在保证安全的前提下，可尽量选择得大些，一般选用 5m/s 左右，最大可达 7～8m/s。

3. 出口段

出口段应靠近水流，布置在河道顺直且水深较大的地方，以保证在下游水位变化范围内，顺利流放木排，既不能搁浅，又不能产生壅水现象。筏道的出口部分，一般按原有坡度延长至最低过排水位以下 1.5～2.5m，斜坡末端以后布置一水平段，形成消力池的水深最好接近临界水深，防止出现淹没水跃，以保证木材漂浮并送出池外，通过消能工，最好可以形成扩散的自由面流，对于只能形成底流的衔接情况应注意设法减小水跃的高度。

3.4.3.2　漂木道

漂木道是用水力输送散漂原木过坝而连接上、下游的斜槽式水工建筑物。多用于不通航河流上的中低水头且上游水位变幅不大的水利枢纽。

漂木道也称放木道，与筏道类似，其主要组成部分包括进口段、槽身段和出口段。

1. 进口段

河流散漂流放木材，具有季节性强、流放集中、强度大等特点，漂木道应有较大的通过能力。为此，漂木道进口在平面上应布置成喇叭形。除导漂设施外，应视不同情况设置机械或水力加速器，以防止木材滞塞。漂木道进口处流速一般不宜大于 1m/s。当水库水位变幅较大时，一般采用活动式进口，安装下降式平板门、扇形门或下沉式弧形门等。

137

2. 槽身段

漂木道的槽身也是一个顺直的陡槽，多为混凝土或钢筋混凝土结构。按照木材通过的方式，可将漂木道分为全浮式、半漂式和湿润式三种类型。其主要差别在于过木时的用水量不同。全浮式可基本避免木材与槽底的碰撞，但是耗水量较多；而半漂式和湿润式可以节省水量，但木材与槽底存在着摩擦和碰撞，损耗较大。实际工程中，全浮式应用较多。

槽身的宽度，一般应略大于最大的原木长度；槽内水深稍大于原木直径的 0.75 倍；槽身的纵坡多在 10% 以下。槽内流速可以超过 2～4m/s。

3. 出口段

下游出口的位置，宜选在河流顺直的岸边，避开回流区，应做到水流顺畅，以利木材顺利下漂。对于消能工的要求，可以略低于筏道，一般要求水流呈波状跃或面流式与下游水面相衔接。

3.4.3.3　过木机

通过高坝修建筏道及漂木道有困难或不经济时，可以采用机械设备输送木材过坝。我国的一些水利枢纽采用的过木机有链式传送机、垂直和斜面卷扬提升式过木机、桅杆式和塔式起重机、架空索道传送机等。

链式过木机由链条、传动装置、支承结构等主要部分组成。

架空索道是把木材提离水面，用封闭环形运动的空中索道将其传送过坝，适用于运送距离较长的枢纽。它具有不耗水，受大坝施工及电站运行干扰少，投资省的优点，但运送能力低。

除了上述各种过木设施外，在航运量不大、水量充沛的水利枢纽中，也可利用船闸过筏。对于过木量特别大的枢纽，也可专门修建筏闸运送木材过坝。

3.4.4　过鱼建筑物

在河道中兴建水利枢纽后，为库区养殖提供了有利条件，同时也使鱼类生活的水域生态环境发生了变化，给渔业生产带来了不利影响。其一，阻隔了洄游路线，使鱼类无法上溯产卵，在上游繁殖的幼鱼也无法洄游到下游或回归大海。其二，使鱼类区系的组成发生了变化，使坝上洄游、半洄游性鱼类显著减少，土著性鱼类相对增加。其三，由于水库淹没了原有的鱼类的天然产卵场，而且水温下降，使鱼类的繁殖受到影响。为此，需要在水利枢纽中修建过鱼建筑物，以作为沟通鱼类洄游路线的一项重要补救措施。

枢纽中的过鱼建筑物主要包括鱼道、鱼闸、举鱼机等，其中以鱼道最为常用。

3.4.4.1　鱼道

鱼道是用水槽或渠道做成的水道，水流顺着水道上游而向下游流动，使鱼类在水道中逆水而上或顺水而下。鱼道按结构型式可分为池式、槽式和隔板式。

1. 池式鱼道

池式鱼道由一连串连接上、下游的水池组成（图 3.45）。水池间用短渠或低堰进行连接，水池间水位差为 0.5～1.5m，这类鱼道一般都是绕岸开挖而成的。池式鱼道很接近天然河道，有利于鱼类生活或通过。但是，其适用水头很小，必须有合适的地形和地质条件，否则土方工程量很大，现在采用较少。

2. 槽式鱼道

槽式鱼道，是一条人工建成的斜坡式或阶梯式水槽。按其消能方式又可分为简单槽式鱼道和丹尼尔式鱼道两种型式。

（1）简单槽式鱼道。它仅为一条连接上、下游的水槽，槽中没有任何消能设施，仅靠延长水流途径、增大槽身周边糙率进行简单的消能。这种型式的鱼道长度往往很大，坡度很缓，能适用的水头很小，实际的工程中应用较少。

（2）丹尼尔式鱼道。由比利时工程师丹尼尔（Daniel）提出，是一条加糙的水槽。在侧壁和槽底设有间距很密的阻

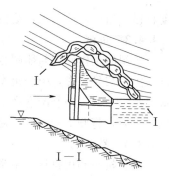

图 3.45　池式鱼道

板或砥坝，水流通过时，形成反向水柱冲击主流，减小流速，如图 3.46 所示。

其主要优点在于：尺寸小（宽度一般在 2m 以内），坡度陡，长度短，比较经济；鱼类可以在任意水深中通过，途径不弯曲，所以过鱼速率快。缺点是水流掺气，紊动剧烈，对于上下游水位变动的适应能力差，加糙部件结构复杂，不便维修。这种鱼道主要适用于水位差不大，鱼类能力较强劲的情况。

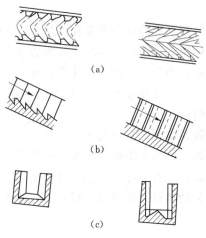

（a）

（b）

（c）

图 3.46　丹尼尔式鱼道

（a）平面图；（b）纵断面；（c）横断面

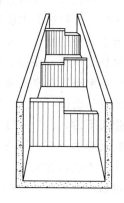

图 3.47　隔板式鱼道

3. 隔板式鱼道

隔板式鱼道利用横隔板将鱼道上、下游的总水位差分成若干个小的梯级，隔板上设有"过鱼孔"，并利用水垫、沿程摩阻及水流对冲、扩散来消能，达到改善流态、降低"过鱼孔"流速的要求。这类鱼道的一系列横隔板中，水面逐级跌落，形成许多梯级，故又称梯级鱼道（图 3.47）。

隔板式鱼道的主要优点是：水流条件易于控制，能用于水位差较大的地方；各级水池是鱼类休息的良好场所，且可通过调整"过鱼孔"的型式、位置、大小来适应不同习性鱼类的上溯要求；结构简单，维修方便。

隔板式鱼道的主要缺点是：鱼类需要逐级克服"过鱼孔"中的流速方能上溯，过鱼速

度较慢；断面尺寸较大，造价较高。

3.4.4.2　鱼闸

鱼闸的工作原理与船闸相似。其上、下游各有一段导渠与闸室相连，水流经过放水管进入闸室与导渠中，引诱鱼类进入导渠，用驱鱼栅将鱼推入闸室；关闭下游闸门，随着闸室内水位上升，提升闸室底板上的升降栅，迫使鱼随水位一起上升，待闸室水位与上游水位齐平后，打开上游闸门，启动上游驱鱼栅，将鱼推入水库内。

3.4.4.3　举鱼机

举鱼机是利用机械设备举鱼过坝。可适用于高水头的水利枢纽，能适应水库水位变幅较大的情况；但机械设备易发生故障，可能耽误举鱼过坝，不便于大量过鱼。举鱼机有"湿式"和"干式"两种。前者是一个利用缆车起吊的水厢，水厢可上下移动，当厢中水面与下游水位齐平时，开启与下游连通的厢门，诱鱼进入鱼厢，然后关闭厢门，把水厢水面提升到与上游水位齐平后，打开与上游连通的厢门，鱼即可进入上游水库。"干式"举鱼机是一个上下移动的渔网，工作原理与"湿式"相似。

举鱼机的使用关键在于下游的集鱼效果，一般常在下游修建拦鱼堰，以诱导鱼类游进集鱼设备。

3.4.4.4　过鱼建筑物的布置

过鱼建筑物的进口，应布置在不断有活水流出，而且容易被鱼类发现且易于进入的地方；进口的流速应比附近的水流流速略大，造成一种诱鱼流速，但不超过鱼所能克服的流速；一般要求水流平稳顺直，没有旋涡、水跃等现象；为适应下游水位涨落，进口高程应当适宜，要保证过鱼季节在进口处有一定的水深，当水位变化较大时，可设置不同高程的几个入口；进口常布置在岸边或电站、溢洪道出口附近。

过鱼建筑物的出口与溢流坝和水电站进水口之间，应留有足够的距离，以防止过坝的鱼再被水流带回下游；出口应靠近岸边，且水流平顺，以便鱼类能沿着水流和岸边线顺利上溯；出口应远离水质有污染的水区，防止泥沙淤塞，并有不小于 1.0m 的水深和一定的流速，以确保鱼类能迅速地被引入水库内。对于幼鱼的洄游，也可以通过鱼道、船闸、中低水头的溢洪道以及直径较大的水轮机过坝。

思　考　题

1. 拱坝对地形地质条件的要求是什么？

2. 拱坝的工作原理是什么？

3. 查阅有关资料，了解拱坝的结构分析。

4. 查阅有关资料，了解橡胶坝的溢流特性。

5. 查阅有关资料，了解橡胶坝袋用料计算方法。

6. 查阅有关资料，了解橡胶坝的启闭系统和特性。

7. 支墩坝都有哪些类型？每种类型其结构型式是怎么的？

8. 船闸的工作原理是什么？

9. 升船机有哪几部分组成？升船机的工作原理是什么？

10. 过鱼建筑物与过木建筑物主要包括哪几种型式？

第4章 水　　闸

学习要求：掌握水闸的类型、工作特点、组成及各组成部分的作用；掌握水闸孔口设计的影响因素分析和计算方法；掌握消能防冲设计中水闸下游不利水流流态及相应的防止措施；掌握防渗排水设计中水闸地下轮廓线长度拟定、布置、渗流计算方法和防渗排水措施；在闸室稳定应力分析中，重点从荷载计算、稳定应力分析方法等方面比较与重力坝的异同；了解水闸布置与构造、闸室结构计算内容及方法等方面的内容。

4.1 概　　述

水闸是一种利用闸门启闭来调节水位、控制流量的低水头水工建筑物，具有挡水和泄水的双重作用，在防洪、灌溉、供水、治涝、航运、发电、挡潮、冲沙中应用广泛。

4.1.1 水闸的类型

4.1.1.1 按水闸所承担的任务分类

（1）进水闸（取水闸）。建在天然河道、水库、湖泊的岸边及渠道的首部，用于引水，并控制引水流量，以满足灌溉、发电或供水等需要。位于干渠首部的进水闸，又称渠首闸或取水闸。位于支渠首部的进水闸，常被称为分水闸。位于斗、农渠首部的进水闸，常称斗门、农门。

（2）节制闸。在河道上或渠道上建造，枯水期用以抬高水位满足上游引水或航运的需要；洪水期控制下泄流量，保证下游河道安全。位于河道上的节制闸又称为拦河闸。一般选择在河道顺直、河势相对稳定的河段。其上、下游直线段长度不宜小于5倍水闸进水口处的水面宽度。

（3）冲沙闸。主要建在多泥沙河道上，用于排除进水闸、节制闸前或渠道淤积的泥沙，减少引水水流的含沙量。常建于进水闸一侧的河道上，与节制闸并排布置或设在无节制闸的进水闸旁，尽量在河槽最深的部位。又称为排沙闸。

（4）分洪闸。建造在天然河道的一侧。用于将超过下游河道安全泄量的洪水泄入湖泊、洼地等滞洪区，以削减洪峰保证下游河道的安全。一般选在河岸基本稳定的顺直河段或弯道凹岸顶点稍偏下游处的深槽一侧。

（5）排水闸。常建于江河沿岸排水渠道末端，用以排除河道两岸低洼地区的涝渍水。当河道内水位上涨时，为防止河水倒灌，又需要关闭闸门。这类水闸为双向水闸且闸底板高程较低。宜选在靠近主要涝区和容泄区的老堤堤线上，地势低洼、出口通畅。

（6）挡潮闸。建在入海河口附近，涨潮时关闸，防止海水倒灌；退潮时开闸放水。挡潮闸也具有双向承受水头作用的特点，且操作频繁。一般选择在岸线和岸坡稳定的潮汐河口，且闸址泓滩冲淤变化较小、上游河道有足够的蓄水容积的地点。

上述各水闸的布置如图4.1所示。典型水闸如图4.2、图4.3所示。

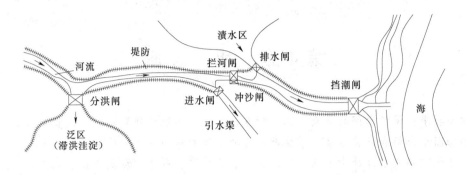

图 4.1 水闸布置示意图

图 4.2 水闸 (1)

图 4.3 水闸 (2)

4.1.1.2 按闸室结构型式分类

（1）开敞式。开敞式水闸闸室是露天的，可分为无胸墙和有胸墙两种型式，见图 4.4 （a）、（b）。当上游水位变幅较大而过闸流量不大时，采用胸墙式，既可降低闸门高度，又能减少启闭力；当有泄洪、通航、排冰、过木等要求时，宜采用无胸墙的开敞式水闸。

（2）涵洞式。水闸修建在河、渠堤之下时，便成为涵洞式水闸，见图 4.4 （c）。根据水力条件的不同，可分为有压式和无压式两类，其适用情况基本同胸墙式水闸。

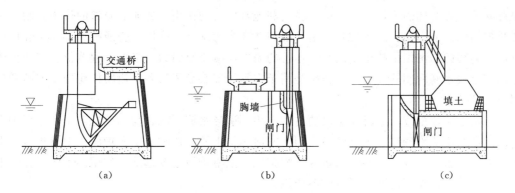

图 4.4　水闸闸室结构分类图

(a) 无胸墙的开敞式；(b) 胸墙式；(c) 涵洞式

4.1.1.3　按最大过闸流量分类

水闸按最大过闸流量分为：流量不小于 5000m³/s 为大（1）型，流量 5000～1000m³/s 为大（2）型，流量 1000～100m³/s 为中型，流量 100～20m³/s 为小（1）型，流量小于 20m³/s 小（2）型。

4.1.2　水闸的工作特点和设计要求

水闸的地基可以是岩基或土基，且多修建在土质地基上，因而它在抗滑稳定、防渗、消能防冲及沉陷等方面具有以下工作特点和设计要求。

（1）土基的沉陷问题。土基的压缩性大，承载能力低，在自重和外荷载的作用下，地基易产生较大的沉降量和沉降差，导致闸室高度不够或闸室倾斜，造成底板断裂或闸门不能正常开启等，引起水闸失事。因此，设计时必须合理选择闸型和构造，排好施工程序及采取必要的地基处理措施等，以减小地基沉陷。

（2）过闸水流具有较大动能，易于冲刷破坏下游河床及两岸。水闸泄水时，水流具有较大的能量，而土基抗冲能力较低，较易引起上下游河床及两岸的冲刷破坏，严重时会扩大到闸室地基，致使水闸失事。因此，设计水闸时必须采取有效的消能防冲措施。

（3）土基的抗滑稳定性差。当水闸挡水时，上下游水位差造成较大的水平水压力，使水闸有可能产生向下游侧滑动。同时，在上下游水位差的作用下，闸基及两岸均产生渗流。渗流将对水闸底部施加向上的渗透压力，减小了水闸的有效重量，从而降低了水闸的抗滑稳定性。因此，水闸必须具有足够的重量以维持自身的稳定。

（4）渗流易使闸下产生渗透变形。土基渗流除产生渗透压力不利闸室稳定外，还可能将地基及两岸土壤的细颗粒带走形成管涌或流土等渗透变形，严重时闸基和两岸的土壤会被淘空，危及水闸的安全。因此，应妥善设计防渗设施，并在渗流逸出外设反滤层等设施以保证不发生渗透变形。

4.1.3　水闸的组成

水闸一般由上游连接段、闸室段及下游连接段三部分组成，见图 4.5。

（1）闸室段。闸室段是水闸的主体，有控制水流和连接两岸的作用。包括底板、闸门、闸墩、胸墙（开敞式水闸）、交通桥、工作桥和启闭机房等。底板是闸室的基础，主要有支承上部结构的重量、满足抗滑稳定和地基应力的作用，还兼有防渗的作用。闸门主要是控制水流的作用。闸墩的目的是分隔闸孔和支承闸门、胸墙、交通桥、工作桥和启闭机房。胸墙的作用则是减小闸门和工作桥的高度，减小启门力，降低工程造价。交通桥的作用是连接水闸两侧的交通。工作桥是用于支承、安装启闭设备。启闭机房用于安装和控制启闭设备。

（2）上游连接段。上游连接段的主要作用是引导水流平顺、均匀地进入闸室，保护上游河床及两岸免于冲刷，并有防渗作用。一般包括上游防冲槽、上游护底、上游护坡、上游铺盖、上游翼墙等。上游防冲槽、上游护底、上游护坡主要起防冲作用。上游铺盖、上游翼墙除了防冲作用之外，还有防渗作用。

（3）下游连接段。下游连接段的主要作用是将下泄水流平顺引入下游河道，有消能、防冲及防止发生渗透破坏的功能。一般有护坦、下游翼墙、海漫、防冲槽及下游护坡。护坦、下游翼墙、海漫有消能、防冲及防止发生渗透破坏的作用。防冲槽及下游护坡主要起防冲的作用。

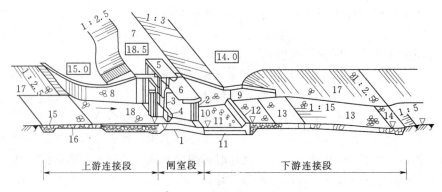

图 4.5　开敞式水闸组成示意图

1—闸室底板；2—闸墩；3—胸墙；4—闸门；5—工作桥；6—交通桥；7—堤顶；8—上游翼墙；
9—下游翼墙；10—护坦；11—排水孔；12—消力坎；13—海漫；14—下游防冲槽；15—上游防冲槽；
16—上游护底；17—上游护岸；18—上游铺盖

4.1.4　水闸的等级划分和洪水标准

（1）平原地区水闸枢纽工程，其工程等别按水闸最大过闸流量及其防护对象的重要性划分成 5 等，如表 4.1 所示。枢纽中的水工建筑物级别和洪水标准仍根据国家现行的《水利水电工程等级划分及洪水标准》（SL 252—2000）的规定确定。

表 4.1　　　　　　　　　　平原区水闸枢纽工程分等指标

工 程 等 别	I	II	III	IV	V
规模	大（1）型	大（2）型	中型	小（1）型	小（2）型
最大过闸流量（m³/s）	≥5000	5000～1000	1000～100	100～20	<20
防护对象的重要性	特别重要	重要	中等	一般	—

（2）灌排渠系上的水闸，其级别可按现行的《灌溉与排水工程设计规范》（GB 50288—99）的规定确定，见表 4.2，其洪水标准见表 4.3。

表 4.2 灌排渠系建筑物级别划分

建筑物级别	1	2	3	4	5
过闸流量（m³/s）	≥300	300～100	100～20	20～5	≤5

表 4.3 灌排渠系水闸的设计洪水标准

水闸级别	1	2	3	4	5
设计洪水重现期（年）	100～50	50～30	30～20	20～10	10

（3）平原区水闸闸下消能防冲的洪水标准应与该水闸洪水标准一致，并应考虑泄放小于消能防冲设计洪水标准的流量时可能出现的不利情况。山区、丘陵区水闸闸下消能防冲设计洪水标准，见表4.4。当泄放超过消能防冲设计洪水标准的流量时，允许消能防冲设施出现局部破坏，但必须不危及水闸闸室安全，且易于修复，不长期影响工程运行。

表 4.4 山区、丘陵区水闸闸下消能防冲设计洪水标准

水闸级别	1	2	3	4	5
闸下消能防冲设计洪水重现期（年）	100	50	30	20	10

4.2 水闸的孔口尺寸确定

根据已知的设计流量、上下游水位、初步选定的闸孔及底板型式和底板高程，参考单宽流量数值，利用水力学公式计算闸孔总宽，拟定孔数及单孔尺寸。

4.2.1 底板型式选择

闸底板型式有宽顶堰和低实用堰两种。

（1）平底板宽顶堰具有结构简单、施工方便、有利于排沙冲淤、泄流能力比较稳定等优点；其缺点是自由泄流时流量系数较小，闸后比较容易产生波状水跃。

（2）低实用堰有 WES 低堰、梯形堰和驼峰堰等型式，见图 4.6。其优点是自由泄流时流量系数较大，可缩短闸孔宽度和减小闸门高度，并能拦截泥沙入渠；缺点是泄流能力受下游水位变化的影响显著，当淹没度增加时（$h_s > 0.6H$，h_s 为由堰顶算起的下游水深，H 为堰上水深），泄流能力急剧下降。当上游水位较高而又需限制过闸单宽流量时，或由于地基表层松软需降低闸底高程又要避免闸门高度过大时，以及在多泥沙河道上有拦沙要求时，常选用这种型式。

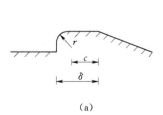
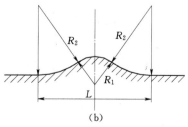
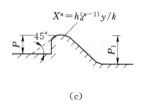

图 4.6 低实用堰

（a）梯形堰；（b）驼峰堰；（c）WES 低堰

145

4.2.2　闸底板高程的选定

闸底板高程的选定关系到闸孔型式和尺寸的确定，直接影响整个水闸的工程量和造价。如将闸板高程定得低些，闸前水深和过闸单宽流量都要大些，闸孔总宽度缩短，减少工程投资。但是，将增大闸身和两岸结构的高度，并增加基坑开挖和闸下消能防冲的困难，可能反而增加工程投资。可见，闸底板高程的确定应依据河（渠）底高程、水流、泥沙、闸址地形和地质等条件，结合水闸规模、所选用的堰型，经技术经济比较后确定。

一般情况下，节制闸、泄洪闸、进水闸或冲沙闸的闸底板高程宜与河（渠）底齐平，以便多泄（引）水，多冲沙；多泥沙河流上的进水闸、分水闸及分洪闸，在满足引水、分水或泄水的条件下，闸底板高程可比河（渠）底略高一些；排水闸（排涝闸）、泄水闸或挡潮闸（常兼有排涝闸的作用），闸底板高程应尽量定得低些，以保证将涝水或渠系集水面积内的洪水迅速排走，一般略低于或齐平闸前排水渠的渠底。

4.2.3　过闸单宽流量的确定

过闸单宽流量的采用，对水闸的工程造价和下游消能防冲设施的安全运用都有直接的影响。所以应综合考虑下游河床或渠道的地质条件、水闸上下游水位差、下游尾水深度、闸室总宽度与河道宽度的比值、闸的结构构造特点和下游消能防冲设施等因素来确定。一般在不致造成下游消能防冲困难过大的条件下，选用较大的过闸单宽流量是适宜的，但对其数值应有所限制。

根据我国的经验，在水闸的可行性研究阶段，其过闸单宽流量可按下列数据选用：黏土地基可取 $15\sim25\text{m}^3/(\text{s}\cdot\text{m})$；壤土地基可取 $15\sim20\text{m}^3/(\text{s}\cdot\text{m})$；砂壤土地基可取 $10\sim15\text{m}^3/(\text{s}\cdot\text{m})$；粉砂、细砂、粉土和淤泥地基可取 $5\sim10\text{m}^3/(\text{s}\cdot\text{m})$。

4.2.4　闸孔宽度的确定

根据已确定的过闸流量、上下游水位、底板高程、闸孔型式和堰型，即可用水力学公式计算水闸的闸孔尺寸。首先要计算闸孔总净宽 B_0，然后根据运用要求选定每孔净宽 b，进而求得孔数 n，最后通过过流能力校核验正其合理性。

4.2.4.1　闸孔总净宽度 B_0 的确定

水闸最常用的闸槛型式是平底板宽顶堰，因此，本书只列出该堰型闸孔总净宽的计算公式。对于设有低堰或其他堰型的水闸闸孔总净宽计算，可参考有关水力学计算手册。

（1）当为堰流时，闸孔总净宽 B_0 可按式（4.1）进行计算，计算示意图见图4.7。

$$B_0=\frac{Q}{\sigma\varepsilon m\sqrt{2gH_0^3}} \tag{4.1}$$

单孔闸
$$\varepsilon=1-0.171\left(1-\frac{b_0}{b_s}\right)\sqrt[4]{\frac{b_0}{b_s}} \tag{4.2}$$

多孔，闸墩墩头为圆弧形
$$\varepsilon=\frac{\varepsilon_z(n-1)+\varepsilon_b}{n} \tag{4.3}$$

中间孔
$$\varepsilon_z=1-0.171\left(1-\frac{b_0}{b_s+d_z}\right)\sqrt[4]{\frac{b_0}{b_s+d_z}} \tag{4.4}$$

146

边闸孔
$$\varepsilon_b = 1 - 0.171\left(1 - \frac{b_0}{b_0 + \frac{d_z}{2} + b_b}\right)^4 \sqrt{\frac{b_0}{b_0 + \frac{d_z}{2} + b_b}} \tag{4.5}$$

$$\sigma = 2.31\frac{h_s}{H_0}\left(1 - \frac{h_s}{H_0}\right)^{0.4} \tag{4.6}$$

式中　　B_0——闸孔总净宽，m；

Q——过闸流量，m^3/s；

H_0——计入行近流速水头的堰上水深，m；

ε——堰流侧收缩系数，单孔闸按式（4.2）计算求得；多孔闸可按式（4.3）计算；

m——堰流流量系数，可采用 0.385；

b_0——每孔净宽，m；

b_s——上游河道一半水深处的宽度，m；

ε_z——中闸孔侧收缩系数，可按式（4.4）计算；

ε_b——边闸孔侧收缩系数，可按式（4.5）计算；

σ——堰流淹没系数，可按式（4.6）计算；

g——重力加速度，可采用 $9.81m/s^2$；

n——闸孔数；

d_z——中闸墩厚度，m；

b_b——边闸墩顺水流向边缘至上游河道水边线之间的距离，m；

h_s——由堰顶算起的下游水深，m。

当堰流处于高淹没度（$h_s/H_0 \geqslant 0.9$）时，B_0 也可按式（4.7）计算

$$B_0 = \frac{Q}{\mu_0 h_s \sqrt{2g(H_0 - h_s)}} \tag{4.7}$$

$$\mu_0 = 0.887 + \left(\frac{h_s}{H_0} - 0.65\right)^2 \tag{4.8}$$

式中　　μ_0——淹没堰流的综合流量系数，可按式（4.8）计算。

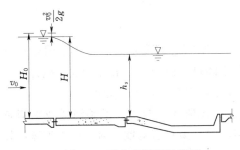

图 4.7　平底板堰流示意图

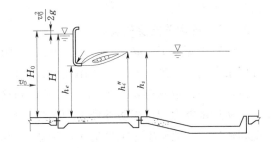

图 4.8　平底板孔流示意图

（2）当为孔流时（闸门开启度或胸墙下孔口高度 h_e 与堰上水头 H 的比值 $h_e/H \leqslant 0.65$），闸孔总净宽 B_0 可按式（4.9）计算，计算示意图见图 4.8。

$$B_0 = \frac{Q}{\sigma'\mu h_e \sqrt{2gH_0}} \tag{4.9}$$

$$\mu = \varphi \varepsilon' \sqrt{1 - \frac{\varepsilon' h_e}{H}} \tag{4.10}$$

$$\varepsilon' = \frac{1}{1 + \sqrt{\lambda \left[1 - \left(\frac{h_e}{H} \right)^2 \right]}} \tag{4.11}$$

$$\lambda = \frac{0.4}{2.718^{16 \frac{r}{h_e}}} \tag{4.12}$$

式中 h_e——孔口高度，m；

H——堰上水头，m；

μ——孔流流量系数，可按式（4.10）计算；

φ——孔流流速系数，可采用 0.95～1.0；

ε'——孔流垂直收缩系数，可由式（4.11）计算求得；

λ——计算系数，可由式（4.12）计算求得，该公式适用于 $0 < r/h_e < 0.25$ 范围；

r——胸墙底圆弧半径，m；

σ'——孔流淹没系数，可由表 4.5 查得，表中 h''_c 为跃后水深，m。

表 4.5 σ' 值

$\dfrac{h_s - h''_c}{H - h''_c}$	≤0	0.1	0.2	0.3	0.4	0.5	0.6	0.7	0.8	0.9	0.92	0.94	0.96	0.98	0.99	0.995
σ'	1.00	0.86	0.78	0.71	0.66	0.59	0.52	0.45	0.36	0.23	0.19	0.16	0.12	0.07	0.04	0.02

4.2.4.2 单孔净宽 b_0 与闸孔数目 n 的确定

闸孔总净宽求出后，即可根据水闸的使用要求、闸门型式、启闭机容量等因素，参照闸门系列尺寸，选定闸孔单孔宽度。大中型水闸的单孔宽度一般采用 8～12m；小型水闸的单孔宽度一般为 3～5m。

单孔净宽 b_0 确定后，孔数 $n \approx B_0/b_0$，设计中 n 值应取略大于计算值的整数。但采用的闸孔总净宽不宜超过计算值的 3%～5%。当闸孔孔数少于 8 孔时，宜采用单数孔，以使过闸水流均匀。

4.2.4.3 闸室总宽度的确定

闸室总宽度 $B = nb + \sum d_z$，其中 d_z 为闸墩厚度。闸室总宽度拟定后，考虑闸墩形状等因素影响，应进一步验算水闸在设计和校核水位下的过水能力。一般实际过水能力与设计过流量的差值不得超过 ±5%。否则须调整闸孔尺寸，直至满足要求为止。

从过水能力和消能防冲两方面考虑，闸室总宽度 B 值还应与上、下游河道或渠道宽度相适应。一般闸室总宽度应不小于 0.6～0.85 倍的河（渠）道宽度，河（渠）道宽度较大时，取较大值。

4.3 水闸的消能防冲设计

水流过闸时，可能具有较大的上下游水位差。同时，闸孔宽度一般都小于下游河床宽或渠宽，使过闸流量比较集中，单宽流量加大，致使过闸水流具有较大的动能。因此，必须采取可靠的消能防冲措施，搞好水闸的消能防冲设计。

4.3.1 过闸水流的特点

（1）水闸初始泄流时，闸下游水深较浅，随着闸门开度的增加水深逐渐加深，出闸水流从孔流到堰流，从自由出流到淹没出流都会发生。当闸下不能形成淹没水跃或水跃淹没度过大时，以致垂直扩散不良，急流沿底部推进，形成严重的脉动现象。

（2）当水闸的上下游水位差较小时，闸下易产生波状水跃。波状水跃消能效果较差，水流不能随翼墙扩散而减速，仍保持急流向下游流动，致使两侧产生回流，缩窄了河槽过水有效宽度，局部单宽流量加大，造成河床和两岸的严重冲刷。设计时可在水闸出流平台末端设一小槛，促成底流式消能，可比较好地解决波状水跃。

（3）过闸水流都是先收缩后扩散，若设计不当或管理不善，下泄水流不能均匀扩散，主流集中，形成折冲水流。对下游消能设施及河道破坏较大。因此，在设计布置时，闸室要对称布置（尤其是小型水闸）；上游河渠要有一定长度的直线段使水流平顺进入闸室；闸下游采用扩散角不太大（每侧宜为 $7° \sim 12°$）的翼墙。同时，闸门启闭应严格遵守闸门操作规程。

4.3.2 消能防冲设计的水力条件

4.3.2.1 闸下水流的消能方式

水闸的消能防冲设施应能在各种水力条件下，均能满足消能要求且上下游水流能很好地衔接。平原地区的水闸，水头低，下游河床抗冲能力差，且承受水头不高，宜采用底流式消能。当水闸承受较高水头，且闸下河床及岸坡为坚硬岩体时，可采用挑流式消能。当水闸闸下尾水深度较大，且变化较小，河床及岸坡抗冲能力较强时，可采用面流式消能。在挟有较大砾石的多泥沙河流上，不宜设消力池，可采用抗冲耐磨的斜坡护坦与下游河道连接，末端应设防冲墙。

4.3.2.2 消能防冲设计的水力条件选择

根据水闸的运用要求，其上、下游水位，过闸流量，以及泄流方式（如闸门的开启程序、开启孔数和开启高度）等常常是复杂多变的，因此水闸闸下消能防冲设施必须在各种可能出现的水力条件下，都能满足消散动能与均匀扩散水流的要求，且应与下游河道有良好的衔接。但是不同类型的水闸，其泄流特点各不相同，因而控制消能设计的水力条件也不尽相同。

拦河节制闸宜以在保持闸上最高蓄水位的情况下，以排泄上游多余来水量为控制消能设计的水力条件；当闸的下游河道已渠化时，应考虑下一级的蓄水位对闸下水位的影响。分洪闸宜以闸门全开，以通过最大分洪流量为控制消能设计的水力条件。排水闸（排涝闸）宜以冬、春季蓄水期排涝流量为控制消能设计的水力条件。

4.3.3 底流式消能设计

在我国，水闸多修建在平原地区的土基上，因此底流式消能是主要消能型式。底流式消能的作用是增加下游水深，以保证产生淹没式水跃，防止土基冲刷破坏，保证闸室安全。底流式消能防冲设施由消力池、海漫、防冲槽等部分组成。

4.3.3.1　消力池

1. 消力池型式的选用

底流式消能有下挖式消力池、突槛式消力池和综合式消力池三种主要型式，见图 4.9。当闸下尾水深度小于跃后水深时，可采用下挖式消力池消能，消力池可采用斜坡面与闸底板相连接，斜坡面的坡度不宜陡于 1 : 4；当闸下尾水深度略小于跃后水深时，可采用突槛式消力池消能；当闸下尾水深度远小于跃后水深，且计算消力池深度又较深时，可采用下挖式消力池与突槛式消力池相结合的综合式消力池消能。当水闸上、下游水位差较大时，且尾水深度较浅时，宜采用二级或多级消力池消能。对于大型多孔闸，可根据需要设置隔墩或导墙进行分区消能防冲布置。

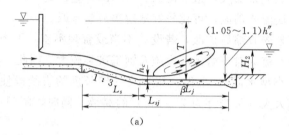

(a)

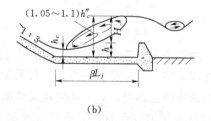

(b)

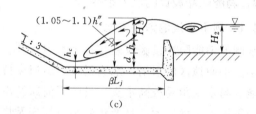

(c)

图 4.9　消力池型式

(a) 下挖式消力池；(b) 突槛式消力池；(c) 综合式消力池

2. 消力池的尺寸确定

由于水闸下游翼墙的平面扩散对增加水闸总宽度的影响不大，因此底流式消能设施的设计计算通常可按偏安全的二元问题求解。

消力池的尺寸包括消力池的深度、长度和底板厚度。

（1）消力池深度。消力池的深度可按式（4.13）计算，计算示意图见图 4.10。

$$d = \sigma_0 h_c'' - h_s' - \Delta Z \tag{4.13}$$

$$h_c'' = \frac{h_c}{2}\left[\sqrt{1 + \frac{8\alpha q^2}{g h_c^3}} - 1\right]\left(\frac{b_1}{b_2}\right)^{0.25} \tag{4.14}$$

$$h_c^3 - T_0 h_c^2 + \frac{\alpha q^2}{2g\varphi^2} = 0 \tag{4.15}$$

$$\Delta Z = \frac{\alpha q^2}{2g\varphi^2 h_s'^2} - \frac{\alpha q^2}{2g h_c''^2} \tag{4.16}$$

式中　　d——消力池深度，m；

　　　　σ_0——水跃淹没系数，可采用 1.05～1.10；

h''_c——跃后水深，m；

h_c——收缩水深，m；

α——水流动能校正系数，可采用 1.0～1.05；

q——过闸单宽流量，$m^3/(m \cdot s)$；

b_1——消力池首端宽度，m；

b_2——消力池末端宽度，m；

h'_s——出池河床水深，m；

T_0——由消力池底板顶面算起的总势能，m；

φ——孔流系数，可采用 0.95～1.0；

ΔZ——出池落差，m。

（2）消力池的长度。消力池的长度可按式（4.17）、式（4.18）计算，计算示意图见图 4.10。

$$L_{sj} = L_s + \beta L_j \tag{4.17}$$

$$L_j = 6.9(h''_c - h_c) \tag{4.18}$$

式中　L_{sj}——消力池长度，m；

　　　L_s——消力池斜坡段水平投影长度，m；

　　　β——水跃长度校正系数，可采用 0.7～0.8；

　　　L_j——水跃长度，m。

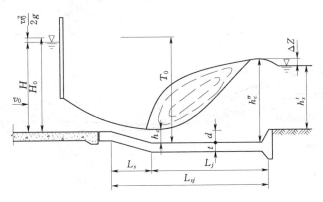

图 4.10　消力池尺寸计算示意图

（3）消力池底板厚度。消力池底板厚度可根据抗冲和抗浮要求，分别按式（4.19）、式（4.20）计算，取其较大值。

抗冲

$$t = k_1 \sqrt{q \sqrt{\Delta H'}} \tag{4.19}$$

抗浮

$$t = k_2 \frac{U - W \pm P_m}{\gamma_b} \tag{4.20}$$

式中　t——消力池底板始端厚度，m；

　　　$\Delta H'$——闸孔泄水时上下游水位差，m；

　　　k_1——消力池底板计算系数，可采用 0.15～0.20；

　　　k_2——消力池底板的安全系数，可采用 1.1～1.3；

U——作用在消力池底板底面的扬压力，kPa；

W——作用在消力池底板顶面的水重，kPa；

P_m——作用在消力池底板上的脉动压力，其值可取跃前收缩断面流速水头值的 5%；通常计算消力池底板前半部的脉动压时取"＋"号，计算消力池后半部的脉动压力时取"－"号；

γ_b——消力池底板的饱和重度，kN/m^3。

消力池底板可等厚，若消力池较长时，其厚度也可自上游向下游逐渐减小。消力池底板的末端厚度，可采用 $t/2$，但不宜小于 0.5m。小型水闸可减薄，但不宜小于 0.3m。

3. 消力池的构造

消力池构造如图 4.11 所示。消力池底板由于要承受水流冲刷、脉动压力和底部扬压力的作用，故应有一定的重量、强度和抗冲耐磨能力。材料一般选用 C15 或 C20 的混凝土浇筑而成，并配置 $\phi 10 \sim 12$ 的温度钢筋，间距 20～30cm，或按 0.1%～0.2% 的含钢率配置构造筋。大型水闸消力池底板的顶、底面均需配筋，中、小型水闸可只在顶面配筋。

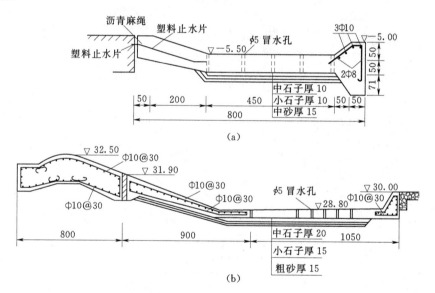

图 4.11　消力池构造（高程单位：m；尺寸单位：cm）

为了减小渗透压力的影响，按防渗设计要求，在底板上布设排水孔，孔径一般 50～250mm，间距为 1.0～3.0m，呈梅花形布置在消力池的中后部，并在排水孔下设反滤层。一般不要设在护坦的前端，以防高速水流造成局部负压，将孔下地基土壤吸出，导致护坦失事。但在多泥沙河道上，排水孔易被堵塞，不宜布置排水孔。

为适应地基的不均匀沉陷，消力池与闸底板、翼墙、海漫之间以及消力池本身顺水方向均应分缝，缝距为 10～20m，地基差时为 8～12m。垂直水流方向通常不设缝，以保证其整体性。缝的位置如在闸基防渗范围以内，缝中应设止水；否则，不用设止水，但一般都铺设沥青油毛毡。

为增强护坦的抗滑稳定性，常在消力池的末端设置齿墙，墙深一般为 0.8～1.5m，宽为 0.6～0.8m。消力池的末端通常还设有尾槛，其作用是壅高池内水位，促使消力池能在下游水深不足时形成水跃，并控制、缩短水跃长度，将出流挑向水面，调整出池水流的流速分布，促进出池水流的扩散作用，以减小下游河床的冲刷。尾槛的型式可分为连续式的实体槛和差动式的齿槛两大类，见图 4.12。

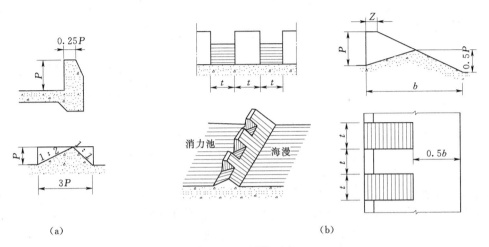

（a）   （b）

图 4.12 尾槛型式

注　$P = \left(\dfrac{1}{8} \sim \dfrac{1}{12}\right) H (H \text{ 为头头差}); t = (1.1 \sim 1.5) P; b = 0.25 P; Z = (0.1 \sim 0.35) P$

4.3.3.2 辅助消能工

消力池内除设置尾槛外，也常设置消力墩、消力齿等辅助消能工，见图 4.13。其目的是使水流受阻，促使水流撞击，形成涡流，加强紊动扩散，稳定水跃，减小消力池尺寸，提高消能效果，节省工程量。

消力墩可设在消力池的前部或后部，由两排或三排交错排列布置。设在前部的消力墩，对急流的反力大，辅助消能效果好，缩短消力池长度的作用较明显，但易发生空蚀，且要承受较大的水流冲击力。设在后部的消

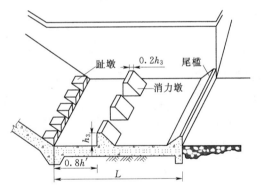

图 4.13 USBRⅢ型消力池布置

力墩，消能作用较小，主要是可改善水流流态。在出闸水流流速较高的情况下，宜采用设在后部的消力墩。消力墩沿水流方向的断面型式可为矩形或梯形，墩顶应有足够的淹没水深，墩高为跃后水深的 1/5～1/3。墩宽及墩的净距一般采用墩高的一半，前后排的净距可比墩高稍大些。消力墩型式见图 4.14。

辅助消能工的消能效果与其自身形状、尺寸、在池中的布置情况及池中水深、泄量变化等因素有关。对于有排冰、过木要求的水闸应慎重布置，因为若辅助消能工选用不当，将危及消力池的安全。对于大型水闸，应通过水工模型试验来进行布置。

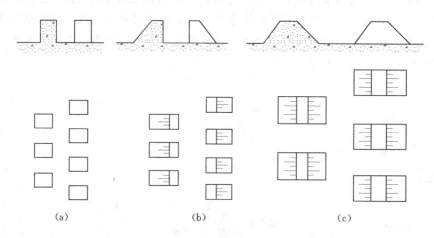

(a)　　　　　　　　　(b)　　　　　　　　　(c)

图 4.14　消力墩型式

4.3.3.3 海漫

过闸水流经过消力池已消除绝大部分能量，但仍有剩余能量，对河床和岸坡仍具有一定的冲刷能力，故紧接护坦后还要采取消能防冲加固措施。见图 4.15。

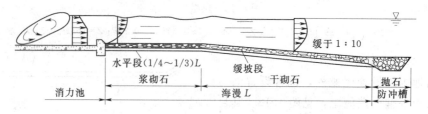

图 4.15　防冲加固措施

1. 海漫长度计算

海漫的长度取决于消力池末端的单宽流量、上下游水位差、下游水深、河床土质抗冲能力、闸孔与河道宽度的比值以及海漫结构型式等。《水闸设计规范》（SL 265—2001）建议采用式（4.21）计算。

$$L_p = k_s \sqrt{q_s \sqrt{\Delta H'}} \tag{4.21}$$

式中　L_p——海漫长度，m；

$\Delta H'$——闸孔泄水时的上、下游水位差，m；

k_s——计算系数，当河床为粉砂、细砂时，取 14～13；当为中砂、粗砂、砂质壤土时，取 12～11；为粉质黏土时，取 10～9；为坚硬黏土时，取 8～7；

q_s——消力池末端单宽流量，m³/(s·m)。

式（4.21）的适用范围是 $\sqrt{q_s \sqrt{\Delta H'}} = 1 \sim 9$，且消能扩散良好的情况。

2. 海漫的布置及构造

海漫一般采用整体向下游倾斜的型式或将前 5～10m 做成水平段，其顶面高程可与护坦齐平或在消力池尾槛顶以下 0.5m，水平段后宜做成等于或缓于 1:10 的斜坡，同时沿水流方向在平面上向两侧逐渐扩散，以便使水流均匀扩散，调整流速分布，保护河床不受冲刷。

海漫在构造上要求有：①一定的粗糙度，以利进一步消除余能；②有一定的透水性，以降低扬压力；③有一定的柔性，以适应河床的变形。常见的海漫形式有以下几种。

（1）干砌石海漫。常用在海漫的中后段即斜坡段。一般由粒径大于 30cm 块石砌成，厚度为 0.3～0.5m，下面铺设碎石、粗砂垫层，每层厚 10～15cm，见图 4.16（a）。干砌石海漫的抗冲流速约为 3～4m/s。这种海漫的最大优点是能适应河床变形，透水性好。

（2）浆砌石海漫。一般用于海漫前 10m 范围内。常以粒径大于 30cm 的块石，用强度等级 M5 或 M8 的水泥砂浆砌筑而成，厚度为 0.4～0.6m，砌石设排水孔，下面铺设反滤层或垫层，见图 4.16（b）。浆砌石海漫的抗冲流速可达 3～6m/s，但柔性和透水性没有干砌石好。

（3）混凝土和钢筋混凝土海漫。整个海漫由边长为 2～5m，厚度为 0.1～0.2m 的板块拼铺而成，板中设有排水孔，下面铺设反滤层或垫层。其抗冲流速可达 6～10m/s，但造价高。通常采用斜面式或垛式拼铺而成，以增加表面糙率。铺设时应注意顺水流流向不宜有通缝。

（4）铅丝石笼海漫，见图 4.16（c）。

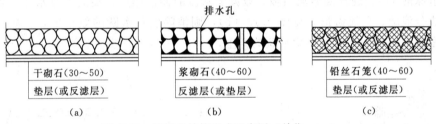

图 4.16　海漫的结构型式示意图（单位：cm）
（a）干砌石海漫；（b）浆砌石海漫；（c）铅丝石笼海漫

4.3.3.4　防冲槽

水流经过海漫后，多余能量得到进一步消除，但海漫末端处仍有冲刷现象。为保护海漫，常在海漫末端设置防冲槽。

防冲槽即在海漫末端挖槽抛填足够的粒径大于 30cm 的块石，以便当水流冲刷河床形成冲坑时，槽内石块可沿着冲刷坑的上游斜坡陆续滚下，铺满整个上游斜坡，防止冲刷坑向上游扩展，保护海漫的安全，见图 4.17。

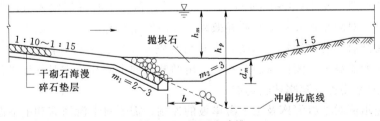

图 4.17　抛石防冲槽

工程上多采用宽浅式梯形断面防冲槽，其深度要根据河床土质、海漫末端单宽流量和下游水深等因素综合确定，且不应小于海漫末端的河床冲刷深度。

海漫末端的河床冲刷深度根据式（4.22）计算。

$$d_m = 1.1 \frac{q_m}{[v_0]} - h_m \qquad (4.22)$$

式中　q_m——海漫末端的单宽流量，$m^3/(m \cdot s)$；

　　　d_m——海漫末端的河床冲刷深度，m；

　　　h_m——海漫末端的河床水深，m；

　　　$[v_0]$——河床土质容许不冲流速，m/s。

一般防冲槽的槽深约为 1.0～2.0m，上、下游边坡坡度可采用 1:2～1:4，两侧边坡坡度可与两岸河坡相同。

为了防止水流冲刷，必要时上游护底首端宜增设防冲槽（或防冲墙），其深度一般采用 1.0m 即可。

4.3.4 波状水跃及折冲水流的防止措施

4.3.4.1 波状水跃的防止措施

对于平底板水闸，可在消力池斜坡段的顶部预留一段 0.5～1.0m 宽的平台，在其末端设置一道小槛，见图 4.18 (a)，迫使水流越槛入池，促成底流式水跃。槛高 C 约为第一共轭水深的 1/4，迎水面做成斜坡，以减弱水流的冲击作用，槛底设排水孔。若将上述小槛做成分流墩、分流齿形，见图 4.18 (b)，则消除波状水跃的效果更好。如水闸底板为低实用堰型，有助于消除波状水跃的产生。

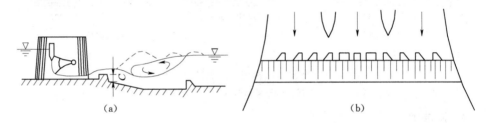

图 4.18　波状水跃的防止措施

(a) 在出流平台上设置小槛；(b) 将小槛做成分流墩、分流齿形

4.3.4.2 折冲水流的防止措施

折冲水流的防止措施主要有：①在平面布置上，尽量使上游引河具有较长的直线段，能在上游两岸对称布置翼墙，出闸水流与原河床主流的位置和方向一致，并控制下游翼墙的扩散角度，一般采用 1:8～1:15，池中设有辅助消能工时可用偏大值；②在消力池前端设置散流墩，对防止折冲水流有明显效果；③应制定合理的闸门开启程序，如在低流量时可隔孔交替开启，使水流均匀出闸，或开闸时先开中间孔，再开两侧邻孔至同一高度，直到全部开至所需高度，闭门与启门相反，由两侧孔向中间孔依次对称地操作。

4.3.5 上游河床和上下游岸坡的防护

为了避免水流对上游河床及上下游岸坡的冲刷，需要对上游河床和上下游岸坡进行防护。一般上游河床在靠近铺盖的一段需要防护，其长度一般为上游水深的 3～5 倍。上游岸坡在对应铺盖和护底的范围内都要进行防护。护底护坡在靠近铺盖和闸室的一段距离内，由于流速较大，防护材料一般都用浆砌块石，其他部分用干砌块石。下游岸坡的防护长度应大于河底防护长度，护坡材料同上游岸。

上下游护坡的顶部应在最高水位以上。砌石护坡、护底的厚度通常为 0.3～0.5m，下面铺设卵石及砂垫层，厚度均为 10cm，以防止岸坡土壤在水位降落时被渗透水流带出。护坡每隔 8～10m 常设置混凝土埂（或浆砌石埂）一道，在护坡坡脚处应做混凝土齿墙嵌入土中，以增加护砌的稳定性。若护坡改用现浇混凝土，其厚度一般采用 0.2～0.3m，寒冷地区宜加厚至 0.3～0.5m，若改用预制混凝土板铺砌，其厚度一般采用 0.1～0.2m。

近年来，有的水闸工程也有采用土工织物进行护岸和防冲的。防护用土工合成材料主要有无纺土工织物、织造土工织物、土工模袋等，具体设计和使用见《水利水电工程土工合成材料应用技术规范》（SL/T 225—1998）。

4.4 水闸的防渗排水设计

水闸在上下游水位差作用下，水流将通过土的孔隙渗过闸底及两岸形成渗流。渗流的主要危害有：闸基渗流压力将降低闸室抗滑稳定性，绕渗不利于翼墙和边墩的侧向稳定；渗流将使土基产生渗透变形，有可能使闸基淘空、沉陷，严重时使水闸断裂和倒塌；渗流还会引起水量损失；地基内如有可溶性物质，渗流将会促使其溶解，也可能导致闸基破坏。防渗排水设计的目的是经济合理地确定水闸的地下轮廓线并采取必要、可靠的防渗排水措施，以减小或消除渗流的不利影响，保证水闸安全。

水闸防渗排水设计的一般步骤：①根据水闸作用水头的大小、地基地质条件和下游排水情况，初步拟定地下轮廓线；②进行渗流分析，计算闸底板渗透压力，并验算地基土的渗透稳定性；③若抗滑稳定和渗透稳定均满足要求，即可采用初拟的地下轮廓线，否则，应重新修改地下轮廓线。

4.4.1 闸基防渗长度及地下轮廓线布置

4.4.1.1 闸基防渗长度的确定

在上下游水位差 H 的作用下，上游水从河床入渗，绕过上游铺盖、板桩、闸底板经过反滤层由排水孔排至下游。其中铺盖、板桩和闸底板等不透水部分与地基的接触线，即图 4.19 中 0—1—2—3—…—16 的折线是闸基渗流的第一根流线，称为地下轮廓线。其长度即为闸基防渗长度（又称渗径长度）。

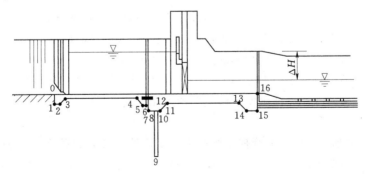

图 4.19　水闸地下轮廓线

在工程规划和可行性研究阶段，初步拟定的闸基防渗长度可按式（4.23）计算。若在工程初步设计或施工图设计阶段，按公式初拟的闸基防渗长度，还应采用改进阻力系数法校验。

$$L＝C\Delta H \tag{4.23}$$

式中 L——闸基防渗长度，即闸基轮廓线防渗部分水平段和垂直段长度的总和，m；

C——容许渗径系数值，见表4.6。当闸基设板桩时，可采用表中规定值的小值；

ΔH——上、下游水位差，m。

表4.6中对壤土和黏土以外的地基，只列出了有反滤层时的渗径系数，因为在这些地基上建闸，通常必须设反滤层。

表4.6　　　　　　　　　　　　　　　渗 径 系 数 C 值

排水条件	地 基 类 别									
	粉砂	细砂	中砂	粗砂	中砾细砾	粗砾夹砾石	轻粉质砂壤土	轻砂壤土	壤土	黏土
有反滤层	13～9	9～7	7～5	5～4	4～3	3～2.5	11～7	9～5	5～3	3～2
无反滤层	—	—	—	—	—	—	—	—	7～4	4～3

4.4.1.2 闸基防渗排水布置

闸基防渗排水布置，即进行地下轮廓线布置，主要是进行闸基防渗排水轮廓线形状及尺寸的确定。布置方案应根据闸基地质条件和水闸上、下游水位差等因素，结合闸室、消能防冲和两岸连接布置进行综合分析，并可参考条件类似的已建水闸工程经验来确定。

（1）布置原则。闸基防渗排水布置总的原则是"高防低排"。"高防"就是在闸底板上游一侧布置铺盖、板桩、齿墙、混凝土防渗墙及灌浆帷幕等防渗设施，以延长渗径，减小作用在底板上的渗透压力，降低闸基渗流的平均坡降，并保证不超过允许的值，达到防渗的目的。"低排"就是在闸底板下游一侧布置排水设施，如排水孔（或排水井）、反滤层等，使地基渗水尽快地安全排出，以防渗流出口附近的土壤颗粒被渗透水流带走而发生渗透变形。同时减小闸底板上的渗透压力，增加闸室的抗滑稳定性。

（2）布置方式。随地基情况不同，闸基防渗排水布置方式也不同。现分述如下：

1）黏性土地基。黏土地基不易发生管涌，但摩擦力较小。故防渗布置应以降低闸基渗透压力、提高闸室的抗滑稳定性为主要目的。黏土地基不打入板桩，以免破坏黏土的天然结构，造成集中渗流，因此防渗设施多采用不设板桩的平铺式布置，即在闸室上游侧设置防渗铺盖，闸室下游渗流出口处设置反滤层。排水设施可前移到闸底板下，以降低底板上的渗透压力并有利于黏性土的加速固结，见图4.20（a）。

当闸基为较薄的壤土层，其下卧层为深厚的相对透水层时，还应验算覆盖土层的抗渗、抗浮稳定性。必要时可在闸室下游设置深入相对透水层的排水井或排水沟，并采取防止被淤堵的措施。

2）砂性土地基。砂性土的摩擦系数较大而抗渗能力差，故防渗布置应以减少渗漏和防止渗透变形为主要目的。因此，要求渗径较长，一般上游宜采用铺盖结合垂直防渗体的布置型式。垂直防渗体宜布置在闸室底板的上游端。排水设施尽量向下游布设，并在渗流出口处铺设级配良好的反滤层。

当砂层较厚时，一般采用铺盖和在闸底板上游端设置悬挂式垂直防渗体的布置方式，见图 4.20（b）。必要时还可在铺盖上游端再加设一道短的垂直防渗体。闸室下游渗流出口处应设反滤层。

当闸基为较薄的砂性土层或砂砾石层时，其下卧层为深厚的相对不透水层时，闸室底板上游端宜设置板桩、截水槽或防渗墙，并嵌入不透水层的深度不得小于 1.0m，闸室下游渗流出口处应设反滤层，见图 4.20（c）。

3）对于地震区的均匀粉砂、细砂地基，为防止液化，常在闸底板下将垂直防渗体布置成四周封闭的型式，见图 4.20（d）。如水闸受双向水头作用，则上、下游均应设排水。

多层土地基。当闸基为薄层黏性土和砂性土互层，且含有承压水时，还应验算黏性土覆盖层的抗渗、抗浮稳定性。必要时，可在铺盖前端加设一道垂直防渗体，闸室下游设置深入透水层的排水浅井或排水沟，并采取防止被淤堵的措施，见图 4.20（e）。

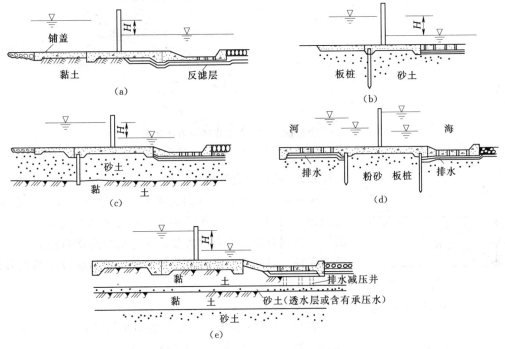

图 4.20　水闸地下轮廓线布置示意图

4）岩石地基。当闸基为岩石地基时，可根据防渗需要在闸底板上游端设水泥灌浆帷幕，其后设排水孔。

4.4.2　闸基渗流计算

闸基渗流计算的目的是计算闸底板及护坦的渗透压力和渗透坡降，并判定初拟的地下轮廓线是否满足抗滑稳定和渗透稳定的要求。否则，地下轮廓线要重新修改。岩基上采用全截面直线分布法进行计算。土基闸基渗流计算的基本方法可采用改进阻力系数法和流网法。而直线比例法由于具有一定的实践基础，又很简单，所以在小型水闸设计中仍有应用。

4.4.2.1　全截面直线分布法

岩基上水闸基底渗透压力计算采用全截面直线分布法，计算时分两种情况考虑。

（1）当岩基上水闸闸基未设水泥灌浆帷幕和排水孔时，闸底板底面上游端的渗透压力作用水头为 $H-h_s$，下游端为零，其压力强度分布图见图 4.21（a）。

（2）当岩基上水闸闸基设有水泥灌浆帷幕和排水孔时，闸底板底面上游端的渗透压力作用水头为 $H-h_s$，排水孔中心线处为 $\alpha(H-h_s)$，α 为渗透压力强度系数，可取用 0.25，下游端为零。分布图形见图 4.21（b）。

依据渗透压强分布图形，可计算出作用在闸底板底面上的渗透压力值。

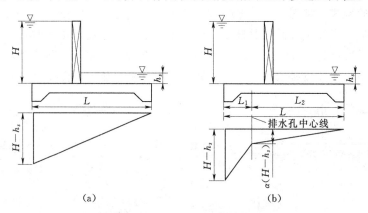

（a）   （b）

图 4.21　全截面直线分布法渗透压力计算图
（a）未设水泥灌浆帷幕和排水孔情况；（b）设有水泥灌浆帷幕和排水孔情况

4.4.2.2　改进阻力系数法

改进阻力系数法是在阻力系数法的基础上发展起来的，这两种方法的基本原理非常相似。主要区别是改进阻力系数的渗流区划分比阻力系数法多，在进出口局部修正方面考虑得更详细。因此，改进阻力系数法是一种精度较高的近似计算方法。

图 4.22　基本原理示意图

1. 基本原理

如图 4.22 所示，有一简单的矩形渗流区，渗流段长度为 L，透水层厚度为 T，地基渗透系数 K，两断面间的水头差为 h。根据达西定律，渗流区的单宽流量 q 为

$$q=K\frac{h}{L}T \tag{4.24}$$

令 $L/T=\zeta$，则得

$$h=\zeta\frac{q}{K} \tag{4.25}$$

式中　ζ——阻力系数，ζ 值仅和渗流区的几何形状有关，它是渗流边界条件的函数。

对于复杂的地下轮廓线，需要把整个渗流区大致按等势线位置分成若干个典型流段，每个典型渗流段都可利用解析法或试验法求得阻力系数 ζ，其计算公式见表 4.7。如图 4.23（a）所示的简化地下轮廓线，可由水闸的地下轮廓线上各角隅点 2、3、4、…引出等势线（示意），将渗流区域划分成 10 个典型流段，并按表 4.7 的公式计算出各段的 ζ_i，

再由式（4.28）计算得出任一典型流段的水头损失 h_i。

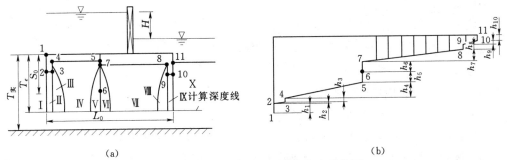

（a）　　　　　　　　　　　　　　　　（b）

图 4.23　改进阻力系数法渗透压力计算图

表 4.7　　　　　　　　　　　　**典型流段的阻力系数**

区 段 名 称	典型流段型式	阻力系数 ζ 的计算公式
进口段与出口段		$\zeta_0 = 1.5\left(\dfrac{S}{T}\right)^{\frac{3}{2}} + 0.441$
内部垂直段		$\zeta_y = \dfrac{2}{\pi}\ln\cot\left[\dfrac{\pi}{4}\left(1-\dfrac{S}{T}\right)\right]$
内部水平段		$\zeta_x = \dfrac{L - 0.7(S_1 + S_2)}{T}$

注　S 为板桩或齿墙的入土深度；T 为地基透水层深度；L 为内部水平段的长度。

对于不同的典型段，ζ 值是不同的，而根据水流的连续原理，各段的单宽渗流量应该相同。所以，各段的 q/K 值相同，而总水头 H 应为各段水头损失的总和，于是得

$$h_i = \frac{\zeta_i q}{K} \tag{4.26}$$

$$H = \sum_{i=1}^{n} h_i = \sum_{i=1}^{n} \zeta_i \frac{q}{K} = \frac{q}{K}\sum_{i=1}^{n}\zeta_i \tag{4.27}$$

将式（4.26）代入式（4.27）得各段的水头损失为

$$h_i = \zeta_i H \Big/ \sum_{i=1}^{n}\zeta_i \tag{4.28}$$

求出各段的水头损失后，再由出口处向上游方向依次叠加，即得各段分界点的渗压水头及其他渗流要素。以直线连接各分段计算点的水头值，即得渗透压力强度分布图，见图 4.23（b）。

2. 计算步骤

（1）确定地基有效深度 T_e（从各等效渗流段地下轮廓最高点垂直向下算起的地基透

水层有效深度）。可按式（4.29）计算

$$
\begin{array}{ll}
当\dfrac{L_0}{S_0}\geqslant 5\ 时 & T_e=0.5L_0 \\[3mm]
当\dfrac{L_0}{S_0}<5\ 时 & T_e=\dfrac{5L_0}{1.6\dfrac{L_0}{S_0}+2}
\end{array}\Bigg\} \tag{4.29}
$$

式中　L_0——地下轮廓线的水平投影长度，m；

　　　S_0——地下轮廓线的垂直投影长度，m。

当计算的 T_e 大于地基实际深度时，T_e 值应按地基实际深度采用。

（2）按地下轮廓形状将渗流区分成若干个典型渗流区域，利用表 4.7 计算各段的阻力系数 ζ_i，并计算各段的 h_i。

（3）用直线连接相邻拐点的渗压水头，便可绘出渗透压强分布图。

（4）对进、出口段水头损失值和渗透压力强度分布图进行局部修正，如图 4.24（a）所示，进、出口段修正后的水头损失值可按式（4.30）计算

$$h_0'=\beta' h_0 \tag{4.30}$$

其中

$$h_0=\sum_{i=1}^{n} h_i \tag{4.31}$$

$$\beta'=1.21-\dfrac{1}{\left[12\left(\dfrac{T'}{T}\right)^2+2\right]\left(\dfrac{S'}{T}+0.059\right)} \tag{4.32}$$

式中　h_0'——进、出口段修正后的水头损失值，m；

　　　h_0——进、出口段水头损失值，m；

　　　β'——阻力修正系数，当计算的 $\beta'\geqslant 1.0$ 时，采用 $\beta'=1.0$；

　　　S'——底板埋深与板桩入土深度之和，m；

　　　T'——板桩另一侧地基透水层深度，m。

修正后的水头损失的减小值 Δh 可按式（4.33）计算：

$$\Delta h=(1-\beta')h_0 \tag{4.33}$$

水力坡降呈急变形式的长度 L_x' 可按式（4.34）计算：

$$L_x'=\dfrac{\dfrac{\Delta h T}{\Delta H}}{\sum_{i=1}^{n}\zeta_i} \tag{4.34}$$

出口段渗透压力强度分布图可按图 4.24（b）方法进行修正。QP' 为原有水力坡降，由式（4.33）计算的 Δh 和式（4.34）计算的 L_x' 值，分别定出 P 点和 O 点，连接 QPO，即为修正后的水力坡降线。

进、出口段齿墙不规则部位可按下列方法进行修正（图 4.25）。

当 $h_x>\Delta h$ 时，按式（4.35）修正：

$$h_x'=h_x+\Delta h \tag{4.35}$$

式中　h_x、h_x'——水平段和修正后水平段的水头损失值，m。

当 $h_x<\Delta h$ 时，可按下列两种情况分别进行修正。

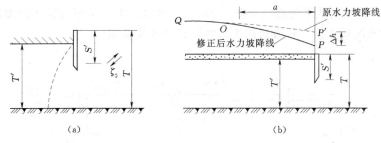

(a)　　　　　　　　　　　　　　　(b)

图 4.24　进、出口段渗压修正示意图

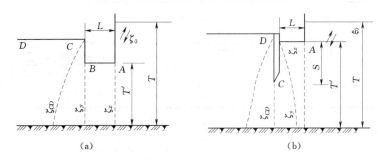

(a)　　　　　　　　　　　　　　　(b)

图 4.25　进、出口段齿墙不规则部位修正示意图

1）若 $h_x+h_y \geqslant \Delta h$，可按式（4.36）、式（4.37）进行修正。

$$h'_x = 2h_x \tag{4.36}$$

$$h'_y = h_y + \Delta h - h_x \tag{4.37}$$

式中　h_y、h'_y——内部垂直段和修正后内部垂直段的水头损失值，m。

2）若 $h_x+h_y < \Delta h$，可按式（4.38）、式（4.39）进行修正。

$$h'_y = 2h_y \tag{4.38}$$

$$h'_{cd} = h_{cd} + \Delta h - (h_x + h_y) \tag{4.39}$$

式中　h_{cd}、h'_{cd}——图 4.25 中 CD 段的水头损失和修正后 CD 段的水头损失值，m。

以直线连接修正后的各分段计算点的水头值，即得修正后的渗透压力强度分布图形。

（5）出口段渗流坡降值。可按式（4.40）计算。

$$J = \frac{h'_0}{S'} \tag{4.40}$$

出口段和水平段的渗流坡降要满足表 4.8 的容许渗流坡降的要求，才能防止地基土的渗透变形。

表 4.8　　　　　　　　　　出口段和水平段的允许渗流坡降 ［J］值

分段	地　基　类　别										
	粉砂	细砂	中砂	粗砂	中砾细砾	粗砾夹卵石	砂壤土	壤土	软壤土	坚硬黏土	极坚黏土
水平段	0.05～0.07	0.07～0.10	0.10～0.13	0.13～0.17	0.17～0.22	0.22～0.28	0.15～0.25	0.25～0.35	0.30～0.40	0.40～0.50	0.50～0.60
出口段	0.25～0.30	0.30～0.35	0.35～0.40	0.40～0.45	0.45～0.50	0.50～0.55	0.40～0.50	0.50～0.60	0.60～0.70	0.70～0.80	0.80～0.90

注　当渗流出口处设反滤层时，表中数值可加大 30%。

【例 4.1】 某水闸地下轮廓线如图 4.26（a）所示。根据钻探资料知地面以下 12m 深处为相对不透水的黏土层。用改进阻力系数法计算渗流要素。

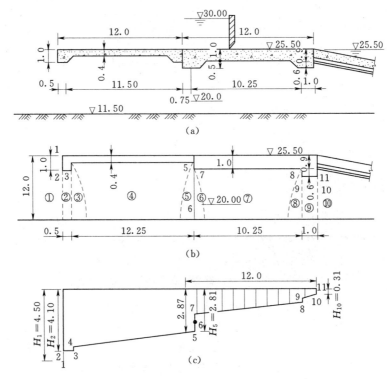

图 4.26　某水闸地下轮廓线布置及渗流计算图（单位：m）

解：

（1）简化地下轮廓。简化后地下轮廓如图 4.24（b）所示，划分 10 个基本段。

（2）确定地基的有效深度。由于 $L_0 = 0.5 + 12.25 + 10.25 + 1.0 = 24\text{m}$，$S_0 = 25.5 - 20 = 5.5\text{m}$，$L_0/S_0 = 4.36 < 5$，按式（4.29）得 $T_e = 13.36 > T_p = 12.0\text{m}$，故按实际透水层深度 $T = T_p = 12.0\text{m}$，进行渗流计算。

（3）计算各典型段阻力系数。按各典型段阻力系数公式计算，见表 4.9。

（4）计算各段水头损失。按式（4.28）计算各段水头损失，见表 4.10。

（5）进、出口段水头损失修正。

表 4.9　　　　　　　　　　　　　　　计算各典型段阻力系数

分段编号	分段名称	S (m)	S_1 (m)	S_2 (m)	T (m)	L (m)	ζ_i
①	进口段	1.0			12		0.477
②	水平段		0	0	11	0.5	0.045
③	内部铅直段	0.6			11.6		0.052
④	水平段		0.6	5.1	11.6	12.25	0.712
⑤	内部铅直段	5.1			11.6		0.479
⑥	内部铅直段	4.5			11.0		0.441
⑦	水平段		4.5	0.5	11.0	10.25	0.614

分段编号	分段名称	S (m)	S_1 (m)	S_2 (m)	T (m)	L (m)	ζ_i
⑧	内部铅直段	0.5			11.0		0.045
⑨	水平段		0	0	10.5	1.0	0.095
⑩	出口段	0.6			11.1		0.460
Σ	总和						3.420

表 4.10　　　　　　　　　　计 算 各 段 水 头 损 失

分段编号	①	②	③	④	⑤	⑥	⑦	⑧	⑨	⑩
h_i	0.628	0.059	0.068	0.937	0.630	0.581	0.808	0.059	0.125	0.605

注　总水头 $H = 30 - 25.5 = 4.5\text{m}$。

1）进口段水头损失修正。已知 $T' = 12 - 1 = 11\text{m}$，$T = 12\text{m}$，$S' = 1.0\text{m}$，按式（4.32）计算得 $\beta' = 0.629 < 1.0$，则进口段修正为 $h'_{01} = 0.628 \times 0.629 = 0.395\text{m}$。水头损失减小值 $\Delta h = 0.628 - 0.395 = 0.233\text{m}$，因 $(h_{x2} + h_{y3}) = 0.059 + 0.068 = 0.127 < \Delta h$，故第②、③、④段分别按式（4.38）、式（4.39）修正。$h'_{x2} = 2h_{x2} = 2 \times 0.059 = 0.118\text{m}$，$h'_{y3} = 2h_{y3} = 2 \times 0.068 = 0.136\text{m}$，$h'_{x4} = h_{x4} + \Delta h - (h_{x2} + h_{y3}) = 0.937 + 0.233 - (0.059 + 0.068) = 1.043\text{m}$。

2）出口段水头损失修正。已知 $T' = 10.5\text{m}$，$T = 11.1\text{m}$，$S' = 0.6\text{m}$，按式（4.32）计算得 $\beta' = 0.516 < 1.0$，则出口段修正为 $h'_{02} = 0.605 \times 0.516 = 0.312\text{m}$。水头损失减小值 $\Delta h = 0.605 - 0.312 = 0.293\text{m}$，因 $(h_{x9} + h_{y8}) = 0.125 + 0.059 = 0.184 < \Delta h$，故第⑦、⑧、⑨段分别按式（4.38）、式（4.39）修正。$h'_{x9} = 2h_{x9} = 2 \times 0.125 = 0.250\text{m}$，$h'_{y8} = 2h_{y8} = 2 \times 0.059 = 0.118\text{m}$，$h'_{x7} = h_{x7} + \Delta h - (h_{x9} + h_{y8}) = 0.808 + 0.293 - (0.125 + 0.059) = 0.917\text{m}$。

验算：$H = 0.395 + 0.118 + 0.136 + 1.043 + 0.630 + 0.581 + 0.917 + 0.118 + 0.250 + 0.312 = 4.5\text{m}$，计算无误。

（6）计算各角点或尖端渗压水头。由上游进口段开始，逐次向下游从总水头 $H = 4.5\text{m}$，减去各分段水头损失值，即可求得各角点或尖端渗压水头值：$H_1 = 4.5\text{m}$，$H_2 = 4.5 - 0.395 = 4.105\text{m}$，$H_3 = 4.105 - 0.118 = 3.987\text{m}$，$H_4 = 3.851\text{m}$，$H_5 = 2.808\text{m}$，$H_6 = 2.178\text{m}$，$H_7 = 1.597\text{m}$，$H_8 = 0.680\text{m}$，$H_9 = 0.562\text{m}$，$H_{10} = 0.312\text{m}$，$H_{11} = 0.312 - 0.312 = 0$。

（7）绘制渗压水头分布图。如图 4.26（c）所示。

（8）渗流出口平均坡降。按式（4.40）得 $J = h'_0 / S' = 0.312 / 0.6 = 0.52$。

4.4.2.3　直线比例法

直线比例法（渗径系数法）的原理是假定渗流沿地下轮廓线流动时，其渗透水头是成直线比例逐渐减小的，即沿程渗透坡降的大小都是相同的。因此，当总水头 H 及防渗长度 L 已定时，便可按直线比例关系求出防渗长度上各点（即沿地下轮廓上各点）的渗透压力水头值。此法计算精度不高，特别是用该法进行渗透压力及出逸坡降计算时，误差较大。

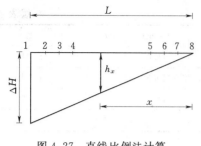

图 4.27　直线比例法计算

按照防渗长度确定的方法不同，直线比例法又分为勃莱法和莱因法两种。

（1）勃莱法。将地下轮廓线予以展开，按比例绘一直线，在渗流开始点 1 作一长度为 ΔH 的垂线，并由垂线顶点用直线和渗流逸出点 8 相连，即得地下轮廓线展开成直线后的渗透压力分布图。距地下轮廓线下游端为 x 处的渗透压力 h_x 可按式（4.41）计算

$$h_x = \frac{\Delta H}{L}x \tag{4.41}$$

（2）莱因法。根据工程实践，莱因法认为水平渗径不如铅直渗径的防渗效果好，并认为后者的防渗效能为前者的 3 倍。在防渗长度展开为一直线时，应将水平渗径除以 3，再与垂直渗径相加，即得折算后的防渗长度，然后按式（4.41）计算。

4.4.3　防渗排水设施

水闸的防渗设施包括水平防渗（铺盖）和垂直防渗设施（板桩、齿墙、防渗墙、灌注式水泥砂浆帷幕、高压喷射灌浆帷幕及防渗土工膜等），而排水设施则是指铺设在护坦、浆砌石海漫底部或闸底板下游段起导渗作用的砂砾石层。排水体常与反滤层结合使用。

4.4.3.1　铺盖

铺盖应有可靠的不透水性及一定的柔性，以适应地基变形，保证防渗作用。实际工程中常用黏土、混凝土、钢筋混凝土或土工膜等材料做防渗铺盖。铺盖长度可根据闸基防渗需要确定，一般取上下游最大水位差的 3~5 倍。

（1）黏土或壤土铺盖。要求铺盖渗透系数比地基渗透系数至少要小 100 倍。铺盖的厚度应根据铺盖土料的允许水力坡降值计算确定，上游端的最小厚度应不宜小于 0.6m，逐渐向闸室方向加厚，且任一截面厚度不应小于 1/4~1/6 倍该计算断面顶底面的水头差值。为了防止铺盖在施工期被损坏和运用时被水流冲刷，其上面应设置厚 0.3~0.5m 的干砌块石或混凝土板保护层，保护层与铺盖间设置一层或两层砂砾石垫层。

铺盖与底板连接处为防渗薄弱部位，通常的处理措施是：在该处将铺盖加厚；将底板前端做成倾斜面，使黏土能借自重及其上的荷载与底板紧贴；在连接处铺设油毛毡等止水材料，一端用螺栓固定在斜面上，另一端埋入黏土中，见图 4.28。

（2）混凝土或钢筋混凝土铺盖。如当地缺乏黏土、黏壤土或要用铺盖兼作阻滑板以提高闸室抗滑稳定性时，可采用混凝土或钢筋混凝土铺盖，见图 4.29。其厚度一般根据构造要求确定，最小厚度不宜小于 0.4m，一般做成等厚度型式。为了减小地基不均匀沉降和温度变化的影响，其顺水流方向应设永久缝，缝距可采用 8~20m，地质条件好的取大值，靠近翼墙的铺盖缝距宜采用小值。

铺盖与闸底板、翼墙之间也要分缝。缝宽可采用 2~3cm，缝内均应设止水。混凝土铺盖中应配置构造筋，对于起阻滑作用的钢筋混凝土铺盖则要根据受力情况配置受拉钢筋。受拉钢筋与闸室在接缝处应采用铰接的构造型式。铺盖的混凝土强度等级一般不低于 C20。

（3）土工膜防渗铺盖。水闸防渗铺盖也可用土工膜代替传统的弱透水土料。用于

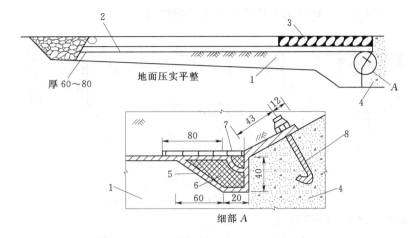

图 4.28 黏土铺盖的细部构造（单位：cm）

1—黏土铺盖；2—垫层；3—浆砌石保护层；4—闸底板；5—沥青麻袋；
6—沥青填料；7—木盖板；8—斜面螺栓

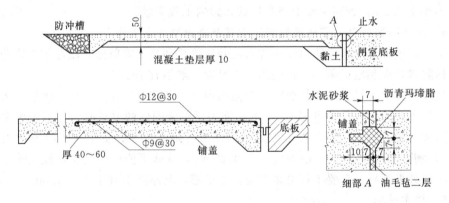

图 4.29 混凝土及钢筋混凝土铺盖构造（单位：cm）

防渗的土工合成材料主要有土工膜或复合土工膜，其厚度应根据作用水头、膜下土体可能产生裂隙宽度、膜的应变和强度等因素确定，但不宜小于 0.5mm。土工膜上应设保护层。

4.4.3.2 板桩

板桩一般设在闸底板的上游端或铺盖的前端，以增加渗透途径，降低渗透压力；有时也将短板桩设在闸底板的下游侧，以减小渗流出口坡降，防止出口处土壤产生渗透变形。

根据所用材料不同，板桩可分为钢筋混凝土板桩、钢板桩及砂浆板桩、木板桩等几种。目前采用最多的是钢筋混凝土板桩，考虑防渗要求、结构刚度要求和打桩设备条件，其最小厚度不宜小于 0.2m；宽度不宜小于 0.4m；其入土深度多数采用 3～5m，最长达 8m。板桩之间应采用梯形榫槽连接，它适合于各种地基。

板桩与闸室连接形式有两种：一种是把桩板紧靠底板前缘，顶部嵌入黏土铺盖一定深度；另一种是把板桩顶部嵌入底板底面特设的凹槽内，桩顶填塞可塑性较大的不透水材料，见图 4.30。前者适用于闸室沉降量较大，而板桩尖已插入坚实土层的情况；后者则适用于闸室沉降量小，而板桩尖未达到坚实土层的情况。

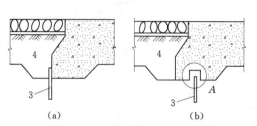
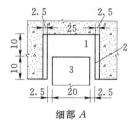

图 4.30 板桩与底板的连接（单位：cm）
(a) 顶部嵌入黏土；(b) 顶部嵌入底板凹槽
1—沥青；2—预制挡板；3—板桩；4—铺盖

4.4.3.3 齿墙及混凝土防渗墙

闸底板的上下游端一般都设有浅齿墙，辅助防渗，并有利于抗滑。齿墙深度一般为 $0.5 \sim 1.5 \mathrm{m}$，最大不宜超过 $2.0 \mathrm{m}$。当地基为粒径较大的砂砾石、卵石，不宜打板桩时，可采用深齿墙或混凝土防渗墙。混凝土防渗墙的厚度主要根据成槽器开槽尺寸确定，其厚度一般不小于 $0.2 \mathrm{m}$，否则混凝土浇筑较难，影响工程质量。

4.4.3.4 水泥砂浆帷幕、高压喷射灌浆帷幕及垂直防渗土工膜

近年来，国内逐渐推广使用灌注式水泥砂浆帷幕和高压喷射灌浆帷幕等垂直防渗体型式，根据防渗要求和施工条件，它们的最小厚度一般不宜小于 $0.1 \mathrm{m}$。

当地基内强透水层埋深在开槽机能力范围内（一般在 12m 内），且透水层中大于 5cm 的颗粒含量不超过 10%（以重量计）、水位能满足泥浆固壁的要求时，也可考虑采用土工膜垂直防渗方案。地下垂直防渗土工膜可采用聚乙烯土工膜、复合土工膜或防水塑料板等。根据经验，其最小厚度一般不宜小于 $0.25 \mathrm{mm}$，太薄可能产生气孔，且在施工中容易受损，防渗效果不好。重要工程可采用复合土工膜，其厚度不宜小于 $0.5 \mathrm{mm}$。

4.4.3.5 排水设施

闸基设置排水设施的目的是将闸底渗透水流尽快排到下游，以减小渗透压力。因此，要求排水设施透水性好，并与下游畅通。排水型式通常有以下几种：

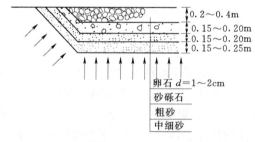

图 4.31 反滤层

（1）平铺式排水。土基水闸一般采用平铺式排水，即在护坦和浆砌石海漫的底部或伸入底板下游齿墙稍前方，平铺粒径为 $1 \sim 2 \mathrm{cm}$ 的砾石、碎石或卵石等透水材料而成，其厚为 $0.2 \sim 0.3 \mathrm{m}$。为防止地基土的细颗粒被渗流带入排水，应在排水和地基土的接触面处设置反滤层。水闸设计多将反滤层中粒径最大的一层适当加厚，构成排水体，见图 4.31。

（2）垂直排水。在地基内有承压水层时，用垂直排水可有效地降低承压水头。垂直排水和土的接触面应设置反滤层，以防产生渗透变形。垂直排水的型式有排水沟和排水井。排水沟的宽度应随透水层的厚度增大而加宽，一般不宜小于 $2.0 \mathrm{m}$。排水沟内应按滤层结

构要求铺设导渗层，排水沟的深度取决于导渗层需要的厚度。

排水井的井深和井距应根据透水层埋藏深度及厚度合理确定，井管内径不宜小于0.2m。一般采用0.2～0.3m时，减压效果最佳。滤水管的开孔率应满足出水量要求，管外应设滤层。

（3）水平带状排水。多用于岩基。

4.4.4 水闸的侧向绕渗

水闸建成挡水后，除闸基有渗流外，水流还从上游经水闸两岸渗向下游，这就是侧向绕渗，见图4.32。绕渗对岸墙、翼墙产生渗透压力，加大了墙底扬压力和墙身的水平水压力，对翼墙、边墩或岸墙的结构强度和稳定产生影响；并有可能使填土发生危害性的渗透变形，增加渗漏损失。

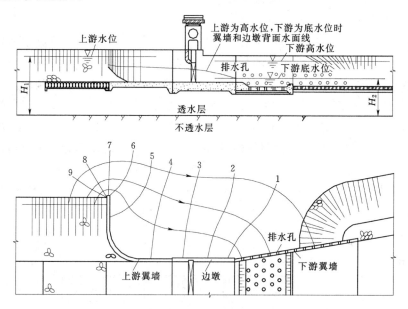

图4.32 侧向防渗排水布置图

侧向防渗排水布置（包括刺墙、板桩、排水井等）应根据上、下游水位、墙体材料和墙后土质以及地下水位变化等情况综合考虑，并应与闸基的防渗排水布置相适应，在空间上形成一体。布置原则仍是防渗与导渗相结合。有时为了避免填土与边墩（或岸墙）接触面上产生集中渗流，也可设置短刺墙。排水设施一般设在下游翼墙上，根据墙后回填土的性质不同，可采用排水孔或连续排水垫层等型式，见图4.33。孔口附近应设反滤层以防发生渗透变形。

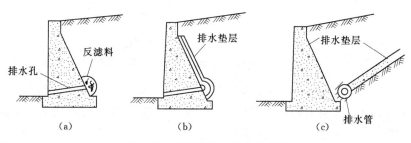

图4.33 下游翼墙后的排水设施

4.5 闸室的布置与构造

闸室结构布置包括底板、闸墩、边墩、胸墙、闸门、启闭机、工作桥、交通桥等结构的布置和尺寸的初步拟定。应根据水闸挡水、泄水条件和运行要求，结合考虑地形、地质等因素，做到结构安全可靠、布置紧凑合理、施工方便、运用灵活及经济美观。

4.5.1 底板

闸室底板型式通常有平底板、低堰底板及折线底板。其型式可根据地基、泄流等条件进行选用。开敞式闸室结构的底板按照闸墩与底板的连接方式又可分为整体式和分离式两种。涵洞式和双层式闸室结构不宜采用分离式。

4.5.1.1 整体式底板

当闸墩与底板浇筑或砌筑成整体时，称为整体式底板。整个底板是闸室的基础，起着承受荷载、传递荷载、防冲和防渗的作用。对于孔数多、宽度较大的水闸，为了适应地基不均匀沉陷和温度变化需要，在垂直水流方向设永久缝将底板分成若干闸段，每个闸段一般由 2～4 个完整的闸孔组成，靠近岸墙的闸段，考虑到边荷载的影响，宜为单孔。缝距一般不宜超过 20m（岩基）或 35m（土基），若超过此值，须作技术论证。缝宽 2～3cm，缝的结构型式可为铅直贯通缝、斜搭接缝或齿形搭接缝，缝内以沥青油毡填实。缝中应设止水。

将缝设在闸墩中间时，即缝墩式闸室 [见图 4.34 (a)]，其闸室结构整体性好，缝间闸段独立工作，各闸段间有不均匀沉陷时，水闸仍能正常工作，且具有较好的抗震性能；但闸墩工程量大和施工难度增加。这种底板适用于地质条件较差的地基或地震区。

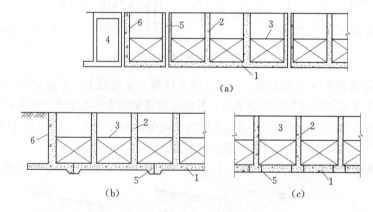

图 4.34 整体式、分离式平底板
1—底板；2—闸墩；3—闸门；4—空箱式岸墙；5—温度沉陷缝；6—边墩

如果地基条件较好，相邻闸段不致出现不均匀沉降的情况下，也可将缝设在闸孔底板中间，见图 4.34 (b)。与上述型式比较，它可缩短工期，减小闸的总宽度和底板的跨中弯矩。但必须确保闸门的启闭安全可靠。

4.5.1.2 分离式底板

在闸墩附近设缝，将闸室底板与闸墩断开的，称为分离式底板，见图 4.34（c）。缝中设止水。其闸室上部结构的重量将直接由闸墩或连同部分底板传给地基。闸孔部分底板仅起防冲、防渗和稳定的作用，其厚度根据自身稳定的需要确定。分离式底板的优点是结构受力明确，设计计算简单，工程量小；缺点是底板接缝较多，闸室结构的整体性较差，给止水防渗和浇筑分块带来不利和麻烦，且不均匀沉陷将影响闸门启闭，故对地基要求较高。这种底板适用于地质条件较好、承载能力较大的地基。

4.5.1.3 底板尺寸及要求

底板顺水流方向的长度应根据闸室地基条件、上部结构布置、满足闸室整体稳定和地基允许承载力等要求来确定。初拟时可参考已建工程的经验数据选定，当地基为碎石土和砾（卵）石时，底板长度取 $(1.5\sim2.5)\Delta H$（ΔH 为水闸上、下游最大水位差）；砂土和砂壤土取 $(2.0\sim3.5)\Delta H$；粉质壤土和壤土取 $(2.0\sim4.0)\Delta H$；黏土取 $(2.5\sim4.5)\Delta H$。由工程实践可知，大型水闸闸室底板顺水流方向长度一般受闸室上部结构布置要求控制，多数为 15～20m。如果为了增加闸基防渗长度而增加闸室底板长度，往往是不经济的。

底板厚度必须满足强度和刚度的要求，通常采用等厚度的，也可采用变厚度的（后者在坚实地基情况下有利于改善底板的受力条件），应根据闸室地基条件、作用荷载及闸孔净宽等因素，经计算并结合构造要求确定。大中型水闸平底板厚度可取为闸孔净宽的 $1/6\sim1/8$，一般为 1.0～2.0m，最小厚度不宜小于 0.7m；小型水闸不宜小于 0.3m。

闸室底板还应具有足够的整体性、坚固性、抗渗性和耐久性，通常采用钢筋混凝土结构，小型水闸底板也可采用混凝土浇筑。常用的强度等级为 C15、C20。

4.5.2 闸墩与胸墙

4.5.2.1 闸墩

闸墩的结构型式应根据闸室结构抗滑稳定性和闸墩纵向刚度要求确定。闸墩的外形轮廓设计应满足过闸水流平顺、侧向收缩小、过流能力大的要求。上游墩头可采用半圆形，以减小水流的进口损失；下游墩头宜采用流线型，以利于水流的扩散。

闸墩顶高程一般指闸室胸墙或闸门挡水线上游闸墩和岸墙的顶部高程，应满足挡水和泄水两种运用情况的要求。挡水时，闸顶高程不应低于水闸正常蓄水位（或最高挡水位）加波浪计算高度与相应安全超高值之和；泄水时，不应低于设计洪水位（或校核洪水位）与相应安全超高值之和。水闸安全超高下限值见表 4.11。此外，确定闸顶高程时，还应考虑闸室沉降、闸前河渠淤积、潮水位壅高等影响以及在防洪大堤上的水闸闸顶高程应不低于两侧堤顶高程。下游部分的闸顶高程可适当降低，但应保证下游的交通桥底部高出泄洪水位 0.50m 以上及桥面能与闸室两岸道路衔接。

闸墩的长度取决于上部结构布置和闸门的型式，一般与底板等长或稍短于底板。通常弧形闸门的闸墩长度比平面闸门的闸墩长。

闸墩厚度应满足稳定和强度的要求，根据闸孔孔径、受力条件、结构构造要求、闸门型式和施工方法等确定。具体见第 1 章重力坝部分。

表 4.11 水闸安全超高下限值 单位：m

运 用 情 况		水 闸 级 别			
		1	2	3	4、5
挡水时	正常蓄水位	0.70	0.50	0.40	0.30
	最高挡水位	0.50	0.40	0.30	0.20
泄水时	设计洪水位	1.50	1.00	0.70	0.50
	校核洪水位	1.00	0.70	0.50	0.40

4.5.2.2 胸墙

胸墙常用钢筋混凝土结构做成板式或梁板式。当孔径小于或等于 6.0m 时可采用板式，墙板也可做成上薄下厚的楔形板，见图 4.35（a），其顶部厚度一般不小于 0.2m。当孔径大于 6.0m 时，宜采用梁板式，它由墙板、顶梁和底梁组成，见图 4.35（b），其板厚一般不小于 0.12m；顶梁梁高一般为胸墙跨度的 1/12～1/15，梁宽常取 0.4～0.8m；底梁由于与闸门顶接触，要求有较大的刚度，梁高为胸墙跨度的 1/8～1/9，梁宽为 0.6～1.2m。当胸墙高度大于 5.0m，且跨度较大时，可增设中梁及竖梁构成肋形结构，见图 4.35（c）。各结构尺寸应根据受力条件和边界支撑情况计算确定。

胸墙与闸墩的连接方式有简支式和固接式两种，见图 4.36。

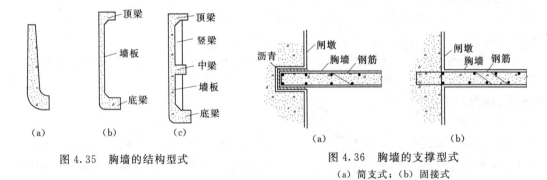

图 4.35 胸墙的结构型式 图 4.36 胸墙的支撑型式
（a）简支式；（b）固接式

胸墙相对于闸门的位置取决于闸门的型式。若采用弧形闸门，胸墙设在闸门上游侧；若采用平面闸门，胸墙可设在闸门上游侧，也可设在闸门下游侧。一般情况下，大中型水闸的胸墙可设在闸门前，因门顶上无水重，可减小启门力；小型水闸的胸墙设在闸门的下游侧，除便于止水外，还可利用门顶上水重增加闸室的稳定。

4.5.3 工作桥、交通桥

为了安装启闭设备和便于工作人员操作的需要，通常在闸墩上设置工作桥。工作桥的高程与闸门和启闭设备的型式、闸门高度有关，一般应使闸门开启后，门底高于上游最高水位，以免阻碍过闸水流。对于平面直升门，若采用固定启闭设备，桥的高度（即横梁底部高程与底板高程的差值）约为门高的两倍加上 1.0～1.5m 的富余高度；若采用活动式启闭设备，则桥高可以低些，但也应大于 1.7 倍的闸门高度。对于弧形闸门及升卧式平面闸门，工作桥高度可以降低很多，具体应视工作桥的位置及闸门吊点位置等条件而定。工作桥的宽度，小型水闸在 2.0～2.5m 之间，大中型水闸在 2.5～4.5m 之间。

建闸后，为便于行人或车马通行，通常也在闸墩上设置交通桥。交通桥的位置应根据闸室稳定及两岸交通连接的需要而定，一般布置在闸墩的下游侧。

工作桥、交通桥可采用板式、梁板式或板拱式，其与闸墩的连接型式应与底板分缝位置及胸墙支承型式统一考虑。有条件时，可采用预制构件，现场吊装。

工作桥、交通桥的梁（板）底高程均应高出最高洪水位 0.5m 以上；如果有流冰，则应高出流冰面 0.2m。

4.5.4 分缝与止水

4.5.4.1 分缝方式与布置

除闸室本身分缝以外，凡是相邻结构荷重相差悬殊或结构较长、面积较大的地方也要设缝分开，如铺盖与闸室底板、翼墙的连接处以及消力池与闸室底板、翼墙的连接处要分别设缝。另外，翼墙本身较长，混凝土铺盖、消力池的护坦在面积较大时也需设缝，以防产生不均匀沉陷，见图 4.37。

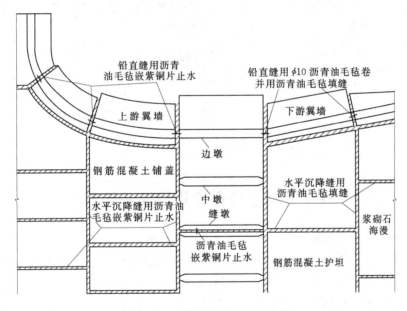

图 4.37 水闸的分缝与止水布置

4.5.4.2 止水设备

凡是具有防渗要求的缝中都应设置止水设备。对止水设备的要求是：①应防渗可靠；②应能适应混凝土收缩及地基不均匀沉降的变形；③应结构简单，施工方便。

按止水所设置的位置不同可分为水平止水和铅直止水两种。水平止水设在铺盖、消力池与底板和翼墙、底板与闸墩间，以及混凝土铺盖及消力池本身的温度沉降缝内，其构造和型式见图 4.38；铅直止水设在闸墩中间、边墩与翼墙间及上游翼墙本身，见图 4.39。两种止水交叉处的构造必须妥善处理，以便形成一个完整的止水体系。止水的构造做法详见有关资料。

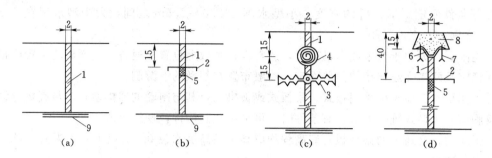

图 4.38 水平止水构造（单位：cm）

1—沥青填料；2—紫铜片或镀锌片铁片；3—塑料止水片；4—沥青油毛毡卷；

5—灌沥青或沥青麻索填塞；6—橡皮；7—鱼尾螺栓；8—沥青混凝土；

9—二至三层沥青油毛毡或麻袋浸沥青，宽 50～60cm

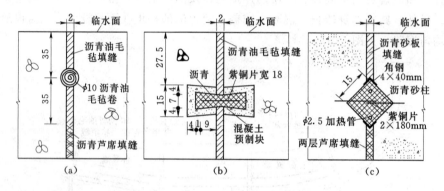

图 4.39 铅直止水构造（单位：cm）

4.6 闸室稳定验算及地基处理

水闸的闸室，要求在施工、运行、检修等各个时期，都不产生过大沉降或沉降差，不致沿地基表面发生水平滑动，不致因基底压力的作用使地基发生剪切破坏而失稳。因此，必须验算闸室在刚建成、运行、施工以及检修不同工作情况下的稳定性。对于孔数较少而未分缝的小型水闸，可取整个闸室（包括边墩）作为验算单元；对于孔数较多设有沉降缝隙的水闸，则应取两缝之间的闸室单元进行验算。

4.6.1 荷载计算及其组合

4.6.1.1 荷载计算

作用在水闸上的荷载主要有自重、水重、水平水压力、淤沙压力、扬压力、浪压力、土压力等。

（1）自重。它是指水闸结构及其上部填料和永久设备的重量。应按其几何尺寸及材料重度计算确定，闸门、启闭机及其他永久设备应尽量采用实际重量。

（2）水重。它是指闸室范围内作用在底板顶面以上的水体重量。应按其实际体积及水的重度计算确定。多泥沙河流上的水闸，还应考虑含沙量对水的重度的影响。

（3）水平水压力。它是指作用在胸墙、闸门及闸墩上的水平水压力。上下游的水平水压力数值不同，方向相反。

作用在铺盖与底板连接处的水平水压力因铺盖所用材料不同而略有差异：

1）对于黏土铺盖，如图 4.40（a）所示，a 点处按静水压强计算，b 点处则取该点的扬压力强度值，两点之间，以直线相连进行计算。

2）当为混凝土或钢筋混凝土铺盖时，如图 4.40（b）所示，止水片以上的水平水压力仍按静水压力分布计算，止水片以下按梯形分布计算，c 点的水平水压力强度等于该点的浮托力强度值加上 e 点的渗透压力强度值，d 点则取该点的扬压力强度值，c、d 点之间按直线连接计算。

（4）扬压力。它是指作用在底板底面的渗透压力及浮托力之和。

（5）浪压力。波长、波高和波浪中心线高出静水位高度等波浪要素的计算按莆田试验站法进行；根据风区范围内平均水深、波浪破碎的临界水深及半波长之间的关系，判别属深水波、浅水波或破碎波，分别用相应公式进行浪压力计算。

（6）土压力。它应根据填土性质、挡土高度、填土内的地下水位、填土顶面坡角及超载等计算确定。对于向外侧移动或转动的挡土结构，可按主动土压力计算；对于保持静止不动的挡土结构，可按静止土压力计算。

（7）淤沙压力。它应根据水闸上、下游可能淤积的厚度及泥沙重度计算确定。

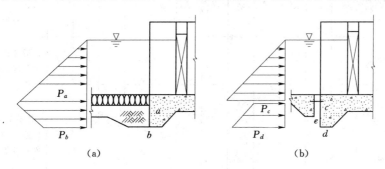

图 4.40　水平水压力计算图

作用在水闸上的地震荷载、冰压力、土的冻胀力及其他荷载的计算可具体见《水闸设计规范》（SL 265—2001）。施工中各个阶段的临时荷载应根据工程实际情况确定。

4.6.1.2　荷载组合

设计水闸时，应将可能同时作用的各种荷载进行组合。荷载组合分为基本组合与特殊组合两类。基本组合由基本荷载组成；特殊组合由基本荷载和一种或几种特殊荷载组成。但地震荷载只允许与正常蓄水位情况下的相应荷载组合。每种组合中所包含的计算情况及每种情况中所涉及的荷载见表 4.12。计算闸室稳定和应力时的荷载组合可按表 4.12 采用。必要时也可考虑其他可能不利组合。

4.6.2　闸室抗滑稳定计算

闸室抗滑稳定计算应满足：土基上沿闸室基底面的抗滑稳定安全系数不小于表 4.13 的 $[K_土]$ 值；岩基上沿闸室基底面的抗滑稳定安全系数不小于表 4.14 的 $[K_岩]$ 值。计算时取两相邻顺水流向永久缝之间的闸段作为计算单元。

表 4.12   水 闸 荷 载 组 合 表

荷载组合	计算情况	荷载 自重	水重	静水压力	扬压力	土压力	淤砂压力	风压力	浪压力	冰压力	土的冻胀力	地震荷载	其他	说 明
基本组合	完建情况	√	—	—	—	√	—	—	—	—	—	—	√	必要时，可考虑地下水产生的扬压力
	正常蓄水位情况	√	√	√	√	√	√	√	√	—	—	—	√	按正常蓄水位组合计算水重、静水压力、扬压力及浪压力
	设计洪水位情况	√	√	√	√	√	√	√	√	—	—	—	—	按设计洪水位组合计算水重、静水压力、扬压力及浪压力
	冰冻情况	√	√	√	√	√	√	—	√	√	√	—	√	按正常蓄水位组合计算水重、静水压力、扬压力及浪压力
特殊组合	校核洪水位情况	√	√	√	√	√	√	√	—	—	—	—	—	按校核洪水位组合计算水重、静水压力、扬压力及浪压力
	施工情况	√	—	—	—	√	—	—	—	—	—	—	√	应考虑施工过程中各个阶段的临时荷载
	检修情况	√	—	√	√	√	√	√	√	—	—	—	√	按正常蓄水位组合（必要时可按设计洪水位组合或冬季低水位条件）计算水重、静水压力、扬压力及浪压力
	地震情况	√	√	√	√	√	√	√	√	—	—	√	—	按正常蓄水位组合计算水重、静水压力、扬压力及浪压力

注 表中"√"号为需要考虑荷载，"—"号为不需要考虑荷载。

表 4.13   土基上沿闸室基底面抗滑稳定安全系数容许值 $[K_\pm]$

荷载组合		水闸级别 1	2	3	4、5
基本组合		1.35	1.30	1.25	1.20
特殊组合	I	1.20	1.15	1.10	1.05
	II	1.10	1.05	1.05	1.00

注 1. 特殊组合 I 适用于校核洪水位情况、施工情况及检修情况。
   2. 特殊组合 II 适用于地震情况。

荷　载　组　合		按抗滑稳定公式计算			按抗剪断强度公式计算
		水　闸　级　别			
		1	2、3	4、5	
基本组合		1.10	1.08	1.05	3.00
特殊组合	Ⅰ	1.05	1.03	1.00	2.50
	Ⅱ	1.00			2.30

表 4.14　　　　　　岩基上沿闸室基底面抗滑稳定安全系数容许值 $[K_{岩}]$

注　1. 特殊组合Ⅰ适用于校核洪水位情况、施工情况及检修情况。
　　2. 特殊组合Ⅱ适用于地震情况。

4.6.2.1　计算公式

（1）土基上的水闸闸室沿地基面的抗滑稳定计算。土基上的水闸，一般情况下闸基面的法向应力较小，只验算沿地基面的抗滑稳定性。但当地基面的法向应力较大时，还需要核算深层抗滑稳定性。闸室沿地基面的抗滑稳定计算公式为

$$K_c = \frac{f\sum G}{\sum H} \qquad (4.42)$$

$$K_c = \frac{\tan\varphi_0 \sum G + C_0 A}{\sum H} \qquad (4.43)$$

式中　K_c——沿闸室基底面的抗滑稳定安全系数；

　　　f——闸室基底面与地基之间的摩擦系数，查表 4.15；

　　$\sum H$——作用在闸室上的全部水平向荷载，kN；

　　　φ_0——闸室基础底面与土质地基之间的摩擦角，(°)，查表 4.16；

　　　C_0——闸室基础底面与土质地基之间的黏结力，kPa，查表 4.16。

由于式（4.42）计算简便，故在水闸设计中，特别是在水闸的初步设计阶段采用较多。式（4.43）是根据现场混凝土板的抗滑试验资料进行分析研究后提出来的，既考虑了混凝土板底面与地基土之间的摩阻力，也考虑了两者之间的黏聚力对闸室抗滑稳定性的影响，所以其计算成果能够比较真实地反映黏性土地基上水闸的实际运用情况。对于黏性土地基上的大型水闸宜按式（4.43）进行计算。

对于土基上采用钻孔灌注桩基础的水闸，若采用式（4.43）验算沿闸室底板底面的抗滑稳定性，还应计入桩体材料的抗剪断能力。

（2）岩基上沿闸室基底面的抗滑稳定计算可按式（4.42）或式（4.44）进行计算。

$$K_c = \frac{f'\sum G + C'A}{\sum H} \qquad (4.44)$$

式中　f'——闸室基底面与岩石地基之间的抗剪断摩擦系数，查表 4.17；

　　　C'——闸室基底面与岩石地基之间的抗剪断黏聚力，查表 4.17。

当闸室承受双向水平向荷载作用时，应验算其合力方向的抗滑稳定性，其抗滑稳定安全系数应按土基或岩基分别不小于规范规定的容许值，见表 4.13 与表 4.14。

表 4.15　　　　　　　　　　　　　　**f　值**

地　基　类　别		f
黏土	软弱	0.20～0.25
	中等坚硬	0.25～0.35
	坚硬	0.35～0.45
壤土、粉质壤土		0.25～0.40
砂壤土、粉砂土		0.35～0.40
细砂、极细砂		0.40～0.45
中砂、粗砂		0.45～0.50
砂砾石		0.40～0.50
砾石、卵石		0.50～0.55
碎石土		0.40～0.50
软质岩石	极软	0.40～0.45
	软	0.45～0.55
	较软	0.55～0.60
硬质岩石	较坚硬	0.60～0.65
	坚硬	0.65～0.70

表 4.16　　　　　　　　　φ_0、c_0 值（土质地基）

土质地基类别	φ_0 （°）	c_0 （kPa）
黏性土	0.9φ	$(0.2～0.3)c$
砂性土	$(0.85～0.90)\varphi$	0

注　φ 为室内饱和固结快剪（黏性土）或饱和快剪试验测得的内摩擦角；c 为室内饱和固结快剪试验测得的黏聚力。

表 4.17　　　　　　　　　f'、c' 值（岩石地基）

岩石地基类别		f'	c' （MPa）
硬质岩石	坚硬	1.5～1.3	1.5～1.3
	较坚硬	1.3～1.1	1.3～1.1
软质岩石	较软	1.1～0.9	1.1～0.7
	软	0.9～0.7	0.7～0.3
	极软	0.7～0.4	0.3～0.05

注　如岩基内存在结构面、软弱层（带）或断层的情况，f'、c' 值应按现行的《水利水电工程地质勘测规范》（GB 50287—99）选用。

4.6.2.2　提高闸室抗滑稳定性的措施

当沿闸室基底面抗滑稳定安全系数计算值小于允许值时，可采用下列一种或几种抗滑措施。①将闸门位置移向低水位一侧，或将水闸底板向高水位一侧加长，以增加水重；

②适当增大闸室结构尺寸；③增加闸室底板的齿墙深度；④增加铺盖长度或帷幕灌浆深度，或在不影响防渗安全的条件下将排水设施向水闸底板靠近；⑤利用钢筋混凝土铺盖作为阻滑板，但闸室自身的抗滑稳定安全系数不应小于 1.0（计算由阻滑板增加的抗滑力时，阻滑板效果的折减系数可采用 0.80），阻滑板应满足抗裂要求；⑥增设钢筋混凝土抗滑桩或预应力锚固结构。

当利用钢筋混凝土铺盖作为阻滑板时，在闸室与阻滑板之间必须用钢筋铰连接，以保证阻滑板与闸室底板起共同抗滑作用。

4.6.3　闸室基底应力计算

闸室基底应力应满足：在各种计算情况下，土基上闸室的平均基底应力不大于地基容许承载力，最大基底应力不大于地基容许承载力的 1.2 倍；闸室基底应力的最大值与最小值之比 η 不大于容许值，见表 4.18。岩基上，闸室最大基底应力不大于地基容许承载力；在非地震情况下，闸室基底不出现拉应力；在地震情况下，闸室基底拉应力不大于 100kPa。计算单元的取法同闸室的抗滑稳定计算。

4.6.3.1　计算公式

（1）对于结构布置及受力情况对称的闸孔，如多孔水闸的中间孔或左右对称的单闸孔，按式（4.45）计算：

$$\sigma_{min}^{max} = \frac{\sum G}{A} \pm \frac{\sum M}{W} \tag{4.45}$$

式中　σ_{min}^{max}——闸室基底应力的最大值和最小值，kPa；

　　$\sum G$——作用在闸室上所有竖向荷载（包括扬压力）的代数和，kN；

　　A——闸室基底面的面积，m^2；

　　$\sum M$——作用在闸室上的所有竖向和水平向荷载对基础底面垂直水流方向的形心轴的力矩和，kN·m；

　　W——闸室基底面对该底面垂直水流方向的形心轴的截面矩，m^3。

（2）对于结构布置及受力情况不对称的闸孔，如多孔闸的边闸孔或左右不对称的单闸孔，按双向偏心受压公式（4.46）计算：

$$\sigma_{min}^{max} = \frac{\sum G}{A} \pm \frac{\sum M_x}{W_x} \pm \frac{\sum M_y}{W_y} \tag{4.46}$$

式中　$\sum M_x$、$\sum M_y$——作用在闸室上的所有竖向和水平向荷载对于基础底面形心轴 x、y 轴的力矩和，kN·m；

　　W_x、W_y——闸室基底面对该底面形心轴 x、y 轴的截面矩，m^3。

4.6.3.2　安全指标

土基上闸室基底应力的最大值与最小值的比值 $\eta = \sigma_{max}/\sigma_{min}$，反映了闸室基底应力分布的不均匀程度。此值越大，表明闸室两端基底应力相差越大，沉降差越大，闸室的倾斜度也越大。因此，设计中规定比值 η 应不大于规范规定的容许值 $[\eta]$。$[\eta]$ 值见表 4.18。

表 4.18 土 基 上 的 [η] 值

地 基 土 质	荷 载 组 合	
	基 本 组 合	特 殊 组 合
松软	1.50	2.00
中等坚实	2.00	2.50
坚实	2.50	3.00

注 1. 对于特别重要的大型水闸，其 [η] 值可按表列数值适当减小。

2. 对于地震区的水闸，其 [η] 值可按表列数值适当增大。

3. 对于地基特别坚实或可压缩土层甚薄的水闸，其 [η] 值可不受本表的限制，但要求闸室基底不出现拉应力。

对于碎石土地基的容许承载力，可根据碎石土的密实度按表 4.19 确定。

对于岩石地基，地基的容许承载力，可根据岩石类别及其风化程度按表 4.20 确定。

表 4.19 碎石土地基容许承载力 单位：kPa

颗粒骨架	密 实 度		
	密 实	中 密	稍 密
卵石	1000～800	800～500	500～300
碎石	900～700	700～400	400～250
圆砾	700～500	500～300	300～200
角砾	600～400	400～250	250～150

注 1. 碎石土密实度的鉴别见《水闸设计规范》（SL 265—2001）的附录 F。

2. 表中数值适用于骨架颗粒孔隙全部由中砂、粗砂或坚硬的黏性土所充填的情况。

3. 当粗颗粒为弱风化或强风化时，可按其风化程度适当降低容许承载力，当颗粒间呈半胶结状时，可适当提高容许承载力。

表 4.20 岩石地基容许承载力 单位：kPa

岩石类别	风 化 程 度				
	未风化	微风化	弱风化	强风化	全风化
硬质岩石	≥4000	4000～3000	3000～1000	1000～500	<500
软质岩石	≥2000	2000～1000	1000～500	500～200	<200

注 1. 岩石风化程度的鉴别见《水闸设计规范》（SL 265—2001）。

2. 强风化岩石改变埋藏条件后，如强度降低，宜按降低程度选用较低值。

4.6.4 地基沉降校核

由于土基压缩变形大，容易引起较大的地基沉降。较大的均匀沉降可能会使闸顶部高程不足；过大的不均匀沉降，将导致闸室倾斜、产生裂缝、止水破坏，甚至断裂等。因此，在研究地基稳定时，应进行地基的沉降校核，以保证水闸的安全和正常运用。

目前我国水利系统多数是根据土工试验提供的压缩曲线（如 $e—p$ 压缩曲线或 $e—p$ 回弹压缩曲线）采用分层总和法计算地基沉降。

根据工程实践，天然土质地基上水闸地基的容许最大沉降量为 15cm，相邻部位的容许最大沉降差为5cm。当软土地基上的水闸地基沉降计算不满足上述要求时，可以考虑采用以下一种或几种措施。①采用沉降缝隔开；②改变基础型式或刚度；③调整基础尺寸与埋置深度；④必要时对地基进行人工加固；⑤安排合适的施工程序，严格控制施工进度；⑥变更结构型式（采用轻型结构或静定结构等）或加强结构刚度。

4.6.5　地基处理

水闸地基处理的目的是：提高地基的承载能力和稳定性；减小或消除地基的有害沉陷，防止地基渗透变形。当天然地基承载能力、稳定和变形任何一方面不能满足要求时，就应根据工程具体情况进行地基处理。对于淤泥质土、高压缩性黏土和松砂等软弱地基，只采取改进上部结构的措施不能满足稳定和沉降要求时，则须进行必要的地基处理。目前实际工程中常用的地基处理方法见表4.21。

表 4.21　　　　　　　　　　　　　土基常用处理方法

处理方法	基本作用	适用范围	说明
换土垫层法	改善地基应力分布，减少沉降量，适当提高地基稳定性和抗渗稳定性	厚度不大的软土地基	用于深厚的软土地基时，仍有较大的沉降量
强力夯实法	增加地基承载力，减少沉降量，提高抗振动液化的能力	透水性较好的松软地基，尤其适用于稍密的碎石土或松砂地基	用于淤泥或淤泥质土地基时，需采取有效的排水措施
振动水冲法	增加地基承载力，减少沉降量，提高抗振动液化的能力	松砂、软弱的砂壤土或砂卵石地基	1. 处理后地基的均匀性和防止渗透变形的条件较差； 2. 用于不排水抗剪强度小于20kPa的软土地基时，处理效果不显著
桩基础	增加地基承载力，减少沉降量，提高抗滑稳定性	较深厚的松软地基，尤其适用于上部为松软土层、下部为硬土层的地基	1. 桩尖未嵌入硬土层的摩擦桩，仍有一定的沉降量； 2. 用于松砂、砂壤土地基时，应注意渗透变形问题
沉井基础	除与桩基础作用相同外，对防止地基渗透变形有利	适用于上部为软土层或粉细砂层、下部为硬土层或岩层的地基	不宜用于上部夹有蛮石、树根等杂物的松软地基或下部为顶面倾斜度较大的岩基

随着科学技术的发展，逐渐也提出了一些新的地基处理方法，如：深层搅拌法、高压喷射法、硅化法、电渗法等。由于设计或施工技术不成熟、造价高等原因，这些方法还没有在实际工程中全面推广使用。但在一定条件下，经过论证也可采用。

4.7　闸室结构计算

在闸室布置和稳定分析之后，还应对闸室各部分构件进行结构计算，验算其强度，以便最后确定各构件的型式、尺寸及构造。

闸室是一空间结构，受力比较复杂，可用三维弹性力学有限元法对一段闸室进行整体分析。但为简化计算，一般都将其分解成底板、闸墩、胸墙、工作桥、交通桥等若干构件分别计算，并在单独计算时，考虑它们之间的相互作用。

4.7.1 底板

闸底板一般采用"截板成梁"的方法进行计算，即沿垂直水流方向截取单位宽度的板条作为梁来进行计算。由于闸门前后水重相差悬殊，底板所受荷载不同，常以闸门为界，分别在闸门上下游段的中间处截取单宽板条及墩条。

土基上的闸底板按照不同的地基情况可以采用不同的计算方法：对黏性土地基或相对密度 $D_r > 0.5$ 的非黏性土地基，采用弹性地基梁法；对 $D_r \leqslant 0.5$ 的非黏性土地基，采用反力直线分布法；对小型水闸，常采用倒置梁法。根据经验，重要的大型水闸宜按弹性地基梁法设计，反力直线分布校核。

4.7.1.1 倒置梁法

该法假定闸室地基反力沿顺水流方向呈直线分布，垂直水流方向为均匀分布，并把地基反力当作荷载，底板当作梁，闸墩当作支座，按倒置的连续梁计算底板内力。作用在梁上的荷载有底板自重 q_1、水重 q_2、扬压力 q_3 及地基反力 σ。把上述铅直荷载进行叠加，便得到倒置梁上的均布荷载 $q = q_3 - q_1 - q_2 + \sigma$。最后按图 4.41（b）所示的计算图，用结构力学法计算连续梁的内力，进而进行配筋。

该法计算简便。也存在缺陷：①但没有考虑底板与地基变形的协调作用；②假定底板在垂直水流方向地基反力均匀分布，有时与实际情况出入较大；③支座反力与闸墩铅直荷载不相等。故计算成果的误差较大，只在小型水闸设计中使用。

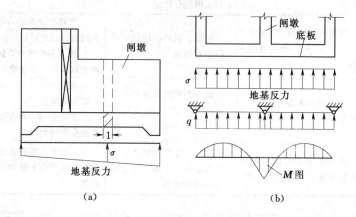

（a）   （b）

图 4.41 倒置梁法底板结构计算简图

4.7.1.2 弹性地基梁法

该法认为在顺水流方向的地基反力仍是直线变化，但在垂直水流方向不再假定地基反力呈均匀分布，认为底板和地基都是弹性体，由于两者紧密接触，故变形是相同的，即地基反力在垂直水流方向按曲线形（或弹性）分布。同时梁在荷载及地基反力作用下，仍保持平衡。根据变形协调一致和静力平衡条件，求解地基反力和梁的内力，并且还计及底板范围以外的边荷载对梁的影响。

采用弹性地基梁法分析闸底板的应力时，还应考虑可压缩土层厚度 T 与弹性地基梁半长 $L/2$ 之比值的影响。当 $2T/L < 0.25$ 时，可按基床系数法（文克尔假定）计算；当 $2T/L > 2.0$ 时，可按半无限深的弹性地基梁法计算；当 $2T/L = 0.25 \sim 2.0$ 时，可按有限深的弹性地基梁法计算。

底板由于闸墩的影响，在顺水流方向的刚度很大，可以忽略底板沿该方向的弯曲变形，假定地基反力呈直线分布。在垂直水流方向截取单宽板条及墩条，按弹性地基梁计算地基反力和底板内力。其步骤如下。

(1) 用偏心受压公式计算闸底在顺水流向的地基反力。

(2) 计算单宽板条上的不平衡剪力。由于顺水流向闸室所受的荷载是不均匀的，特别是闸门前后水重相差悬殊，而地基反力是连续变化的。所以，计算时应以闸门门槛作为上、下游的分界，将闸室分为上、下游两段脱离体，分别在两段的中央截取单宽板条和墩条进行分析，如图 4.42 所示。作用在脱离体的力有底板自重 $q_自$、水重 $q_水$、中墩重 N_1 及缝墩重 N_2，中墩及缝墩重包括其上部结构及设备自重。在底板的底面有扬压力 $q_扬$ 及地基反力 $q_反$。由于底板上的荷载在顺水流方向是有突变的，而地基反力是连续变化的。作用在单宽板条及墩条上的力是不平衡的，即作用在板条及墩条上的两侧必然作用有剪力 Q_1 和 Q_2，并由 Q_1 和 Q_2 的差值来维持板条和墩条上力的平衡，差值 $\Delta Q = Q_1 - Q_2$，称为不平衡剪力。以下游段为例，根据板条上力的平衡条件，取 $\sum F_y = 0$，则

$$N_1 + 2N_2 + \Delta Q + (q_自 + q_水' - q_扬 - q_反)L = 0 \tag{4.47}$$

其中

$$q_水' = q_水(L - 2d_2 - d_1)/L$$

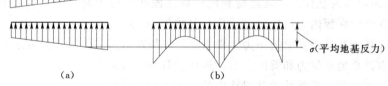

图 4.42 闸底板结构计算

(3) 确定不平衡剪力在闸墩和底板上的分配。不平衡剪力 ΔQ 应由闸墩及底板共同承担，各自承担的数值，可根据剪应力分布图面积按比例确定。为此，需要绘制板条及墩条截面上的剪应力分布图。对于简单的板条和墩条截面，可直接用积分法求得，如图 4.43 所示。

由材料力学可知，截面上的剪应力为

$$\tau = \frac{\Delta QS}{bJ} \tag{4.48}$$

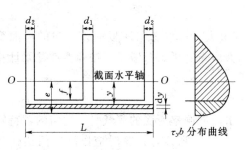

图 4.43 不平衡剪力分配计算

式中 ΔQ——不平衡剪力，kN；

S——计算截面以下的面积对全截面形心轴的面积矩，m^3；

b——截面在 y 处的宽度，m；

J——截面惯性矩，m^4。

一般情况下，不平衡剪力的分配比例是：底板约占 $10\% \sim 15\%$，闸墩约占 $85\% \sim 90\%$。

（4）计算作用在弹性地基梁（单宽板条）上的荷载。

1）将分配给闸墩的不平衡剪力与闸墩及其上部结构的重量作为梁的集中力。

$$中墩集中力 \qquad P_1 = N_1 + \Delta Q_墩 \left(\frac{d_1}{2d_2 + d_1} \right) \qquad (4.49)$$

$$缝墩集中力 \qquad P_2 = N_2 + \Delta Q_墩 \left(\frac{d_2}{2d_2 + d_1} \right) \qquad (4.50)$$

2）将分配给底板的不平衡剪力化为均布荷载，并与底板自重、水重及扬压力合并，作为梁的均布荷载：

$$q = q_自 + q'_水 - q_扬 + \frac{\Delta Q_板}{L} \qquad (4.51)$$

底板自重 $q_自$ 的取值，因地基性质而异。对于黏土地基，由于固结缓慢，计算中可采用底板自重的 $50\% \sim 100\%$；而对砂性地基，因其在底板混凝土达到一定刚度以前，地基变形几乎全部完成，底板自重对地基变形影响不大，在计算中可以不计。

（5）考虑边荷载对地基梁影响。边荷载指计算闸段底板两侧的闸室或边闸墩后回填土及岸墙作用于地基上的荷载。计算闸段左侧的边荷载为相邻闸孔的闸基压力，右侧的边荷载为回填土的重力及侧向土压力产生的弯矩。

《水闸设计规范》（SL 265—2001）规定。①当地基为砂性土，且边荷载使计算闸段底板内力减少时，计算百分数为 50%；边荷载使计算闸段底板内力增加时，计算百分数为 100%；②当地基为黏性土，且边荷载使计算闸段底板内力减少时，计算百分数为 0；边荷载使计算闸段底板内力增加时，计算百分数为 100%。

（6）计算地基反力及梁的内力。根据 $2T/L$ 判别所需采用的计算方法，然后利用已编制好的数表计算地基反力和梁的内力，进而验算强度并进行配筋。

岩基上闸底板可按弹性地基梁法中的基床系数法计算。

4.7.2 闸墩

闸墩结构计算主要包括闸墩水平截面上的正应力和剪应力、平面闸门门槽或弧形闸门支座的应力计算。闸墩计算情况有运用期和检修期两种。

（1）运用期。当闸门关闭时，不分缝的中墩主要承受上、下游水压力和自重等荷载；对分缝的中墩和边墩，除上述荷载外，还将承受侧向水压力或土压力等荷载；不分缝的中墩，在一孔关闭，邻孔闸门开启时，其受力情况与分缝的中墩相同，见图 4.44 (a)。

（2）检修期。一孔关门检修，相邻闸孔开启时，闸墩承受侧向水压力及自重、上部结构及设备重作用、交通桥上车辆刹车制动力等荷载，见图 4.44 (b)。需要验算双向受力的墩底边缘应力。

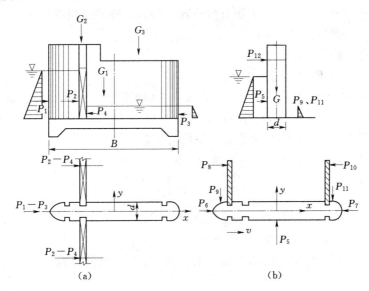

图 4.44　闸墩结构计算

$P_1 \sim P_4$—运行期上、下游顺水流流向水压力；$P_5 \sim P_{11}$—检修期作用于闸墩不同部位的水压力；

P_{12}—交通桥上车辆刹车制动力；G_1—闸墩自重；G_2—工作桥重；G_3—交通桥重

4.7.2.1　闸墩水平截面上的正应力和剪应力

闸墩水平截面上的正应力和剪应力（主要是墩底），主要包括纵向（顺水流方向）和横向（垂直水流方向）两个方向。闸墩最危险的断面为闸墩与闸底板的接触面。因此，主要以墩底截面为控制应力截面，将闸墩视为固结于闸底板上的悬臂结构，近似按材料力学中的偏心受压公式进行应力分析。

（1）闸墩水平截面上的正应力计算。

$$\sigma = \frac{\sum W}{A} \pm \frac{\sum M_x}{I_x}x \pm \frac{\sum M_y}{I_y}y \tag{4.52}$$

式中　　$\sum W$——计算截面竖向作用力总和，kN；

A——计算截面面积，m^2；

$\sum M_x$、$\sum M_y$——计算截面以上各力对截面形心轴 x 轴（顺水流方向）、y 轴（垂直水流方向）的力矩总和，kN·m；

I_x、I_y——计算截面对形心轴 x、y 轴的惯性矩，m^4；

x、y——计算点至形心轴的距离，m。

（2）闸墩水平截面上的剪应力计算。

计算截面上顺水流流向和垂直水流流向的剪应力分别为

$$\left.\begin{array}{l} \tau_x = \dfrac{Q_x S_x}{I_x d} \\[2mm] \tau_y = \dfrac{Q_y S_y}{I_y B} \end{array}\right\} \tag{4.53}$$

式中 Q_x、Q_y——计算截面上顺水流流向和垂直水流流向的剪力，kN；

$\quad\quad$ S_x、S_y——计算点以外的面积对形心轴 x 轴和 y 轴的面积矩，m^3；

$\quad\quad$ d——闸墩厚度，m；

$\quad\quad$ B——闸墩长度，m。

4.7.2.2 平面闸门闸墩的门槽应力计算

（1）取 1m 高的闸墩作为计算单元。由左、右侧闸门传来的水压力为 P，在计算单元上、下水平截面上将产生剪力 $Q_上$ 和 $Q_下$，剪力差 $Q_上 - Q_下$ 应等于 P。

（2）假设剪应力在上、下水平截面上呈均匀分布，并取门槽前的闸墩作为脱离体，由力的平衡条件可求得此 1m 高门槽颈部所受的拉力 P_1 为

$$P_1 = P \frac{A_1}{A} \tag{4.54}$$

式中 A_1——门槽颈部以前闸墩的水平截面积，m^2；

$\quad\quad$ A——闸墩的水平截面积，m^2。

从式（4.54）可以看出，门槽颈部所受拉力 P_1 与门槽的位置有关，门槽越靠下游，P_1 越大。

（3）计算 1m 高闸墩在门槽颈部所产生的拉应力。

$$\sigma = \frac{P_1}{b} \tag{4.55}$$

式中 b——门槽颈部厚度，m。

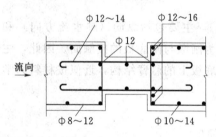

图 4.45 门槽配筋图
（单位：mm）

（4）闸墩配筋。当拉应力 σ 小于混凝土的允许拉应力时，可按构造要求进行配筋，否则，应按实际受力情况配筋。一般情况下，实体闸墩的应力不会超过墩体材料的允许应力，只需在闸墩底部及门槽配置构造钢筋。闸墩底部一般配φ10～14、间距 25～30cm 的垂直钢筋，下端深入底板 25～30 倍的钢筋直径，上端伸至墩顶或底板以上 2～3m 处截断。水平分布钢筋一般采用φ8～12，每米 3～4 根。门槽配筋见图 4.45。

4.7.3 胸墙、工作桥、检修便桥及交通桥

可根据各自的支承情况、结构布置型式按板或板梁系统采用结构力学的方法进行结构计算，具体计算可参考有关文献。

4.8 两岸连接建筑物

4.8.1 连接建筑物的作用

水闸两端与河岸或堤、坝等建筑物的连接处，需设置连接建筑物，它们包括上、下游翼墙，边墩或岸墙、刺墙和导流墙等。其作用是：①挡住两侧填土，维持土坝及两岸的稳定，防止过闸水流的冲刷；②引导水流平顺进闸，并使出闸水流均匀扩散；③阻止侧向绕

渗，防止与其相连的岸坡或土坝产生渗透变形；④保护两岸或土坝边坡不受过闸水流的冲刷；⑤在软弱地基上设有独立岸墙时，可减少地基沉降对闸身应力的影响，改善闸室受力状况。

两岸连接建筑物的工程量约占水闸总工程量的 15%～40%，闸孔数愈少，所占的比例愈大。

4.8.2 连接建筑物的布置型式

4.8.2.1 上、下游翼墙

边墩或岸墙向上、下游延伸，便形成了上、下游翼墙。上、下游翼墙在顺水流方向上的投影长度，应分别等于或大于铺盖及消力池的长度。在有侧向防渗要求的条件下，上、下游翼墙的墙顶高程应分别高于上、下游最不利运用水位。上、下游翼墙宜与闸室及两岸岸坡平顺连接，其平面布置型式通常有以下几种。

（1）圆弧或椭圆弧形翼墙。如图 4.46（a）所示，从边墩两端开始，用圆弧或 1/4 椭圆弧形直墙插入两岸。一般上游圆弧半径为 20～50m，下游圆弧半径约为 30～50m。其优点是水流条件好；缺点是施工复杂，工程量大。适用于水位差及单宽流量大、闸身高、地基承载力较低的大中型水闸。

（2）反翼墙。如图 4.46（b）所示，翼墙向上、下游延伸一定距离后，转 90°插入两岸。上游翼墙的收缩角不宜大于 12°～18°，下游翼墙的平均扩散角一般采用 7°～12°，以免出闸水流脱离边壁，产生回流，挤压主流。其优点是水流条件较好，防渗效果好；缺点是工程量大，造价较高。适用于大中型水闸。小型水闸也可采用一字形布置型式。

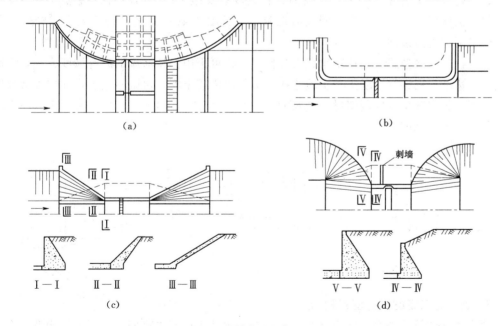

图 4.46 翼墙平面布置型式

（3）扭曲面翼墙。如图 4.46（c）所示，翼墙的迎水面自闸室连接处开始，由垂直面逐渐变化为倾斜面，直至与河岸同坡度相接。其优点是水流条件好，工程量较小；缺点是施工较麻烦。一般在渠系工程中采用较多。

（4）斜降翼墙。如图 4.46（d）所示，翼墙在平面上呈八字形，翼墙的高度随着其向上、下游方向延伸而逐渐降低，直至与河底相接。其优点是工程量少，施工方便；缺点是防渗效果差，水流易在闸孔附近产生立轴旋涡，冲刷堤岸。常用于小型水闸。

4.8.2.2 边墩和岸墙

边墩是闸室靠近两岸的闸墩，而岸墙则是设在边墩后面的一种挡土结构。其布置型式与闸室结构情况及地基条件等因素有关，通常有以下几种。

（1）边墩与岸墙结合。当闸室不太高，地基承载力较大时，一般不另修岸墙，利用边墩直接与两岸或土坝连接。边墩与闸室连成整体或用缝分开，见图 4.47。此时，边墩除起支承闸门及上部结构、防冲、防渗、导水作用外，还要起挡土作用。

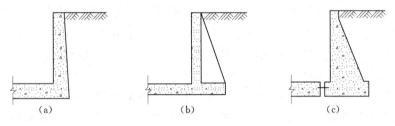

图 4.47 边墩与岸墙结合布置示意图

（2）边墩与岸墙分开。当闸室较高、孔数较多及地基软弱时，可在边墩后面另设岸墙，起挡土作用，岸墙与边墩之间设有沉降缝，见图 4.48。其优点是可大大减轻边墩负担，改善闸室受力条件。

（3）护坡连接型式。当地基承载力过低时，还可采用保持河岸的原有坡度或将土坝修整成稳定边坡，用钢筋混凝土挡土墙连接边墩与河岸或土坝，边墩不挡土，并在边墩或岸墙的后面设置与其垂直的刺墙进行挡水的型式。墙（墩）后填土至一定高度，再以一定的坡度到达堤顶，见图 4.49。

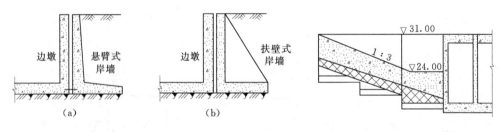

图 4.48 边墩与岸墙分开布置示意图　　　　图 4.49 护坡连接型式

4.8.3 连接建筑物的结构型式和构造

两岸连接建筑物的受力状态和结构型式与一般挡土墙基本相同，常用的结构型式有重力式、悬臂式、扶壁式和空箱式等。

4.8.3.1 重力式挡土墙

重力式挡土墙是用混凝土或浆砌石等材料筑成，主要依靠自身的重力维持稳定。其特点是可就地取材，结构简单，施工方便，材料用量大。适用于中、小型水闸工程，一般墙高不超过 6m。

　　墙身顶宽一般为 0.3～0.6m，临水面常做成铅直的或接近铅直的，挡土侧自墙顶向下可先是高度为 0.8m 左右的铅直段，再接边坡为 1∶0.25～1∶0.50 的斜坡至底板。为了改善地基压力分布和增强墙的耐久性，浆砌石结构的墙顶需设置高约 0.3m 的混凝土盖帽，底板也常用混凝土浇筑，厚 0.5～0.8m，宽为 0.6～0.7 倍的墙高，两端悬出 0.3～0.5m，前趾按悬臂梁计算，常需配置钢筋。当墙身较高时，可用混凝土做成半重力式的，见图 4.50（b）。

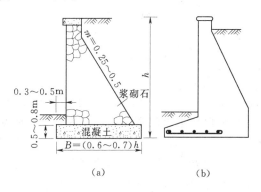

图 4.50　重力式挡土墙图

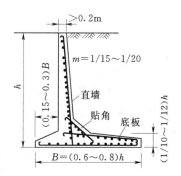

图 4.51　悬臂式挡土墙

4.8.3.2　悬臂式挡土墙

　　悬臂式挡土墙是由直墙和底板组成的主要利用底板上的填土维持稳定的一种钢筋混凝土的轻型挡土结构。其断面用作翼墙时为倒 T 形，用作岸墙时则为 L 形，如图 4.51 所示。这种结构型式的优点是结构尺寸小，自重轻，构造简单。但建筑高度不能太高，适宜高度为 6～10m。

　　直墙顶部厚度一般不小于 0.2m，底部厚度由计算确定，一般为墙高的 1/12～1/10。直墙内面常做成垂直面以便施工，而外侧面可做成 15∶1～20∶1 的坡面。底板采用变厚，其厚度在直墙处常为墙高的 1/10～1/14，前后端部不小于 0.2m。底板宽度由挡土墙稳定条件确定，常采用 0.6～0.8 倍的墙高，前趾长度一般为 0.15～0.3 倍的底板宽。直墙和底板近似按悬臂板计算。

4.8.3.3　扶臂式挡土墙

　　扶臂式挡土墙通常采用钢筋混凝土修建，也是一种轻型结构，它由直墙、扶臂及底板三部分组成。利用扶臂和直墙共同挡土，并可利用底板上的填土维持稳定，适用于墙高大于10m 的坚实或中等坚实的地基上的情况，见图 4.52。

　　直墙顶厚一般为 0.15～0.20m，下部墙厚由计算确定。扶臂间距一般为 3～4.5m，扶臂厚度多为 0.30～0.40m。底板宽度 B 为 0.8～0.9 倍的墙高，前趾长度为（1/3～1/5）B，底板厚度为 1/10～1/15 倍的墙高，一般不小于 0.40m。当直墙高度在 6.5m 以内时，直墙和扶臂可采用浆砌石结构。

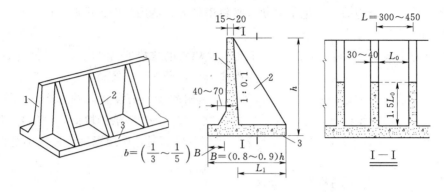

图 4.52　扶臂式挡土墙（单位：cm）

1—直墙；2—扶臂；3—底板

4.8.3.4　空箱式挡土墙

空箱式挡土墙也是一种轻型结构，由顶板、底板、前墙、后墙、扶臂和隔墙等组成。箱内不填土或填少量的土，但可以进水，主要依靠墙体本身的重量和箱内部分土重或水重稳定性，见图 4.53。其特点是作用于地基上的单位压力较小，且分布均匀，所以适用于墙的高度很大且地基允许承载力较低的情况。但其复杂，需用较多的钢筋和木材，施工麻烦，造价较高。因此，在某些较差的松软地基上采用扶壁式挡土墙还不能满足设计要求的情况下，宜采用空箱式挡土墙。

这种型式的底板宽度一般为墙高的 0.8～1.2 倍。其顶板按双向或单向板计算。

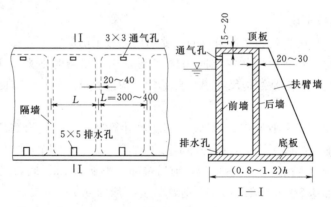

图 4.53　空箱式挡土墙（单位：cm）

4.8.3.5　连拱空箱式挡土墙

连拱空箱式是空箱式挡土墙的一种型式，见图 4.54。它由底板、前墙、隔墙和拱圈等部分组成。其特点是后墙用拱圈代替，充分利用材料的抗压性能。底板和拱圈一般为混凝土结构，前墙和隔墙多采用浆砌石结构。拱圈净跨一般为 2～3m，矢跨比常用 0.2～0.3，厚度为 0.1～0.2m。其优点是钢筋省、造价低、重量轻，适用于软土地基；缺点是挡土墙在平面布置上需转弯时施工较困难，预制拼装的拱圈整体性和防渗性均较差。

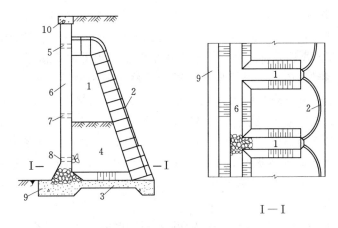

图 4.54　连拱空箱式挡土墙

1—隔墙；2—预制混凝土拱圈；3—底板；4—填土；5—通气孔；6—前墙；
7—进水孔；8—排水孔；9—前趾；10—盖顶

4.9　闸门与启闭机

4.9.1　闸门

闸门是水闸的一个重要组成部分，主要是用来调节流量和控制上下游水位，宣泄洪水，放运船只、木排、竹筏，排除泥沙等。闸门除应满足安全经济条件外，还应具有操作灵活可靠、止水良好及过水平顺，并应尽可能避免闸门产生空蚀和振动现象。此外，闸门还应便于制作、运输、安装以及检修、养护。

4.9.1.1　闸门的组成

闸门结构一般由活动部分、埋固部分和悬吊设备三部分组成。活动部分主要是由面板、梁格系统组成的门体结构（见图 4.55）；埋固构件是预埋在闸墩和胸墙等结构内部的固定构件；悬吊设备是指连接闸门和启闭设备的拉杆或牵引索等。

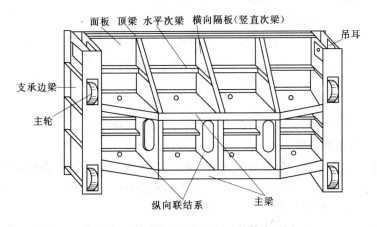

图 4.55　直升式平面闸门门叶结构布置图

4.9.1.2 闸门的类型

（1）按结构型式可分为平面闸门、弧形闸门。平面闸门是平板型式的门叶，按提升方式不同又可分为直升式和升卧式两种。直升式平面闸门提升时是沿铅垂方向直升上来的，见图 4.55。其门体结构简单，可吊出孔口进行检修，所用闸墩长度较短，也便于采用移动式启闭机；缺点是闸门的启门力较大，工作桥较高，门槽处也易发生空蚀现象。升卧式平面闸门提升时先沿垂轨道直升，再在自重和吊绳组成的倾翻力矩作用下继续沿弧形轨和斜轨逐步向下游或上游倾翻，最后全开时闸门平卧在闸墩顶部。其优点是工作桥高度小，可以降低造价，提高抗震性能；缺点是由于闸门的吊点一般设在闸门底部的上游一侧，长期浸入水中，易于锈蚀，且闸门除锈涂漆也较困难。因此，吊点位置也可放在下游一侧。

弧形闸门的挡水面板是圆弧面（图 4.56），启闭时绕位于弧形挡水面板圆心处的支承铰转动。闸门上的总水压力通过转动中心，对闸门的启闭不产生阻力矩，故启门力小，应用较广。同时，由于弧形闸门不设门槽，不影响孔口水流流态，且需闸墩厚度较小，但闸墩较长且受到侧向推力的作用。

（2）闸门按工作性质可分为工作闸门、检修闸门和事故闸门。水闸一般只设工作闸门和检修闸门。工作闸门用以调节水位和流量，要求其在动水中启闭；检修闸门是当工作闸门、门槽或门坎等检修时，临时挡水的闸门，通常在平压静水中启闭。

（3）闸门按所用材料可分为钢闸门、钢筋混凝土及钢丝网水泥闸门、钢木混合结构闸门、木闸门和铸铁闸门等。钢闸门由于工作可靠，故在大中型水闸中应用广泛。钢筋混凝土及钢丝网水泥闸门和铸铁闸门可节约钢材，但有的较重，增加了启闭设备的造价，有的耐久性较差，一般只用于小型水闸。木闸门和钢木混合闸门因其寿命短，并需要经常检修，目前在大中型水闸中很少采用。

（4）闸门按其在水中的位置可分为露顶闸门和潜孔闸门。当闸门关闭，闸门顶高于上游水位时，称其为露顶闸门，否则称其为潜孔闸门。

闸门的结构选型应根据其受力情况、控制运用要求、制作、运输、安装、维修等条件，结合闸室结构布置等合理选定。《水闸设计规范》（SL 265—2001）推荐，挡水高度和闸孔孔径均较大，需由闸门控制泄水的水闸宜采用弧形闸门。当永久缝设置在底板上时，宜采用平面闸门；如采用弧形闸门时，必须考虑闸墩间可能产生的不均匀沉降对闸门强度、止水和启闭的影响。受涌浪或风浪冲击力较大的挡潮闸，宜采用平面闸门，且闸门面板宜布置在迎潮侧。有排冰或过木要求的水闸，宜采用平面闸门或下卧式弧形闸门；多泥沙河流上的水闸，不宜采用下卧式弧形闸门。有通航或抗震要求的水闸，宜采用升卧式平面闸门或双扉式平面闸门。检修闸门应采用平面闸门或叠梁式闸门。

4.9.1.3 闸门的布置要求

闸门在闸室中的位置，应综合考虑闸室稳定、闸墩和地基应力及上部结构的布置等因素确定。弧形闸门为了不使闸墩过长，一般靠上游侧布置；平面闸门通常也布置在靠上游侧，但有时为了充分利用水重，也可移向下游侧。

露顶式闸门顶部应在可能出现的最高挡水位以上有 0.3～0.5m 的超高。对胸墙式水闸，闸门高度根据构造要求稍高于孔口即可。

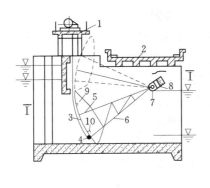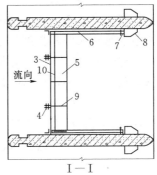

图 4.56　弧形闸门布置图

1—工作桥；2—公路桥；3—面板；4—吊耳；5—主梁；6—支臂；

7—支铰；8—牛腿；9—竖隔板；10—水平次梁

4.9.2　启闭机

闸门启闭机可分为固定式和移动式两种。常用的固定式启闭机有卷扬式、螺杆式和油压式三种。移动式一般有门架式和桥式两种。启闭机的型式应根据门型、尺寸及其运用条件等因素选定。所选用启闭机的启闭力应不小于计算的启闭力，同时应符合国家现行的《水利水电工程闸门启闭机设计规范》所规定的启闭机系列标准。若要求短时间内全部均匀开启或多孔闸门启闭频繁时，每孔应设一台固定式启闭机。

固定卷扬式启闭机，主要由电动机、减速箱、传动轴和绳鼓所组成。启闭闸门时，通过电动机、减速箱和传动轴使绳鼓转动，进而钢丝绳牵引闸门升降，并通过滑轮组的作用，使用较小的钢丝绳拉力，便可获得较大启门力。固定卷扬式启闭机适用于闭门时不需施加压力，且要求在短时间内全部开启的闸门。一般每孔布置一台。

螺杆式启闭机主要由摇柄、主机和螺杆组成。利用机械或人力转动主机，使螺杆连同闸门上下移动，从而启闭闸门。其优点是结构简单、使用方便，价格较低且易于制造；缺点是启闭速度慢，启闭力小，一般用于小型水闸。当水压力较大，门重不足时，可通过螺杆对闸门施加压力，以便使闸门关闭到底。当螺杆长度较大（如大于 3m 时），可在胸墙上每隔一定距离设支承套环，以防止螺杆受压失稳。

油压式启闭机主体由油缸和活塞两部分组成。活塞经活塞杆或连杆和闸门连接，改变油管中的压力即可使活塞带动闸门升降。油压式启闭机的优点是利用液压原理，可用较小的动力获得很大的启门力；液压传动比较平稳和安全；机体体积小，重量轻，当闸孔较多时，可以降低机房、管路及工作桥的工程造价；较易实现遥测、遥控和自动化。其主要缺点是对金属加工条件要求较高，质量不易保证，造价较高。同时设计选用时要注意解决闸门起吊同步的问题，否则会发生闸门歪斜卡阻的现象。

思　考　题

1. 水闸按其承担的任务和结构形式分为哪些类型？水闸的工作特点如何？

2. 水闸的组成部分及各组成部分的作用是什么？

3. 水闸孔口设计的影响因素有哪些？如何确定？

4. 水闸下游不利水流流态及相应的防止措施是什么？

5. 何谓水闸地下轮廓线？其长度如何拟定？布置方式有哪些？

6. 试述用"改进阻力系数法"计算闸底板下渗压力和渗透坡降的方法步骤。

7. 试述水闸荷载计算和稳定应力分析方法与重力坝有何异同？

8. 试述闸门、启闭机的分类，其选型方法如何？

9. 水闸两岸连接建筑物的型式有哪些？如何选用？

10. 闸室结构计算的内容有哪些？试述有限深度"弹性地基梁法"的计算步骤。

第5章 河岸溢洪道

学习要求：了解溢洪道作用和工作特点，掌握溢洪道设计的基本步骤和方法，熟悉溢洪道的细部构造和地基处理方法。

5.1 概　　述

在水利枢纽中，必须设置泄水建筑物，用于排泄水库的多余水量、必要时放空水库以及施工期导流，以满足安全和其他要求。河岸溢洪道是一种最常见的泄水建筑物。

溢洪道可以与坝体结合在一起，也可以设在坝体以外（图 5.1）。混凝土坝常采用坝体溢洪或泄洪的方式，如混凝土重力坝的溢流坝段。此时，坝体既是挡水建筑物又是泄水建筑物，枢纽布置紧凑、管理集中，这种布置较经济合理。但对于土石坝、堆石坝以及某些轻型坝，一般不容许从坝身溢流或大量泄流；或当河谷狭窄而泄流量大，难于经混凝土坝泄放全部洪水时，需要在坝体以外的岸边或天然垭口处建造河岸溢洪道或开挖泄水隧洞。

图 5.1　紫坪铺水库溢洪道

河岸溢洪道和泄水隧洞一起作为坝外泄水建筑物，适用范围很广，除了以上情况外，还可以适用于以下两种情况。

（1）坝型虽适于布置坝身泄水道，但由于其他条件的影响，仍不得不用坝外泄水建筑物的情况：①坝轴线长度不足以满足泄洪要求的溢流前缘宽度时；②为布置水电站厂房于坝后，不容许同时布置坝身泄水道时；③水库有排沙要求，无法借助于坝身泄水底孔或底孔不能满足泄水要求时（如三门峡水库，除底孔外，又续建两条净高达 13m 的大断面泄洪冲沙隧洞）。

（2）虽完全可以布置坝身泄水道，但采用坝外泄水建筑物的技术经济条件更有利时，也会用坝外泄水建筑物。如：①有适于修建坝外溢洪道的理想地形、地质条件，如刘家峡水利枢纽高 148m 的混凝土重力坝除坝身有一道泄水孔外，还在坝外建有高水头、大流量的溢洪道和溢洪隧洞；②施工期已有导流隧洞，结合作为运用期泄水道并无困难时。

河岸溢洪道按泄洪标准和运用情况，可分为正常溢洪道（包括主、副溢洪道）和非常溢洪道。

正常溢洪道的泄流能力应满足宣泄设计洪水的要求。超过此标准的洪水由正常溢洪道和非常溢洪道共同承担。正常溢洪道在布置和运用上有时也可分为主溢洪道和副溢洪道，但采用这种布置是有条件的，应根据地形、地质条件、枢纽布置、坝型、洪水特征及其对下游的影响等因素研究确定，主溢洪道宣泄常遇洪水，常遇洪水标准可在 20 年一遇至设计洪水之间选择。非常溢洪道在稀遇洪水时才启用，因此运行机会少，可采用较简易的结构，以获得全面、综合的经济效益。

岸边溢洪道按其结构型式可分为正槽溢洪道、侧槽溢洪道、井式溢洪道和虹吸式溢洪道等。在实际工程中，正槽溢洪道被广泛应用，也较典型，为本章的重点，其他型式的溢洪道仅作简要介绍。

5.2 正 槽 溢 洪 道

正槽溢洪道是由面向水库上游的溢流控制堰的坝外溢洪道，蓄水时控制堰（其上有闸门或无闸门）与拦河坝一起组成挡水前缘，泄洪时堰顶高程以上的水由堰顶溢流而下。这种溢洪道的泄槽轴线与溢流堰轴线垂直（与过堰水流方向一致），过堰水流平顺稳定。另外，它结构简单，施工方便，因而大中小型工程广泛采用，特别是拦河坝为土石坝的水库。

5.2.1 正槽式溢洪道的位置选择

溢洪道在水利枢纽中的位置的选择，关系到工程的总体布置，影响到工程的安全、工程量、投资、施工进度和运用管理，原则上应通过拟定各种可能方案，全面考虑，择优选定。其位置选择主要考虑以下因素：

（1）地形条件。溢洪道应位于路线短和土石方开挖量少的地方。比如坝址附近有高程合适的马鞍形垭口，则往往是布置溢洪道较理想之处。拦河坝两岸顺河谷方向的缓坡台地上也适于布置溢洪道。

（2）地质条件。溢洪道应尽量位于较坚硬的岩基上。当然土基上也能建造溢洪道，但要注意，位于好岩基上的溢洪道可以减轻工程量，甚至不衬砌；而土基上的溢洪道，尽管开挖较岩基为易，而衬砌及消能防冲工程量可能大得多。此外，无论如何应避免在可能坍滑的地带修建溢洪道。

（3）泄洪时的水流条件。溢洪道应位于水流顺畅且对枢纽其他建筑物无不利影响之处，通常应注意以下几个方面：①控制堰上游应开阔，使堰前水头损失小；②控制堰如靠近土石坝，其进水方向应不致冲刷坝的上游坡；③泄水陡槽在平面上最好不设弯段；④泄槽末端的消能段应远离坝脚，以免造成坝身的冲刷；⑤水利枢纽中如尚有水力发电、航运等建筑物时，应尽量使溢洪道泄水时不造成电站水头的波动，不影响过船筏的安全。

（4）施工条件。使溢洪道的开挖土、石方量具有好的经济效益，如将其用于填筑土石坝的坝体；在施工布置时，应仔细考虑出渣路线及弃渣场的合理安排，此外，还要解决与相邻建筑物的施工干扰问题。

5.2.2 正槽式溢洪道的组成及各部分设计

正槽溢洪道通常由进水渠、控制段（溢流堰段）、泄槽、出口消能段及出水渠五个部分组成，如图 5.2 所示。其中，控制段、泄槽及出口消能段是溢洪道的主体，是每个溢洪道工程不可缺少的。进水渠和出水渠则是主体部分同上游水库及下游河道的连接段，这两个组成部分是否需要设置，视主体部分与上、下游的连接情况而定。

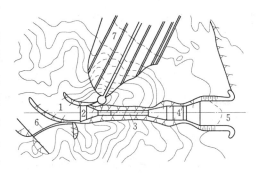

图 5.2 正槽溢洪道平面布置图
1—进水渠；2—溢流堰；3—泄槽；4—出口消能段；
5—出水渠；6—非常溢洪道；7—土石坝

5.2.2.1 进水渠

进水渠的作用是将水库的水平顺地引至溢流堰前。由于地形、地质条件限制，溢流堰往往不能紧靠库岸，需在溢流堰前开挖进水渠，将库水平顺的引向溢流堰，当溢流堰紧靠库岸或坝肩时，此段只是一个喇叭口（图 5.3 所示）。

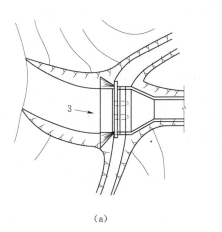

（a）

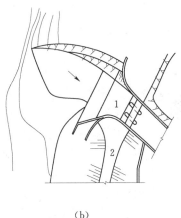

（b）

图 5.3 溢洪道进水渠的型式
1—喇叭口；2—土石坝；3—进水渠

1. 平面布置

进水渠布置时应尽量短而直，其轴线方向应有利于进水，在平面上最好布置成直线，以减小水头损失。如需设置弯道，其轴线的转弯半径一般为 4～6 倍渠底宽度。弯道至控制堰之间宜设置直线段，其长度不小于 2 倍堰上水头。

2. 横断面

引水渠的横断面应有足够大的尺寸，以降低流速，减小水头损失。渠道中的流速应大于悬移质不淤流速，小于渠道中不冲流速，且不宜大于 4m/s，如因条件限制，流速超过此值，应进行论证。例如，碧口水电站的岸边溢洪道，经技术经济比较，其进水渠的水流流速，在设计情况下选用了 5.8m/s。

进水渠的横断面，在岩基上接近矩形，边坡根据岩层条件确定，新鲜岩石一般为 1 ∶ 0.1～1 ∶ 0.3，风化岩石为 1 ∶ 0.5～1 ∶ 1.0；在土基上采用梯形，边坡根据土坡稳定要求确定，一般选用 1 ∶ 1.5～1 ∶ 2.5。

3．纵断面

进水渠纵断面应做成平底或具有不大的逆坡。渠底高程要比堰顶高程低些，因为在一定的堰顶水头下，行近水深大，流量系数也较大，泄放相同流量所需的堰顶长度要短。因此，在满足水流条件和渠底容许流速的限度内，如何确定进水渠的水深和宽度，需要经过方案比较后确定。

4．渠底衬护

进水渠应根据地质情况、渠线长短、流速大小等条件确定是否需要砌护。岩基上的进水渠可以不砌护，但应开挖整齐。对长的进水渠，则要考虑糙率的影响，以免过多的降低泄流能力。在较差的岩基或土基上，应进行砌护，尤其在靠近堰前的区段，由于流速较大，为了防止冲刷和减少水头损失，可采用混凝土板或浆砌石护面。保护段长度，视流速大小而定，一般与导水墙长度相近。砌护厚度一般为 0.3m。当有防渗要求时，混凝土砌护还可兼作防渗铺盖。

5.2.2.2 控制段

控制段的主要作用是控制溢洪道的泄流能力，它由溢流堰及其两侧的连接建筑组成，是控制溢洪道泄流能力的关键部位，因此必须合理选择溢流堰段的型式和尺寸。

1．溢流堰的形式

溢流堰通常选用宽顶堰、实用堰，有时也用驼峰堰。溢流堰体型设计的要求是：尽量增大流量系数，在泄流时不产生空穴水流或诱发危险振动的负压等。

（1）宽顶堰。宽顶堰的特点是结构简单、施工方便，但流量系数较低（约为 0.32～0.385）。由于宽顶堰堰矮，荷载小，对承载力较差的土基适应能力强，因此，在泄流不大或附近地形较平缓的中、小型工程中，应用广泛（图 5.4）。宽顶堰的堰顶通常需进行砌护。对于中、小型工程，尤其是小型工程，若岩基有足够的抗冲刷能力，也可以不加砌护，但应考虑开挖后岩石表面不平整对流量系数的影响。

（2）实用堰。实用堰的优点是流量系数比宽顶堰大，在相同泄流量条件下，需要的溢流前缘较短，工程量相对较小，但施工较复杂。大、中型水库，特别是岸坡较抖时，多采用此种型式（图 5.5）。

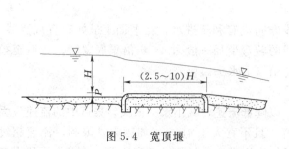

图 5.4 宽顶堰

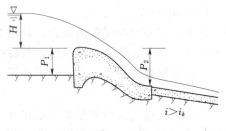

图 5.5 实用堰

实用堰的断面型式很多,在溢洪道设计规范中建议优先选择 WES 型堰。为了使溢流堰具有较大的流量系数,在设计和施工中,堰高、堰面坐标、堰面曲线长度和下游堰坡均需满足规定要求,否则,将影响流量系数或使堰面压强降低,有产生空蚀的危险。当上游堰高 P_1 和堰面曲线定型水头 H_d 的比值 $P_1/H_d > 1.33$ 时,流量系数接近一个常数,不受堰高的影响,为高堰。对于低堰的标准,一般认为 $0.3 < P_1/H_d < 1.33$,流量系数将随 P_1/H_d 的减小而降低,因此堰高 P_1 不能过低,建议 P_1 以不低于 $0.3H_d$ 为宜。低堰的流量系数还受下游堰高 P_2 的影响,随 P_2 减小过堰水流受顶托甚至淹没,为保证堰的自由泄流状态,下游堰高 P_2 建议不低于 $0.6H_d$。下游堰面坡度宜陡于 1:1。

对于低堰,因下游堰面水深较大,堰面一般不会出现过大的负压,不致发生破坏性空蚀和振动。因此,在设计低堰时,可选择较小的定型设计水头 H_d,使高水位时的流量系数加大,建议采用 $0.65 \sim 0.85$ 倍的堰顶最大水头。

(3)驼峰堰。驼峰堰是一种复合圆弧的低堰,一般由 $2 \sim 3$ 段圆弧组成。是我国从工程实践中总结出来的一种新堰型(图 5.6)。驼峰堰的堰体低,堰高一般小于 3m,流量系数较大,一般为 $0.40 \sim 0.46$,但流量系数随堰上水头增加而有所减小。设计与施工简便,对地基要求低,适用于软弱地基。

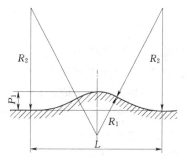

$P_1 = 0.24H_d \quad R_1 = 2.5P_1 \quad R_2 = 6P_1 \quad L = 8P_1$
$P_1 = 0.34H_d \quad R_1 = 1.05P_1 \quad R_2 = 4P_1 \quad L = 6P_1$

图 5.6　驼峰堰

2. 闸门的布置与选型

溢流堰顶可设置闸门,也可不设置闸门。不设闸门时,堰顶高程就是水库的正常蓄水位;设闸门时,堰顶高程低于水库的正常蓄水位。

一般情况下,对于大、中型水库的溢洪道,一般都设置闸门,小型水库对上游水位稍有增高所加大的淹没损失和加高坝身及其他建筑物的工程费用都不是很大,从施工简单、管理方便以及节省工程费用等各方面考虑,一般都不设置闸门。

关于溢流堰设计的一些主要问题,如闸墩、边墩、防渗、排水、工作桥、交通桥等的设计,与水闸相类似。

3. 堰顶高程和孔口尺寸的确定

确定了溢洪道位置、堰型并确定是否设置闸门之后,即可进一步确定堰顶高程、孔口尺寸(或前缘长度)。其设计方法和溢流坝相同。值得说明的是,由于进水渠的存在,特别是较长的进水渠,其上的水头损失是不能忽略的。另外,溢洪道出口一般远离坝脚,其单宽流量的选取比溢流坝所采用的数值更大些。

溢流堰前缘长度和孔口尺寸的拟定以及单宽流量的选择,可参考重力坝的有关内容。拟定了上述尺寸后,选定调洪起始水位和泄水建筑物的运用方式,然后进行调洪演算,得出水库的设计洪水位和溢洪道的最大下泄量。显然,拟定的控制段基本型式、尺寸和调洪演算成果,不一定能满足上游限制水位及下游河道安全泄量的要求,同时也不一定经济合理。在此基础上,通过分析研究再拟定若干方案,分别进行调洪计算,得出不同的水库设计洪水位和最大下泄量，并相应定出枢纽中各主要建筑物的布置尺寸、工程量和造价。最后，从安全、经济以及管理运用等方面进行综合分析论证，从而选出最优方案。

5.2.2.3　泄槽

正槽溢洪道在溢流堰后多用泄水陡槽与出口消能段相连接，以便将过堰洪水安全的泄向下游河道。泄槽一般位于挖方地段，设计时要根据地形、地质、水流条件及经济等因素合理确定其形式和尺寸。由于泄槽内水属出于急流状态，高速水流带来的一些特殊问题，如冲击波、水流掺气、空蚀和压力脉动等，均应认真考虑，并采取相应的措施。

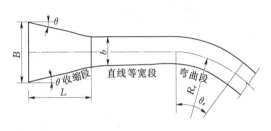

图 5.7　泄槽的平面布置

1. 泄槽的平面布置

泄槽在平面上宜尽量成直线、等宽、对称布置，使水流平顺，避免产生冲击波等不良现象。但实际工程中受地形、地质条件的限制，有时泄槽很长，为减少开挖、衬砌工程量或避免地质软弱带等，往往做成带收缩段和弯曲段的型式（图 5.7）。

（1）收缩段。泄槽段水流属于急流，如必须设置收缩段时，其收缩角也不宜太大。当收缩角太大时，必须进行冲击波计算，并应通过水工模型试验验证。收缩段最大冲击波波高由总偏转角大小决定，而与边墙偏转过程无关。因此，为了减小冲击波高度，采用直线形收缩段比圆弧形收缩段为好。

当收缩角较小时，冲击波较小，不一定要进行冲击波计算，可直接采用经验公式计算收缩角。泄槽边墙收缩角 θ 可按经验公式式（5.1）确定。

$$\tan\theta = \frac{1}{kF_r} = \frac{\sqrt{gh}}{kv} \tag{5.1}$$

式中　　θ——收缩段边墙与泄槽中心线夹角，（°）；

$\quad\quad F_r$——收缩段首、末断面的平均弗劳德数；

$\quad\quad h$——收缩段首、末断面的平均水深，m；

$\quad\quad v$——收缩段首、末断面的平均流速，m/s；

$\quad\quad k$——经验系数，可取 $k=3.0$。

工程经验和试验资料表明，收缩角在 6°以下具有较好的水流状态。

（2）弯曲段。泄槽段如设置弯道，由于离心力及弯道冲击波作用，将造成弯道内外侧横向水面差，流态不利。根据地形、地质或布置上的需要，泄槽在平面上必须设弯道时，弯道应设置在流速较小、水流平稳、底坡较缓且无变坡处。

泄槽弯曲段通常采用圆弧曲线，弯曲半径应大于 10 倍槽宽。

2. 纵剖面布置

泄槽纵剖面设计主要是决定纵坡。主要根据自然条件及水力条件确定。

泄槽纵坡必须保证泄流时，溢流堰下为自由出流和槽中不发生水跃，使水流始终处于急流状态。因此，泄槽纵坡必须大于临界坡度（即 $i > i_k$），并且宜采用单一纵坡。但为了减小工程量，泄槽沿程可随地形、地质变坡，但变坡次数不宜过多，而且在两种坡度连接处，要用平滑曲线连接，以免在变坡处发生水流脱离边壁引起负压或空蚀。当坡度由缓变

陡时，宜采用符合水流轨迹的抛物线来连接
（图 5.8）。抛物线方程为

$$y = x\tan\theta + \frac{x^2}{K(4H_0\cos^2\theta)} \tag{5.2}$$

$$H_0 = h + \frac{\alpha v^2}{2g} \tag{5.3}$$

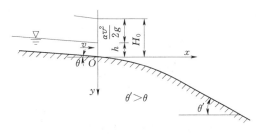

图 5.8 底坡由缓变陡时抛物线连接曲线

式中 x、y——抛物线横、纵坐标，以上段
　　　　　　陡槽末端衔接点 O 为原
　　　　　　点，m；

　　　 θ——变坡处上段陡坡的坡角，(°)；

　　　 K ——系数，对于重要工程且落差大者，可取 1.5，落差小者可取 1.1～1.3；

　　　 H_0——抛物线起始断面的比能，m；

　　　 h——抛物线起始断面的水深，m；

　　　 v——抛物线坡始断面的平均流速，m/s。

当坡度由陡变缓时，可采用半径为 (6～12)h 的反圆弧连接，流速大时宜选用较大值。

3. 横断面

泄槽横断面形状与地质情况紧密相连。在非岩基上，一般做成梯形断面，边坡比为 1:1～1:2；在岩基上的泄槽多做成矩形或近于矩形的横断面，边坡坡比为 1:0.1～1:0.3。泄槽的过水断面通过水力计算确定。

由于水流条件的复杂性，有许多问题在理论上还不够成熟，不能建立确定的解析关系。对于重要工程还应通过模型试验进行选型和确定尺寸。

泄槽边墙高度根据水深并考虑冲击波，弯道及水流掺气的影响，再加上一定的超高来确定，边墙超高一般取 0.5～1.5m。

计算水深为宣泄最大流量时的槽内水深。

当泄槽水流表面流速达到 10m/s 左右时，将发生水流掺气现象而使水深增加。掺气程度与流速、水深、边界糙率以及进口形状等因素有关，掺气后水深可按式（5.4）估算

$$h_b = \left(1 + \frac{\xi v}{100}\right)h \tag{5.4}$$

式中 h、h_b——泄槽计算断面的水深及掺气后的水深，m；

　　　 v——不掺气情况下泄槽计算断面的平均流速，m/s；

　　　 ξ——修正系数，可取 1.0～1.4s/m，视流速和断面收缩情况而定，当流速大于 20m/s 时，宜采用较大值。

在泄槽转弯处的横断面，由于弯道离心力和急流冲击波共同作用而产生横向水面超高，使外侧水深加大，内侧水深减小，造成断面内流量分布不均，如图 5.9 (a) 所示。

槽底超高法即将外侧渠底抬高，造成一个横向坡度，如图 5.9 (b) 所示。利用重力沿横向坡度产生的分力，与弯曲段水体的离心力相平衡，以调整横剖面上的流量分布，使之均匀，改善流态，减小冲击波和保持弯曲段水面的稳定性。泄槽弯曲段外侧相对内侧的槽底超高值 Δz，可用一个由离心力方程导出的公式来表达，即

$$\Delta z = C \frac{v^2 b}{g r_c} \tag{5.5}$$

式中　v——弯曲段起始断面的平均流速，m/s；

　　　b——泄槽直段的水面宽，m；

　　　g——重力加速度 m/s²；

　　　r_c——弯曲段中线的曲率半径，m；

　　　C——超高系数，其值可查表 5.1。

表 5.1　　　　　　　　　横向水面超高系数 C 值

泄槽断面形状	弯道曲线的几何形状	C 值
矩 形	简单圆曲线	1.0
梯 形	简单圆曲线	1.0
矩 形	带有缓和曲线过渡段的复曲线	0.5
梯 形	带有缓和曲线过渡段的复曲线	1.0
矩 形	既有缓和曲线过渡线，槽底又横向倾斜的弯道	0.5

为了保持泄槽中线的原底部高程不变，以利于施工，常将内侧渠底较中线高程下降 $1/2\Delta z$，而外侧渠底则抬高 $1/2\Delta z$，如图 5.9（c）所示。

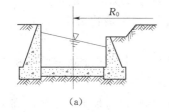 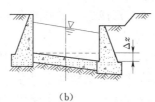 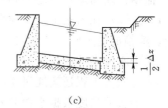

图 5.9　泄槽横断面形式

4. 泄槽的构造

（1）泄槽的衬砌。为了保护槽底不受冲刷和岩石不受风化，防止高速水流钻入岩石裂隙，将岩石掀起，泄槽都需要进行衬砌。对泄槽衬砌的要求是：衬砌材料能抵抗水流冲刷；在各种荷载作用下能够保持稳定；表面光滑平整，不致引起不利的负压和空蚀；做好底板下排水，以减小作用在底板上的扬压力；做好接缝止水，隔绝高速水流侵入底板底面，避免因脉动压力引起的破坏，要考虑温度变化对衬砌的影响，在寒冷地区对衬砌材料还应有一定的抗冻要求。

岩基上泄槽的衬砌可以用混凝土、水泥浆砌条石或块石以及石灰浆砌块石水泥浆勾缝等型式。石灰浆砌块石水泥浆勾缝，适用于流速小于 10m/s 的小型水库溢洪道。水泥浆砌条石或块石，使用与流速小于 15m/s 的中、小型水库溢洪道。但对抗冲能为较强的坚硬岩石，如果砌得光滑平整，做好接缝止水和底部排水，也可以承受 20m/s 左右的流速。混凝土衬砌的厚度主要是根据工程规模，流速大小和地质条件决定。目前，衬砌厚度的确定尚未形成成熟的计算方法和公式，在工程应用中主要还是采用工程类比法确定，一般取 0.4～0.5m，不应小于 0.3m。当单宽流量或流速较大时，衬砌厚度应适当加厚，甚至可达 0.8m。为了防止温度变化应力引起温度裂缝，重要的工程常在衬砌临水面配置适量的钢筋网，纵横布置，每方向的含钢率为 0.1%～0.2%。岩基上的衬砌，在必要的情况下可布置锚筋插入新鲜岩层，以增加衬砌的稳定。锚筋的直径为 25mm 以上，间距 1.5～3.0m，插入岩基 1.0～1.5m。

土基上的衬砌通常采用混凝土衬砌，由于土基的沉降量大，土基与衬砌之间基本无粘着力，而且不能采用锚筋，所以衬砌厚度一般要比岩基上的大，通常为 0.3～0.5m。当单宽流量或流速比较大时，也可用到 0.7～1.0m。为增加衬砌的稳定，可适当增加衬砌厚度或增设上下游齿墙，嵌入地基内，以防止衬砌底板沿地基面滑动。齿墙应配置足够的钢筋，以保证强度，如图 5.10 所示。

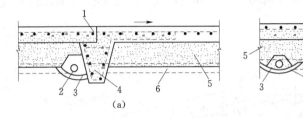

图 5.10 土基上泄槽底板的构造
(a) 横缝；(b) 纵缝
1—止水；2—横向排水管；3—灰浆垫座；4—齿墙；5—透水垫层；6—纵向排水管

如果底板不够稳定或为了增加底板的稳定性，可在地基中设置锚筋桩，使底板与地基紧密集合，利用土的重力，增加底板的稳定性。图 5.11 为岳城水库溢洪道锚筋桩布置图。

(2) 衬砌的分缝、止水。为了控制温度裂缝的发生，除了配置温度钢筋外，泄槽衬砌还需要在纵、横方向分缝，并与堰体及边墙贯通。岩基上的混凝土衬砌，由于岩基对衬砌的约束力大，分缝的间距不宜太大，一般采用 10～15m，衬砌较薄时对温度影响较敏感应取小值。衬砌的接缝有搭接缝、键槽接、平接缝缝、边墙缝等多种型式，如图 5.12 (a)、(b)、(c)、(d) 所示。垂直于流向的横缝比纵缝要求高，宜采用搭接式，岩基较坚硬且衬砌较厚时也可采用键槽缝；纵缝可采用平接的型式。

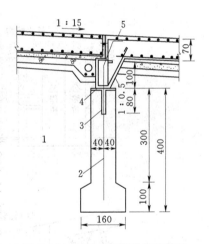

图 5.11 岳城水库溢洪道锚筋桩
布置（单位：cm）
1—第三纪沙层；2—15kg/m 钢桩；3—涂沥青厚 2cm，包油毡一层；4—沥青油毡厚
1cm；5—5Φ32 螺纹钢筋

为防止高速水流通过缝口钻入衬砌底面，将衬砌掀动，所有的伸缩缝都应布置止水，其布置要求与水闸底板基本相同。

(3) 衬砌的排水。为排除地基渗水，减小衬砌所受的扬压力，须在衬砌下面设置排水系统，如图 5.13 所示。排水系统由若干道横向排水沟及几道纵向排水沟所组成。岩基上的横向排水，通常在岩基开挖沟槽并回填不易风化的碎石形成。沟槽尺寸一般取 0.3m×

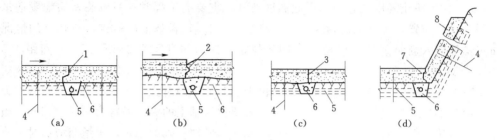

图 5.12　衬砌的接缝型式

(a) 搭接缝；(b) 键槽缝；(c) 平接缝；(d) 边墙缝

1—搭接缝；2—键槽缝；3—平接缝；4—锚筋；5—横向排水管；6—纵向排水管；7—边墙缝；8—通气孔

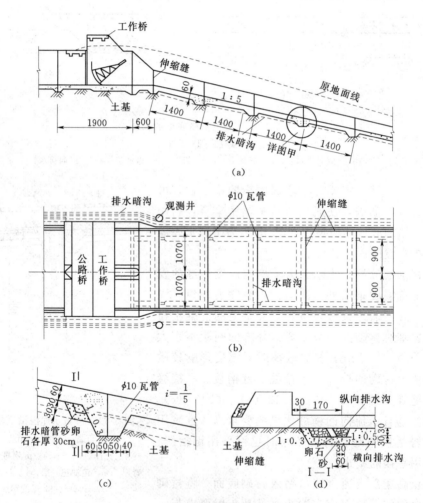

图 5.13　溢洪道排水布置图（单位：cm）

(a) 纵剖面图；(b) 平面图；(c) 详图甲；(d) Ⅰ—Ⅰ 剖面

0.3m，顶面盖上木板或沥青油毛毡，防止浇筑衬砌时砂浆进入而影响排水效果。纵向排水一般在沟内放置透水的混凝土管，直径 10～20cm，视渗水多少而定。为防止排水管被堵塞，纵向排水管至少应有两排，以保证排水流畅。管与横向排水沟的接口不封闭，以便收集横向渗水，管周填上不易风化的碎石。小型工程也可以按横向排水方法布置。施工时，纵、横排水沟应注意开挖成一定的坡度，保证横向排水汇集的渗水尽快地汇集到纵向排水管，并顺畅地排往下游。

土基或是破碎软弱的岩基上，需要在衬砌底板下设置平铺式排水，排水可采用厚约30cm的卵石或碎石层。如地基是黏性土，应先铺一层厚 0.2～0.5m 的砂砾垫层，垫层上在铺卵石或碎石排水层；或在砂砾层中做纵横排水管，管周做反滤。对于细砂地基，应先铺一层厚 0.2～0.4m 的粗砂，再做碎石排水层，以防渗流破坏。

这里还须指出，泄槽的止水和排水都是为防止动水压力引起底板破坏和降低扬压力而采取的有力措施，对保证安全是很重要的。但在工程实践中往往因对其认识不足而被忽视，以致造成工程事故。所以必须认真做好泄槽的构造设计，认真施工。

（4）泄槽的边墙。边墙的主要作用是保护墙后山坡或坝体免受槽内水流的冲刷。同时，也起挡土的作用，并保证两侧山坡的稳定。非岩基上的泄水槽多加衬砌护坡。在岩基上侧护面可以薄些，如果岩石坚硬完整，则只需用薄层混凝土按设计断面将岩石加以平整衬护即可。护面也需设温度缝，缝间距可为 4～15m，缝内设止水，护面下设排水，并与底板下的排水管连通，以减小作用于护面的渗透压力。为了排水畅通，在排水管靠近边墙顶部的一端应设通气孔，如图 5.12（d）所示。

5.2.2.4 出口消能段

溢洪道泄洪，一般是单宽流量大、流速高，能量集中，如果消能设施考虑不当，出槽的高速水流与下游河道的正常水流不能妥善衔接，下游河床和岸坡就会遭受冲刷，甚至会危及河岸溢洪道的安全。

河岸溢洪道的消能设施一般采用挑流消能或底流消能，有时也可采用其他型式的消能措施，当地形地质条件允许时，优先考虑挑流消能，以节省消能防冲设施的工程投资。

挑流消能一般适用于岩石地基的中、高水头枢纽。为了保证挑坎稳定，常在挑坎的末端做一道深齿墙，如图 5.14 所示。齿墙深度应根据冲刷坑的形状和尺寸决定，一般可达

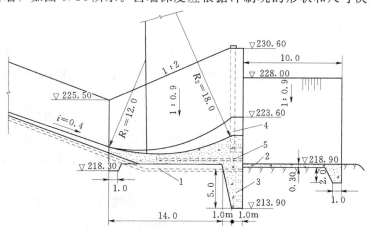

图 5.14　溢洪道挑流坎布置图（单位：m）

1—纵向排水；2—护坦；3—混凝土齿墙；4—ϕ50cm 通气孔；5—ϕ10cm 通气孔

5～8m。如冲坑再深，齿墙还应加深。挑坎的左右两侧也应做齿墙插入两侧岩体。为了加强挑坎的稳定，常用锚筋将挑坎与基岩锚固连成一体。为了防止小流量水舌不能挑射时产生贴壁冲刷，挑坎下游常做一段短护坦。为了避免在挑流水舌的下面形成真空，产生对水流的吸力，减小挑射距离，应采用通气措施，如通气孔或扩大出水渠的开挖宽度，以使空气自由流通。

挑流坎的结构型式一般有两种，如图 5.15 所示，图 5.15（a）为重力式，图 5.15（b）为衬砌式，前者适用较软弱岩基或土基，后者适用坚实完整岩基。

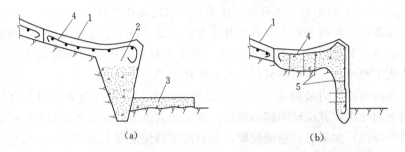

（a）　　　　　　　　　　　　（b）

图 5.15　挑流鼻坎的型式
(a) 重力式；(b) 锚筋薄护层式
1—面板；2—齿墙；3—护坦；4—钢筋；5—锚筋

5.2.2.5　出水渠

由溢洪道下泄的水流应与坝脚和其他建筑物保持一定距离，且应和原河道水流获得妥善衔接，以免影响坝和其他建筑物的安全和正常运行。在有的情况下，当下泄的水流不能直接归入原河道时，需要布置一段出水渠。出水渠要短、直、平顺，底坡尽量接近下游原河道的平均坡降，以使下泄的水流能顺畅平稳地归入原河道。

5.3　侧槽溢洪道

5.3.1　侧槽溢洪道的特点

侧槽溢洪道一般由溢流堰、侧槽、泄水道和出口消能段等部分组成。溢流堰大致沿河岸等高线布置，水流经过溢流堰泄入与堰大致平行的泄槽后，在槽内转向约 90°，经泄槽或泄水隧洞流入下游，见图 5.16。

当坝址处山头较高，岸坡陡峭时，可选用侧槽溢洪道。与正槽溢洪道相比较，侧槽溢洪道具有以下优点：①可以减少开挖方量；②能在开挖方量增加不多的情况下，适当加大溢流堰的长度，从而提高堰顶高程，增加兴利库容；③使堰顶水头减小，减少淹没损失，非溢流坝的高度也可适当降低。

侧槽溢洪道的水流条件比较复杂，过堰水流进入侧槽后，形成横向漩滚，同时侧槽内沿程流量不断增加，漩滚强度也不断变化，水流脉动和撞击都很强烈，水面极不平稳。而侧槽又多是在坝头山坡上劈山开挖的深槽，其运行情况直接关系到大坝的安全。因此侧槽多建在完整坚实的岩基上，且要有质量较好的衬砌。除泄量较小者外，不宜在土基上修建

206

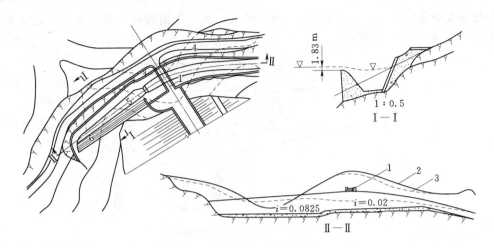

图 5.16 明渠泄水的侧槽溢洪道

1—公路桥；2—原地面线；3—岩石线；4—上坝公路；5—侧槽；6—溢洪道

侧槽溢洪道。

侧槽溢洪道的溢流堰多采用实用堰。泄水道可以是泄槽，也可以是无压隧洞，视地形、地质条件而定。如果施工时用隧洞导流，则可将泄水隧洞与导流隧洞相结合。

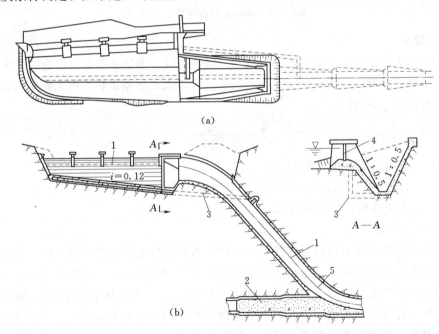

图 5.17 隧洞泄水的侧槽溢洪道

（a）平面图；（b）纵剖面图

1—水面线；2—混凝土塞；3—排水管；4—闸门；5—泄水隧洞

5.3.2 侧槽设计

侧槽设计的要求是满足泄洪条件，保持槽内流态良好、造价低廉和施工管理方便，设计的任务是确定侧槽的槽长（堰长）、断面型式、起始断面高程、槽底纵坡和断面宽度，有关尺寸参数如图 5.18 所示。

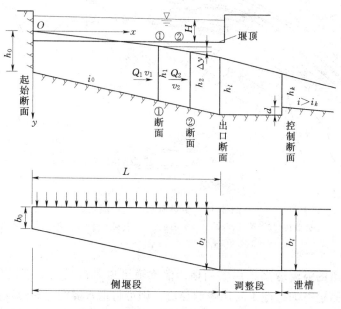

图 5.18　侧槽水面曲线计算简图

5.3.2.1　堰长

侧槽堰长 L（即溢流前缘长度）与堰型、堰顶高程、堰顶水头和溢洪道的最大设计流量有关。堰型应根据工程规模、流量大小选择，对于大、中型工程一般选择实用堰。溢流堰长度可按式（5.6）计算。

$$L = \frac{Q}{m\sqrt{2g}H^{\frac{3}{2}}} \tag{5.6}$$

式中　Q——溢洪道的最大泄流量，m^3/s；

$\quad\quad\ H$——堰顶水头，m，行近流速水头可忽略不计；

$\quad\quad\ m$——流量系数，与堰型有关。

5.3.2.2　槽底纵坡

侧槽应有适宜的纵坡以满足泄洪要求。由于水流经过溢流堰泄入侧槽时，水冲向对面槽壁，水的大部分能量消耗于水体间掺混撞击，对沿侧槽方向的流动并无帮助，完全依靠重力作用向下游流动，因此，槽底必须要有一定的坡度。当纵坡 i_0 较陡时，槽内水流为急流，水流不能充分掺混消能，并且槽中水深很不均匀，最大水深可高于平均水深的 5%～20%。因此，槽底纵坡应取单一纵坡，且小于槽末断面水流的临界坡。当槽底纵坡 i 较缓时，槽内水流为缓流，水流流态平衡均匀，并可较好地掺混消能。初步拟定时，一般采用槽底纵坡为 0.01～0.05。

5.3.2.3　侧槽横断面底宽

为了适应流量沿程不断增加的特点，侧槽横断面底宽应沿侧槽轴向自上而下逐渐加大。首先，根据地形地质条件通过工程类比法初选若干起始断面底宽 b_0 并经过经济比较确定。采用机械施工时，应满足施工最小宽度要求。侧槽末端断面底宽 b_L，可按比值 b_0/b_L 确定。一般来说，b_0/b_L 值愈小，侧槽开挖量愈省。但是，b_0/b_L 过小时，由于槽底需要开挖较深，将增加紧接侧槽末端水流调整段的开挖量。因此，经济的 b_0/b_L 值应根据地形、地质等具体条件计算比较后确定，一般 b_0/b_L 采用 0.5～1.0。

5.3.2.4　侧槽横向边坡系数

对于岸坡陡峭的情况，窄深断面要比宽浅断面节省开挖量。在工程实践中，多将侧槽做成窄而深的梯形断面（图 5.19）。靠岸一侧的边坡在满足水流和边坡稳定的条件下，以较陡为宜，一般采用 1：0.3～1：0.5；对于靠溢流堰一侧，溢流曲线下部的直线段坡度（即侧槽边坡），一般采用 1：0.5。根据模型试验，过水后侧槽水面较高，一般不会出现负压。

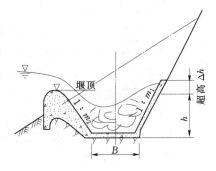

图 5.19　侧槽内流态示意图

5.3.2.5　侧槽始端槽底高程

侧槽的槽底高程，以满足溢流堰为非淹没出流和减少开挖量作为控制条件。由于侧槽沿程水面为一降落曲线，因此，确定槽底高程的关键所在是首先确定侧槽起始断面的水面高程，并由该水面高程减去断面水深求得该处的槽底高程。试验研究结果表明，当起始断面附近有一定的淹没时，仍不至于对整个溢流堰的过堰流量有较大的影响，此时仍可认为溢流堰沿程出流属于非淹没出流。为省开挖量，适当提高渠底高程，一般侧槽首端超过堰顶的水深（h_s）应小于堰上水头（H）的一半。

5.3.2.6　侧槽水面线的计算

为了调整侧槽内的水流，改善泄槽内的水流流态，水流控制断面一般选在侧槽末端，有调整段时侧应选在调整段末端。调整段的作用是使尚未分布均匀的水流，在此段得到调整后，能够较平顺流入泄槽。水工模型试验表明，这样可使泄槽内的冲击波和折冲水流明显减小。调整段一般采用平底梯形断面，其长度按地形条件决定，可采用 (2～3) h_k（h_k 为侧槽末端的临界水深）。由缩窄槽宽的收缩段或用调整段末端底坎适当壅高水位，底坎高度 d 一般取 (0.1～0.2) h_k，使水流在控制断面形成临界流，而后流入泄槽或斜井和隧洞。

根据以上要求，在初步拟定侧槽断面和布置后，即可进行侧槽的水力计算。水力计算的目的在于根据溢流堰、侧槽（包括调整段）和泄水道三者之间的水面衔接关系，定出侧槽的水面曲线和相应的槽底高程。利用动量原理，侧槽沿程水面线可按下列公式逐段推求，计算简图如图 5.18 所示。

$$\Delta y = \frac{(v_1+v_2)}{2g}\left[(v_1-v_2)+\frac{Q_1-Q_2}{Q_1+Q_2}(v_1+v_2)\right]+\overline{J}\Delta x \tag{5.7}$$

$$Q_2 = Q_1 + q\Delta x \tag{5.8}$$

$$\overline{J} = \frac{n^2\,\overline{v}^2}{\overline{R}^{4/3}} \tag{5.9}$$

$$\overline{v} = (v_1+v_2)/2 \tag{5.10}$$

$$\overline{R}=(R_1+R_2)/2 \tag{5.11}$$

式中　Δx——计算段长度，即断面 1 与断面 2 之间的距离，m；

　　　Δy——Δx 段内的水面差，m；

　Q_1、Q_2——通过断面 1 和断面 2 的流量，m^3/s；

　　　q——侧槽溢流堰单宽流量，$m^3/(s \cdot m)$；

　v_1、v_2——断面 1 和断面 2 的水流平均流速，m/s；

　　　$\overline{J}$——分段区内的平均摩阻坡降；

　　　n——泄槽槽身的糙率系数；

　　　$\overline{v}$——分段平均流速，m/s；

　　　$\overline{R}$——分段平均水力半径，m；

　R_1、R_2——断面 1 和断面 2 的水力半径，m。

　　在水力计算中，给定和选定数据有：设计流量 Q、堰顶高程、容许淹没水深 h_s、侧槽边坡坡率 m、底宽变率 b_0/b_l、槽底坡度 i_0 和槽末水深 h_l。计算步骤如下：①由给定的 Q 和堰上水头 H，算出侧堰长度 L；②列出侧槽断面与调整段末端断面（控制断面）之间的能量方程，计算控制断面处底板的抬高值 d；③根据给顶的 m、b_0/b_l、i_0 和 h_l，以侧槽末端作为起始断面，按式（5.7）用列表法逐段向上游推算水面高差 Δy 和相应水深。④根据 h_s 定出侧槽起始断面的水面高程，然后按步骤③计算成果，逐段向下游推算水面高程和槽底高程。

5.3.3　侧槽溢洪道的应用

　　与正槽溢洪道相比，侧槽溢洪道的水流流态复杂，如果设计不当将会影响工程安全，且侧槽体形相对复杂，计算繁琐。但侧槽溢洪道的侧堰可沿等高线布置，所以引渠段较短，水流从溢洪道轴线近 90°交角的侧堰上流入槽，不仅有良好的入流条件，而且侧堰开挖量较小。采用侧槽溢道可不设闸门，既减少了闸门投资，又避免了闸门的频繁启闭，减少了运行操作工序，符合偏远山区陡涨陡落的洪水特点，给管理带来了很大方便，为水库安全运行打下了良好的基础。

　　随着西部大开发战略目标的实施，新建水库逐步向偏远山区转移，因河谷山坡陡峻，普遍存在坝高库小、溢洪道开挖量大等问题，而适合侧槽式溢洪道的地形、地质条件较容易满足，因此，从减少溢洪道的开挖量、降低坝高、减少淹没损失及节省投资方面看，侧槽式溢道具有明显的优势。

5.4　井式溢洪道与虹吸式溢洪道

5.4.1　井式溢洪道

　　井式溢洪道通常由溢流喇叭口、渐变段、竖井、弯段、泄水隧洞和出口消能段等部分组成，如图 5.20 所示。

　　当岸坡陡峭、地质条件良好、又有适宜的地形布置环形溢流喇叭口时，可以采用井式溢洪道。这样可避免大量的土石方开挖，造价可能较其他型式溢洪道低。当水位上升，喇叭口溢流堰顶淹没后，堰流即转变为孔流，所以井式溢流道的超泄能力较小。当宣泄小流

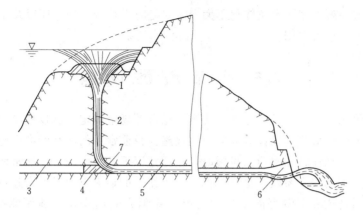

图 5.20 井式溢洪道

1—溢流喇叭口；2—竖井；3—导流隧洞；4—混凝土塞；
5—水平泄洪隧洞；6—出口段；7—弯道段

量、井内的水流连续性遭到破坏时，水流很不平稳，容易产生震动和空蚀。因此，我国目前较少采用。

溢流喇叭口的断面型式有实用堰和平顶堰两种，前者较后者的流量系数大。在两种溢流堰上都可以布置闸墩，安设平面或弧形闸门。在环形实用堰上，由于直径较小，为了避免设置闸墩，有时可采用漂浮式的环形闸门，溢流时闸门下降到堰体以内的环形门室，但在多泥沙的河道上，门室易被堵塞，不宜采用。在堰顶设置闸墩或导水墙可起导流和阻止发生立轴漩涡的作用。

5.4.2 虹吸式溢洪道

虹吸溢洪道是一种封闭式溢洪道，封闭式进口的前沿低于溢流堰顶，如图 5.21 所示。

库水位淹没进口前沿且低于溢流堰顶，溢洪道不会发生泄水。当库水位上升到略超过溢流堰顶时，堰顶开始溢流，下泄水流逐渐带走空气，使通道内部分形成真空，泄流量增加。当水流全部充满整个水道后，完全成为虹吸泄流，利用虹吸作用泄水，属于孔流流态。虹吸溢洪在稳定泄流的情况下，水位落差加大，流量也明显增加。

虹吸溢洪道从开始溢流到完全成为虹吸状态的过渡过程中，水流流态不稳定，

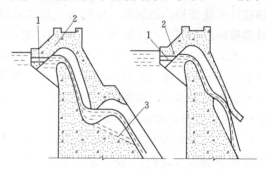

图 5.21 虹吸溢洪道
1—通气孔；2—顶盖；3—泄水孔

且不利于建筑物的安全。因此，虹吸溢洪道中，往往设置挑流坎，使水流迅速封堵管道，形成真空，加速过渡过程的完成。

库水位在淹没进口前沿的情况下均能维持虹吸泄流，直到库水位低于进口前沿，空气进入水道，虹吸停止。因此，虹吸溢洪道能够在进口前沿高程与溢流堰顶之间自动控制水位。为了能够控制库水位，在虹吸溢洪道的顶部常设有通气孔。打开通气孔就能够随时中止虹吸状态。

虹吸溢洪道一般多用于水位变化不大和需要随时进行调节的水库以及发电、灌溉的渠道上，作为泄水及放水之用。

5.5　非常溢洪设施

泄水建筑物选用的洪水设计标准，应当根据有关规范确定。当校核洪水与设计洪水的泄流量相差较大时，应当考虑设置非常泄洪设施。目前常用的非常泄洪设施有：非常溢洪道和破副坝泄洪。在设计非常泄洪设施时，应注意以下几个问题：①非常泄洪设施运行机会很少，设计所用的安全系数可适当降低；②枢纽总的最大下泄量不得超过天然来水最大流量；③对泄洪通道和下游可能发生的情况，要预先做出安排，确保能及时启用生效；④规模大或具有两个以上的非常泄洪设施，一般应考虑能分别先后启用，以控制下泄流量；⑤非常泄洪设施应尽量布置在地质条件较好的地段，要做到既能保证预期的泄洪效果，又不致造成变相垮坝。

5.5.1　非常溢洪道

在大、中型水库和重要的小型水库中，除平时运用的正常溢洪道之外，还建有非常溢洪道。这种非常溢洪道是一种保坝的重要措施，仅在发生特大洪水，正常溢洪道宣泄不及致使水库水位将要漫顶时才启用。由于超设计标准的洪水是稀遇的，故非常溢洪道的使用几率少，但要求运用灵活可靠，为此非常溢洪道应该是结构简单，便于修复，启闭及时，并能控制下泄流量。常用的非常溢洪道一般分为漫流式非常溢洪道、自溃式非常溢洪道和爆破引溃式非常溢洪道。

5.5.1.1　漫流式非常溢洪道

漫流式非常溢洪道的布置与正槽溢洪道类似，堰顶高程应选用与非常溢洪道启用标准相应的水位高程。控制段（溢流堰）通常采用混凝土或浆砌石衬砌，设计标准应与正槽溢洪道控制段相同，以保证泄洪安全。控制段下游的泄槽和消能防冲设施，如行洪过后修复费用不高时可简化布置，甚至可以不做消能设施。控制段可不设闸门控制，任凭水流自由宣泄。溢流堰过水断面通常做成宽浅式，故溢流前缘长度一般较长。因此，这种溢洪道一般布置在高程适宜、地势平坦的山坳处，以减少土石方开挖量。

5.5.1.2　自溃式非常溢洪道

自溃式非常溢洪道有漫顶溢流自溃式和引冲自溃式两种型式。漫顶溢流自溃式非常溢洪道由自溃坝（或堤）、溢流堰和泄槽组成，其进水口断面图如图5.22所示。自溃坝布置在溢流堰顶面，坝体自溃后露出溢流堰，由溢流堰控制泄流量。自溃坝平时可起挡水作用，但当库水位达到一定的高程时应能迅速自溃行洪。为此，坝体材料宜选择无粘性细砂土，压实标准不高，易被水流漫顶冲溃。当溢流前缘较长时，可设隔墙将自溃坝分隔为若干段，各段坝顶高程应有差异，形成分级分段启用的布置方式，以满足库区出现不同频率稀遇洪水的泄洪要求。浙江南山水库自溃式非常溢洪道，采用2m宽的混凝土隔墙将自溃坝分为三段，各段坝顶高程均不同，形成三级启用形式，除遇特大洪水时需三级都投入使用外，其他稀遇洪水情况只需启用一级或两级，则行洪后的修复工程量亦可减少。

自溃式非常溢洪道的优点是结构简单，施工方便，造价低廉；缺点是运用的灵活性较

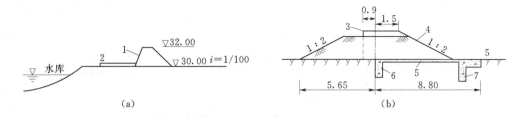

图 5.22 漫顶自溃式非常溢洪道进水口断面图（单位：m）

(a) 国内某水库非常溢洪道示意图；(b) 国外某水库漫顶自溃堤断面图

1—土堤；2—公路；3—自溃堤各段间隔墙；4—草皮护面；5—0.3m 厚混凝土护面；

6—0.6m 厚、1.5m 深的混凝土截水墙；7—0.6m 厚、3.0m 深的混凝土截水墙

差，溃坝时具有偶然性，可能造成自溃时间的提前或滞后。所以，自溃坝的高度常有一定的限制，国内已建工程一般在 6m 以下。

引冲自溃式非常溢洪道也是由自溃坝、溢流堰和泄槽组成，在坝顶中部或分段中部设引冲槽，如图 5.23 所示。当库水位超过引冲槽底部高程后，水流经引冲槽向下游泄放，并把引冲槽冲刷扩大，使坝体自溃泄洪。这种自溃方式在溃决过程中流量逐渐加大，对下游防护较有利，故自溃坝体高度可以适当提高。对于溢流前缘较长的坝，也可以按分级分段布置。引冲槽槽底高程、尺寸和纵向坡度可参照已建工程拟定。

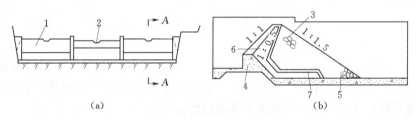

图 5.23 引冲自溃式非常溢洪道的引冲槽断面图

(a) 上游立视图；(b) A—A 剖面图

1—自溃堤；2—引冲槽；3—引冲槽底；4—混凝土堰；5—卵石；

6—黏土斜墙；7—反滤层

应当指出，自溃式非常溢洪道在溃坝泄洪后，需在水位降落后才能修复，如果堰顶高程较低，还会影响水库当年的蓄水量。但是，非常溢洪道的启用机遇是很小的，故这种影响一般不大。关键的问题是保证自溃土坝在启用时必须能按设计要求被冲溃，为此应参照已建工程经验进行布置，并应通过水工模型试验验证。

5.5.1.3 爆破引溃式非常溢洪道

与自溃式非常溢洪道类似，爆破引溃式非常溢洪道是由溢洪道进口的副坝、溢流堰和泄槽组成。当溢洪道启用时，引爆预先埋设在副坝廊道或药室的炸药，利用爆破的能量把布置在溢洪道进口的副坝强行炸开决口，并炸松决口以外坝体，通过快速水流的冲刷，使副坝迅速溃决而泄洪。如果这种溢洪措施的副坝较长时，也可分段爆破。爆破的方式、时间可灵活、主动掌握。由于这种引溃方式是由人工操作的，因而使坝体溃决有可靠的保证。图 5.24 为我国沙河水库溢洪道的副坝药室布置图。

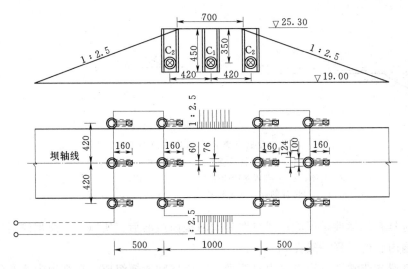

图 5.24　沙河水库副坝药室及导洞布置图（高程单位：m，尺寸单位：cm）

5.5.2　破副坝泄洪

当水库没有开挖非常溢洪道的适宜条件，而有适于破开的副坝时，可考虑破副坝的应急措施，其启用条件与非常溢洪道相同。

被破的副坝位置，应综合考虑地形、地质、副坝高度、对下游影响、损失情况和汛后副坝恢复工作量等因素慎重选定。最好选在山坳里，与主坝间有小山头隔开，这样的副坝溃决时不会危急主坝。

破副坝时，应控制决口下泄流量，使下泄量的总和（包括副坝决口流量及其他泄洪建筑物的流量）不超过入库流量。如副坝较长，除用裹头控制决口宽度外，也可预做中墩，将副坝分成数段，遇到不同频率的洪水可分段泄洪。

应当指出，由于非常泄洪设施的运用几率很少，至今经过实际运用考验的还不多，尚缺乏实践经验。因而目前在设计中的对如何确定合理的非常洪水标准、非常泄洪设施的启用条件、各种设施的可靠性已经建立健全指挥系统等，尚待进一步研究解决。

思　考　题

1. 如何确保溢洪道控制段水闸为自由出流？

2. 溢洪道水面线如何计算？

3. 查阅有关资料，了解泄槽由缓变陡时应如何连接。

4. 溢洪道出口消能方式如何确定？

5. 泄槽底板排水的作用及其措施是什么？

第6章 进水建筑物

学习要求：掌握进水建筑物的概念、特点及构造、水力条件分析；了解荷载计算和结构分析方法；结合其他相关知识，熟悉各建筑物的配筋计算和构造。

6.1 概　述

6.1.1 进水口

6.1.1.1 按作用分

1. 引水工程进水口

指为满足发电、抽水蓄能、供水、灌溉等目的而设置的进水建筑物，主要包括水电站进水口，抽水蓄能电站进水口，供水工程进水口和灌溉工程进水口等。此类进水口的基本要求是防沙、防污和防冰冻。

2. 泄水工程进水口

指为满足泄水要求而设置的进水建筑物，主要包括泄洪孔（洞）进水口，排沙孔（洞）进水口，排漂孔（道）进水口，放空孔（洞）进水口，导流孔（洞）进水口等，此类进水口兼有排沙、排污、排冰等综合运用要求。

6.1.1.2 按与枢纽的关系分

1. 整体式进水口

整体式进水口是指与枢纽工程主体建筑物组成整体结构的进水口，包括坝式进水口，河床式水电站进水口，拦河闸式进水口。

2. 独立布置进水口

独立布置进水口是指独立布置于枢纽工程主体建筑物之外的进水口，包括岸式进水口、塔式进水口、堤防涵闸式进水口等。

岸式进水口又包括岸塔式进水口、岸坡式进水口、竖井式进水口三种。

6.1.1.3 按水流流态分

1. 无压进水口

无压进水口的流道全程水流具有自由水面，且水面以上净空与外界大气保持良好贯通的进水口。

2. 有压进水口

有压进水口的流道淹没于水中，并始终保持满流状态，具有一定压力水头的进水口。

6.1.2 进水口建筑物级别与设计标准

6.1.2.1 整体式进水口

整体式布置的进水口建筑物级别分别与所在大坝、河床式水电站、拦河闸等枢纽工程主体建筑物相同，洪水标准也与主体建筑物相同。

6.1.2.2　独立布置进水口

独立布置的进水口建筑物级别应根据进水口功能和规模按照表 6.1 确定，对于堤防涵闸式进水口级别还应符合《水利水电工程进水口设计规范》（SL 285—2003）的规定，并按较高者确定。

表 6.1　　　　　　　　　　　独立布置进水口建筑物级别

进水口功能	水电站进水口	泄洪工程进水口	灌溉工程进水口	供水工程进水口	建筑物级别	
	装机容量（MW）	库容（亿 m³）	灌溉面积（万亩）	重要性	主要建筑物	次要建筑物
规模	≥1200	≥10	≥150	特别重要	1	3
	1200～300	10～1	150～50	重要	2	3
	300～50	1.0～0.10	50～5	中等	3	4
	50～10	0.10～0.01	5～0.5	一般	4	5
	<10	0.01～0.001	<0.5		5	5

6.2　无 压 进 水 口

无压进水口是无压引水（无压引水式电站、灌区建筑物）的首部建筑物。特点是进水口水流为无压流。无压进水口分为有坝取水进水口和无坝取水进水口。无坝取水不能充分利用河流资源，因此很少采用，所以无压进水口一般采用的是有坝取水。以下主要介绍开敞式有坝进水口。

6.2.1　开敞式进水口

6.2.1.1　开敞式进水口的特点和位置选择

开敞式进水口无论是有坝还是无坝取水，进水口位置都应尽可能选在河流的凹岸，以防水流挟带的大量泥沙和漂浮物在进水口前回旋淤积。如处理不当，可能造成河道变形、危及建筑物的正常运行。为此，进水口位置选在河床较稳定河段的凹岸，以便引进河表层清水，防止进水口前淤积泥沙。

此外，为使水流平顺，在进水闸前最好有一段喇叭口与河流相衔接，如图 6.1 所示。在喇叭进水口前根据需要可设置拦沙坎拦截泥沙，如水流中漂浮物较多，在喇叭口段内还应设置胸墙及拦污栅拦阻漂浮物进入。

当无合适稳定河段可利用时，可采用人工措施造成人工弯道。图 6.2 为开敞式进水口布置实例。

6.2.1.2　开敞式进水口的组成建筑物及其布置

有坝开敞式进水口的组成建筑物一般有拦河坝（拦河闸）、进水闸、冲沙闸及沉沙池等。

其布置受河道形态和水文特征影响较大，应根据具体条件确定布置型式。布置中应使水流平顺，易于防沙、防冰和清污。当无适合的稳定河弯可利用时，可采取工程措施造成人工弯道以形成横向环流，如图 6.2 所示。进水口由人工弯道的凹岸取水，在弯道尾端设冲沙泄洪闸排除推移质泥沙，进水口设有进水闸和灌溉闸。弯道半径约为弯道断面平均宽度的 4~8 倍，弯道长度约为弯道半径的 1~1.4 倍。

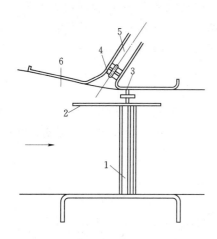

图 6.1 有坝进水口

1—溢流坝；2—导流墙；3—冲沙闸；4—进水闸；

5—引水渠道；6—喇叭口

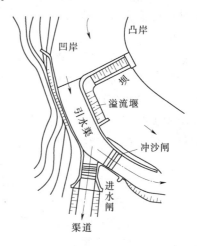

图 6.2 开敞式进水口布置图

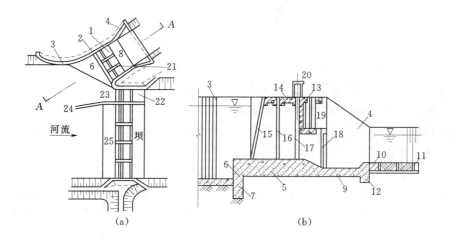

（a）　　　　　　　　　（b）

图 6.3 带冲沙廊道的进水口总体布置图

（a）平面图；（b）进水口 A—A 纵剖面图

1—闸墩；2—边墩；3—上游翼墙；4—下游翼墙；5—闸底板；6—拦沙坎；6—截水墙；

8—消力池；9—护坦；10—穿孔混凝土板；11—海漫；12—齿墙；13—胸墙；14—工

作桥；15—拦污栅；16—检修闸门；17—工作闸门；18—下游检修闸门；19—下游

闸门存放槽；20—启闭机；21—进水闸；22—冲沙闸；23—沉沙槽；

24—倒沙坝；25—拦河坝

　　进水闸与冲沙闸的相对位置应以"正面取水，侧向排沙"的原则进行布置。条件允许时，进水闸引水方向与河道主流方向偏向角尽量减小，一般不大于 20°~30°。冲沙闸的布置应以提高冲沙效果、施工方便为原则，因地制宜进行。进水闸轴线与冲沙闸轴线交角宜在 35°~45° 之间，以保证防沙效果。当地形条件限制不能满足以上要求时，应适当加大冲沙闸的过水能力，并在进口前设分水墙，以形成冲沙槽。冲沙槽和冲沙闸可按常年洪水流量设计，其布置如图 6.3 所示。也可设置冲沙廊道排除进口前淤沙。

冲沙闸底板高程一般与河床齐平，进水闸底槛高程应高出冲沙闸底板高程不小于 1.05～1.50m，以防止泥沙进入引水道。在洪水期，引水比例较小，河道推移质较大时，可设拦沙坎防止泥沙入渠。拦沙坎高度约为冲沙槽设计水深的 1/4～1/3，不宜小于 1～1.5m，拦沙坎与进水闸前水流方向宜成 30°～40°交角。

6.2.2　虹吸式进水口

对于水头在 20～30m、前池水位变幅不大的水利工程及无压引水式电站，采用虹吸式进水口可简化布置，节约投资。在小型水电站及水利工程中采用较多，如图 6.4 所示。

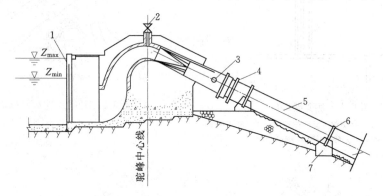

图 6.4　虹吸式进水口

1—拦污栅；2—真空破坏阀；3—进人孔；4—伸缩节；5—钢管；6—支承环；7—支墩

虹吸式进水口是利用虹吸原理将水从前池引向压力管道。由于这种进水口能迅速切断水流而无需闸门及启闭机等设备，使布置简化，操作简便，停机可靠，节省投资。但虹吸管的型体较复杂，施工质量要求较高。由于水流要越过压力墙顶进入压力管道，故引水道比闸门式进水口长，工程量相应增多。

虹吸式进水口一般由进口段、驼峰段、渐变段三部分组成。进口段的进口淹没在上游一定的水深下，并安装拦污栅。进口流道光滑平顺，为矩形断面的管道，以曲线与驼峰衔接。流道可采用象鼻形、"S"形等型式，驼峰段经常处于负压下工作，驼峰高程最高，压力最低。为减小驼峰顶点的负压，断面形式一般采用扁方形。渐变段为扁方形驼峰段和圆形管道的过渡段，在水平方向逐渐收缩，在垂直方向逐渐扩散，以便使水流平顺进入压力管道。为了减少水头损失，两个方向的收缩角或扩散角一般控制在 8°～10°，驼峰顶点装有真空破坏阀，并布置有抽气管道、旁通管及阀门等。抽气机或射流气泵可布置在附近机房内。虹吸式进水口的进口段、驼峰段和渐变段都是埋置在大体积混凝土或浆砌块石中的钢筋混凝土结构，如图 6.4 所示。

电站在引水发电时，为了使虹吸管内形成满管流，必须先抽空管内空气，为了减少驼峰下游侧的抽气量，常需设置充水管，向压力管内充水，充水管设在拦污栅后面。机组启动前，先关闭水轮机导叶，同时打开驼峰段上面的真空破坏阀，使充水时压力管内的空气由此排除，再开启充水阀使压力管充水，直至管内水位与压力前池水位齐平，然后关闭充水阀，抽气充水。

北方多泥沙河流中引水发电的动力渠道及前池，泥沙问题严重。南方河流也存在泥沙淤积问题。因此应尽可能防止有害的泥沙进入引水道。有害泥沙一般指粒径大于 0.25mm 的颗粒。泥沙进入水轮机会磨损转轮及导叶等过流部件，并淤积在引水道。

应防止推移质泥沙进入进水口，悬移质可在沉沙池清除。在进水口前设拦沙坎可挡住底部的推移质泥沙，应及时清除拦沙坎前的推移质泥沙。

沉沙池的基本原理是加大过水断面，减小流速使水流挟沙能力降低。泥沙即在沉沙池中沉淀，清水则进入引水道。设计沉沙首先决定过水断面及长度。过水断面取决于池中平均流速，一般取 0.25~0.70m/s，视允许粒径而定。沉沙池长度则与泥沙沉速有关，过短达不到沉沙效果，过长则不经济。沉沙池的断面与长度应通过专门计算和模型试验确定。

沉沙池内沉积的泥沙应及时排除。排沙方式有连续冲沙，定期冲沙及机械排沙三种。

连续冲沙是将逐渐沉下的泥沙由底部冲沙廊道排至下游，上层清水进入引水道，上下层之间由带斜孔的隔板隔开，沉积的泥沙由斜孔进入冲沙廊道。

定期冲沙是当泥沙沉积到一定深度时关闭池后闸门，降低池中水位，向原河道中冲沙，轮流冲沙。

机械排沙是用挖泥船等机械来排除沉积的泥沙。

设计沉沙的关键是要在沉沙池进口采取分流或格栅等措施，使池中水流流速均匀分布，否则池中将只在局部地区沉淀泥沙，而大量有害泥沙将在高速区通过沉沙池。

6.3 有压进水口

流道均淹没于水中，并始终保持满流状态，具有一定的压力水头的进水口，称之为有压进水口。有压进水口也称为深式进水口或潜没式进水口。有压引水式水电站和坝后式水电站的进口大都属于这种类型，其后常接有压隧洞或管道，适用于从水位变幅较大的水库中取水。

6.3.1 有压进水口的主要类型及适用条件

有压进水口的类型主要取决于水电站的开发和运行方式、引用流量、枢纽布置要求以及地形地质条件等因素，可分为竖井式、墙式、塔式、坝式四种主要类型。

6.3.1.1 竖井式进水口

竖井式进水口的闸门井布置于山体竖井中，竖井的顶部布置启闭设备和操作室，如图 6.5 所示。进口段开挖成喇叭形，以使水流平顺。闸门段经渐变段与引水隧洞衔接。这种进水口适用于隧洞进口的地质条件较好、地形坡度适中的情况。当地质条件不好，扩大进口和开挖竖井会引起塌方，地形过于平缓，不易成洞，或过于陡峻，难以开凿竖井时，都不宜采用。竖井式进水口充分利用了岩石的作用，钢筋混凝土工程量较少，是一种既经济又安全的结构形式，因而应用广泛。

6.3.1.2 墙式进水口

墙式进水口的进口段和闸门段均布置在山体之外，形成一个紧靠在山岩上的墙式建筑物，如图 6.6 所示。这种进水口适用于洞口附近地质条件较差或地形陡峻因而不宜采用洞式进水口时。墙式进水口其建筑物承受水压力，有时也承受山岩压力，因而需要足够的

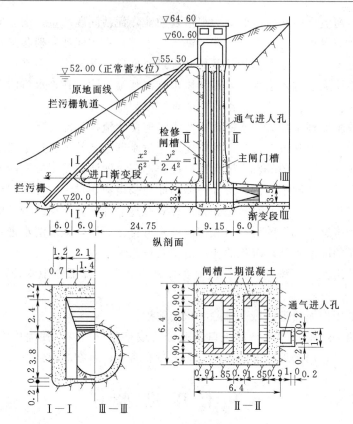

图 6.5 竖井式进水口（单位：m）

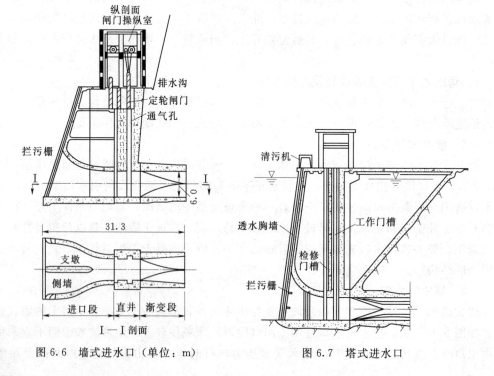

图 6.6 墙式进水口（单位：m）　　　　图 6.7 塔式进水口

强度和稳定性，有时可将墙式结构连同闸门门槽依山做成倾斜的，以减小或免除山岩压力，同时使水压力部分或全部传给山岩承受，这时的墙式进水口称为斜卧式进水口。

6.3.1.3 塔式进水口

塔式进水口的进口段和闸门段组成一个竖立于水库边的塔式结构，通过工作桥与岸边相连，如图 6.7 所示。这种进水口适用于洞口附近地质条件较差或地形平缓从而不宜采用洞式进水口的引水工程。当地材料坝的坝下涵管也常采用塔式进水口。塔式结构要承受风浪压力及地震力，必须有足够的强度及稳定性。塔式进水口可由一侧进水，也可由四周进水，然后将水引入塔底岩基的竖井中（在我国应用实例较少）。

6.3.1.4 坝式进水口

坝式进水口指的是布置在挡水坝或挡水建筑物上的整体结构进水口，进口段和闸门段常合二为一，布置紧凑，如图 6.8 所示。当水电站压力管道埋设在坝体内时，只能采用这种进水口，坝式进水口的布置应与坝体协调一致，其形状也随坝型不同而异。

6.3.2 有压进水口的布置及轮廓尺寸

6.3.2.1 有压进水口的位置

水电站有压进水口在枢纽中的位置应根据地形地质条件、水位变幅、隧洞线路、进水口型式等综合考虑确定。在各级运行水位下，应进流匀称、水流平顺、不发生回流和旋涡，不出现淤积，不聚集污物，不受其他建筑物运行的影响。进水口后连接引水隧洞时，应与隧洞平顺过渡，选择地形、地质及水流条件相宜的位置。

6.3.2.2 有压进水口的高程

有压进水口在上游最低运行水位时仍应有足够的淹没深度，防止产生贯通式漏斗旋涡。最小淹没深度可按式（6.1）计算。

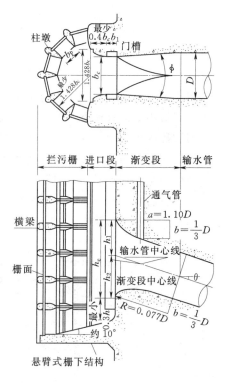

图 6.8 坝式进水口

$$S = cv\sqrt{d} \tag{6.1}$$

式中　S——最小淹没深度（进口顶部高程与水位之间的差值），m；

d——闸孔高度，m；

v——闸孔断面平均流速，m/s；

c——系数，对称水流取 0.55，边界复杂和侧向水流取 0.73。

引水工程进水口难以达到最小淹没深度要求时，应在水面以下设置防涡梁（板）和防涡栅等防涡措施。

在满足进水口前不产生漏斗状吸气旋涡及引水道内不产生负压的前提下，进水口高程应尽可能抬高，以改善结构受力条件，降低闸门、启闭设备及引水道的造价，也便于进水口运行维护。

有压进水口的底部高程应高于设计淤积高程。若无法满足，则应在进水口附近设排沙孔，以保证进水口不被淤塞，并防止有害的石块进入引水道。

6.3.2.3 有压进水口的轮廓尺寸

竖井式、墙式及塔式进水口的进口段、闸门段和渐变段划分比较明确，进水口的轮廓尺寸主要取决于三个控制断面的尺寸，即拦污栅断面、闸门孔口断面和隧洞断面。拦污栅断面尺寸通常按过栅流速不超过某个极限值的要求来决定。闸门孔口通常为矩形，事故闸门处净过水断面一般为隧洞断面的 1.1 倍左右，检修闸门孔口常与此相等或稍大，孔口宽度略小于隧洞直径，而高度等于或稍大于隧洞直径。

进水口的轮廓应能光滑地连接这三个断面，使得水流平顺，流速变化均匀，水流与四周侧壁之间无负压及旋涡。

进口段的作用是连接拦污栅与闸门段。隧洞的进口段常为平底，两侧稍有收缩，上唇收缩较大。两侧收缩曲线常为圆弧，上唇收缩曲线一般用四分之一椭圆，如图 6.5 所示，当引用流量及流速不大时可用圆弧或双曲线。进口段的长度无一定标准，在满足工程结构布置与水流顺畅的条件下，尽可能紧凑。

闸门段的体型主要决定于所采用的闸门、门槽型式及结构的受力条件，其长度应满足闸门及启闭设备布置需要，并考虑引水道检修通道的要求。

渐变段是由矩形闸门段到圆形隧洞的过渡段。通常采用圆角过渡，如图 6.9 所示，其中 1—1 断面为闸门段，3—3 断面为隧洞。圆角半径 r 可按直线规律变为隧洞半径 R。渐变段的长度一般为隧洞直径的 1.5～2.0 倍，侧面扩散角以 6°～8°为宜。

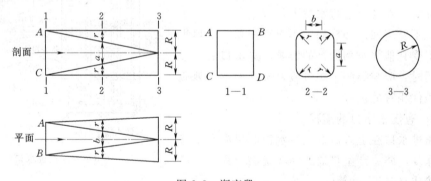

图 6.9 渐变段

上述拟定方法对坝式进水口同样适用，但为了适应坝体的结构要求，进水口长度要缩短，进口段与闸门段常合二为一。坝式进水口一般都做成矩形喇叭口状。进水口的中心线可以是水平的，也可以是倾斜的，视与压力管道的连接条件而定。开口较小时工作闸门可设于喇叭口的中部而将检修闸门置于喇叭口上游，如图 6.8 所示。图 6.8 还表示了为保证水流平顺各部分所需的最小尺寸。

上述各点均系就水电站进水口而言。抽水蓄能电站的进水口在抽水工况时成为出水口，其体型还要利于反向水流的均匀扩散，以防脱流和旋涡。

6.3.3 有压进水口的主要设备

有压进水口应根据运用条件设置拦污设备、闸门及启闭设备、通气孔以及充水阀等主要设备。

6.3.3.1　拦污设备

拦污设备的作用是防止漂浮物随水流带入进水口，同时不让这些漂浮物堵塞进水口，影响过水能力。主要的拦污设备是进口处的拦污栅。工程实践表明，进水口拦污栅极易被漂浮物堵塞，清理不及时，可能造成水电站被迫减小出力甚至停机的后果，压坏拦污栅的事例也曾发生。工程上为减小进水口拦污栅的压力，常在远离进水口几十米之外设一道粗栅或拦污浮排，拦住粗大的漂浮物，并将其引向溢流坝，宣泄至下游。

1. 拦污栅的布置及支承结构

拦污栅可采用倾斜或垂直的布置方式。竖井式及墙式进水口的拦污栅常布置为倾斜的，倾角为 $60°\sim70°$，见图 6.6、图 6.7，其优点是过水断面大，且易于清污。塔式进水口的拦污栅可布置为倾斜的或垂直的，取决于进水口的结构形状。但坝式进水口的拦污栅一般为垂直的。

拦污栅的平面形状可以是平面的或多边形的。前者便于清污，后者可增大拦污栅处的过水断面。竖井式及墙式进水口一般采用平面拦污栅，见图 6.6、图 6.7，塔式及坝式进水口则两种均可能采用。坝式进水口采用多边形拦污栅的情况见图 6.8。

拦污栅的总面积常按电站的引用流量及拟定的过栅流速反算得出。过栅流速是指扣除墩（柱）、横梁及栅条等各种阻水断面后按净面积算出的流速。拦污栅总面积小则过栅流速大，水头损失大，漂浮物对拦污栅的撞击力大，清污亦困难；拦污栅面积大，则会增加造价，甚至布置困难。为便于清污，过栅流速以不超过 1.0m/s 为宜，当河流污物很少或经粗栅、拦污浮排等措施处理后，拦污栅前污物很少时，水电站引用流量可加大，过栅流速可随之加大。

拦污栅通常由钢筋混凝土框架结构支承，见图 6.8、图 6.10，拦污栅框架由墩（柱）及横梁组成，墩（柱）侧面留槽，拦污栅片插在槽内，上、下两端分别支承在两根横梁上，承受水压时相当于简支梁。横梁的间距一般不大于4m，间距过大会加大栅片的横断面，但过小会减小净过水断面，增加水头损失。多边形拦污栅离压力管道进口不能太近，以保证入流平顺。拦污栅框架顶部应高出需要清污时的相应水库水位。

2. 拦污栅栅片

拦污栅由若干块栅片组成，每块栅片的宽度一般不超过 2.5m，高度不超过 4m，栅片像闸门一样插在支承结构的栅槽中，必要时可一片片提起检修。栅片的结构如图6.10所示。其矩形边框由角钢或槽钢焊成，纵向

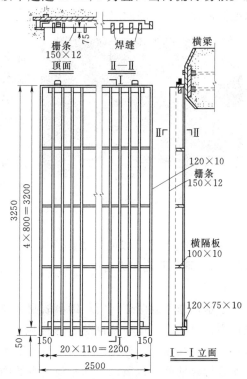

图 6.10　拦污栅栅片（单位：mm）

223

的栅条常用扁钢制成，上下两端焊在边框上。沿栅条的长度方向，等距设置几道带有槽口的横隔板，栅条背水侧嵌入该槽口并加焊，不仅固定了位置，也增加了侧向稳定性。栅片顶部设有吊环。

栅条的厚度及宽度由强度计算决定，通常厚 8～12mm，宽 100～200mm。栅条的净距 b 取决于水轮机的型号及尺寸，以保证通过拦污栅的污物不会卡在水轮机过流部件中为原则。

3. 拦污栅的清污及防冻

拦污栅是否被污物堵塞及其堵塞程度可通过观察栅前栅后的压力差来判断，这是因为正常情况下水流通过拦污栅的水头损失很小，被污物堵塞后则明显增大。发现拦污栅被堵时，要及时清污，以免造成额外的水头损失。堵塞不严重时清污方便，堵塞过多则过栅流速大，水头损失加大，污物被水压力紧压在栅条上，清污困难，处理不当时会造成停机或压坏拦污栅的事故。

拦污栅的清污方法随清污设施及污物种类不同而异。人工清污是用齿耙扒掉拦污栅上的污物，一般用于小型水电站的浅水、倾斜式拦污栅。大中型水电站常用清污机，如图6.11所示。若污物中的树枝较多，不易扒除时，可利用倒冲的方法使其脱离拦污栅，如引水系统中有调压井或前池，则可先加大水电站出力，然后突然丢弃负荷，造成引水道内短时间反向水流，将污物自拦污栅上冲下，再将其扒走。拦污栅吊起清污方法可用于污物不多的河流，结合拦污栅检修进行，也可用于污物（尤其是漂浮的树枝）较多、清污困难的情况。对于后一种情况，可设两道拦污栅，一道吊出清污时，另一道可以拦污，以保证水电站正常运行，如四川映秀湾水电站。

图 6.11　清污机

在严寒地区要防止拦污栅封冻。如冬季仍能保证全部栅条完全埋在水下，则水面形成冰盖后，下层水温高于 0℃，栅面不会结冰。如栅条露出水面，则要设法防止栅面结冰。一种方法是在栅面上通过50V 以下电流，形成回路，使栅条发热。另一种方法是将压缩空气用管道通到拦污栅上游面的底部，从均匀布置的喷嘴中喷出，形成自下向上的夹气水流，将下层温水带至栅面，并增加水流紊动，防止栅面结冰。这时要相应减小水电站引用流量以免吸入大量气泡。在特别寒冷的地区，有时采用室内进水口（包括拦污栅），以便保温。

6.3.3.2　闸门及启闭设备

1. 闸门

进水口通常设两道闸门，即事故闸门及检修闸门。当隧洞较短或调压室处另设有事故闸门时，可只设一道检修闸门。事故闸门仅在全开或全关的情况下工作，不用于流量调节，其主要功用是，当机组或引水道内发生事故时迅速切断水流，以防事故扩大。此外，引水道检修期间，也用以封堵水流。事故闸门常悬挂于孔口上方，以便事故时能在动水中快速（1～2min）关闭。闸门开启为静水开启。事故闸门一般为平面门，每套闸门配备一套固定的卷扬式启闭机或油压启闭机，以便随时操作。闸门启闭机应有就地操作和远方操作两套系统，并配有可靠电源。闸门应能吊出进行检修。

检修闸门设在事故闸门上游侧，在检修事故闸门及其门槽时用以堵水。一般采用静水启闭的平板门，中小型电站也可采用迭梁。几个进水口可合用一扇检修门，并采用移动式的启闭机（如坝顶门机）或临时启闭设备进行启闭。

2. 通气孔

通气孔设在事故闸门之后，其作用是，当引水道充水时用以排气，当事故闸门关闭放空引水道时，用以补气以防出现有害的真空。当闸门为前止水时，常利用闸门井兼作通气孔，如图6.7所示。当闸门为后止水时，则必须设专用的通气孔，如图6.6所示。通气孔中常设爬梯，兼作进人孔。

通气孔的面积常按最大进气流量除以允许进气流速得出。最大进气流量出现在事故闸门紧急关闭时，可近似认为等于进水口的最大引用流量。允许进气流速与引水道形式有关，对于露天钢管可取$30\sim50\text{m/s}$，坝内钢管及隧洞可取$70\sim80\text{m/s}$或更高。通气孔顶端应高出上游最高水位，以防水流溢出。要采取适当措施，防止通气孔因冰冻堵塞，防止大量进气时危害运行人员或吸入周围物件。

3. 充水阀

充水阀的作用是开启闸门前向引水道充水，平衡闸门前后水压，以便静水开启闸门。充水阀的尺寸应根据充水容积、下游漏水量及要求充满的时间等来确定。充水阀可安装在专门设置的连通闸门前后水道的旁通管上，但较常见的是直接在平板闸门上设"小门"，利用闸门拉杆启闭。闸门关闭时，在拉杆及充水阀重量的共同作用下充水阀关闭，提升拉杆而闸门本体尚未提起时即可先行开启充水阀。

此外，进水口应设有可靠的测压设施，以便监视拦污栅前后的水位差，以及事故闸门、检修闸门在开启前的平压情况。

思 考 题

1. 什么是无压进水建筑物？
2. 有压进水口有哪几种型式？
3. 有压进水口主要有哪些设备？
4. 通气孔的主要作用是什么？
5. 清污机主要有哪些作用？
6. 进水口防止泥沙进入的主要措施有哪些？

第7章 引水建筑物

学习要求：了解掌握渠道工程、隧洞、压力管道、渡槽、倒虹吸管的选线与布置、组成及各部分的型式与构造；理解掌握平压建筑物、坝下涵管及其他渠系建筑物的一般布置要求及构造；了解喷锚支护的应用；了解压力前池及调压室的工作原理；了解压力管道的布置方式；掌握压力明管的水力计算和经济直径的确定；了解镇墩、支墩的作用、形式，以及适用条件和明管上的阀门与附件；了解坝下涵管的布置方式及各部分构造。

7.1 渠 道 工 程

7.1.1 概述

在灌区利用灌溉渠道输水及利用排水沟道排水的过程中，为满足控制水流、分配水量、上下游连接和水流交叉等要求而修建的各种水工建筑物，统称为渠系建筑物。渠系建筑物的特点是单个工程的规模一般不大，但数量多，总工程量往往是渠首工程的若干倍。因此，设计标准对工程投资及安全性影响很大。所以在进行灌区规划时，做好渠系建筑物的规划设计工作，确定工程的合理设计标准，做好渠系建筑物的配套建设，对整个灌区意义重大。

7.1.1.1 渠系建筑物的种类及作用

渠系建筑物的种类很多，按其作用可分为以下几种。

（1）控制建筑物。这也称配水建筑物，主要用以控制渠道的水位和分配流量，以满足各级渠道输水、配水和灌水的要求，如进水闸、节制闸、分水闸等，如图7.1所示。

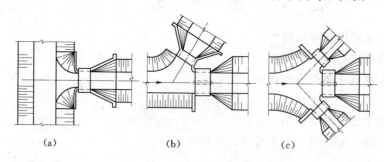

（a）　　　　　　　　　（b）　　　　　　　　　（c）

图7.1　控制建筑物平面布置图
（a）无节制分水闸；（b）、（c）有节制分水闸

（2）泄水建筑物。这是指为了保护渠道及建筑物安全或进行维修，用以泄放多余洪水或放空渠水的建筑物，如溢流堰、泄水闸、退水闸等。

（3）交叉建筑物。这是指在渠道与高山、山谷、洼地、河沟、道路或其他渠道等相交处，修建的用以跨越山谷、洼地、河流、道路等障碍的建筑物，如渡槽、倒虹吸管、涵洞、隧洞、桥梁等。由于渠系建筑物种类较多，应根据交叉处的相对高差、运用要求、地形、地质、水文等条件，经综合比较合理选用。

（4）落差建筑物。这也称连接（或衔接）建筑物，当渠道通过地面坡度较大的地段时，为了使渠底纵坡符合设计要求，避免深挖高填，便于调整渠底坡度。将渠道落差集中而修建的建筑物，如跌水、陡坡等，还可利用集中落差修建水电站。

（5）冲沉沙建筑物。它是为了防止和减少渠道淤积，在渠首或渠系中修建的沉沙及冲沙设施，如沉沙池、沉沙条渠、冲沙闸、冲沙管等。

（6）量水建筑物。这是指用以计量输水量或配水的专门设施，如量水堰、量水槽、量水喷嘴等，如图 7.2 所示。工程中，常利用量水建筑物如水闸、渡槽、倒虹吸管等进行量水。

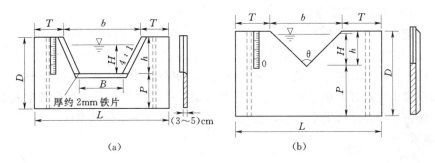

图 7.2 量水建筑物
（a）梯形量水堰；（b）三角形量水堰

（7）便民利民建筑物。它是为便于农业生产，方便群众交通、取水、用水等而修建的建筑物。如农桥、踏步、码头等。

7.1.1.2 渠系建筑物的布置原则

在渠系建筑物的布置工作中，一般应遵循以下原则：

（1）数量恰当，效益最大。渠系建筑物的型式和位置应根据渠系建筑物的平面布置图、渠道横断面图以及当地的具体地形、地质等条件合理布局，使建筑物的位置及数量恰当，工程效益最大。

（2）安全运行，保证供水。满足渠道输水、配水、泄水和量水的综合需要，保证渠道安全运行，提高灌溉效率及灌水质量，最大限度地满足灌区需水要求。

（3）联合修建，形成枢纽。减少建筑物数量，尽可能联合修建，形成枢纽，以节约投资，便于管理。

（4）独立供水，方便管理。结合用水要求，最好做到用水单位各自有独立的取水控制建筑物。

（5）便于交通，方便生产。在满足灌区用水要求的同时，应考虑方便交通，方便生产。

7.1.1.3 渠系建筑物的特点

（1）面广量大，总投资多。在一个灌区内，渠系建筑物的数量是很大的。如陕西宝鸡峡灌区，干渠平均每千米 3.8 座，支渠平均每千米 4 座，斗渠平均每千米 9.5 座，共计建筑物 13484 座。虽然单个渠系建筑物的规模一般并不大，但由于分布面广，数量多，它的总投资额往往却比渠首枢纽工程的投资大。因此，渠系建筑物的合理布局、选型与设计对降低工程造价将是十分重要的。

（2）建筑物具有相似性。同一类型的渠系建筑物，其工作条件一般是较为近似的，其结构型式、尺寸及构造也较为相近。因此，在一个灌区内可以较多地采用统一的结构形式和施工方法，广泛采用定型设计和预制装配。这不仅能简化设计和施工程序，便于群众施工，而且能够保证工程质量，加快施工进度和便于维修。对于规模较大、技术复杂的建筑物，则必须进行专门设计。

（3）受地形影响大，与群众联系密切。渠系建筑物的布置，主要取决于地形条件，同时又与群众的生产、生活密切相关。

7.1.1.4 渠系建筑物的定型设计

由于一般的渠系建筑物多为小型建筑物，因而其结构构造相对简单，在设计过程中，可以直接使用定型设计图集中的尺寸和结构，不需再进行复杂的结构和水力计算。

为了提高工程设计质量，促进水利工程建设，更好地发挥工程效益，我国已先后出版了多种渠系建筑物设计图册（集）。这些图册（集）中的设计图都经过实践的检验，且技术先进，经济合理，运行安全可靠，在同类建筑物中具有一定的典型性。

7.1.2 渠道

7.1.2.1 概述

渠道是发电、灌溉、航运、给水、排水等水利工程中广泛采用的输水建筑物，如图 7.3 所示。渠道遍布整个灌区或水电枢纽，线长面广。规划设计是否合理，将直接关系到渠道的安全、工程土方量大小、渠系建筑物的多少、施工和管理的难易程度以及工程效益的大小。都江堰灌区的灌溉面积为 1200 万亩，新疆喀群引水枢纽工程（图 7.4）的灌溉面积为 500 万亩，灌区各级渠道数量巨大。

(a)　　　　　　　　　　　　　(b)

图 7.3 渠道

灌溉用渠道，一般可分为干渠、支渠、斗渠、农渠、毛渠五级，构成完整的灌溉系统，前四级一般为固定渠道，第五级多为临时渠道。大型灌区可设总干渠、分干渠、分支渠、分斗渠等渠沟。一般干渠、支渠主要起输水作用，称为输水渠道；斗渠、农渠主要起配水作用，称为配水渠道。

渠道设计的任务是在给定的设计流量条件下，选择渠道的线路，确定渠道的纵坡、横断面尺寸、形状和结构等。

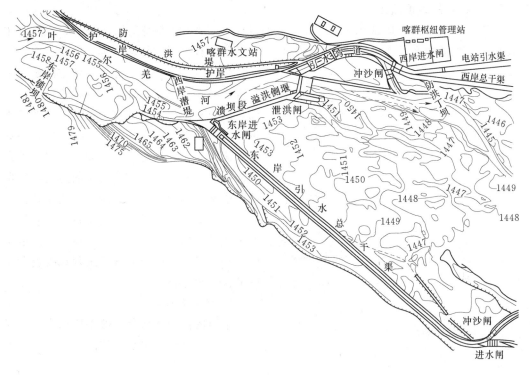

图 7.4　新疆喀群引水枢纽工程

7.1.2.2　渠道线路选择

渠道的线路选择关系到枢纽合理布置开发、渠道安全输水和降低工程造价等关键问题，应综合考虑地形、地质、施工条件、挖填方平衡及便于管理养护等因素综合分析确定。

（1）地形条件。渠道线路尽量选用直线，并力求选择挖填方基本平衡的线路，如不能满足，则应尽量避免高填方和深挖方地带，转弯也不能过急。对于衬砌渠道，转弯半径不应小于 2.5B（B 为渠道水面宽度）；对于不衬砌渠道，转弯半径不应小于 5B。

在山区及丘陵地区，渠道线路应尽量沿等高线布置，以免过大的挖填方量。当渠道通过山谷或山脊时，应对高填、深挖、绕线、渡槽、穿洞等方案进行比较，从中优选方案。

为了减小工程量，渠道应与道路、河流正交。

（2）地质条件。渠道线路应尽量避开渗漏严重、流沙、泥泽、滑坡以及开挖困难的岩层地带。必要时可进行多种方案比较，如采用外绕回填的办法避开滑坡地带，采取防渗措施以减少渗漏，采用箱涵跨越流沙地段，采用混凝土或钢筋混凝土衬砌以保证渠道安全应用等。

（3）施工条件。为了改善施工条件，确保工程质量，应全面考虑施工时的交通运输、水及动力供应、机械施工场地、取土及弃土场地等条件。

（4）管理要求。渠道的线路选择要与行政区划、土地利用规划相结合，近期目标与远期规划相结合，以确保各用水单位均有相对独立的用水渠道，以便于运用和管理维护。

总之，渠道的线路选择必须充分重视野外踏勘及调查工作，从技术、经济、社会等方面进行仔细分析比较,进行优化设计,才可能使渠道应用方便、安全可靠、经济合理。

7.1.2.3 渠道的纵横断面设计

渠道的断面设计包括纵断面设计和横断面设计,二者相互联系,互为条件。在实际工程设计中,纵横断面设计应交替、反复进行,最后经过技术经济比较确定。

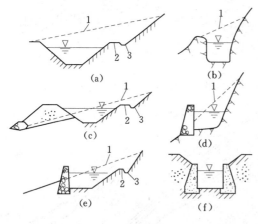

图 7.5 渠道断面图
(a)、(c)、(e)、(f) 土基;(b)、(d) 岩基
1—原地面线;2—马道;3—排水沟

合理的渠道断面设计,一般应满足以下几方面具体要求:①有足够的输水能力,以满足用户对用水水量的需要;②有足够的水位,以满足自流灌溉的要求;③有适宜的渠道水流流速,以满足渠道不冲、不淤或周期性冲淤平衡的要求;④有稳定的边坡,以保证渠道安全运用;⑤有合理的断面形式,以减少渗漏等损失,提高水利用系数;⑥尽量满足综合利用要求,做到一专多能;⑦尽量使工程量最少,以有效降低工程总投资,发挥最大工程效益。

1. 横断面设计

渠道的横断面形状一般采用梯形,它便于施工,并能保证渠道边坡的稳定,也可以采用矩形,如图 7.5 所示。

渠道的断面尺寸,一般应根据使用要求通过水力计算确定。设计时应根据设计流量设计,按照加大流量校核。

对梯形渠道,断面设计参数主要包括边坡系数 m,糙率 n,渠底纵坡 i、断面宽深比 α($\alpha = b/h$,b 为渠道底宽,h 为渠道水深)等,已知渠道断面设计参数即可根据明渠均匀流公式确定渠道断面尺寸。流量的计算公式为

$$Q = AC\sqrt{Ri}$$

其中

$$C = \frac{1}{n}R^{\frac{1}{6}}$$

式中　A——过水断面面积;

　　　C——谢才系数;

　　　R——水力半径。

此外,还需满足渠床稳定要求,即渠道满足不冲不淤要求。

渠道的糙率 n 是反映渠床粗糙程度的指标,主要依据渠道有无护面、养护、施工情况等选择确定。一般渠道可参考有关水力计算表格选定,应尽量接近实际值;大型渠道应通过试验分析确定。

渠道的纵坡 i 应根据纵断面设计要求确定,一般情况下,可参考表 7.1 所列数值。

一般情况下,流量大,含沙量小,渠床土质较差时,多用宽浅式渠道;反之,宜采用窄深式渠道。对于中、小型渠道,可以根据流量,参照表 7.2 所列经验数据选定渠道断面宽深比 α。

表 7.1 渠 道 坡 降 一 般 数 值

渠道级别	干 渠	支 渠	斗 渠	农 渠
平原灌区	1/5000～1/10000	1/3000～1/5000	1/2000～1/5000	1/1000～1/3000
滨湖灌区	1/8000～1/15000	1/6000～1/8000	1/4000～1/5000	1/2000～1/3000
丘陵灌区	1/2000～1/5000	1/1000～1/3000	石渠 1/500；土渠 1/2000	石渠 1/300；土渠 1/1000

表 7.2 渠 道 宽 深 比 α 参 考 数 值

流量（m³/s）	小于 1	1～3	3～5	5～10	10～30	30～60
宽深比 α	1～2	1～3	2～4	3～5	5～7	6～10

2. 渠道纵断面设计

渠道纵断面设计的任务，是根据用水部门对水位的要求，确定渠道的空间位置，并把一些孤立的设计断面，通过渠道中心线的平面位置相互联系起来，再结合渠线两侧实际情况，进行调整确定。

一般纵断面设计主要内容包括确定渠道纵坡、正常水位线、最低水位线、最高水位线、渠底高程线、渠道沿程地面高程线和堤顶高程线。

渠道纵横断面设计中，其纵坡的确定是否合理关系到渠道输水能力的大小、控制灌溉面积多少、工程造价的高低及渠道的稳定和安全。因此，渠道纵坡选择时应注意以下几项原则：

（1）地面坡度。渠道纵坡应尽量接近地面坡度，以避免深挖高填。

（2）地质情况。易冲刷的渠道，纵坡宜缓；地质条件较好的渠道，纵坡可适当陡一些。

（3）流量大小。流量大时纵坡宜缓，流量小时可略陡些。

（4）含沙量。水流含沙量小时，应注意防冲，纵坡宜缓；含沙量大时，应注意防淤，纵坡宜陡。

（5）水头大小。提水灌区水头宝贵，纵坡宜缓；自流灌区水头较富裕，纵坡可以陡些。

为了便于渠道的运用管理和保证渠道的安全，堤顶应有一定的宽度和安全超高。一般情况下，可以根据渠道设计流量的大小，参考表 7.3 确定。如果渠道的堤顶与交通道路相结合，则堤顶应根据交通要求确定。

表 7.3 堤顶宽度和安全超高数值

项目	田间毛渠	固定渠道流量（m³/s）						
		0.5<	0.5～1	1～5	5～10	10～30	30～50	＞50
安全超高（m）	0.1～0.2	0.2～0.3	0.2～0.3	0.3～0.4	0.4	0.5	0.6	0.8
堤顶顶宽（m）	0.2～0.5	0.5～0.8	0.8～1	1～1.5	1.5～2	2～2.5	2.5～3	3～3.5

7.1.2.4 水电站动力渠道

渠道是最简单的无压引水道。水电站的引水渠道输送发电流量和集中落差，称为动力渠道。

1. 动力渠道的基本要求

动力渠道应满足以下要求：

(1) 足够的输水能力。能适应电站负荷变化引起的水轮机引用流量的改变，为此，渠道必须具有足够的过水断面和适宜的渠底坡降。

(2) 水质符合要求。应无有害污物进入水轮机。进口应有拦污和沉沙设施，渠道沿线应有防止山坡泥沙及污物随暴雨入渠的设施。渠道前池中压力管道的进口应设拦污、排沙及排冰设施。

(3) 运行安全可靠。满足不冲、不淤、防渗、防草和防止冰冻危害等要求。渠中流速要小于不冲流速而大于不淤流速。渠道的渗漏要限制在一定的范围，过大的渗漏不但造成水量损失，而且影响渠道安全。渠道应加设护面，以减小糙率；并满足防冲、防渗、防草要求，以维护边坡稳定。

(4) 渠道应能控制和维护检修，并设排泄洪水的工程措施，如果水闸、侧堰及边坡、马道等。

(5) 渠道工程应满足经济要求。

2. 动力渠道的类型和适用条件

根据动力渠道的水力特征，可分为自动调节与非自动调节渠道两类。

(1) 自动调节渠道。渠堤顶高程沿渠长不变，渠堤以一定坡度沿渠延伸，渠末不设溢流堰。当渠内通过设计流量时，水流为恒定均匀流，水面线平行于底坡，水深为正常水深 h_0；当水电站出力减小，渠内流量小于设计流量时，渠中水流为恒定非均匀流，电站引用流量小于设计流量时，渠中水流为恒定非均匀流，水面曲线为壅水曲线；当水电站停止工作，渠中流量为零时，渠中水位与上游河流中水位齐平。渠道断面向下游逐渐扩大，这种渠道称为自动调节渠道，如图 7.6 所示。

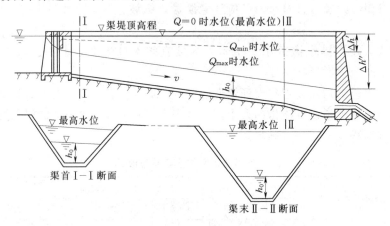

图 7.6　自动调节渠道

(2) 非自动调节渠道。非自动调节渠道渠堤顶高程沿渠长降低，与渠低坡度一致，渠道末端压力前池中设有泄水建筑物，如溢流堰等。当渠道流量中通过最大流量时，渠中水流为恒定均匀流，渠末水位低于堰顶；当机组引用流量小于设计流量时，渠中水面形成壅水曲线，当引用流量进一步减小，道渠末水位超过堰顶时，则开始溢流。当水电站引用流量为零时，通过渠道的全部流量由溢流堰泄走，如图 7.7 所示。

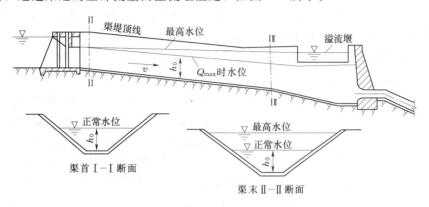

图 7.7　非自动调节渠道

这种渠道的堤顶只要高出最高水位线一定安全超高即可。为减少弃水，可根据电站负荷变化，运用渠首闸门调节入渠流量。溢流堰可限制渠末水位，保证下游用水，这种渠道的工程量较小。当渠道较长，上游水位变化范围较大，或者电站停止运行而渠道仍需向下游供水时，宜采用非自动调节渠道。

7.2 水 工 隧 洞

7.2.1 概述

7.2.1.1 水工隧洞的类型

1. 水工隧洞的作用

为满足水利水电工程各项任务而设置的隧洞称为水工隧洞，其作用如下。

（1）配合溢洪道宣泄洪水，有时也作为主要泄洪建筑物之用。

（2）引水发电，或为灌溉、供水和航运输水。

（3）排放水库泥沙，延长使用年限，有利于水电站等的正常运行。

（4）放空水库，用于人防或检修建筑物。

（5）在水利枢纽施工期用作导流建筑物。

2. 类型

（1）按作用可分为泄洪隧洞、引水发电和尾水隧洞、灌溉和供水隧洞、放空和排沙隧洞、施工导流隧洞等。

（2）按隧洞内的水流状态可分为有压隧洞和无压隧洞。

从水库引水发电的隧洞一般是有压的；灌溉渠道上的输水隧洞常是无压的，有的干渠及干渠上的隧洞还可兼用于通航；其余各类隧洞根据需要可以是有压的，也可以是无压的。在同一条隧洞中可以设计成前段是有压的而后段是无压的。但在同一洞段内，除了流速较低的临时性导流隧洞外，应避免出现时而有压、时而无压的明满流交替流态，以防引起振动、空蚀和对泄流能力的不利影响。

在设计水工隧洞时，应该根据枢纽的规划任务，按照一洞多用的原则，尽量设计为多用途的隧洞，以降低工程造价。

有压隧洞和无压隧洞在工程布置、水力计算、受力情况及运行条件等方面差别较大，对于一个具体工程，究竟采用有压隧洞还是无压隧洞，应根据工程的任务、地质、地形及水头大小等条件提出不同的方案，通过技术经济比较后选定。

7.2.1.2　水工隧洞的工作特点

（1）水力特点。枢纽中的泄水隧洞，除少数表孔进口外，大多数是深式进口。深式泄水隧洞的泄流能力与作用水头 H 的 $1/2$ 次方成正比，当 H 增大时，泄流量增加较慢，不如表孔超泄能力强。但深式进口位置较低，能提前泄水，从而提高水库的利用率，减轻下游的防洪负担，故常用来配合溢洪道宣泄洪水。泄水隧洞所承受的水头较高、流速较大，如果体形设计不当或施工存在缺陷，可能引起空化水流而导致空蚀；水流脉动会引起闸门等建筑物的振动；出口单宽流量大、能量集中会造成下游冲刷。为此应采取适宜的防止空蚀措施和消能措施。

（2）结构特点。隧洞为地下结构，开挖后破坏了原来岩体内的应力平衡，引起应力重分布，导致围岩产生变形甚至崩塌，为此，常需设置临时支护和永久性衬砌，以承受围岩压力。但围岩本身也具有承载力，可与衬砌共同承受内水压力等荷载。对于承受较大内水压力的隧洞，要求围岩具有足够的厚度和进行必要的衬砌，否则一旦衬砌破坏，内水外渗，将危害岩坡稳定及附近建筑物的正常运行。

（3）施工特点。隧洞一般是断面小，洞线长，从开挖、衬砌到灌浆，工序多，干扰大，施工条件较差，工期一般较长。施工导流隧洞或兼有导流任务的隧洞，其施工进度往往控制整个工程的工期。

7.2.1.3　水工隧洞的组成

（1）进口段。进口段位于隧洞进口部位，用以控制水流，包括拦污栅、进水喇叭口、闸门段及渐变段等。

（2）洞身段。洞身段用以输送水流，一般都需进行衬砌。

（3）出口段。出口段用以连接消能设施。无压泄水隧洞的出口仅设有门框，有压隧洞的出口一般设有渐变段及工作闸门室。而用于水电站引水的隧洞末端通常与平水建筑物相连，无专门的出口段。

本节只讨论有压引水隧洞布置与选线及各组成部分的设计问题。

7.2.2　水工隧洞的布置与选线

7.2.2.1　总体布置及线路选择

1. 总体布置

（1）水工隧洞在枢纽中的布置应根据枢纽的任务、隧洞用途、地形、地质、施工、运行等条件综合研究并经技术经济比较后方能确定。

（2）在合理选定洞线方案的基础上，根据地形、地质及水流条件，选定进口段的结构形式，确定闸门在隧洞中的布置。

（3）确定洞身纵坡及洞身断面形状和尺寸。

（4）根据地形、地质、尾水位等条件及建筑物之间的相互关系选定出口位置、高程及消能方式。

2.线路选择

引水隧洞的线路选择是设计中的关键,它关系到隧洞的造价、施工难易、工程进度、运行可靠性等方面。因此,应该在勘测工作的基础上拟定不同方案,考虑各种因素,进行技术经济综合比较后选定。选择洞线的一般原则和要求如下:

(1)隧洞的线路应尽量避开不利的地质构造、围岩中可能存在的不稳定地段及地下水位高、渗水量丰富的地段,以减小作用于衬砌上的围岩压力和外水压力。洞线要与岩层层面、构造破碎带和节理面有较大的交角,在整体块状结构的岩体中,其夹角不宜小于30°;在层状岩体中,特别是层间结合疏松的高倾角薄岩层,其夹角不宜小于45°。在高地应力地区,应使洞线与最大水平地应力方向尽量一致,以减小隧洞的侧向围岩压力。

(2)洞线在平面上应力求短直,这样既可减少工程费用,方便施工,又有良好的水流条件。若因地形、地质、枢纽布置等原因必须转弯时,应以曲线相连。对于低流速的隧洞,其曲率半径不宜小于5倍洞径或洞宽,转角不宜大于60°,弯道两端的直线段长度也不宜小于5倍洞径或洞宽。

高流速的有压隧洞,当转弯半径较小时,弯道不仅引起压力分布严重不均,甚至导致出口水流不对称,流速分布不均。因此,设置弯道时,其转弯半径及转角应通过试验确定。

(3)进、出口位置合适。隧洞的进、出口在开挖过程中容易塌方且易受地震破坏,应选在覆盖层、风化层较浅,岩石比较坚固完整的地段,避开有严重的顺坡卸荷裂隙、滑坡或危岩地带。引水隧洞的进口应力求水流顺畅,避免在进口附近产生串通性或间歇性旋涡。出口位置应与调压室的布置相协调,这有利于缩短压力管道的长度。

(4)隧洞应有一定的埋藏深度。洞顶覆盖厚度和傍山隧洞岸边一侧的岩体厚度,统称为围岩厚度。围岩厚度涉及开挖时的成洞条件,运行中在内、外水压力作用下围岩的稳定性,结构计算的边界条件和工程造价等。对于有压隧洞,当考虑弹性抗力时,围岩厚度应不小于3倍洞径。根据以往的工程经验,对于较坚硬完整的岩体,有压隧洞的最小围岩厚度应不小于0.4H(H为洞顶压力水头),如不加衬砌,顶部和侧向的厚度应分别不小于1.0H和1.5H。一般洞身段围岩厚度较厚,但进、出口则较薄,为增大围岩厚度而将进、出口位置向内移动会增加明挖工程量,延长施工时间。一般情况下,进、出口顶部岩体厚度不宜小于1倍洞径或洞宽。

(5)隧洞的纵坡。纵坡应根据运用要求、上下游衔接、施工和检修等因素综合分析比较以后确定。无压隧洞的纵坡应小于临界坡度。有压隧洞的纵坡主要取决于进、出口高程,要求全线洞顶在最不利的条件下保持不小于2m的压力水头。有压隧洞不宜采用平坡或反坡,因其不利于检修排水。为了便于施工期的运输及检修时排除积水,有轨运输的底坡一般为3‰~5‰,但不应大于10‰;无轨运输的坡度为3‰~15‰,最大不宜超过20‰。

(6)对于长隧洞,选择洞线时还应注意利用地形、地质条件,布置一些施工支洞、斜井、竖井,以便增加工作面,有利于改善施工条件,加快施工进度。

7.2.2.2 闸门在隧洞中的布置

引水隧洞中一般要设置两道闸门,一道是工作闸门,用来调节流量和封闭孔口,能在动水中启闭；一道是检修闸门，设置在进口，用来挡水，以便检修工作闸门或隧洞。当隧洞出口低于下游水位时，出口处还需设置检修闸门。大中型隧洞的深式进水口常要求检修闸门能在动水中关闭，静水中开启，以满足发生事故时的需要，所以也称事故检修门。

对于有压泄水隧洞，其工作闸门通常布置在出口，如图7.8所示。这种布置的优点是：泄流时洞内流态平稳；门后通气条件好，便于部分开启；工作闸门的控制结构也较简单，管理方便；隧洞线路布置适应性强。但洞内经常承受较大的内水压力，一旦衬砌漏水，对岩坡及土石坝等建筑物的稳定将产生不利影响。实际工程中，常在进口设事故检修门，平时也可用以挡水，以免洞内长时间承受较大的内水压力。

实际工程中，有时为了便于枢纽布置，减小工程量，降低造价，可能采用发电与泄洪、发电与灌溉相结合的隧洞布置方式。但必须妥善解决由于不同任务结合所带来的一些矛盾问题。

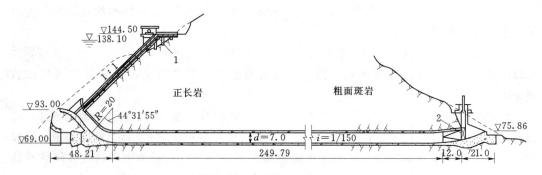

图 7.8 响洪甸有压隧洞布置图（单位：m）

1—通气孔；2—3m×7m 工作闸门

7.2.3 水工隧洞各组成部分的形式及构造

7.2.3.1 进口段

有压隧洞进口段包括进口喇叭口、闸门室、通气孔、平压管和渐变段等部分。第6章第2节已介绍了相关内容，不再赘述。

7.2.3.2 洞身段

1. 洞身断面形式

洞身断面形式取决于水流流态、地质条件、施工条件及运行要求等。

有压隧洞一般均采用圆形断面，如图7.9（a）、（b）、（c）、（g）所示，原因是圆形断面的水流条件和受力条件都较为有利。当围岩条件较好，内水压力不大时，为了施工方便，也可采用无压隧洞常用的断面型式。

2. 洞身断面尺寸

洞身断面尺寸应根据运用要求、过流量、作用水头及纵剖面布置，通过水力计算确定，有时还要进行水工模型试验验证。有压隧洞水力计算的主要任务是核算泄流能力及沿程压坡线。对于无压隧洞主要是计算其泄流能力及洞内水面线，当洞内的水流流速大于15～20m/s时，还应研究由于高速水流引起的掺气、冲击波及空蚀等问题。有压隧洞泄流能力按管流计算：

$$Q=\mu\omega\sqrt{2gH} \tag{7.1}$$

式中　μ——考虑隧洞沿程阻力和局部阻力的流量系数；

ω——隧洞出口的断面面积，m^2；

H——作用水头，m；

g——重力加速度。

洞内的压坡线可根据能量方程分段推求。为了保证洞内水始终流处于有压状态，如前所述，洞顶应有 2m 以上的压力余幅。

在确定隧洞断面尺寸时，还应考虑洞内施工和检查维修等方面的需要，圆形断面的内径不小于 2.0m，非圆形洞的断面不宜小于 1.8m×2.0m。

3. 洞身衬砌

(1) 衬砌的功用。为了保证水工隧洞安全有效地运行，通常需要对隧洞进行衬砌。衬砌的功用是：①限制围岩变形，保证围岩稳定；②承受围岩压力、内水压力等荷载；③防止渗漏；④保护岩石免受水流、空气、温度、干湿变化等的冲蚀破坏作用；⑤减小表面糙率。

(2) 衬砌的类型。隧洞衬砌主要有以下几种类型。

1) 平整衬砌。也称为护面或抹平衬砌，它不承受作用力，只起减小隧洞表面糙率、防止渗漏和保护岩石不受风化的作用。对于无压隧洞，如岩石不易风化，可只衬砌过水部分。平整衬砌适用于围岩条件较好，能自行稳定，且水头、流速较低的情况。根据隧洞的开挖情况，平整衬砌可采用混凝土、浆砌石或喷混凝土。

2) 单层衬砌。衬砌材料包括：混凝土 [图 7.9 (a)]、钢筋混凝土 [图 7.9 (b) ～ (d)] 或浆砌石等。钢筋混凝土、混凝土衬砌应用最广，适用于中等地质条件、断面较大、水头及流速较高的情况。根据工程经验，混凝土及钢筋混凝土的厚度一般约为洞径或洞宽的 1/8～1/12，且不小于 25cm，由衬砌结构计算最终确定。

3) 组合式衬砌。有内层为钢板、钢筋网喷浆，外层为混凝土或钢筋混凝土 [图 7.9 (g)]；有顶拱为混凝土，边墙和底板为浆砌石 [图 7.9 (h)]；顶拱、边墙喷锚后再进行混凝土或钢筋混凝土衬砌 [图 7.9 (i)] 等形式。

在软弱破碎的岩体中开挖隧洞，因其自稳能力差，容易发生塌方，先用喷锚支护，再做混凝土或钢筋混凝土衬砌是一种很好的组合形式。

选择洞身衬砌类型，应根据隧洞的任务、地质条件、断面尺寸、受力状态、施工条件等因素，通过综合分析比较后确定。

在有压圆形隧洞中，一般以采用混凝土、钢筋混凝土单层衬砌最为普遍。当内水压力较大，围岩条件较差，钢筋混凝土衬砌不能满足要求或不经济时，可采用内层为钢板的组合式双层衬砌。当内水压力较大时，也可研究采用预应力衬砌。

配合光面爆破，喷锚是一种经济、快速的衬砌形式。

当围岩坚硬、完整、裂隙少、稳定性好且不易风化时，对于流速低、流量较小的引水发电隧洞或导流隧洞，可以不加衬砌。不衬砌的有压隧洞，其内水压力应小于地应力的最小主应力，以保证围岩稳定。不衬砌隧洞的糙率大，引用同样流量要增加开挖断面。因此，是否采用不衬砌隧洞，应该经过技术经济比较之后确定。

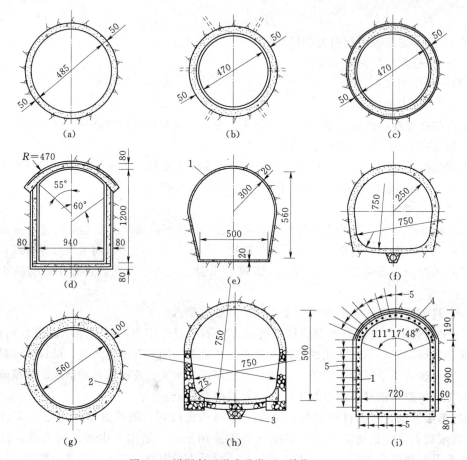

图 7.9 隧洞断面形式及类型（单位：cm）

1—喷混凝土；2—δ=16mm 钢板；3—直径 25cm 排水管；4—20cm 钢筋网喷混凝土；5—锚筋

（3）衬砌分缝。混凝土及钢筋混凝土衬砌是分段分块浇筑的。为防止混凝土干缩和温度应力而产生裂缝，在相邻分段间设有环向伸缩缝，沿洞线的浇筑分段长度应根据浇筑能力和温度收缩等因素分析决定，一般可采用 6~12m。有压隧洞需在缝中设止水 [图 7.10 (a)、(b)]。纵向施工缝应设在拉、剪应力较小的部位，对于圆形隧洞常设在与中心铅直线夹角 45°处 [图 7.10 (c)]；纵向施工缝需要凿毛处理，有时增设插筋以加强整体性，缝内可设键槽，必要时设止水。

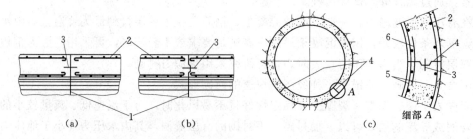

图 7.10 环向变形缝及纵向施工缝

1—环向变形缝；2—分布钢筋；3—止水片；4—纵向施工缝；5—受力钢筋；6—插筋

隧洞穿过断层破碎带或软弱带，衬砌需要加厚。当破碎带较宽，为防止因不均匀沉降而开裂，在衬砌厚度突变处，应设变形缝（图 7.11）。此外，在进口闸门室与渐变段，渐变段与洞身交接处，以及衬砌的形式、厚度改变处，可能产生相对位移的部位也需要设置环向沉降缝。沉降缝的缝面不凿毛，分布钢筋也不穿过，但缝内应填 1～2cm 厚的沥青油毡或其他填料。有压隧洞还应在缝内设止水。

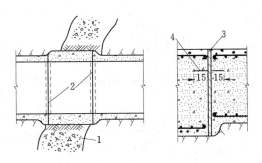

图 7.11 变形缝（单位：cm）

1—断层破碎带；2—变形缝；3—沥青油毡；4—止水片（带）

4. 灌浆

隧洞灌浆分为回填灌浆和固结灌浆两种。回填灌浆是为了充填衬砌与围岩之间的空隙，使之结合紧密，共同受力，以发挥围岩的弹性抗力作用，并减少渗漏。砌筑顶拱时，可预留灌浆管，待衬砌完成后，通过预埋管进行灌浆（图 7.12）。回填灌浆范围，一般在顶拱中心角 90°～120°以内，孔距和排距为 2～6m，灌浆孔应深入围岩 5cm 以上，灌浆压力为 0.2～0.3MPa。

固结灌浆的目的在于加固围岩，提高围岩的整体性，减小围岩压力，保证围岩的弹性抗力，减小渗漏。对围岩是否需要进行固结灌浆应通过技术经济比较确定。固结灌浆孔一般深入岩石 2～5m，有时可达 10m，或为隧洞半径的 1 倍左右，根据对围岩的加固和防渗要求而定。固结灌浆孔排距 2～4m，每排不少于 6 孔，对称布置，相邻断面错开排列，按逐步加密法灌浆。固结灌浆压力一般为 0.4～1.0MPa 或更大，对于有压隧洞可用 1.5～2.0 倍的内水压力。固结灌浆应在回填灌浆 7～14d 之后进行。灌浆时应加强观测，以防洞壁发生变形破坏。

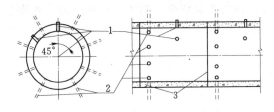

图 7.12 灌浆孔布置

1—回填灌浆孔；2—固结灌浆孔；3—变形缝

回填灌浆孔和固结灌浆孔常分排间隔排列，如图 7.12 所示。

5. 排水

设置排水，可以降低作用在衬砌上的外水压力。对于有压圆形隧洞，外水压力一般不控制衬砌设计。当外水位很高，对衬砌设计起控制作用时，可在衬砌底部外侧设纵向排水管，通至下游。必要时，还可增设环向排水槽，每隔 6～8m 设一道，收集的渗水汇集后由纵向排水暗管排向下游。

7.2.3.3 出口段

有压隧洞出口，绝大多数设有工作闸门，布置启闭机室，闸门前设有渐变段，将洞身从圆形断面渐变为闸门处的矩形孔口，出口之后即为消能设施。图 7.13 为泄洪洞的出口段构造图。

7.2.4 水工隧洞的衬砌计算

衬砌计算的目的在于核算在设计规定的荷载组合下衬砌强度能否满足设计要求。计算

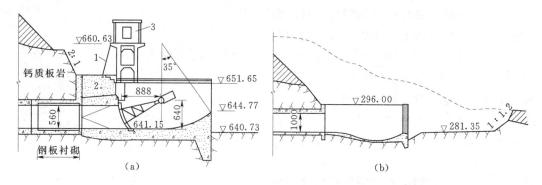

图 7.13 隧洞出口段构造（高程单位：m；尺寸单位：cm）
1—钢梯；2—混凝土压重；3—启闭机室

之前可先按 1/8～1/12 的洞径或用工程类比法初拟衬砌厚度，经过计算再行修正。

我国已建的水工隧洞采用了多种应力计算方法，如结构力学法、弹性力学法、边界元法、有限元法等。尽管方法各异，但这些隧洞绝大多数运行正常，说明衬砌计算的设计条件较接近实际情况，有一定的安全裕度。《水工隧洞设计规范》（SL 279—2002）指出：

（1）将围岩作为承载结构的隧洞可采用有限元法进行围岩和衬砌的分析计算。计算时应根据围岩特性选取适宜的力学模型，并应模拟围岩中的主要构造。

（2）以内水压力为主要荷载，围岩为Ⅰ、Ⅱ类的圆形有压隧洞，可采用弹性力学解析方法计算。

（3）对于Ⅳ、Ⅴ类围岩中的洞段可采用结构力学方法计算。

7.2.4.1 荷载及其组合

在进行水工隧洞衬砌计算之前，必须首先确定作用在隧洞衬砌上的荷载，并根据荷载特性，按不同的工作情况分别计算出衬砌中的内力。衬砌上的荷载有：围岩压力、内水压力、外水压力、衬砌自重、灌浆压力、温度荷载和地震荷载等，其中，内水压力、衬砌自重容易确定，而围岩压力、外水压力、灌浆压力、温度荷载及地震荷载等只能在一些假定的前提下进行近似计算。

荷载计算对象与结构计算相同，为单位洞长。

1. 围岩压力

围岩压力也称山岩压力。隧洞开挖后由于围岩变形（隧洞开挖破坏了岩体原来的平衡，从而引起围岩应力重分布，引起变形）或塌落而作用在衬砌上的压力，称围岩压力。按作用的方向山岩压力可分为：作用于衬砌顶部的垂直山岩压力；作用于衬砌两侧的侧向山岩压力。一般岩体中，作用在衬砌上的主要是垂直向下的围岩压力，对Ⅳ、Ⅴ类破碎岩层，还需考虑侧向山岩压力。

计算山岩压力的方法很多，但目前工程中常用的方法主要有自然平衡拱法和经验法。这里仅介绍较为实用的经验法。

《水工隧洞设计规范》（SL 279—2002）规定，围岩作用在衬砌上的荷载应根据围岩条件、横断面形状和尺寸、施工方法以及支护效果来确定，围岩压力的计取应符合下列规定。

(1) 自稳条件好，开挖后变形很快稳定的围岩，可不计围岩压力。

(2) 薄层状及碎裂散体结构的围岩，作用在衬砌上的围岩压力为

垂直方向 $\qquad q_v=(0.2\sim0.3)\gamma_1 B$ (7.2)

水平方向 $\qquad q_h=(0.05\sim0.1)\gamma_1 H$ (7.3)

式中 q_v——垂直均布围岩压力，kN/m^2；

$\qquad q_h$——水平均布围岩压力，kN/m^2；

$\qquad \gamma_1$——岩石的重度，kN/m^3；

$\qquad B$——隧洞开挖宽度，m；

$\qquad H$——隧洞开挖高度，m。

(3) 不能形成稳定拱的浅埋隧洞，宜按洞室顶拱的上覆盖层岩体重力作用计算围岩压力，再根据施工所采取的支护措施予以修正。

(4) 块状、中厚层至厚层状结构的围岩，可根据围岩中不稳定块体的作用力来确定围岩压力。

(5) 采取了支护或加固措施的围岩，根据其稳定状况，可不计或少计围岩压力。

(6) 采用掘进机开挖的围岩，可适当少计围岩压力。

(7) 具有流变或膨胀等特殊性质的围岩可能对衬砌结构产生变形压力时，应对这种作用进行专门研究，并宜采取措施减小其对衬砌的不利作用。

2. 弹性抗力

在荷载作用下，衬砌向外变形时受到围岩的抵抗，这种因围岩抵抗衬砌向外变形而作用在衬砌外壁的作用力，称为弹性抗力。弹性抗力是一种被动力。它与地基反力不同，后者是由力的平衡决定的，其数值与围岩的性质无关；而前者的产生是有条件的。需要考虑围岩弹性抗力的重要条件是岩石本身具有承载能力，而充分发挥弹性抗力作用的主要条件是围岩与衬砌接触程度。当岩石比较坚硬，且有一定的厚度（一般要求大于 3 倍的洞径），无不利的滑动面，围岩与衬砌紧密接触时，才可考虑弹性抗力的作用，否则不考虑围岩的弹性抗力，只考虑衬砌底部的地基反力。

岩石的弹性抗力可以近似地认为与衬砌变形造成的围岩的法向位移 δ 成正比，即

$$p_0=k\delta$$ (7.4)

式中 p_0——岩石弹性抗力，kN/cm^2；

$\qquad \delta$——衬砌表面法线方向位移，cm；

$\qquad k$——与岩石情况及隧洞开挖尺寸有关的弹性抗力系数，kN/cm^3。

弹性抗力系数是与围岩性质和隧洞直径有关的比例常数。实质上，它表示能阻止 $10^{-4}m^2$ 衬砌面积变位 $0.01m$ 所需要的力。实践中，常以隧洞半径为 1m 时的单位弹性抗力系数 k_0 表示围岩的抗力特性，对开挖半径为 r 时的弹性抗力系数为

$$k=\frac{k_0}{r}$$ (7.5)

式中 r——隧洞开挖半径，cm。

对非圆形隧洞，$r=B/2$（B 为开挖洞宽）。

弹性抗力系数常用类比法和现场实验方法来确定。弹性抗力估计过高，则会使衬砌结

构不安全,估计过低则造成不经济。因此,必须对其进行认真分析和估算。

3. 内、外水压力

内水压力是有压隧洞衬砌上的主要荷载。当围岩坚硬完整,洞径小于 6m 时,可只按内水压力进行衬砌的结构设计。内水压力可根据隧洞压力线或洞内水面线确定。在有压隧洞的衬砌计算中,常将内水压力分为均匀内水压力和非均匀内水压力两部分。均匀内水压力是洞顶内壁以上水头 h 产生的,其值位 γh;非均匀内水压力是指洞内充满水,洞壁各点的压强值为 $\gamma d(1-\cos\theta)/2$(θ 为计算点半径与洞顶半径的夹角,d 为隧洞内直径)时的压力。非均匀内水压力的合力向下,方向向下,数值等于单位洞长内的水重(见图7.14)。

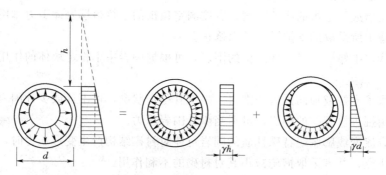

图 7.14 有压隧洞内水压力分解

对有压发电引水隧洞,还应考虑机组甩负荷时引起的水击压力。

外水压力的大小取决于水库蓄水后形成的地下水位线,由于地质条件的复杂性,很难准确计算,一般来说,常假设隧洞进口处的地下水位线与水库正常挡水位相同,在隧洞出口处与下游水位或洞顶齐平,中间按直线变化。考虑到地下水渗流过程的水头损失,工程中实际取用外水压力的数值应等于地下水的水头乘以折减系数 β_e(见表7.4)。设计中,当与内水压力组合时,外水压力常用偏小值;当隧洞放空时,采用偏大值。

表 7.4　　　　　　　　　　　外水压力折减系数 β_e 值选用表

级别	地下水活动状况	地下水对围岩稳定的影响	β_e 值
1	洞壁干燥或潮湿	无影响	0~0.2
2	沿结构面有渗水或滴水	风化结构面填充物质,地下水降低结构面的抗剪强度,对软弱岩体有软化作用	0~0.4
3	沿裂隙或软弱结构面有大量滴水,线状流水或喷水	泥化软弱结构面充填物质,地下水降低结构面的抗剪强度,对中硬岩体有软化作用	0.25~0.6
4	严重滴水,沿软弱结构面有小量涌水	地下水冲刷结构面中充填物质,加速岩体风化,对断层等软弱带软化泥化,并使其膨胀崩解,以及产生机械管涌;有渗透压力,能鼓开较薄的软弱层	0.4~0.8
5	严重股状水流,断层等软弱带有大量涌水	地下水冲刷携带结构面中填充物质,分离岩体,有渗透压力,能鼓开一定厚度的断层等软弱带,能导致围岩塌方	0.65~1.0

4. 衬砌自重

沿隧洞轴线 1m 长的衬砌重量。一般根据衬砌厚度的不同，沿洞线分段进行计算，认为自重是均匀作用在衬砌厚度的平均线上，衬砌单位面积上的自重 g 为

$$g = \gamma_c h \tag{7.6}$$

式中　γ_c——衬砌材料重度，kN/m^3；

　　　h——衬砌厚度，m。

衬砌自重应考虑平均超挖回填的部分。

除上述主要荷载外，隧洞衬砌上还作用有灌浆压力、温度荷载和地震荷载等。由于对衬砌影响较小，荷载组合时均不予考虑。

5. 荷载组合

衬砌计算时，应根据荷载特点及同时作用的可能性，按不同情况进行组合。设计中常用的组合有以下三种情况：

（1）正常运用情况。山岩压力＋衬砌自重＋宣泄设计洪水时的内水压力＋外水压力。

（2）施工、检修情况。山岩压力＋衬砌自重＋可能出现的最大外水压力。

（3）非常运用情况。山岩压力＋衬砌自重＋宣泄校核洪水时的内水压力＋外水压力。

正常运用情况属于基本组合，用以设计衬砌的厚度、配筋量，其他情况用做校核。工程中视隧洞的具体运用情况还应考虑其他荷载组合。

7.2.4.2　衬砌结构计算

衬砌结构计算步骤主要包括：选择衬砌型式并初步拟定其厚度；分别计算单位洞长上各种荷载产生的内力，并按不同的荷载组合叠加；进行强度校核、确定配筋量，判定初拟衬砌厚度是否合理并进行修改。

下面介绍以内水压力为主要荷载，围岩为Ⅰ、Ⅱ类，直径不大于 6m 的圆形有压隧洞的衬砌结构计算。

混凝土和钢筋混凝土衬砌结构不作为有严格防渗要求的结构。衬砌厚度的计算方法如下。

1. 混凝土衬砌

求混凝土衬砌厚度 h 时，以均匀内水压力 p 作用下内边缘切向拉应力不超过混凝土的容许轴心抗拉强度 $[\sigma_{hl}]$ 为限，计算公式如下

$$h = r_i \left(\sqrt{A \frac{[\sigma_{hl}] + p}{[\sigma_{hl}] - p}} - 1 \right) \tag{7.7}$$

$$[\sigma_{hl}] = \frac{R_l}{K_l} \tag{7.8}$$

式中　R_l——混凝土的设计抗拉强度；

　　　K_l——混凝土的抗拉安全系数，见表 7.5；

　　　A——弹性特征因素；

　　　h——衬砌厚度；

　　　r_i——隧洞内径。

表 7.5 混凝土的抗拉安全系数表

荷载级别	1		2、3		4、5	
荷载组合	正常运用	非常运用	正常运用	非常运用	正常运用	非常运用
安全系数 K_l	2.1	1.8	1.8	1.6	1.7	1.5

2. 钢筋混凝土衬砌

求钢筋混凝土衬砌厚度 h 时，以均匀内水压力 p 作用下，内边缘切向拉应力不超过钢筋混凝土的容许轴心抗拉强度 $[\sigma_{gh}]$ 为限，计算公式为

$$h = r_i \left[\sqrt{A \frac{[\sigma_{gh}] + p}{[\sigma_{gh}] - p}} - 1 \right] \tag{7.9}$$

$$[\sigma_{gh}] = \frac{R_f}{K_f} \tag{7.10}$$

衬砌的内边缘应力，可按式（7.11）校核。

$$\sigma_i = \frac{F}{F_n} p \frac{t^2 + A}{t^2 - A} \leqslant [\sigma_{gh}] \tag{7.11}$$

式中　R_f——混凝土的设计抗裂强度；

　　　K_f——钢筋混凝土结构的抗裂安全系数；

　　　F——沿洞线 1m 长衬砌混凝土的纵断面面积；

　　　F_n——F 中包括钢筋在内的折算面积；

　　　t——衬砌外半径与衬砌内半径的比值。

如果由式（7.9）求出的 h 为负值或小于结构的最小厚度时，则应采用结构的最小厚度，钢筋可按结构的最小配筋率对称配置。

当围岩条件较差，或圆洞直径大于 6m 时，不能只按内水压力设计衬砌。此时，应该计算出均匀内水压力作用下的内力，然后与其他荷载引起的内力进行组合，再行设计。

7.2.5　水工隧洞的喷锚支护

喷锚支护是喷混凝土支护与锚杆支护的总称。根据不同的工程地质条件和对支护的要求，可以单独或联合使用，还可在喷层中加设钢筋网。

喷锚支护（锚喷支护）是配合新奥法（New Austrian Tunnelling Method，缩写为 NATM）而逐渐发展起来的一种新型支护方式。这种方法具有许多优点：能及时对围岩进行加固，充分发挥围岩的自承作用，可节省材料和劳力，降低造价等。因此，自 20 世纪 50 年代以来，喷锚支护在国内外的矿山坑道、铁路隧道等地下工程中获得了广泛应用。

在我国的水利水电工程建设中，20 世纪 50 年代也曾采用过喷锚修补隧洞衬砌和锚杆临时支护洞室。随着技术的发展，在交通洞室、地下厂房、调压井、导流隧洞中已逐步推广应用，直至作为水工隧洞的永久性支护（喷锚衬砌）。国内采用喷锚支护的水工隧洞已有数十项，其中，1971 年建成的回龙山引水隧洞，断面为 11m×11.1m 的城门洞形，总长 646m，全部采用喷锚，至今运行良好。在长达 9680m 的引滦入津引水隧洞中喷锚段总长 5000m，是国内采用喷锚支护最长的水工隧洞。

喷锚衬砌与传统的现浇混凝土或钢筋混凝土衬砌相比，前者喷层薄、柔性大，能与围岩紧密贴结，围岩承受内水压力的百分数很高。几个工程的水压试验表明，当围岩的变形

模量 $E_R = (1 \sim 2) \times 10^4$ MPa 时，围岩能承担 $80\% \sim 90\%$ 的内水压力。但也由于喷层薄，且随开挖岩面起伏不平，糙率较大。另外，大面积喷射，施工质量难以控制，在内水压力及水流作用下，有可能引起渗漏及冲蚀。

随着工程实践经验的积累和科学实验的进展，喷锚支护必将得到更为广泛的应用。

喷锚支护有以下几种类型：

（1）喷混凝土支护［图 7.15（b）］。洞室开挖后，及时喷射混凝土使其与围岩紧密贴结（加入早强剂可使混凝土很快凝固），可以有效地限制围岩的变形发展，发挥围岩的自承能力，改善支护的受力条件。混凝土在喷射压力下，部分砂浆渗入围岩的节理、裂隙，可以重新胶结松动岩块，能起到加固围岩、堵塞渗水通道、填补缺陷的作用。

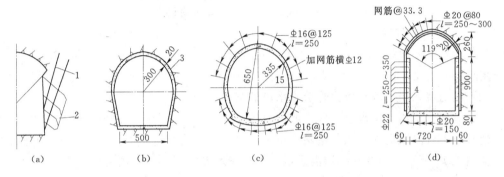

图 7.15 喷锚支护类型（单位：cm）

1—裂隙；2—锚杆；3—喷混凝土；4—浇混凝土

（2）锚杆支护。根据洞室周围的地质条件和可能的破坏形式（局部性破坏或整体性破坏），采用局部锚杆加固或系统锚杆加固，对节理发育的块状围岩，利用锚杆可将不稳定的岩块锚固于稳定的岩体上［图 7.15（a）］；对层状围岩，垂直于层面布置的锚杆起组合作用，可将岩层组合起来形成"组合梁"；对于软弱岩体通过系统布置的锚杆，可以加固节理、裂隙和软弱面，形成承重环，使围岩变形受到约束，达到围岩自承状态。

（3）喷混凝土锚杆联合支护。此种支护，用于强度不高和稳定性较差的岩体。二者兼顾可加固锚杆之间的不稳定岩块，达到稳定岩体、保证洞室安全运行的目的。

（4）喷锚加钢筋网支护。对软弱、碎裂的围岩，如喷混凝土锚杆支护仍感不足时，可加设一层钢筋网，以改善围岩应力，使支护受力趋于均匀，提高喷层的整体性及强度，并可减少温度裂缝［图 7.15（c）、（d）］。

7.3 压力前池及调压室

7.3.1 压力前池

压力前池又称压力池或前池，位于动力渠道的末端，是水电站引水建筑物与水轮机压力管道的连接建筑物。

7.3.1.1 压力前池的作用及组成

1. 压力前池的作用

（1）分配水流。由渠道输送的发电流量经前池均匀分配给水电站各台机组的压力管道。压力管道进水口设有控制闸门，能保证各台机组正常运行和检修。

（2）平稳水压，平衡水量。由于电站引用流量的变化，将在渠道中产生逆波或逆落波，但前池较大的容积减少了渠道中逆落波的高度；同时与前池中的溢流堰一起使逆涨水波发生反射而不传入渠道，因此平稳了上游水位，有利于水电站工作的稳定；当电站流量改变时，很长的动力渠道对运行中的流量变化反应迟缓，但前池中的水量能及时补充或储存一部分水量，溢水建筑物可以宣泄多余的水量，因此，前池能起到平衡水量的作用。

（3）挡阻污物和泥沙。前池中压力管道进口设有拦污栅，防止污物进入水轮机。前池容积较大，流速较低，宜于沉淀泥沙，沉积的泥沙通过冲沙设施排走。

（4）在电站停机时可向下游供水，满足下游用水部门的需要。

（5）保护压力管道进水口在冬季不受冰凌的阻塞或损坏。

2．压力前池的组成部分

（1）前室及进水室。进水室为压力管道进水口前扩大和加深部分，一般比渠道宽和深，需要用渐变扩散段（前室）连接渠道与池身，以保证水流平顺，水头损失小，无漩涡发生。

（2）压力墙。压力墙是压力管道进水口的闸墙（挡水墙）。

（3）泄水建筑物。当水电站停机或负荷较小时，渠道多余来水由泄水建筑物泄走，保证前池水位不致漫溢堤顶。当水电站停止工作时，泄水建筑物供下游用水部门的需要泄水。如图 7.16 所示，布置有侧堰溢洪道，下接泄水槽及底部（或挑流）消能设施。

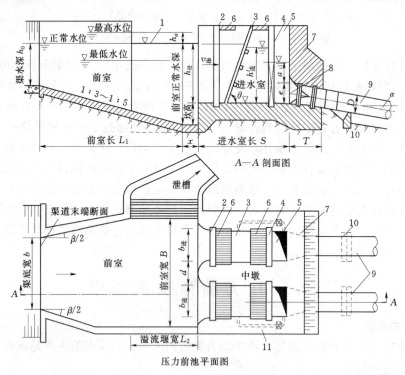

图 7.16　压力前池的构造及尺寸

1—溢流堰；2—检修闸门；3—拦污栅；4—工作闸门；5—通气孔；6—工作桥；
7—压力墙；8—压力管道进口；9—压力管道；10—支墩；11—旁通管

（4）冲沙、拦冰及排冰建筑物。北方寒冷地区及河流泥沙较多情况，前池应布置由拦冰、排冰道及冲沙廊道等，以防止泥沙及冰冻的危害。

7.3.1.2 压力前池的位置选择及布置

1. 位置选择

压力前池的位置应根据地形、地质条件及运用要求，并结合渠道线路、压力管线、厂房（水电站）等建筑物及其本身泄水建筑物相互位置综合考虑确定，力求做到布置紧凑合理、水流顺畅、运行灵活可靠、结构安全经济。

压力前池一般布置在陡峭山坡的上部，应特别注意地基稳定及渗漏问题，在保证前池稳定的前提下，尽可能靠近厂房，以缩短压力管道长度。

2. 布置方式

常见布置方式如图 7.17 所示。

图 7.17（a）布置的特点：渠道、压力前池、压力管道轴线相一致，水流平顺，水量分配均匀，水头损失小。但此种布置方式易受地形条件限制可能有较大的挖方，并且泄水一般只能采用侧堰式，所以只能在地形条件许可或在渠道跌水式电站中采用。

图 7.17（b）图布置特点：工程量较小，排污、排冰条件较好。因为它适应地形、地质条件的能力较强，并且水流条件较好在实际工程中应用较广。

图 7.17（c）图布置特点：渠道轴线垂直于压力管道轴线，此时前池水流偏向一侧，易引起漩涡，增大水头损失，且易造成泥沙淤积。但适应地形条件能力强，开挖量小，对排水、排污、排冰都很有利，并且泄水道远离厂房，不影响厂房安全。只适用于小型电站。

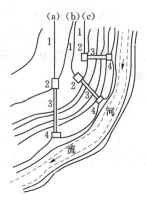

图 7.17 压力前池布置
1—渠道；2—压力前池；
3—压力管道；4—厂房

7.3.1.3 压力前池各组成部分的尺寸和构造

1. 前室

前室的作用是把动力渠道断面尺寸扩大并过渡到进水室的宽度和深度，减缓流速，便于沉积泥沙和清污，形成一定容积，以便调节水量和平稳水位。为使水流顺畅，不产生漩涡，渠道连接前室的平面扩散角 β 一般不大于 $10°\sim15°$；为便于沉沙、排沙和防止有害泥沙进入进水室，前室末端地板高度应比进水室地板高程低 $0.5\sim1.0\text{m}$ 以形成拦沙坎。坎高及前室末端水平段长度，应根据冲沙廊道或冲沙孔的布置要求确定。为了缩短前室渐变段长度，可在前室首部中间设分流墩。若分流墩楔形角为 γ，则前室的平面扩散角可加大至 $2\beta+\gamma$。

当渠道轴线压力水管轴线不一致时，为避免在前室中产生漩涡、增大水头损失和造成局部淤积，可采用平缓的连接曲线和加设导流墙。

前室宽约为进水室宽度的 $1.0\sim1.5$ 倍，长度为进水室宽度的 $2.5\sim3.0$ 倍。

2. 进水室

进水室是压力前池的重要组成部分，上游与前室相接，下游为埋设压力管道进口的压力墙。当压力管道为两根以上时，应用隔墩分成各自独立的进水室，每个进水室都设有拦污栅、检修闸门、工作闸门、启闭设备、旁通管、通气孔和工作桥等，如图 7.16 所示。这种布置，当一根管道或一台机组检修时，不影响其他机组正常运行。

3. 压力前池轮廓尺寸的拟定

(1) 压力前池特征水位的确定。

1) 前池正常水位：可近似按渠道通过最大流量的渠道末端的正常水位 $Z_{e正}$ 确定，通过明渠均匀流计算得出。

2) 前池最高水位：对于自动调节渠道，前池最高水位发生在丢弃全负荷时、经非恒定流计算所得出的渠末最高涌波水位；对非自动调节渠道，则是出现溢流堰下泄最大流量时的相应水位。设堰上水深为 h_y，堰顶高程通常高于前池正常水位 3～5cm，故

$$Z_{max} = Z_{e正} + h_y + (3\sim5)\ \text{cm} \tag{7.12}$$

溢流堰下泄最大流量常取电站最大设计引用流量。

3) 前池最低水位：应取以下两种情况中的较低水位。

a. 渠道流量为电站最小引用流量时的前池水位 Z_{min} 按下式确定：

$$Z_{min} = Z_{e底} + h_e \tag{7.13}$$

式中　$Z_{e底}$——渠道底高程；

　　　h_e——最小引用流量时的渠末水深。

b. 水轮机突然增加负荷使前池中水位突然下降时的低水位。此时应根据运行中可能出现的最不利情况计算水位下降值。若增加负荷前前池中水位为 Z_{e0}，则前池中的最低水位为

$$Z_{min} = Z_{e0} - \Delta h'_2 \tag{7.14}$$

式中　$\Delta h'_2$——渠末最低水位比正常水位下降值。

(2) 池身尺寸拟定。池身边墙与进水口顶部高程相同。对非自动调节渠道，池身边墙顶高程 Z_T 应保证水流不漫顶，并留有适当的安全超高 δ，按下式确定

$$Z_T = Z_{max} + \delta \tag{7.15}$$

式中　δ——安全超高，按建筑物等级确定，一般为 0.3～0.5m。

池身边墙高度 H_{e1} 及 H_{e2} 分别由渠道末端底高程 $Z_{L底}$ 及池身末端底高程 Z_T 与边墙顶高程之差确定。Z_L 底由下式确定

$$Z_{L底} = Z_{j底} - h_n - (0.5\sim1.0)\text{m} \tag{7.16}$$

式中　$Z_{j底}$——进水室底板高程；

　　　h_n——淤沙厚度；

(0.5～1.0)m——拦沙安全值。

池宽 B 通常采用进水室宽度的 1.0～1.5 倍，并常与进水室前沿总宽度 B_k 相等。池身长度应保证渠道末端在平面上和池身最大宽度平顺衔接，立面上应与池身最大深度平顺衔接。L 一般由下式确定：

$$L = (3\sim5)h + 1 \tag{7.17}$$

$$h = Z_e - Z_{e底} \tag{7.18}$$

式中　Z_e——渠末水位。

(3) 进水室尺寸拟定。单机进水室的宽度约为压力管道直径 D 的 1.5～1.8 倍。因

此，进水口前沿总宽度为

$$B_k = nb_k + d(n-1) \qquad (7.19)$$

式中　n——单机进水室数目，与压力管道根数相同；

　　　b_k——单机进水室的宽度；

　　　d——单机进水室间隔墩厚度，一般为：砌石墩 $0.8\sim1.0\mathrm{m}$；混凝土墩 $0.5\sim0.6\mathrm{m}$。

进水室水深 h_k 应使进口流速不超过拦污栅容许流速 V_z，即

$$h_k \geq \frac{Q_{\max}}{b_k V_z} \qquad (7.20)$$

式中　$Q_{\max}$——单机最大引用流量，$\mathrm{m^3/s}$；

　　　V_z——容许过栅流速，$\mathrm{m^3/s}$。

根据进口水深 h_k，可求得进水室的底板高程 $Z_{j底}$ 为

$$Z_{j底} = Z_{\min} - h_k \qquad (7.21)$$

式中　$Z_{\min}$——前池最低水位，m。

进水室底板高程底 $Z_{j底}$ 应满足进水口不进空气的条件，即

$$Z_{j底} = \frac{Z_{\min} - s - D}{\cos a} \qquad (7.22)$$

式中　s——进口上唇淹没水深，约为 $(2\sim3)v_{\max}^2/2g$；

　　　$v_{\max}$——压力管道最大流速，$\mathrm{m/s}$；

　　　a——压力管道轴线和水平线夹角；

　　　D——压力管道直径，m。

进水室长度主要取决于拦污栅、检修闸门、工作闸门、工作桥和启闭设备的布置。压力墙的厚度根据进水口及压力钢管布置的稳定要求断面尺寸。边墙顶与池身边墙同高。

7.3.2　调压室

7.3.2.1　调压室工作原理

引水系统是水电站大系统中的子系统，水锤是发生在引水系统中的非恒定流现象。

当水轮发电机组正常运行时，如果负荷突然变化，或开机、停机，引水系统的压力管道的水流会产生非恒定流现象，一般称为水锤。水锤的实质是水体受到扰动，在管壁的限制下，产生压能与动能相互转换的过程，由于管壁和水体具有弹性，因此这一转换过程不是瞬间完成的，而是以波的形式在水管中来回传播。

混合式水电站的压力引水道一般比较长，为了减小此类水电站压力引水道的水锤压力，通常在压力引水道靠近厂房的适当位置设置调压室。调压室是一种具有自由水面和一定体积的井式结构物，底部与压力引水道连接，以破坏压力引水道的封闭性，如同水库一样能反射水锤波，从而减小水锤压强。调压室将压力引水道分为两部分，调压室上游部分称为引水道，下游部分称为压力管道，如图 7.18 所示。

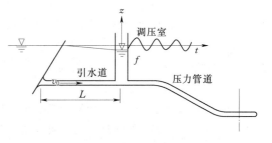

图 7.18　调压室的水位波动现象

过渡过程中，引水系统中的压力管道发生水锤现象，而引水道—调压室系统则会发生水位波动现象。我们分几种情况来讨论引水道—调压室系统的水位波动情况：

当水电站以满负荷运行时，假设水库水位为 z，水轮机引用流量为 Q_0，引水道水头损失为 h_{w0}，引水道流速为 v_0，则调压室水位为 $z-h_{w0}-\alpha v_0^2/2g$。如果电站突然丢弃全部负荷，水轮机引用流量变为 0，此时压力管道发生水锤现象，并在短时间内停止，压力管道的流量变为 0。由于惯性作用，引水道的流量此时仍为 Q_0，大量的水量涌进调压室，使调压室的水位不断上升，水库与调压室的水位差在不断减小，致使引水道的流速逐渐减缓。由于惯性的作用，调压室水位最终将超过水库水位，从而产生反向水压差，进一步减小引水道流速，直至引水道的流速为 0，这时调压室到达最高水位。引水道的水体在反向水压的作用下，开始流向水库。由于调压室内的水体流出，造成调压室水位不断下降，逐渐减小反向水压差，当调压室水位低于水库水位时，又出现正向水压差，阻止水流向水库流动，减缓流速，最后引水道流速变为 0，这时调压室水位最低。在正向水压差的作用下，管中水体又流向调压室，迫使调压室水位上升，调压室水位波动又回到初始波动的状态，完成一波动周期，波动过程将周期性的进行下去。

当水电站以某一负荷运行时，突然增加负荷，使水轮机引用流量加大，由于惯性的作用引水道不能及时补足水轮机所需的水量，这时由调压室补给不足的水量，引起调压室的水位下降，加大水库与调压室之间的水位差，从而迫使引水道的水流加速流向调压室。当引水道水流能满足发电需要时，调压室水位到达最低点。这时由于水流惯性的影响，引水道的水流还将继续加速，流量超过发电所需的流量，因此多余的水量将涌进调压室，调压室的水位开始回升，逐步减小水库与调压室之间的水位差，减缓引水道的流速。当调压室的水位超过水库水位，在水库与调压室之间产生反向的水位差，阻止水流流向调压室。当引水道流速变为 0 时，调压室到达最高水位，在反向压力的作用下，调压室水流开始流向水库，调压室水位也开始回落，直到低于水库水位，水库与调压室之间的水位差迫使引水道水流减速，直至停止流向水库，这时调压室处在最低水位。在水库与调压室之间的水位差的作用下，引水道水流开始流向调压室，这样调压室的水位回到开始时的状态，也是周期性的波动。

理论上引水道—调压室系统水位波动是周期性的波动过程，但是由于引水道摩阻力的存在，引水道—调压室系统水位波动过程会慢慢停止下来。

7.3.2.2　调压室的作用、要求及设置条件

1. 调压室的作用

（1）调压室。调压室指在较长的压力引水（尾水）道与压力管道之间修建的，用以降低压力管道的水锤压力和改善机组运行条件的水电站建筑物。调压室利用扩大的断面和自由水面反射水锤波，将有压引水系统分成两段：上游段为有压引水隧洞，下游段为压力管道。

（2）调压室的作用。

1）反射水锤波，基本上避免（或减小）压力管道中的水锤波进入有压引水道。

2）缩短压力管道的长度，从而减小压力管道及厂房过流部分中的水锤压力。

3）改善机组在负荷变化时的运行条件及系统供电质量。

按照人们的习惯，调压室的大部分或全部设置在地面以上的称为调压塔，如黑龙江省的镜泊湖水电站的调压塔；调压室大部分埋在地面之下的，则称为调压井，如官厅、乌溪江等水电站的调压井。

2. 对调压室的基本要求

(1) 调压室的位置应尽量靠近厂房，以缩短压力管道的长度。

(2) 能较充分地反射压力管道传来的水锤波。调压室对水锤波的反射愈充分，愈能减小压力管道和引水道中的水锤压力。

(3) 调压室的工作必须是稳定的。在负荷变化时，引水道及调压室水位的波动应该迅速衰减，达到新的恒定状态。

(4) 正常运行时，水头损失要小。为此调压室底部和压力管道连接处应具有较小的断面积，以减小水流通过调压室底部的水头损失。

(5) 工程安全可靠，施工简单方便，造价经济合理。

3. 设置调压室的条件

应通过技术经济方案比较来决定是否需要设置调压室。《水电站调压室设计规范》(DL/T 5057—1996) 建议采用下式作为初步判别是否需要设置上游调压室的近似准则。

$$T_\omega = \sum \frac{L_i v_i}{g H_p} > [T_\omega] \tag{7.23}$$

式中　T_ω——压力水道的惯性时间常数，s；

L_i——压力水道及蜗壳及尾水管（无下游调压室时应包括压力尾水道各分段的长度）长度，m；

v_i——各分段内相应的流速，m/s；

g——重力加速度，9.8m/s²；

$[T_\omega]$——T_ω 的容许值，一般取 2~4s，$[T_\omega]$ 的取值随电站在电力系统中的作用而异。当水电站作孤立运行或机组容量在电力系统中所占的比重超过 50％时宜用小值，当比重小于 10％~20％时可取大值；

H_p——设计水头，m。

在有压尾水道中，为了缩短尾水道的长度，减小甩负荷时尾水管中的真空度，防止液柱分离，需要设置下游调压室，以尾水管内不产生液柱分离为前提，其必要性可按下式作初步判断，如满足式 (7.24)，则需设置调压室。

$$L_\omega > \frac{5T_s}{V_{\omega 0}} \left(8 - \frac{\nabla}{900} - \frac{V_{\omega j}^2}{2g} - H_s \right) \tag{7.24}$$

式中　L_w——尾水管的长度，m；

T_s——水轮机导叶关闭时间，s；

V_{w0}——稳定运行时尾水管中的流速，m/s；

$V_{\omega j}$——尾水管进口处流速，m/s；

∇——水轮机安装高程，m；

H_s——水轮机吸出高度，m。

最终通过调节保证计算确定是否需要设置调压室。当机组丢弃全负荷时尾水管内的最

251

大真空度不宜大于 8m 水柱，高海拔地区应作高程修正。

$$H_V = \Delta H - H_s - \phi \frac{V_{\omega j}^2}{2g} > -\left[8 - \frac{\nabla}{900}\right] \qquad (7.25)$$

式中　H_V——尾水管内的绝对压力水头，m；

ΔH——尾水管进口处的水击值，m；

ϕ——考虑最大水击真空与流速水头真空最大值之间相位差的系数。对于末相水击 $\phi = 0.5$；对于第一相水击 $\phi = 1.0$。

7.3.2.3 调压室的基本类型

1. 调压室的基本布置方式

（1）上游调压室（引水调压室）。调压室在厂房上游的有压引水道上。它适用于厂房上游有压引水道比较长的情况下，如图 7.19（b）所示，这种布置方式应用最广泛。

（2）下游调压室（尾水调压室）。当厂房下游具有较长的有压尾水隧洞时，需要设置下游调压室以减小水锤压力，如图 7.19（a）所示，特别是防止丢弃负荷时产生过大的负水锤，因此尾水调压室应尽可能地靠近水轮机。

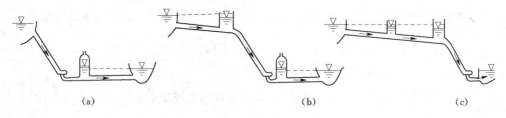

图 7.19　调压室的类型

尾水调压室是随着地下水电站的发展而发展起来的，均在岩石中开挖而成，其结构型式，除了满足运行要求外，常决定于施工条件。尾水调压室的水位变化过程正好与引水调压室相反。当丢弃负荷时，水轮机流量减小，调压室需要向尾水隧洞补充水量，因此水位首先下降，达到最低点后再开始回升；在增加负荷时，尾水调压室水位首先开始上升，达最高点后再开始下降。在电站正常运行时，调压室的稳定水位高于下游水位，其差值等于尾水隧洞中的水头损失。

（3）上下游双调压室系统。在有些地下式水电站中，厂房的上下游都有比较长的有压输水道，为了减小水锤压力，改善电站的运行条件，在厂房的上下游均设置调压室而成双调压室系统。

当负荷变化水轮机的流量随之发生变化时，两个调压室的水位都将发生变化，而任一个调压室的水位的变化，将引起水轮机流量新的改变，从而影响到另一个调压室的水位的变化，因此两个调压室的水位变化是相互制约的，使整个引水系统的水力现象大为复杂。

（4）上游双调压室系统。在上游较长的有压引水道中，有时设置两个调压室，如图 7.19（c）所示。靠近厂房的调压室对于反射水锤波起主要作用，称为主调压室；靠近上游的调压室用以反射越过主调压室的水锤波，改善引水道的工作条件，帮助主调压室衰减引水系统的波动，因此称之为辅助调压室。辅助调压室愈接近主调压室，所起的作用愈大，反之，愈向上游其作用愈小。

2. 调压室的基本结构型式

(1) 简单式调压室。如图 7.20 (a) 所示，简单式调压室的特点是自上而下具有相同的断面。

1) 优点：结构形式简单，反射水锤波的效果好。

2) 缺点：正常运行时隧洞与调压室的连接处水头损失较大，当流量变化时调压室中水位波动的振幅较大，衰减较慢，所需调压室的容积较大。

3) 适用：低水头或小流量的水电站。

(2) 阻抗式调压室。将简单式调压室的底部，用断面较小的短管或孔口，与隧洞和压力管道连接起来，即为阻抗式调压室，如图 7.20 (b) 所示。

1) 优点：由于水位波动振幅减小，衰减加快，因而所需调压室的体积小于简单式，正常运行时水头损失小。

2) 缺点：由于阻抗的存在，水锤波不能完全反射，隧洞可能受到水锤的影响。

3) 适用：一般电站均可。

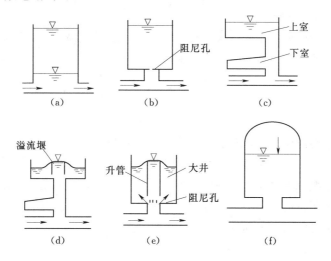

图 7.20 调压室的基本结构形式

(3) 双室式调压室。双室式调压室是由一个断面较小的竖井和上下两个断面扩大的储水室组成，如图 7.20 (c) 所示。

1) 优点：这种调压室的容积比较小。

2) 缺点：结构比较复杂，对地形、地质条件要求较高。

3) 适用：水头较高和水库工作深度较大的水电站。

(4) 溢流式调压室。溢流式调压室的顶部有溢流堰，如图 7.20 (d) 所示。

1) 优点：有利于机组的稳定运行，溢出的水量可以排至下游，也可设上室加以储存。

2) 缺点：溢流问题难以解决。

3) 适用：有溢流条件的中低水头电站。

(5) 差动式调压室。如图 7.20 (e) 所示，差动式调压室由两个直径不同的圆筒组成，中间的圆筒直径较小，上有溢流口，通常称为升管，其底部以阻力孔口与外面的大井相通，它综合地吸取了阻抗式和溢流式调压室的优点，但结构较复杂。

（6）气垫调压室。如图 7.20（f）所示，气垫调压室自由水面之上的密闭空间中充满高压空气，利用调压室中空气的压缩和膨胀，来减小调压室水位的涨落幅度。此种调压室可靠近厂房布置，但需要较大的稳定断面，还需配置空气压缩机，定期向气室补气，增加了运行费用。

在表层地质地形条件不适于做常规调压室或通气竖井较长、造价较高的情况下，气垫调压室是一种可供考虑选择的型式，多用于高水头、地质条件好、深埋于地下的水道。

（7）综合式调压室。根据水电站的具体条件和要求，还可将不同型式调压室的特点组合在一个调压室中，形成组合式调压室。

7.3.2.4 影响调压室波动稳定的因素

1. 电站水头的影响

电站水头愈高，波动衰减条件愈容易满足。因此在选择调压室型式时，对高水头电站，多采用断面较小的双室式；中、低水头电站，采用断面较大的简单式和阻抗式。

2. 引水系统糙率的影响

引水道糙率愈大，阻抗系数愈大，衰减的部分水头损失越大。但因糙率对 α 的影响更直接，因此引水道的糙率对波动衰减是有利的，而压力管道糙率对波动衰减是不利的。为安全计，在计算托马断面时，引水道的糙率应采用可能的最小值，压力管道的糙率则采用可能的最大值。

3. 调速器和机组性能的影响

调速器及机组性能对电站的稳定运行有影响，德国汉堡电站调压室发生水位波动的不稳定现象，除调压室断面过小外，调速器构造简单、自身稳定性较差也是重要影响因素。我国某水电站调压室面积为托马断面的 60%，通过调整调速器参数仍能维持稳定运行。有的电站在电网中所占的比重较大，$T_w = 2.5 \sim 3.0\text{s}$，通过调速器参数的选择，论证了运行的稳定和可靠性后，未设调压室。

4. 电力系统的影响

当调压室水位发生波动时，出力为常数的要求是由该电站的机组单独保证的，因此单独运行的稳定性较差。电站投入电力系统运行，当调压室水位发生波动时，将由电力系统中各电站共同承担负荷变化，从而减小了设计电站出力变化的幅度，有助于设计电站稳定运行及调压室的水位波动稳定。

7.3.2.5 调压室稳定断面的推导

实际工程中，调压室的稳定断面可根据电站在电力系统中的地位及机电设备性能等因素，按小波动情况，用托马公式乘以系数 K 计算确定，即

$$F = KF_k = K \frac{Lf_w}{2\alpha g H_{净}} \tag{7.26}$$

由于托马公式的假定中，已包括了一些安全因素，计算中又考虑了诸如最小水头、引水道最小糙率、压力管道最大糙率等不利情况，机组及调速器性能也较过去有所改善。因此，对于在电力系统中所占比重较大或担负调频任务的电站，可取 $K > 1$，初设时 $K = 1.05$ ~1.1；对于投入电力系统运行的电站，当容量小于 1/3 系统容量，且无调频任务时，或

能够充分证明机组及调速器性能对机组稳定运行有利时，可取 $K<1$。

7.4 压 力 管 道

7.4.1 概述

7.4.1.1 压力管道

压力管道是指从水库、前池或调压室向水轮机输送水量的管道。

压力管道的一般特点是坡度陡，内水压力大，承受水锤的动水压力，而且靠近厂房，因此它必须是安全可靠的。万一发生事故，也应有防止事故扩大的措施，以保证厂房设施和运行人员的安全。

7.4.1.2 压力管道的类型

1. 钢管

钢管具有强度高、防渗性能好等许多优点，常用于大中型水电站。

水电站压力钢管有三种主要形式：布置在地面以上者称明钢管；布置于坝体混凝土中者称坝内钢管；埋设于岩体中者则成地下埋管。

2. 钢筋混凝土管

钢筋混凝土管具有造价低、可节约钢材、能承受较大外压和经久耐用等优点，通常用于内压不高的中小型水电站。除普通钢筋混凝土管外，尚有预应力和自应力钢筋混凝土管、钢丝网水泥管和预应力钢丝网水泥管等。普通钢筋混凝土管因易于开裂，一般用在水头 H 和内径 D 的乘积 HD 小于 50m^2 的情况下；预应力和自应力钢筋混凝土管的 HD 值可超过 200m^2；预应力钢丝网水泥管由于抗裂性能好，抗拉强度高，HD 值可超过 300m^2。位于岩体中的现浇钢筋混凝土管道，在内水压力作用下，钢筋混凝土与围岩联合受力，工作状态与隧洞相似，归于隧洞一类。

3. 钢衬钢筋混凝土管

钢衬钢筋混凝土管是在钢筋混凝土管内衬以钢板构成。在内水压力作用下钢衬与外包钢筋混凝土联合受力，从而可减小钢衬的厚度，适用于 HD 值较大的压力管道。由于钢衬可以防渗，外包钢筋混凝土可按允许开裂设计，以充分发挥钢筋的作用。

7.4.2 压力管道的布置和供水方式

7.4.2.1 压力管道的布置

压力管道是引水系统的一个组成建筑物。压力管道的布置应根据其形式、地形地质条件和工程的总体布置要求确定，布置基本原则如下：

（1）尽可能选择短而直的路线。这样不但可以缩短管道的长度，降低造价，减小水头损失，而且可以降低水锤压力，改善机组的运行条件。因此，明钢管常敷设在陡峻的山坡上，以缩短平水建筑物（如果有的话）和厂房之间的距离。

（2）尽量选择良好的地质条件。明钢管应敷设在坚固而稳定的山坡上，以免因地基滑动引起管道破坏。

（3）尽量减少管道的起伏波折，避免出现反坡，以利于管道排空；管道任何部位的顶部应在最低压力线以下，并有至少 2m 的压力余幅。若因地形限制，为了减少挖方而将明管布置成折线时，在转弯处应设镇墩，管轴线的曲率半径应不小于3倍管径。明钢管的底部至少应高出地表0.6m，以便安装检修；若直管段超过150m，中间宜加镇墩。地下埋管的坡度应便于开挖出渣和钢管的安装检修。

（4）避开可能发生山崩或滑坡地区。明管应尽可能沿山脊布置，避免布置在山水集中的山谷之中，若明管之上有坠石或可能崩塌的峭壁，则应事先清除。

（5）明钢管的首部应设事故闸门，并应考虑设置事故排水和防冲设施，以免钢管发生事故时危及电站设备和运行人员的安全。

7.4.2.2　压力管道的供水方式

水电站的机组往往不止一台，压力管道可能有一根或数根，压力管道向机组的供水方式可归纳为三类。

1. 单独供水

每台机组由一根专用水管供水，如图7.21（a）、（b）所示。

这种供水方式结构简单，工作可靠，管道检修或发生事故时，只影响一台机组工作，其余机组可照常运行。除水头较高和机组容量较大者外，这种布置方式一般只在进口设事故闸门，不设下阀门。单独供水所需的管道根数较多，需要较多的钢材，适用于单机流量大或者压力管道较短的电站。坝内钢管一般较短，通常都采用单独供水。

2. 集中供水

全部机组集中由一根管道供水，如图7.21（c）、（d）所示。用一根管道代替几根管道，管身材料较省，但需设置结构复杂的分岔管，并需在每台机组之前设置事故阀门，以保证在任意一台机组检修或发生事故时不致影响其他机组运行。这种供水方式的灵活性和可靠性不如单独供水，一旦主管发生事故或进行检修，需全厂停机，运行的灵活性和可靠性较单独供水差。适用于水头较高、流量较小，管道较长的电站。对于地下埋管，由于不宜平行开挖几根近距离的管井时，常采用这种供水方式。

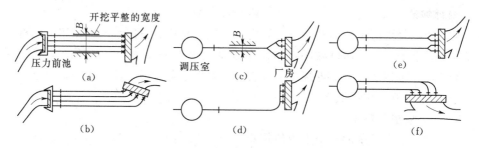

图7.21　压力管道供水方式示意图

←—必须设的闸门或阀门；←—有时可以不设的阀门

3. 分组供水

采用数根管道，每根管道向几台机组供水，如图7.21（e）、（f）所示。这种供水的特点介于单元供水和集中供水之间，适用于压力管道较长、机组台数较多和容量较大的情况。

无论采用联合供水或者分组供水，与每根管道相连的机组台数一般不宜超过4台。

压力管道可以从正面进入厂房，如图7.21（a）、（c）、（e）所示；也可以从侧面进入厂房，如图7.21（b）、（d）、（f）所示。前者适用于水头不高、管道不长或地下埋管情况。对于明钢管，若水头较高，宜从侧面进入厂房，在这种情况下，万一管道爆破，可使高速水流从厂外排走，以防危及厂房和运行人员的安全。在集中供水和分组供水情况下，管道从侧面进入厂房也易于分岔。地下埋管爆破的可能性较小，即使爆破，由于受围岩限制亦不易突然扩大，管道进入厂房的方式常决定于管道及厂房布置的需要。

7.4.3 压力管道的水力计算和经济直径的确定

7.4.3.1 水力计算

压力管道的水力计算包括恒定流计算和非恒定流计算两种。

1. 恒定流计算

恒定流计算主要是为了确定管道的水头损失。管道的水头损失对于水电站装机容量的选择、电能的计算、经济管径的确定以及调压室稳定断面计算等都是不可缺少的。水头损失包括摩阻损失和局部损失两种。

（1）摩阻损失。管道中的水头损失与水流形态有关。水电站压力管道中水流的雷诺数 Re 一般都超过 3400，因而水流处于紊流状态，摩阻水头损失可用曼宁公式或斯柯别公式计算。

曼宁公式应用方便，在中国应用较广。该公式中，水头损失与流速平方成正比，这对于钢筋混凝土管和隧洞这类糙率较大的水道是适用的。对于钢管，由于糙率较小，水流未能完全进入阻力平方区，但随着时间的推移，管壁因锈蚀糙率逐渐增大，按流速平方关系计算摩阻损失仍然是可行的。

斯柯别推荐用以下公式计算每米长钢管的摩阻损失，其计算公式为

$$i = \alpha m \frac{v^{1.9}}{D^{1.1}} \tag{7.27}$$

式中　i——每米长钢管的摩阻损失；

$\qquad \alpha$——水头损失系数，焊接管用 0.00083；

$\qquad m$——考虑水头损失随使用年数 t 的增加而增大的系数，清水取 $m=0.01$，腐蚀性水取 $m=0.015$；

$\qquad v$——水流流速，m/s；

$\qquad D$——管径。

（2）局部损失。在流道断面急剧变化处，由于受边界的扰动，使水流与边界之间和水流的内部形成漩涡，在水流强烈的混掺和大量的动量交换过程中，在不长的距离内造成较大的能量损失，这种损失通常称为局部损失。压力管道的局部损失发生在进口、门槽、渐变段、弯段、分岔等处。压力管道的局部损失往往不可忽视，尤其是分岔的损失有时可能达到相当大的数值。局部损失的计算公式通常表示为

$$\Delta h = \zeta \frac{v^2}{2g} \tag{7.28}$$

式中　ζ——局部水头损失系数，可查有关手册。

2. 非恒定流计算

管道中的非恒定流现象通常称为水锤。进行非恒定流计算的目的是为了推求管道各点的动水压强及其变化过程，为管道的布置、结构设计和机组的运行提供依据。

7.4.3.2　管径的确定

压力管道的直径应通过动能经济计算确定。在第 7 章中我们已经研究了确定渠道和隧洞经济断面的方法，其基本原理对压力管道也完全适用，可以拟定几个不同管径的方案进行比较，选定较为有利的管道直径；也可以将某些条件加以简化，推导出计算公式直接求解。在可行性研究和初步设计阶段，可用彭德舒公式来初步确定大中型压力钢管的经济直径。

$$D=\sqrt[7]{\frac{5.2Q_{max}^{3}}{H}} \tag{7.29}$$

式中　　Q_{max}——钢管的最大设计流量，m^3/s；

　　　　H——设计水头，m。

7.4.4　钢管的管壁厚度

压力钢管按其构造又分为无缝钢管、焊接管和箍管，其中焊接管应用最普遍。

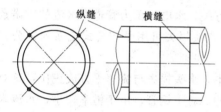

图 7.22　纵横缝布置示意图

焊接管是用钢板按要求的曲率辊卷成弧形，在工厂用纵向焊缝连接成管节，运到现场后再用横向焊缝将管节连成整体。内水压力是钢管的主要荷载，纵缝受力较大，在工厂焊接后应以超声法或射线法作探伤检查，以保证纵缝的焊接质量。在焊接横缝时，应使各管节的纵缝错开，如图 7.22 所示。对于明管，纵缝不应布置在横断面的水平轴线和垂直轴线上，与轴线的夹角应大于 $10°$，相应的弧线距离应大于 300mm。

管壁厚度一般经结构分析确定。管壁的结构厚度取为计算厚度加 2mm 的锈蚀裕度。考虑制造工艺、安装、运输等要求，管壁的最小结构厚度不宜小于下式确定的数值，也不宜小于 6mm。

$$t\geqslant\frac{D}{800}+4 \tag{7.30}$$

式中　　t——管壁厚度，mm；

　　　　D——钢管直径，mm。

按内水压力计算管壁厚度为

$$t\geqslant\frac{Pr}{\varphi[\sigma]}+2mm \tag{7.31}$$

式中　　φ——焊缝系数，双面对接焊时取 0.95；单面对接焊、有垫板时取 0.90。

　　　　P——内水压力，m；

　　　　r——管道半径，m。

管壁的计算厚度还需进行抗外压稳定校核（不计 2mm 裕度）。光面明钢管管壁壁厚应满足

$$t\geqslant\frac{1}{130}D_0 \tag{7.32}$$

式中　　D_0——管径。

若无法满足抗外压稳定要求，用设置加劲环的方法提高其抗外压能力，一般较为经济。刚性环式钢管抗外压稳定分析包括刚性环间管壁和刚性环两个部分的稳定分析。

（1）刚性环间管壁的稳定分析。地下埋管刚性环间的管壁失稳时，因刚性环的存在，管壁屈曲波数一般较多，波幅较小。目前，设计规范规定临界外压仍采用明钢管的相应公式计算。

刚性环的间距为 l，则对于刚性环中间管壁，可用米赛斯公式计算临界外压力 P_{cr}。

$$P_{cr} = \frac{Et}{(n^2-1)\left(1+\frac{n^2 l^2}{\pi^2 r^2}\right)^2 r} + \frac{E}{12(1-\mu^2)}\left(n^2-1+\frac{2n^2-1-\mu}{1+\frac{n^2 l^2}{\pi^2 r^2}}\right)\left(\frac{t}{r}\right)^3 \tag{7.33}$$

$$n = 2.74\left(\frac{r}{l}\right)^{0.5}\left(\frac{r}{t}\right)^{0.25} \tag{7.34}$$

式中　μ——钢材泊松比，取 0.3；

　　　E——钢材弹性模量；

　　　r——钢管内半径；

　　　n——相应于最小临界压力的屈曲波数，取与计算值相近的整数。

（2）刚性环的稳定分析。加劲环抗外压稳定临界压力 P_{cr} 按下列两式中的小值取用。

$$P_{cr1} = \frac{3E_s J_R}{R^3 l} \tag{7.35}$$

$$P_{cr2} = \frac{\sigma_s F}{rl} \tag{7.36}$$

其中　　　　　　　　　　$F = ha + t(a + 1.56\sqrt{rt})$

式中　E_s——钢材的弹性模量；

　　　R——加劲环有效断面重心轴线半径，mm；

　　　J_R——加劲环有效截面面积对重心轴的惯性矩，mm^4；

　　　σ_s——加劲环钢板的屈服强度；

　　　F——刚性环的有效截面面积，mm^2；

　　　h——刚性环高度，mm；

　　　a——刚性环厚度，mm；

　　　l——刚性环间距，mm。

地下埋管的抗外压稳定安全系数，对光面管管壁取 2.0，刚性环和刚性环间管壁取 1.8。

7.4.5　明钢管的敷设方式、镇墩、支墩和附属设备

7.4.5.1　明钢管的敷设方式

明钢管一般敷设在一系列的支墩上，底面高出地表不小于 0.6m，这样使管道受力明确，管身离开地面也易于安装、维护和检修。在管道的转弯处设镇墩，将管道固定，使其不能自由伸缩，相当于梁的固定端。根据明钢管的管身在镇墩间是否连续，其敷设方式有连续式和分段式两种。

明钢管宜做成分段式，在两镇墩之间设伸缩节，如图 7.23 所示。由于伸缩节的存在，在

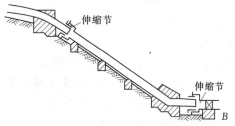

图 7.23　明钢管敷设方式

温度变化时，管身在轴向可以自由伸缩，由温度变化引起的轴向力仅为管壁和支墩间的摩擦力和伸缩节的摩擦力。为了减小伸缩节的内水压力和便于安装钢管，伸缩节一般布置在管段的上端，靠近上镇墩处。这样布置也常常有利于镇墩的稳定。伸缩节的位置可以根据具体情况进行调整。若直管段的长度超过150m，可在其间加设镇墩；若其坡度较缓，也可不加镇墩，而将伸缩节置于该管段的中部。

7.4.5.2　明钢管的支墩和镇墩

1. 支墩

支墩的作用是承受水重和管道自重在法向的分力，相当于梁的滚动支承，允许管道在轴向自由移动。减小支墩间距可以减小管道的弯矩和剪力，但支墩数增加，故支墩的间距应通过结构分析和经济比较确定，一般在6~12m之间。大直径的钢管可采用较小的支墩间距。

按管身与墩座间相对位移的特征，可将支墩分成滑动式、滚动式和摆动式三种。

（1）滑动式支墩。滑动式支墩的特征是管道伸缩时沿支墩顶部滑动，可分为鞍式和支承环式两种。

鞍式支墩如图7.24（a）所示。钢管直接安放在一个鞍形的混凝土支座上，鞍座的包角在120°左右。为了减小管壁与鞍座间的摩擦力，在鞍座上常设有金属支承面，并敷以润滑剂。

支承环式滑动支墩是在支墩处的管身外围加刚性的支承环，用两点支承在支墩上，这样可改善支座处的管壁应力状态，减小滑动摩阻，并可防止滑动时摩损管壁，如图7.24（b）所示。但与滚动式支座相比，摩阻系数仍然较大，适用于直径200cm以下的管道。

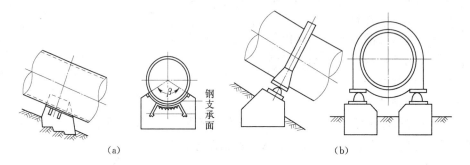

（a）　　　　　　　　　　　　　　　　　（b）

图7.24　滑动支座

（2）滚动式支墩。滚动式支墩与上述支承环式滑动支墩不同之处，在于支承环与墩座之间有辊轴，如图7.25所示，改滑动为滚动，从而使摩擦系数降为0.1左右，适用于直径200cm以上的管道。由于辊轴直径不可能做得很大，所以辊轴与上下承板的接触面积较小，不能承受较大的垂直荷载，使这种支墩的使用受到限制。

（3）摆动式支墩。摆动式支墩的特征是在支承环与墩座之间设一摆动短柱，如图7.26所示。图中摆柱的下端与墩座铰接，上端以圆弧面与支承环的承板接触，管道伸缩时，短柱以铰为中心前后摆动。这种支墩摩阻力很小，能承受较大的垂直荷载，适用于大直径管道。

260

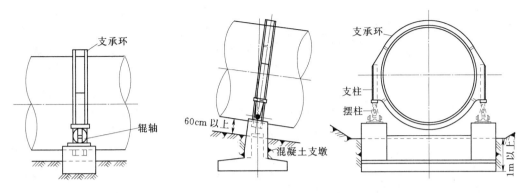

图 7.25 滚动式支墩   图 7.26 摆动式支墩

2. 镇墩

镇墩一般布置在管道的转弯处,以承受因管道改变方向而产生的不平衡力,将管道固定在山坡上,不允许管道在镇墩处发生任何位移,如图 7.27 所示。在管道的直线段,若长度超过 150m,在直线段的中间也应设置镇墩,此时伸缩节可布置在中间镇墩两侧的等距离处,以减小镇墩所受的不平衡力。

镇墩靠自身重量保持稳定,一般用混凝土浇制。按管道在镇墩上的固定方式,镇墩可分为封闭式(图 7.27)和开敞式(图 7.28)两种。前者结构简单,节省钢材,便于固定管道,应用较多;后者易检修,但镇墩处管壁受力不够均匀,用于作用力不太大的情况。

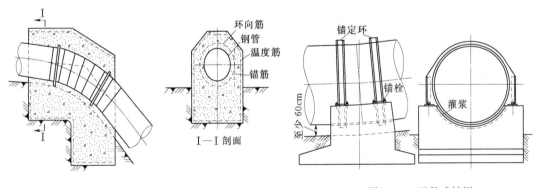

图 7.27 封闭式镇墩   图 7.28 开敞式镇墩

7.4.5.3 明钢管上的闸门、阀门和附件

1. 闸门及阀门

压力管道的进口处常设置平面钢闸门,以便在压力管道发生事故或检修时用以切断水流。平面钢闸门价格便宜,便于制造,应用较广。平面钢闸门可用于 80m 水头或更高。

在压力管道末端,即蜗壳进口处,是否需要设置阀门则视具体情况而定:如为单独供水,水头不高,或单机容量不大,而管道进口处又有闸门时,则管末可不设阀门,坝内埋管通常如此;如为集中供水或分组供水,或虽为单独供水而水头较高和机组容量较大时,则需在管道末端设置阀门。

261

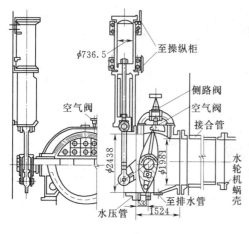

图 7.29 蝴蝶阀（单位：mm）

阀门的类型很多，有闸阀（平板阀）、蝴蝶阀、球阀、圆筒阀、针阀和锥阀等，但作为水电站压力管道上的阀门，最常用的是蝴蝶阀和球阀。

（1）蝴蝶阀。蝴蝶阀由阀壳和阀体构成。阀壳为一短圆筒。阀体形似圆饼，在阀壳内绕水平或垂直轴旋转。当阀体平面与水流方向一致时，阀门处于开启状态；当阀体平面与水流方向垂直时，阀门处于关闭状态，如图 7.29 所示。蝴蝶阀的操作有电动和液压两种，前者用于小型，后者用于大型。蝴蝶阀的优点是启闭力小，操作方便迅速，体积小，重量轻，造价较低；缺点是在开启状态，由于阀体对水流的扰动，水头损失较大；在关闭状态，止水不够严密。它适用于直径较大和水头不很高的情况。

蝴蝶阀有横轴和竖轴两种。前者结构简单，水压力的合力偏于阀体的中心轴以下，一旦阀体离开中间位置，即有自闭倾向，特别适于用做事故阀门，但因控制阀门启闭的接力器在阀门旁侧，需要较大的位置。后者接力器在阀顶，结构紧凑，但需设推力轴承支撑阀体，较复杂。

蝴蝶阀是目前国内外应用最广的一种阀门。国外最大直径用到 800cm 以上，最大水头用到 200m。蝴蝶阀可在动水中关闭，但必须用旁通管上下游平压后开启，蝴蝶阀因止水不够严密，不适用于高水头情况。

（2）球阀。球阀由球形外壳、可转动的圆筒形阀体及其他附件构成。当阀体圆筒的轴线与管道轴线一致时，阀门处于开启状态，如图 7.30（b）所示；若将阀体旋转 90°，使圆筒一侧的球面封板挡住水流通路，则阀门处于关闭状态，如图 7.30（a）所示。关闭时，将小阀 B 关闭，在空腔 A 内注入高压水（可使之与上游管道相通），使球阀封板紧紧压在下游管口的阀座上，故止水严密。开启时，先将小阀 B 打开，将空腔 A 中的压力水排至下游，并用旁通管向下游管道充水，形成反向压力，使球面封板离开阀座，以减小旋转阀体时的阻力，和防止磨损止水。

球阀的优点是在开启状态时实际上没有水头损失，止水严密，结构上能承受高压；缺点是结构较复杂，尺寸和重量较大，造价高。球阀适用于高水头电站的水轮机前阀门。

球阀可在动水中关闭，但必须用旁通管上下游平压后方能开启。

2. 附件

明钢管上的附件有伸缩节、通气阀、人孔和排水管等。

（1）伸缩节。根据功用的不同，伸缩节

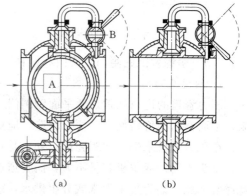

图 7.30 球阀

可采用不同的结构型式。图 7.31 (a) 为单套筒伸缩节,这种伸缩节只允许管道在轴向伸缩;图 7.31 (b) 为双套筒伸缩节,具有这种伸缩节的管道除可作轴向伸缩外,还允许有微小的角位移,这两种均属温度伸缩节。如地基可能出现较大的变形,则应采用温度沉陷伸缩节,这种伸缩节除允许管道沿轴向自由变形外,还允许两侧管道发生较大的相对转角。温度沉陷伸缩节与图 7.31 (b) 相似,只在管壁与填料的接触部位沿轴向做成弧形,以适应管轴转动。

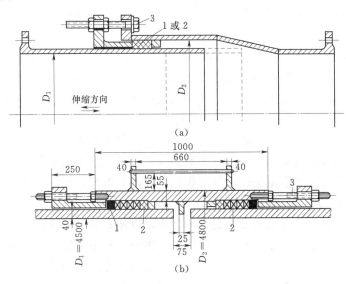

图 7.31 伸缩节 (单位:mm)

1—橡皮填料;2—石棉填料;3—螺栓

(2) 通气阀。通气阀常布置在阀门之后,其功用与通气孔相似。当阀门紧急关闭时,管道中的负压使通气孔打开进气;管道充水时,管道中的空气从通气阀排出,然后利用水压将通气阀关闭。在可能产生负压的供水管路上,有时也需设通气阀。

(3) 人孔。人孔是工作人员进入管内进行观察和检修的通道。明钢管的人孔宜设在镇墩附近,以便固定钢丝绳、吊篮和布置卷扬机等。人孔在管道横断面上的位置应以便于进人为原则布置,其形状一般做成 450～500mm 直径的圆孔。人孔间距视具体情况而定,一般可取 150m。

(4) 排水及观测设备。管道的最低点应设排水管,以便在检修管道时排除其中积水和闸阀漏水。

大中型压力管道应有进行应力、沉陷和振动(明管)、腐蚀与磨损等原型观测设备。

7.4.6 地下埋管

地下埋管指埋设于岩体中并在管道和岩壁间充填混凝土钢管,断面形式如图 7.32 所示。地下埋管虽然增加了岩石开挖和混凝土衬砌的费用,但与明钢管相比,往往可以缩短压力管道的长度,省去支承结构,在坚固的

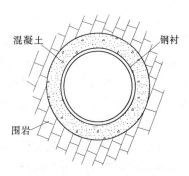

图 7.32 地下埋管断面形式

岩体中，可利用围岩承担部分内水压力，从而减小钢衬的厚度，节约钢材。此外，地下埋管位于地下，受气候等外界影响较小，运行安全可靠，在我国大中型水电站中应用较广。

7.4.6.1　地下埋管的布置形式

地下埋管有竖井、斜井和平洞三种布置形式。

竖井式管道的轴线是垂直的，常用于首部开发的地下电站。采用竖井式布置形式可使压力管道缩至最短，从而减小水锤作用和压力管道的工程量。虽然这样做不可避免地会增加尾水隧洞的长度，但在经济上往往仍然是合理的。竖井的开挖、钢管的安装和混凝土的回填一般都自下而上进行。

斜井式管道的轴线倾角小于 90°，对于地面式或地下式厂房均适用，是采用最多的地下埋管布置形式。斜井的倾角通常决定于施工要求。若斜井自上而下开挖，为便于出渣，倾角不宜超过 35°；若采用自下而上开挖，为使爆破后的石渣能自由滑落，倾角不宜小于 45°。

平洞一般作过渡段使用。例如，上游引水道经平洞过渡为竖井或斜井；竖井或斜井先转为平洞再进入厂房，管道分岔也多在平洞部分；对于高水头电站，斜井的长度很大，为使斜井开挖、钢管安装和混凝土回填等工作能分段同时进行，可在斜井中部的适当部位设置一个平洞，并用交通洞与地面相通。

地下埋管应尽量布置在坚固完整的岩体之中，以便充分利用围岩的弹性抗力，承担内水压力。完整岩体的透水性小，在水管放空时，钢衬因外压失稳的可能性也小。管道的埋置深度以大些为宜，对于斜井和平洞，只有当垂直管轴方向的新鲜岩石覆盖厚度达到 3 倍开挖直径时，才能考虑岩石的弹性抗力。对于竖井，这一数值还应取得大些。

7.4.6.2　地下埋管的结构和构造

地下埋管的工作特点相当于一个多层衬砌的隧洞。钢衬的作用是承担部分内水压力和防止渗透；回填混凝土的作用是将部分内水压力传给围岩，因此，回填混凝土与钢衬和围岩必须紧密结合。回填混凝土的质量是地下埋管施工中的一个关键。钢管与岩壁的间距在满足钢管安装和混凝土浇筑要求的前提下应尽量减小，一般在 50cm 左右。一般说来，竖井的回填混凝土质量易于保证，斜井次之，平洞最难。在斜井和平洞中，钢管两侧混凝土的质量较易保证，在顶、底拱处，平仓振捣困难，稀浆集中，易于形成空洞。我国几个电站的地下埋管曾因外压和内压造成破坏，破坏部位多位于平洞部位，这不是偶然的。

由于混凝土凝固收缩和温降的影响，在钢管和混凝土之间、混凝土与围岩之间均可能存在一定缝隙，需进行灌浆。斜井和平洞的顶部应进行回填灌浆，压力不小于 0.2MPa，钢管与混凝土、混凝土与岩壁之间有时也进行压力不小于 0.2MPa 的接缝灌浆。对于不太完整的围岩，为了提高其整体性，增加弹性抗力，有时还进行固结灌浆，灌浆压力与孔深视水头大小和围岩的破碎情况而定，压力可达 0.5～1.0MPa，孔深一般为 2～4m。灌浆应在气温较低时进行。

钢管与岩壁间的混凝土除一般常用的浇筑方法外，还有预压骨料灌浆法。1960 年在密云水库白河电站，回填高压管道钢管外壁混凝土和填筑调压井井壁接头混凝土时，采用过预压骨料灌浆法施工技术。

在岩体破碎、地下水位较高的地区，管道放空后，钢衬可能因外压而失去稳定，国内外地下埋管均有因此而破坏的例子。解决的办法有二：一是离开管道一定距离打排水洞以降低地下水位，这是一种很有效的措施，有的工程在回填混凝土中设排水管，但排水管在施工中易被堵塞，可靠性差；二是在钢衬外设加劲环，或用锚件将钢衬锚固在混凝土上。在衬砌的周围进行压力灌浆，可减小钢衬、混凝土与岩壁间的初始缝隙，减小围岩的透水性，这些都有利于钢衬的抗外压稳定。

7.4.6.3　不用钢衬的地下管道

为了节约投资和加快施工进度，取消钢衬是近代埋藏式压力管道设计的一个发展方向。充分利用围岩承担内水压力是其设计的指导思想。

地下管道的衬砌形式除钢板衬砌外，还有混凝土及钢筋混凝土衬砌、预应力混凝土衬砌和具有防渗薄膜的混凝土衬砌等。此衬砌与有压引水隧洞中的衬砌相似，只是其承受的内水压力更大。

7.4.7　坝身管道

坝后式厂房的压力管道需穿过坝身，其布置形式主要有两种：①管道埋于混凝土坝体之中，称坝内埋管；②管道上段穿过混凝土坝体后，沿坝下游面布置在坝体之外，称为下游坝面管道，习惯上又常称"坝后背管"或"背管"。此外，尚有布置在拱坝上游面的管道。

7.4.7.1　坝内埋管

坝内埋管的布置主要决定于进水口的高程、坝型及坝体尺寸、水轮机的安装高程和厂房的位置。

坝内埋管的直径可由式（7.29）初步确定，由上而下可采用同一管径，也可分段采用不同的管径。坝内埋管的经济流速一般为 $5\sim7m/s$。由于管道布置在坝内，回旋余地较小，故坝内埋管弯管段的曲率半径可以小些，一般为直径的 $2\sim3$ 倍。

钢管在坝体内有两种埋设方式。第一种是钢管在坝体内用软垫层与坝体混凝土分开，钢管基本上承受全部内水压力，周围混凝土的应力则根据坝体荷载按坝内孔口求出。这种埋设方式的优点是受力较明确，坝身孔口应力较小，不致引起混凝土开裂，钢筋用量也较小，但钢管按明管设计，需要较多钢材，在高水头大直径情况下，可能因钢板太厚，在加工制造时需作消除应力处理。第二种是将钢管直接埋置在坝体混凝土中，二者结为整体，共同承担内水压力，其工作情况与地下埋管相似。

对于第二种情况，为了保证外围混凝土与钢管联合受力，在二者之间应进行接触灌浆。坝内埋管的施工方法有两种：第一种是安装一段钢管浇筑一层坝体混凝土，二者相互配合，这样做虽可省去二期混凝土的工作，但钢管安装与坝体混凝土的浇筑干扰较大，影响施工进度。第二种方法是在浇筑坝体时预留钢管槽，待钢管在槽中安装就绪后用混凝土回填，槽壁与钢管间的最小距离以能满足钢管的安装要求为限，一般采用 1m。

7.4.7.2　坝后背管

为了解决钢管安装与坝体混凝土浇筑的矛盾，前苏联从 20 世纪 60 年代起，在一些大型坝后式水电站中将钢管布置在混凝土坝的下游面上，形成坝后背管。与坝内埋管相比，坝后背管虽然长度较大，耗材较多，但由于可以加快施工进度，缩短工期，在世界各国逐步得到了推广。

坝后背管可采用明钢管，如图 7.33 所示。其优点是管道结构简单，受力明确，施工简便。但管道位于厂房上游，如若爆裂对厂房的安全威胁较大，在高水头大直径情况下，可能因管壁太厚，在加工制造时需作消除应力处理，在气候寒冷地区，需有防冻设施。

坝后背管目前采用较多的是钢衬钢筋混凝土管道，即在钢管之外再包一层钢筋混凝土，形成组合式多层管道，如图 7.34 所示。钢筋混凝土层的厚度视水头高低和管道直径大小而定，通常用 1～2m，不宜用得太厚。

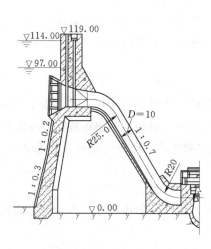

图 7.33　明背管

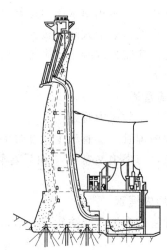

图 7.34　钢衬钢筋混凝土背管

早期的钢衬钢筋混凝土背管多按钢衬单独承担内压设计，外层钢筋混凝土只是一种附加的安全措施。近期的钢衬钢筋混凝土背管则按钢衬和钢筋混凝土联合受力设计，并允许混凝土裂穿。原型观测也证明了混凝土要分担部分内水压力。但由于钢衬和钢筋混凝土之间有一定的初始缝隙，钢衬和钢筋的材料强度不能同时得到充分利用，故二者总的钢材用量将超过明钢管的钢材用量。钢衬和钢筋的用材量在一定情况下是可以互相代替的，即可以采用厚一些的钢衬和少一些钢筋，也可以相反。由于钢筋的单价较低，故钢衬钢筋混凝土管道宜采用较薄的钢衬和较多的钢筋，这样不但有助于降低造价，而且可以降低钢衬对焊接的要求，但钢衬的最小厚度受管壁最小结构厚度限制。钢衬钢筋混凝土管道具有较高的安全度，但与明管相比，增加了扎筋、立模和浇混凝土等工序。

7.5　渡　　槽

7.5.1　渡槽的作用及组成

渡槽是渠道跨越河、沟、渠、路或洼地的明流架空渠系交叉建筑物，它由进口连接段、槽身、结构支承与出口连接段组成，如图 7.35、图 7.36 所示。渡槽不仅能够输送渠水，还可以用于排洪、排沙、通航和导流等。

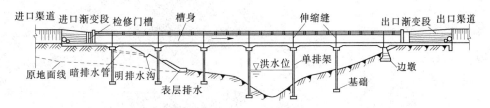

图 7.35 梁式渡槽纵剖面

图 7.36 拱式渡槽图

渡槽由槽身、支承结构、基础及进出口建筑物等部分组成。渠道通过进出口建筑物与槽身相连接，槽身置于支承结构上，槽身重及槽中水重通过支承结构传给基础，再传至地基。

渡槽一般适用于河、渠相对高差较大，河道岸坡较陡，洪水流量较大的情况。它与倒虹吸管相比较具有水头损失小、便于管理运用及可通航等优点，是渠系交叉建筑物中采用最多的一种型式。

7.5.2 渡槽的型式

一般是指槽身及支承结构的类型，由于槽身及支承结构的类型很多，因此，渡槽的分类方法也多。

按槽身断面形式分为 U 形槽、矩形槽、抛物线形槽及圆管槽等，如图 7.37 所示。

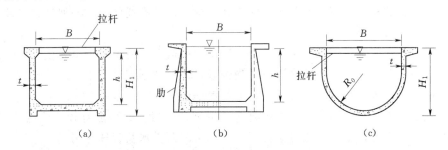

图 7.37 矩形及 U 形槽身断面形式
(a) 设拉杆矩形槽；(b) 设肋的矩形槽；(c) 设拉杆的 U 形槽

按支承结构分为梁式渡槽（图 7.35、图 7.38）、拱式渡槽（图 7.36）、桁架式渡槽、斜拉式渡槽、组合式渡槽（图 7.39）等。

图 7.38　梁式渡槽

图 7.39　组合式渡槽

7.5.3　渡槽的总体布置

渡槽总体布置的主要内容包括槽址选择、结构选型、进出口段的布置等。一般是根据规划确定的任务和要求，进行调查勘察，取得较为全面的地形、地质、水文、建材、交通、施工管理、社会经济等方面的基础资料，在进行技术经济分析比较的基础上，选出最优布置方案。

渡槽总体布置的基本要求是：满足规划中所规定的设计任务，如水流、水位等；槽身长度短，基础及岸坡稳定；结构选型合理；进出口与渠道的连接直、顺、缓、畅；避免填方接头，少占农田；交通方便，就地取材。

7.5.3.1　槽址选择

槽址选择包括轴线和起止点位置的确定，一般应注意以下几个方面：

（1）应选择在地形、地质条件有利的地方。结合渠道线路选择，尽量利用有利的地形、地质条件，以便缩短槽身长度，减少基础工程量，降低墩架高度。槽轴线力求短而直，进出口避免急转弯并力求布置在挖方渠道上。

（2）跨越河流的渡槽，槽址应稳定，水流应顺直。槽轴线应与河流方向正交，槽址应位于河床及岸坡的稳定地段，避免选在河流转弯处。对于有通航要求的河道，应注意渡槽下部的净空满足通航要求。

（3）便于泄水闸等建筑物的布置。为了满足渡槽或上下游填方渠道发生事故时需要停水、检修或泄水等要求，常在渡槽进口适当位置，设置节制闸和退水闸等建筑物，通过联合应用，使渠水泄入出路通畅的溪谷或河道，保证建筑物安全运用。

（4）施工、管理及应用方便。少占耕地、少拆迁民房；尽可能有较宽阔的施工场地，便于就地取材；交通、水、电供应条件好；有利于灌溉供水及管理应用。

7.5.3.2　进出口段的布置

为了减小渡槽过水断面，降低工程造价，槽身纵坡一般较渠底坡度陡。为使渠道水流平顺地进入渡槽，避免冲刷和减小水头损失，布置渡槽进出口段时应注意以下几个方面：

（1）与渠道直线连接。渡槽进出口前后的渠道上应有一定长度的直线段，与槽身平顺连接，在平面布置上要避免急转弯，防止水流条件恶化，影响正常输水，造成冲刷现象。对于流量较大、坡度较陡的渡槽，尤其要注意这一问题。

（2）设置渐变段。为了使水流平顺衔接，适应过水断面的变化，渡槽进出口均需设置渐变段。渐变段形式主要有扭曲面式、反翼墙式、八字墙式等。扭曲面式水流条件较好，应用较多；八字墙式施工简单，小型渡槽使用较多。

（3）设置护底与护坡。进出口段的流态较为复杂，为了防止冲刷造成危害，应设置可靠的护底与护坡。

7.5.4 渡槽的水力计算要点

渡槽水力计算的目的，就是确定渡槽过水断面形状和尺寸、槽底纵坡、进出口高程，校核水头损失是否满足渠系规划要求。

渡槽的水力计算是在槽址中心线及槽身起止点位置已选择的基础上进行的，所以上下游渠道的断面尺寸、水深、渠底高程和容许水头损失均为已知。

槽身过水断面尺寸一般按设计流量设计，按最大流量校核，通过水力学公式进行计算。当槽身长度 $L \geq (15 \sim 20)h$（h 为槽内水深）时，按明渠均匀流公式计算；当 $L < (15 \sim 20)h$ 时，可按淹没宽顶堰公式进行计算。

进行渡槽水力计算时，首先要确定渡槽纵坡。在相同流量下，纵坡的选择对渡槽过水断面大小、工程造价高低、水头损失大小、通航要求、水流冲刷及下游自流灌溉面积等有直接影响。因此，确定一个适宜的坡度，使其既能满足渠系规划容许的水头损失，又能降低工程造价，常需要试算。一般初拟时，常采用 $i = 1/500 \sim 1/1500$，槽内流速 $1 \sim 2\text{m/s}$；对于通航渡槽，要求流速不能太大，纵坡一般取 $i = 1/3000 \sim 1/10000$。

7.5.5 梁式渡槽设计

在实际工程中，梁式渡槽应用较为广泛，如图 7.35、图 7.39 所示，其组成、作用、特点、总体布置以及水力计算前边已经阐述。

7.5.5.1 断面型式选择

在进行渡槽槽身断面型式选择时，一般应考虑水力条件、结构受力条件、施工条件及通航要求等因素。大流量渡槽多采用矩形断面；中小流量可采用矩形断面，也可采用 U 形断面。

矩形断面槽身多采用钢筋混凝土或预应力混凝土结构，U 形槽身一般采用钢丝网混凝土或预应力钢丝网混凝土结构。钢丝网混凝土 U 形结构，槽身槽壁厚度一般只有 2～3cm，是一种轻型而经济的结构，它具有水力条件好、纵向刚度较大而横向内力小、节省材料、吊装方便、施工可不立模板、工程造价较低等优点。但是抗冻性和耐久性较差、施工工艺要求高。如施工质量较差，将可能引起表面剥落、钢丝网锈蚀，甚至产生裂缝漏水等现象。对于中小形渡槽，流量较小而且无通航要求时，可在槽顶设拉杆，如图 7.37（a）、（c）和图 7.39 所示，其间距一般为 1～2m，以改善槽身横向受力及增加侧墙稳定性。如有通航要求，则不能设拉杆，而应适当加大侧墙厚度，也可作成变厚度侧墙。

为了增加侧墙稳定性，也可沿槽长方向每隔一定距离加一道肋，构成肋板式槽身，如

图 7.40 所示。肋的布置，应保证侧墙底部和底板为双向受力的四边支承或三边支承结构。肋间距应适当，初拟时可取侧墙高的 $0.7 \sim 1.0$ 倍，肋的宽度 b 一般不小于侧墙厚度 t，肋的厚度一般为 $(2 \sim 2.5) t$。对于大流量 $(40 \sim 50 \text{m}^3/\text{s}$ 以上) 的渡槽，或者因通航需要较大槽宽时，为了减小底板厚度，可在底板下设置边纵梁或中纵梁，而建成多纵梁式矩形槽，如图 7.41 所示。

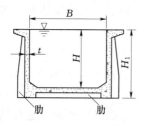

图 7.40 肋板式矩形槽

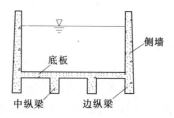

图 7.41 多纵梁式矩形槽

槽身侧墙通常都按纵梁考虑，由于侧墙薄而高，故在设计中除考虑强度外，还应考虑侧向稳定，一般以侧墙厚度 t 与侧墙高度 H_1 的比值 t/H_1 作为衡量指标，其经验尺寸数值，可参考表 7.6。

表 7.6 　　　　　　　　　　　　槽身侧墙经验尺寸数值参考值

项 目 名 称	t/H_1	厚度 t（cm）
有拉杆矩形槽	$1/12 \sim 1/16$	$10 \sim 20$
有拉杆 U 形槽	$1/10 \sim 1/15$	$5 \sim 10$
肋板式矩形槽	$1/18 \sim 1/20$	$12 \sim 15$

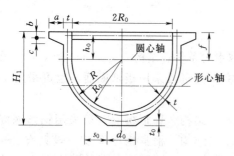

图 7.42 U 形槽槽身

钢筋混凝土 U 形槽，一般采用半圆形上加直段的断面型式。为了便于布置纵向受力钢筋，并增加槽壳的纵向刚度以满足底部抗裂要求，常将槽底弧形段加厚，如图 7.42 所示。图中 s_0 是从 d_0 两端分别向槽壳外缘作切线的水平投影长度，可由作图求出，初步拟定断面尺寸时，可参考表 7.7 所列经验数据。

7.5.5.2 一般构造

槽身设计中，除了选择断面型式、确定断面尺寸外，还应注重槽身的分缝、止水及与墩台的连接等一般构造。

表 7.7 　　　　　　　　　　　　U 形 槽 经 验 参 数

参数	h_0	a	b	c	d_0	t_0
经验数据	$(0.4 \sim 0.6) R_0$	$(1.5 \sim 2.5) t$	$(1 \sim 2) t$	$(1 \sim 2) t$	$(0.5 \sim 0.6) t$	$(1 \sim 1.5) t$

（1）分缝。为了适应渡槽槽身因温度变化引起的伸缩变形和沉降位移，应在渡槽进出口建筑物之间以及各节槽身之间设置变形缝，缝宽一般 2～5cm。变形缝的封堵材料，应既能适应变形又能防止漏水，特别是槽身与进出口建筑物之间的接缝止水必须严密可靠，以避免产生大量的漏水，造成岸坡坍塌，影响渡槽安全。

（2）止水。槽身接缝止水材料和构造型式较多，常见的有橡皮压板式止水、塑料止水带压板式止水、沥青填料式止水、粘合式止水、套环填料式止水等。

（3）支座。梁式渡槽槽身搁置在墩架上，当跨径在 10m 以内时，一般不设专门的支座，直接支承在油毡或水泥沙浆垫层上，垫层厚度不小于 10mm。为防止支承处混凝土拉裂，可设置钢筋网进行加固。当跨径较大时，为使支座接触面的压力分布比较均匀并减小槽身摩擦时所产生的摩擦力，常在支点处设置支座钢板，每个支座处的钢板有两块，分别固定于槽身及墩（架）的支承面上，一般要求每块钢板上先焊上直径不小于 10mm 的钢筋，钢板厚度不小于 10mm，面积大小根据接触面处的混凝土的局部压力决定。

对于跨度及纵坡较大的简支梁式渡槽，其支座型式最好能作成一端固定（不能水平移动但可以转动）一端活动（能水平移动和转动）。

7.5.5.3 槽身结构计算

渡槽的槽身为空间结构，其受力比较复杂。结构计算时，一般近似按纵、横两个方向按平面结构进行分析。

1. 槽身纵向结构计算

一般按满槽水情况设计。对于矩形槽，可将侧墙视为纵向梁。梁截面为矩形或 T 形，按受弯构件计算纵向正应力和剪应力，并进行配筋计算和抗裂验算。

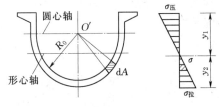

图 7.43　U 形槽身纵向计算简图

计算 U 形槽身纵向应力时，应按材料力学方法先求出截面形心轴位置及形心轴至受压和受拉边沿的距离 y_1 和 y_2，如图 7.43 所示，再按式（7.37）计算边沿压应力和边沿拉应力。

$$\left.\begin{array}{l} \sigma_压 = \dfrac{M}{I_0} y_1 \\[3mm] \sigma_拉 = \dfrac{M}{I_0} y_2 \end{array}\right\} \tag{7.37}$$

式中　$\sigma_压$、$\sigma_拉$——边沿压应力和边沿拉应力；

　　　y_1、y_2——形心轴至受压、受拉边沿的距离；

　　　M——截面承受的弯矩；

　　　I_0——U 形槽身横截面对形心轴的惯性矩。

U 形槽的纵向配筋计算，一般按总应力法，即考虑受拉区混凝土已开裂不能承受拉力，形心轴以下总拉力由钢筋承担。

$$A_S \geqslant \frac{\gamma_0 F_{总}}{f_y}$$
$$F_{总} = \int_A \sigma \mathrm{d}A = \frac{M}{I_0} S_{\max} \tag{7.38}$$

式中　A_S——钢筋总面积；

　　　$F_{总}$——形心轴以下总拉力；

　　　γ_0——结构重要性系数；

　　　σ——截面某一点的正应力；

　　　f_y——钢筋抗拉强度设计值；

　　　$S_{\max}$——形心轴以下的面积矩。

2. 槽身横向结构计算

由于荷载沿槽长方向的连续性和均匀性，在槽身横向计算时，通常可沿槽长方向取 1m 长为脱离体，按平面结构分析，如图 7.44 所示。在脱离体上的荷载除有竖向力 q（水重加自重）外，两侧还有剪力 Q_1 和 Q_2，两剪力的差值 ΔQ 与荷载 q 维持平衡，即 $q = \Delta Q = Q_1 - Q_2 = q$。

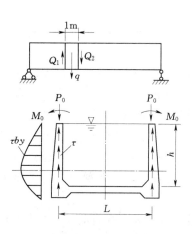

图 7.44　槽身横向结构计算

（1）无拉杆矩形槽。对于无拉杆矩形槽身，侧墙可视为固结于底板上的悬臂梁，侧墙和底板仍按刚性连接处理，其计算简图如图 7.45 所示。由于剪力在截面上的分布沿高度呈抛物线分布，且方向向上。因此，在工程设计中，一般不考虑底板截面上剪力的影响。

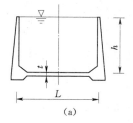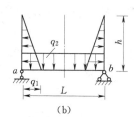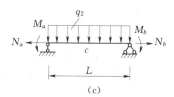

图 7.45　无拉杆矩形槽计算图

矩形槽身两侧墙截面上的剪力不影响侧墙的横向弯矩，可将它集中于侧墙底面按支承铰考虑，根据如图 7.45 所示的条件，内力计算公式如下：

侧墙底部最大弯矩值　　$M_a = M_b = \frac{q_1 h^2}{6} = \frac{\gamma h^3}{6}$ (7.39)

底板拉力值　　$N_a = N_b = \frac{\gamma h^2}{2}$ (7.40)

底板跨中最大弯矩值　　$M_c = \frac{q_2 L^2}{8} - M_a$ (7.41)

$$q_1 = \gamma h$$
$$q_2 = \gamma h + \gamma_h t$$

式中 q_1——作用于侧墙底部的水平水压力；

　　　q_2——作用于底板上的均布荷载，一般为水重加自重；

　　　γ——水的重度；

　　　γ_h——钢筋混凝土的重度；

　　　t——底板厚度；

　　　L——底板宽度，m。

（2）有拉杆矩形槽。其槽身横向结构计算时，假定设拉杆处的横向内力与不设拉杆处的横向内力相同，将拉杆"均匀化"，拉杆截面尺寸一般较小，不计其弯矩作用及轴力对变位的影响，利用结构的对称性，取半边结构计算，其计算简图如图7.46所示。

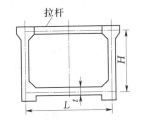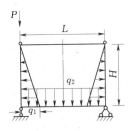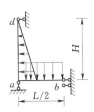

图 7.46　有拉杆矩形槽计算图

槽身设置拉杆后，可显著减小侧墙和底板的弯矩。计算表明，侧墙底部和跨中的最大弯矩值均发生在满槽水深的情况。有拉杆的矩形槽身属一次超静定结构，可按力矩分配法进行计算，但必须注意，求出拉杆拉力以后，应再乘以拉杆间距，才是拉杆的实际拉力。

（3）U形槽。U形槽身一般设有拉杆。横向结构计算时取单位长度槽身按平面问题分析。作用于单位槽身的荷载有槽身自重、水重及两侧截面上的剪力，其剪力分布呈抛物线形，方向沿槽壳厚度中心线的切线方向，对槽壳产生弯矩和轴向力。该力产生的力矩与其他荷载产生的力矩的方向相反，起抵消作用。因其结构及荷载对称，取半边结构进行分析，计算简图如图7.47所示。

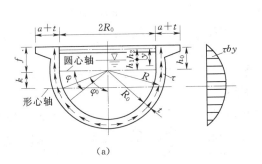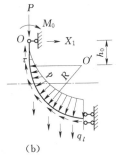

(a)　　　　　　　　　　　　　　(b)

图 7.47　U形渡槽计算简图

如图7.47所示，U形槽属一次超静定结构，X_1为基本结构的超静定未知力；P为槽顶荷载产生的集中力（包括拉杆、人行桥及顶部加大部分的重力）；M_0为槽顶荷载对槽壳直线段顶部中心的力矩；τ为剪应力，即两横截面上的剪力差，分布于截面中心的切线方向；p为垂直作用于槽壁上的静水压强，一般水满槽时，水位按拉杆中心位置计算；q_l

为槽壁单位长度的自重（$q_l = \gamma_h t$），t 为槽壳厚度；R 及 R_0 为槽壳圆弧段的平均半径和内半径；h_0 为拉杆中心到圆心轴的距离；h_1 为圆心轴以上的水深；f 为直线段高度；k 为形心轴至圆心轴的距离。

结构力学计算，计算过程比较复杂，在此不再赘述，可参考其他相关书籍。

在风较大的地区，若槽身较轻，受风面积及高度均较大时，应验算槽身空槽时的倾覆稳定性，以防止槽身在风荷载作用下倾倒掉落。

7.5.5.4 支承结构设计

梁式渡槽的支承结构设计主要包括型式选择、尺寸确定、排架与基础的连接方式以及结构计算等。

1. 支承结构的型式及尺寸

梁式渡槽的支承结构，一般有槽墩式和排架式两种型式。

（1）槽墩式。槽墩式一般为重力式，包括实体墩与空心墩两种型式。

1）实体墩。实体墩的墩头型式多为半圆形或尖角形。墩顶长度应略大槽身长度，每边外伸约 20cm。墩顶宽度应大于槽身支承面所需的宽度，常不小于 0.8~1.0m。墩顶设置混凝土墩帽，一般厚度 0.3~0.4m，四周外挑 5~10cm，并布置一定的构造钢筋。为满足墩体强度要求和地基承载力要求，墩身两侧可做成 20:1~30:1 的斜坡。在墩帽上应设置油毡垫座或钢板支座，以便将上部荷载均匀传到墩体上，并减小槽身因温度变化而产生的水平力。实体墩一般采用混凝土或浆砌石结构，构造简单，施工方便，但使用材料多，自身重力大，故高度不宜太大，当槽墩较高，承受荷载又较大时，要求地基应有较大的承载力，因此这种墩高度一般不大于 8~15m。

2）空心墩。空心墩体形及各部分尺寸基本与实体墩相同。截面型式有圆形、矩形、双工字形、圆矩形等。其壁厚一般为 15~30cm，为了加强墩身的整体性并便于分层吊装施工，竖向每隔 2.5~4.0m 设置一道横梁，并在墩顶和墩底设置进人孔。空心墩墩身可采用混凝土预制块砌筑，也可将墩身分段预制现场安装。在数量多、墩身较高时，可采用滑升钢模现浇混凝土施工。与实体墩相比较可节省材料，与槽架相比较可节省钢材。其自身重力小，但刚度大，适用于修建较高的槽墩。

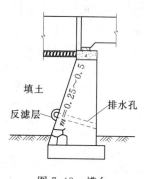

图 7.48 槽台

填土

反滤层

排水孔

$m = 0.25 ~ 0.5$

3）槽台。渡槽与两岸连接时，常采用重力式边槽墩，也简称槽台，如图 7.48 所示。槽台起着支承槽身和挡土得双重作用，其高度一般不超过 5~6m。槽台背坡，一般 $m = 0.25~0.5$。为减小槽台背水压力，常在其体内设置排水孔，孔径为 5~8cm，并作反滤层予以保护。槽台顶应设混凝土台帽，其构造同槽墩。

（2）排架式。排架式一般为钢筋混凝土结构，主要有单排架、双排架、A 字形排架及组合式排架等型式，如图 7.49 所示。

1）单排架。单排架是由两根立柱和横梁所组成的多层刚架结构，其构造如图 7.49 所示。单排架具有体积小、重量小、可现浇或预制吊装等优点，在工程中被广泛应用。单排架高度一般为 10~20m。

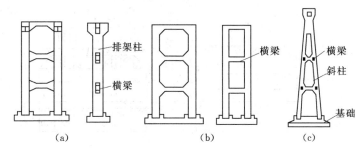

图 7.49 排架型式

(a) 单排架；（b) 双排架；（c) A 字型排架

单排架两根立柱的中心距，取决于渡槽宽度，一般应使槽身传来的荷载的作用线与立柱中心线相重合，以使立柱成为中心受压构建。两立柱间设置横梁，自上而下等间距布置，横梁与立柱的连接处应设置补角。为改善槽身支撑条件，排架顶部常伸出悬臂短梁。

2）双排架。双排架由两个单排架及横梁组成，属于空间框架结构。在较大的竖向及水平荷载作用下，其强度、稳定性及地基应力均较单排架更容易满足要求，可适应较大高度要求，通常为 15~25m。

3）A 字形排架。A 字形排架通常由两片 A 字形单排架组成，其稳定性好，适应高度大，但施工较复杂，造价也较高。双排架和 A 字形排架均由单排架组成，其构造、基本尺寸可参考单排架确定。

4）组合式排架。组合式排架适用于跨越河道主河槽部分，在最高洪水位以下为重力墩，其上为槽架，槽架可为单排架，也可为双排架。

2. 排架与基础的连接

排架与基础的连接型式，通常有固接和铰接。一般现浇时，排架与基础常整体结合，排架竖向钢筋直接伸入基础内，应按固接考虑。预制装配式排架，根据排架吊装就位后的杯口处理方式而定。对于固接，立柱与杯口基础连接时，应在基础混凝土初凝后终凝前拆除杯口内模板并凿毛，在立柱安装前，将杯口清扫干净，于杯口底浇灌不小于 C20 的细石混凝土，然后将立柱插入杯口内，在其四周再浇灌细石混凝土。对于铰接，仅在立柱底部填 5cm 厚的 C20 细石混凝土再抹平，将立柱插入杯口后，应在四周灌以 5cm 厚的 C20细石混凝土，最后，再在其上填以沥青麻绳等柔性材料。

7.5.5.5 基础

渡槽基础是将渡槽的全部重量传给地基的底部结构。渡槽基础的类型较多，按照埋置深度可分为浅基础和深基础，埋置深度小于 5m 时为浅基础，大于 5m 时为深基础；按照结构型式可分为刚性基础、整体板式基础（亦称柔性基础）、钻孔桩基础和沉井基础等。

1. 按埋置深度分类

渡槽的浅基础一般采用刚性基础及整体板式基础；深基础多为钻孔桩基础和沉井基础，如图 7.50 所示。

对于浅基础，基底面高程（或埋置深度）一般应根据地形、地质、水文、气象条件和使用要求等条件选定。软土地基上基础埋置深度一般为 1.5~2.0m。当上层地基土的承载能力大于下层时，宜利用上层作持力层，但基底面以下的持力层厚度应不小于 1.0m。坡

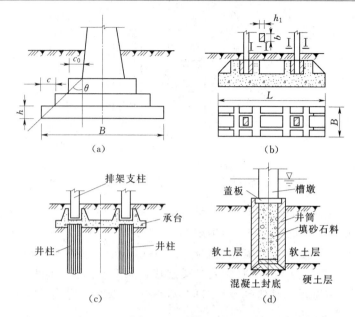

图 7.50　渡槽基础

(a) 刚性基础；(b) 整体板式基础；(c) 钻孔桩基础；(d) 沉井基础

地上的基础，基底面应全部置于稳定坡线以下，并削除不稳定的坡土和岩石，以保证工程的安全。对于冰冻地区，基底面埋入冰冻层以下不小于 $0.3 \sim 0.5$m，以免因冰冻而降低地基承载能力。耕作地区的基础，基础顶面应设在地面以下 $0.5 \sim 0.8$m。河槽中受到水流冲刷的基础，基底面应埋入最大冲刷线之下，以免基底受到淘刷而危及工程的安全。

对于深基础，入土的深度应从稳定坡线、最大冲刷深度处算起，以确保深基础有足够的承载能力。

(1) 刚性基础。刚性基础多用于重力式实体墩和空心墩基础，建筑材料一般用浆砌石或混凝土，其形状呈台阶形，所以又称扩大基础，如图 7.50 (a) 所示。因这种基础的抗弯能力小，而抗压能力较大，为使基础不产生弯曲或剪切破坏，基础在墩底面的悬臂挑出长度不宜太大，一般用刚性角进行控制。

(2) 整体板式基础。板式基础多用作排架基础，基底面积较大，采用钢筋混凝土梁板结构建造，如图 7.50 (b) 所示。由于设计时考虑其弯曲变形而按梁计算，故又称柔性基础。这种基础可在较小埋置深度下获得较大的底面积，具有体积小、施工方便、适应变形能力强等特点，一般适用于地基较差、不均匀沉陷较大的情况。对于预制装配式排架，杯口的深度应略大于支柱插入深度，杯壁厚度取 $15 \sim 30$cm。

(3) 钻孔桩基础。钻孔桩基础是利用专门的钻井工具钻孔，在孔内放置钢筋后，最后灌注混凝土而成的井形桩柱，故又称井柱。为了便于与槽墩或槽架的连接，在桩顶一般设置承台，如图 7.50 (c) 所示。这种基础一般适用于荷载大、承载能力低的地基。其主要优点是施工机具简单，施工速度快，造价较低。

(4) 沉井基础。沉井基础的适用条件与钻孔基础相似，在井顶做承台（盖板）以便修筑槽墩（架），如图 7.50 (d) 所示。井筒内可根据需要填沙石料或低标号混凝土。

7.6 倒 虹 吸 管

7.6.1 倒虹吸管的特点和使用条件

倒虹吸管（图 7.51）属于渠系交叉建筑物，是指设置在渠道与河流、山沟、谷地、道路等相交叉处的压力输水管道。其管道的特点是两端与渠道相接，而中间向下弯曲。与渡槽相比，具有结构简单、造价较低、施工方便等优点。但是，输水时水头损失较大，运行管理不如渡槽方便。

倒虹吸管一般适用于以下几种情况：①渠道跨越宽深河谷，修建渡槽、填方渠道或绕线方案困难或造价较高时；②渠道与原有渠、路相交，因高差较小不能修建渡槽、涵洞时；③修建填方渠道，影响原有河道泄流时；④修建渡槽，影响原有交通时等。

7.6.2 倒虹吸管的组成和类型

倒虹吸管一般分为进口段、管身段和出口段三部分。

倒虹吸管的类型根据管路埋设情况及高差的大小，通常可分为竖井式、斜管式、曲线式和桥式四种类型。

图 7.51 倒虹吸管

1. 竖井式

竖井式倒虹吸管是由进出口竖井和中间平洞组成，如图 7.52 所示。一般适用于流量不大、压力水头小于 3～5m 的穿越道路的倒虹吸管。竖井的砌筑一般采用砖、石或混凝土。为了改善平洞的受力条件，管顶应埋设在路面以下 1.0m 左右。

竖井的断面为矩形或圆形，其尺寸稍大于平洞，并在底部设置深约 0.5m 的集沙坑，以便于清除泥沙及检修管路时排水。

平洞的断面一般为矩形、圆形或城门洞形。

竖井式倒虹吸管构造简单、管路较短、占地较少、施工较容易，但水力条件较差，通常用于工程规模较小的情况。

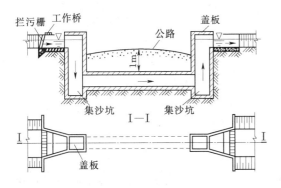

图 7.52 竖井式倒虹吸管

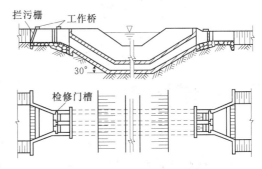

图 7.53 斜管式倒虹吸管

277

2. 斜管式

斜管式倒虹吸管的管道进出口为斜卧段，而中间为平直段，如图7.53所示。一般用于穿越渠道、河流而两者高差不大，且压力水头较小、两岸坡度较平缓的情况。

斜管式倒虹吸管与竖井式倒虹吸管相比，水流畅通、水头损失小、构造简单，实际工程中采用较多。但是，斜管的施工较为不便。

3. 曲线式

曲线式倒虹吸管的管道一般是沿坡面的起伏爬行铺设而成为曲线形，如图7.54所示。主要适用于跨越河谷或山沟，且两者高差较大的情况。为了保证管道的稳定性，并减少施工的开挖量，铺设管道的岸坡应比较平缓，对于土坡 m 不小于 $1.5\sim2.0$，岩石坡 m 不小于 1.0。

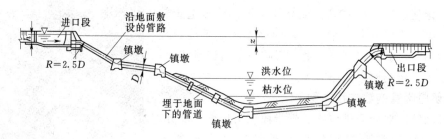

图 7.54　曲线式倒虹吸管图

管身的断面一般为圆形。管身的材料为混凝土或钢筋混凝土，可现浇也可预制安装。管身一般设置管座，当管径较小且土基很坚实时，也可直接设在土基上。在管道转弯处，应设置镇墩，并将圆管接头包在镇墩之内。

为了防止温度变化而引起管道产生过大的温度应力，管身顶部应埋置于地面以下 $0.5\sim0.8$m，为了减小工程量，埋置深度也不宜过大。在寒冷地区，管道应埋置于冻土层以下 0.5m。通过河道水流冲刷部位的管道，管顶应埋设在冲刷线以下 0.5m。

4. 桥式

桥式倒虹吸管与曲线式倒吸虹管相似，在沿坡面爬行铺设曲线形管段的基础上，在深槽部位建桥，管道铺设在桥面上或支承在桥墩等支承结构上，如图7.55所示。

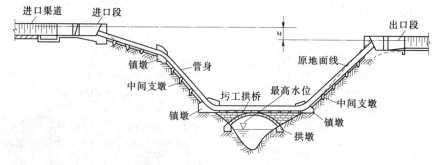

图 7.55　桥式倒虹吸管

桥式倒虹吸管多用于渠道与较深的复式断面或窄深河谷交叉的情况。主要特点是可以降低管道承受的压力水头，减小水头损失，缩短管身长度，并可避免在深槽中进行管道施工的困难。

桥下应有足够的净空高度，以满足泄洪要求。在通航的河道上，还应该满足通航要求。

7.6.3 倒虹吸管的布置要求

倒虹吸管的总体布置应根据地形、地质、施工、水流条件，以及所通过的道路、河道洪水等具体情况经过综合分析比较确定。一般要求如下：

（1）管身长度最短。管路力争与河道、山谷和道路正交，以缩短倒虹吸管道的总长度。还应避免转弯过多，以减少水头损失和镇墩的数量。

（2）岸坡稳定性好。进、出口以及管身应尽量布置在地质条件稳定的挖方地段，避免建在高填方地段，并且地形应平缓，以便于施工。

（3）开挖工程量少。管身应适应地形坡度变化布置，以减少开挖的工程量，降低工程造价。

（4）进、出口平顺。为了改善水流条件，倒虹吸管进、出口与渠道的连接应当平顺。

（5）管理运用方便。结构的布置应安全、合理、以便于管理运用。

7.6.4 进口段布置和构造

进口段主要由渐变段、拦污栅、闸门、沉沙池等部分组成，如图7.56所示。

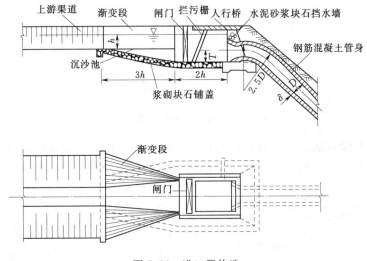

图 7.56 进口段构造

进口段的结构形式应保证通过不同流量时管道进口处于淹没状态，以防止水流在进口段发生跌落、产生水跃而引起管身振动。

进口段的轮廓应当平顺，以减少水头损失，并应满足稳定、防冲和渗流等要求。

进口段应修建在地基较好、透水性小的地基上。当地基较差、透水性大时应做防渗处理。通常做 $30 \sim 50 \mathrm{cm}$ 厚的浆砌石或做 $15 \sim 20 \mathrm{cm}$ 的混凝土铺盖，其长度为渠道设计水深的 $3 \sim 5$ 倍。

1. 渐变段

倒虹吸管的进口一般设有渐变段，主要作用是使其进口与渠道平顺连接，以减少水头损失。渐变段长度一般采用 3～5 倍的渠道设计水深。

渐变段的具体形式和构造可参考渡槽的进口部分。

2. 进水口

倒虹吸管的进水口一般是通过挡水墙与管身连接而成。挡水墙可用混凝土浇筑，也可用圬工材料砌筑，砌筑时应与管身妥善衔接。进水口的形式一般有以下两种。

（1）喇叭口形。进水口段与管身用弯道相连接，其弯道曲率半径一般为 2.5～4.0 倍管内径。这种形式的构造较为复杂，但水流条件较好，主要用于岸坡较陡、管径较大的钢筋混凝土管道。管身直接伸入胸墙 0.5～1.0m，与喇叭口连接，如图 7.57 所示。一般适用于两岸岸坡较缓的情况。

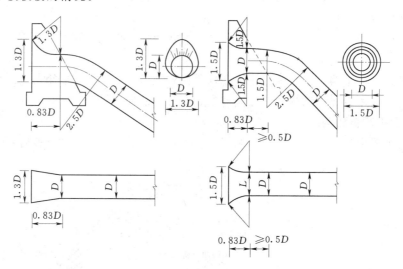

图 7.57　喇叭口接弯道进口布置

（2）无喇叭口。管身直伸胸墙。进口不设喇叭口，将管身直接伸入挡水墙内，如图 7.58 所示。主要特点是构造简单、施工方便，但水流条件较差。一般用于小型倒虹吸管。

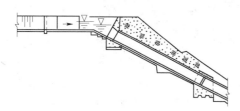

图 7.58　无喇叭口直管道进口布置

3. 闸门

对于双管或多管道虹吸，在其进口应设置闸门，如图 7.59 所示。当过流量较小时，可用一根管或几根管道输水，以防止进口水位跌落，同时可增加管内流速，防止管道淤积。

对于单管倒虹吸，其进口一般可不设置闸门，有时仅在侧墙留闸门槽，以便在检修和清淤时使用，需要时临时安装插板挡水。

闸门的形式包括平板闸门或叠梁闸门。

4. 拦污栅

为了防止漂流物或人畜落入渠内被吸入倒虹吸管内，在闸门前需要设置拦污栅，如图 7.59 所示。栅条可用扁钢做成，其间距一般为 20～25cm。

拦污栅的布置应设有一定的坡度，以增加过水面积或减小水头损失，常用坡度为 1/3

～1/5（与水平面的倾角一般为 70°～80°）。

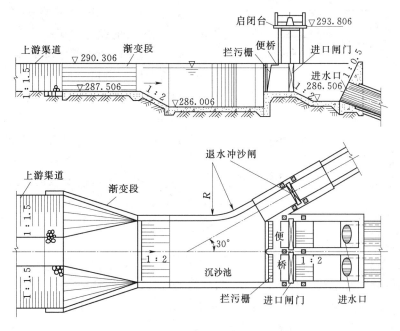

图 7.59　双管倒虹吸管进出口布置

5.工作桥

为了启闭闸门或进行清污，有条件的情况下，可设置便桥或启闭台，如图 7.59 所示。为了便于运用和检修，便桥或启闭台面应高出闸墩顶足够的高度，通常为闸门高再加 1.0～1.5m。便桥的构造及设计可参考水闸有关部分。

6.沉沙池

对于多泥沙的渠道，在进水口之前，一般应设置沉沙池，如图 7.59 所示。主要作用是拦截渠道水流挟带的粗颗粒泥沙和杂物进入倒虹吸管内，以防止造成管壁磨损、淤积堵塞，甚至影响虹吸管道的输水能力。对于悬移质为主的平原地区渠道，也可不设沉沙池。

沉沙池内的泥沙要根据沉积数量及清淤周期的要求，在停水期间，进行人工清淤；也可结合进口退水冲沙闸，进行水力冲沙。

对于山丘地区的绕山渠道，沉沙池应适当加深，以防止泥沙入渠造倒虹吸管的磨损。

7.进口退水闸

大型或较为重要的倒虹吸管应在进口设置退水闸。当倒虹吸管发生事故时，为确保工程的安全，可关闭倒虹吸管前的闸门，将渠水从退水闸安全泄出。

7.6.5　出口段的布置和构造

出口段包括出水口、消力池等。其布置型式与进口段相似，如图 7.60 所示。

（1）闸门。为了便于运行管理，在双管或多管倒虹吸的出口，应设置闸门或预留检门槽。

（2）消力池。消力池一般设置在渐变段的底部，主要用于调整出口流速分布，以使水流平稳地进入下游渠道，防止造成下游渠道的冲刷。

倒虹吸管出口水流流速一般较小，消力池的尺寸，可按以下经验进行估算：

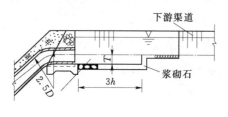

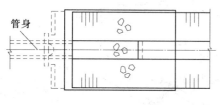

图 7.60　出口段布置

池长　　　　　　$L \geqslant (3\sim 4)h$　　　　　(7.42)

池深　　　　$T \geqslant 0.5D + \delta + 30 (cm)$　　　(7.43)

式中　h——渠道的设计水深；

　　　D、δ——管道内径与管壁厚度。

（3）渐变段。出口一般设有渐变段，以使出口与下游渠道平顺连接，其长度一般为 $4\sim 6$ 倍的渠道设计水深。

为了防止水流对下游渠道的冲刷，应在渐变段下游 $3\sim 5m$ 的范围内进行渠道的护砌保护。

实际工程中，出口渐变段的长度一般与消力池同长。对于小型工程，出口渠道的连接也可不用渐变段的型式，如用复式渠道与下游渠道按照相同边坡直接相连，如图 7.60 所示。

7.6.6　管路布置

管路的构造主要包括管身断面、管道材料、管壁厚度、管段长度、分缝止水、泄水冲沙孔、进人孔以及支承结构等。管路布置应根据流量大小、水头高低、运用要求、管路埋设情况、高差及经济效益等因素，综合进行考虑。

1. 管身断面

倒虹吸的管身断面一般为圆形，因其水力条件和受力条件较好。对于低水头的管道，也可使用矩形或城门洞形断面。

2. 管身材料和壁厚

倒虹吸管的材料应根据压力大小及流量的多少，按照就地取材、施工方便、经久耐用等原则综合分析选择。常用的材料主要有混凝土、钢筋混凝土、预应力钢筋混凝土、铸铁和钢材等。

对于水头小于 3m 的矩形或城门洞形小型管道，也可采用砖、石等材料砌筑。

（1）混凝土管。它适用于水头较低、流量较小的情况，一般为 $4\sim 6m$，有时也可达 10 余米。为了防止管身裂缝以及接缝处严重漏水现象经常发生，应严格把握材料强度、施工技术及质量等因素。

（2）钢筋混凝土管。它适用于较高水头，一般为 30m 左右，可达 $50\sim 60m$，管径通常不大于 3m。管壁厚度的初步拟定可根据管径和作用水头。

（3）预应力钢筋混凝土管。它适用于高水头。与钢筋混凝土管相比，具有弹性较好、不透水性和抗裂性好，能够充分发挥材料的性能。其管壁厚度比钢筋混凝土管稍薄，初步拟定时可参考表 7.8。预应力钢筋混凝土管与金属管相比，可以节省钢材用量 $80\% \sim 90\%$。

表 7.8　　　　　　　预应力钢筋混凝土管的管径及管壁厚度　　　　　　单位：mm

管径	600	800	1000	1200	1400	2000
管壁厚 δ	55	60	70	80	90	130

（4）铸铁管与钢管。多用于高水头（60m 以上）地段，为了增强管道的刚度，可在

管身的外壁每隔一定的距离设置加劲环和支承环。由于这种型式耗用金属材料较多，所以应用上受到了较大限制。

7.6.7 倒虹吸管的水力计算

倒虹吸管水力计算的任务主要是根据上游渠底高程、水位、流量和容许水头损失，确定倒虹吸管的断面尺寸、水头损失、下游渠底高程及进出口的水面衔接型式。

在实际工程中，倒虹吸管的水力计算主要包括下列几种情况：①根据需要通过的流量和容许水头损失，确定管道的断面型式和尺寸；②由需要通过的流量及拟定的管内流速，校核水头损失是否超过容许值。

倒虹吸管的断面尺寸和上、下游渠道底部高程确定后，应当核算通过小流量时是否满足不淤要求。若计算出的管身断面尺寸较大或通过小流量时管内流速过小，可考虑布设双管或多管。

7.7 坝 下 涵 管

7.7.1 概述

在土石坝水库枢纽中，主要泄水建筑物应是河岸溢洪道，底孔的设计流量一般不大。当由于两岸地质条件或其他原因不宜开挖隧洞时，可以采用坝下设涵管的方法来满足泄、放水的要求。

坝下涵管结构简单、施工方便、造价较低，故在小型水库工程中应用较多。但其最大的缺点是：如设计施工或运用管理不当，极易影响土石坝的安全。由于管壁和填土是两种不同性质的材料，如两者结合不紧密，库水就会沿管壁与填土之间的接触面产生集中渗流。特别是当管道由于坝基不均匀沉陷或连接结构方面的原因发生断裂、漏水等情况时，后果更加严重。实践证明，管道渗漏是引起土石坝失事的重要原因之一。所以坝下涵管不如隧洞运用安全，但如涵管能置于比较好的基岩上，加上精心设计施工，是可以保证涵管及土石坝的安全的。在软基上，除经过技术论证外，不得采用涵管式底孔。对于高坝和多地震区的坝，在岩基上也应尽量避免采用坝下涵管。

7.7.2 涵管的类型和位置选择

7.7.2.1 坝下涵管的类型

涵管按其过流形态可分为具有自由水面的无压涵管；满水的有压涵管；闸门前段满水但门后具有自由水面的半有压涵管。其管身断面形式有圆形、圆拱直墙形（城门洞形）、箱形等。涵管材料一般为预制或现浇混凝土、钢筋混凝土或浆砌石。无压涵管的断面形式如图7.61所示。

7.7.2.2 坝下涵管的位置选择

在进行涵管的位置选择及布置时，应综合考虑涵管的作用、地基情况、地形条件、水力条件、与其他建筑物（特别是土坝）之间的关系等因素，选择若干方案进行分析比较后确定。在进行线路选择及布置时，应注意以下几个问题：

（1）地质条件。应尽可能将涵管设在岩基上。坝高在10m以下时，涵管也可设于压缩性小、均匀而稳定的土基上。但应避免部分是岩基、部分是土基的情况。

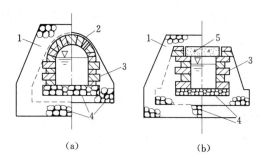

图 7.61 无压涵管断面形式

1—截渗环；2—浆砌石拱圈；3—浆砌条石；
4—浆砌块石；5—钢筋混凝土盖板

时，其弯曲半径应大于 5 倍的管径。

（2）地形条件。涵管应选在与进口高程相适宜的位置，以免挖方过多。涵管进口高程的确定应考虑运用要求、河流泥沙情况及施工导流等因素。

（3）运用要求。引水灌溉的涵管应布置与灌区同岸，以节省费用；两岸均有灌区，可在两岸分设涵管。涵管最好与溢洪道分设两岸，以免水流干扰。

（4）管线宜直。涵管的轴线应为直线并与坝轴线垂直，以缩短管长，使水流顺畅。若受地形或地质条件的限制，涵管必须转弯

7.7.3 涵管的布置与构造

7.7.3.1 涵管的类型

小型水库的坝下涵管大多数是为灌溉引水而设，常用的型式如下：

（1）分级斜卧管式。这种型式是沿山坡修筑台阶式斜卧管，在每个台阶上设进水口，孔径 10～50cm，用木塞或平板门控制放水。卧管的最高处设通气孔，下部与消力池或消能井相连（图 7.62）。该型式进水口结构简单，能引取温度较高的表层水灌溉。有利于作物生长。缺点是容易漏水，木塞闸门运用管理不便。

（2）斜拉闸门式。该型式与隧洞的斜坡式进水口相似（图 7.63）。其优缺点与隧洞斜坡式进水口相同。

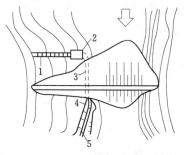

图 7.62 分级斜卧管式

1—卧管；2—消力池；3—坝下涵管；
4—护坡；5—引水渠道

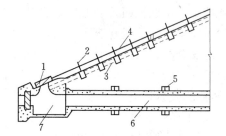

图 7.63 斜拉闸门式

1—斜拉闸门；2—支柱；3—通气孔；4—拉杆；
5—截渗环；6—涵管；7—消能井

（3）塔式和井式进水口。该型式适于水头较高、流量较大、水量控制要求较严的涵管，其构造和特点与隧洞的塔式进口基本相同。井式进口是将竖井设在坝体内部，如图 7.64 所示，以位置Ⅱ为佳。位置Ⅰ，如竖井和涵管的结合处漏水，将使坝体浸润线升高，而且竖井上游涵管检修不便。位置Ⅲ，竖井稳定性差，实际已成塔式结构。竖井应设于防渗心墙上游，以保证心墙的整体性。

7.7.3.2 管身布置与构造

（1）管座。设置管座可以增加管身的纵向刚度，改善管身的受力条件，并使地基受力

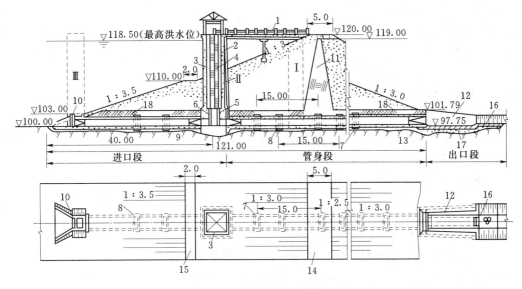

图 7.64　涵管布置图（单位：m）

1—工作桥；2—通气孔；3—控制塔；4—爬梯；5—工作闸门槽；6—检修闸门槽；7—截渗环；
8—伸缩缝；9—渐变段；10—拦污栅；11—黏土心墙；12—消力池；13—岩基；
14—坝顶；15—马道；16—干砌石；17—浆砌石；18—黏土

均匀，所以管座是防止管身断裂的主要结构措施之一。管座可以用浆砌石或低标号混凝土做成，厚度 30～50cm。管座和管身的接触面成 90°～180°包角，接触面上涂以沥青或设油毛毡垫层，以减少管身受管座的约束，避免因纵向收缩而裂缝。

（2）伸缩缝。土基上的涵管，应设置沉陷缝，以适应地基变形。良好的岩基，不均匀沉陷很小，可设温度伸缩缝。一般将温度伸缩缝与沉陷缝统一考虑。对于现浇钢筋混凝土涵管，伸缩缝的间距一般为 3～4 倍的管径，且不大于 15m，当管壁较薄设置止水有困难时，可将接头处的管壁加厚。对于预制涵管，其接头即为伸缩缝，多用套管接头，如图 7-65 所示。

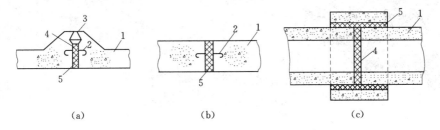

(a)　　　　　　　　　(b)　　　　　　　　　(c)

图 7.65　伸缩缝构造

1—管壁；2—止水片；3—二期混凝土；4—沥青材料；5—二层油毡三层沥青

（3）截渗环。为防止沿涵管外壁产生集中渗流，加长管壁的渗径，降低渗流的坡降和减小流速，避免填土产生渗透变形，通常在涵管外侧每隔 10～20m 设置一道截渗环。

7.7.3.3　涵管的出口布置

当通过坝下涵管的流量不大，水头较低时，多采用底流式消能。底流式消能的主要结构为消力池。

7.8 涵 洞

7.8.1 涵洞的作用和组成

涵洞是指渠道与道路、溪沟、谷地等进行交叉时，为了输送渠道水流或排泄溪谷中的来水，而在道路或填方渠道下面修建的交叉建筑物，如图 7.66、图 7.67 所示。这种输水涵洞与排水涵洞一般不设置闸门。通常所说的涵洞主要是指这两种。涵洞与涵洞式水闸（亦简称涵闸或涵管）的根本区别就在于是否设置闸门。

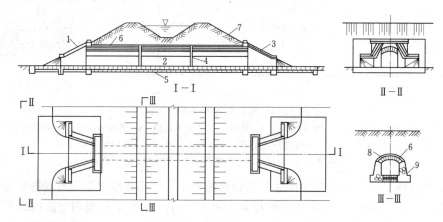

图 7.66 填方渠道下的石拱涵洞示意图

1—进口；2—洞身；3—出口；4—沉降缝；5—砂垫层；6—防水层；7—填方；8—拱圈；9—侧墙

（a）　　　　　　　　　　　　　（b）

图 7.67 涵洞

涵洞一般由三部分组成，即进口段、洞身段和出口段。进、出口段是洞身与渠道和沟溪的连接部分，主要作用是确保水流平顺地进、出洞身，以减少水头损失，防止水流的冲刷；洞身的作用是输送水流，其顶部往往有一定厚度的填土。

涵洞设计时，首先，应根据渠系规划所确定的任务要求，结合当地的具体条件，选定洞身和进出口的形式；其次，通过水利计算确定涵洞的口径、长度、进出口底部高程、纵坡和进出口的形式，进行涵洞的总体布置；最后，进行洞身、翼墙等结构设计和细部构造设计等。

7.8.2 涵洞的类型

涵洞的类型较多，一般可以按洞内水流条件、断面形式、涵洞的作用及建筑材料等将其分为不同的型式。

7.8.2.1 按水流条件分类

(1) 有压式涵洞。有压涵洞的特点是整个洞身断面充满水流。对于有压涵洞，由于洞内压力较大，因此在泄水时应特别注意防止出现洞内水流明、满交替现象而引起涵洞的振动破坏。

(2) 无压式涵洞。无压式涵洞特征则是洞内水流从进口到出口均保持有自由水面。这种涵洞多为输水涵洞，因其要求的断面尺寸较大，故可以减少水头损失，有利于输水，对于上下游水头差较小、流速不大的情况，一般可以不考虑专门的防渗、排水和消能问题。这种涵洞主要适用于上游集水面积大、洪水持续时间长、涨落比较缓慢，并且所允许的上游水面壅高值较小的情况，一般可以采用砌石等材料修建，如砌石拱涵或盖板涵。

(3) 半有压涵洞。半有压涵洞的进口洞顶为水流所封闭，而洞内水流有自由水面。排水涵洞可以是有压的，也可以是无压或半有压式。对于半有压涵洞，应根据流速大小、洪水持续的时间长短，考虑消能、防渗及排水问题。

7.8.2.2 按断面形式分类

按照断面形式，涵洞可分为圆管涵洞、盖板涵洞、拱形涵洞和箱形涵洞等几种，如图7.68所示。

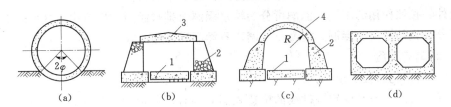

图 7.68　涵洞的断面形式

(a) 圆管涵洞；(b) 盖板涵洞；(c) 拱形涵洞；(d) 箱形涵洞

1—底板；2—侧墙；3—盖板；4—拱圈

(1) 圆管涵洞。圆管涵洞 [图 7.68 (a)] 是涵洞中较常见的一种形式，其水流条件和受力条件较好时，有压、无压均可以采用，主要优点是构造简单、工程量较小、施工方便。当泄流量较大时，可以采用双管或多管的布置形式。这种涵洞多用混凝土或钢筋混凝土修建。

(2) 盖板涵洞。盖板涵洞的断面为矩形或方形，由底板、侧墙和盖板组成，如图7.68 (b) 所示。底板和侧墙一般采用浆砌石或混凝土做成，盖板一般为预制钢筋混凝土板。设计时，可以将盖板和底板视为侧墙的支撑，考虑填土的抗力，以减少工程量。按照地基条件的好坏，可将底板分为整体式和分离式两种，盖板的厚度一般为跨径的 1/5～1/

12，盖板设置 2‰坡度向两侧倾斜，以便于排水。

（3）拱形涵洞。拱形涵洞由拱圈、侧墙和底板组成，其特点是受力条件较好，对于填土较高、跨度较大和泄流量较大的明流涵洞较为适用。拱形涵洞的底板分为整体式和分离式，一般可以根据地基条件和跨度的大小选定。有时为了改善整体式底板的受力条件，将其做成反拱式底板，如图 7.69 所示。

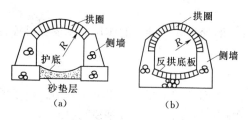

图 7.69　反拱式底板
(a) 平拱涵洞；(b) 半圆拱涵洞

按拱形涵洞的拱圈的形状可分为半圆拱和平拱两种。平拱的矢跨比为 $f/l=1/3 \sim 1/8$，半圆拱水平推力较小，但是拱圈受力条件差，自拱脚至 1/4 跨径处易出现较大的拉应力。

拱圈可作成等厚或变厚度的，一般混凝土拱圈厚度不小于 20cm，砌石拱圈不小于 30cm。

（4）箱形涵洞。这种涵洞的断面为矩形，为四周封闭的钢筋混凝土整体结构，对于地基的不均匀沉陷适应性较好，随着水深度增加，涵洞的泄流能力增加较为显著，对于明流涵洞较为有利。箱形涵洞适用于洞顶填土较厚、洞跨较大、地基条件较差的无压或低压的情况。洞身可以直接敷设在砂石地基和砌石、混凝土垫层上。小跨度的箱形涵洞可以采用分段预制、现场安装的方法。

7.8.2.3　按埋设方式分类

按照埋设方式，涵洞可以分为沟埋式和上埋式两种。沟埋式是指将涵洞埋设在较深的沟槽中，这种槽壁为天然土壤，较为坚实，管道上部及两侧用土回填；上埋式是将涵管直接埋设在地面之上，多用于横穿公路、铁路及河渠堤岸的情况。

此外，按照作用的不同，涵洞可分为输水涵洞与排水涵洞；按照建筑材料的不同，涵洞又可分为钢筋混凝土涵洞、混凝土涵洞、石涵洞和砖涵洞等。

7.8.3　涵洞的布置

7.8.3.1　涵洞的布置要求

涵洞布置的任务是确定洞轴线的位置和洞底高程，一般根据地形、地质和水流条件，通过方案比较决定，最终达到水流平顺、不产生冲刷和淤积、运用安全可靠、工程量最小和经济合理等目的，具体要求如下：

（1）地形地质条件。涵洞的线路应选择在地基均匀且承载能力较大的地段，防止产生不均匀沉陷而使得洞身断裂。若受地形条件限制，必须建在软弱地基上时，应采取相应的加固措施。

（2）涵洞轴线的方向。涵洞的轴线应尽量与洞顶渠道或道路正交，以缩短洞身的长度，为了保证水流的畅通，还应注意洞轴线与来水方向一致。

（3）洞顶高程。位于填方渠道下面的涵洞，洞顶高程至少应低于渠底 0.6～0.7m，以防止渠道的渗水沿洞身周围产生集中渗流，从而引起工程的破坏。

（4）洞底高程。对于排洪涵洞，洞底高程应等于或接近原渠沟底的高程，以防止上、下游渠沟的冲刷和淤积，特别是在出口部位更应注意。

（5）洞底坡度。涵洞底部的纵坡一般应不小于原渠沟的坡度，一般可以采用 1％～3％，以防止涵洞的上、下游沟谷遭受水流冲刷或淤积。对于纵坡过陡的涵洞，可以设置齿形基础或在出口设置镇墩，如图 7.70 所示，以增加洞身的稳定性。

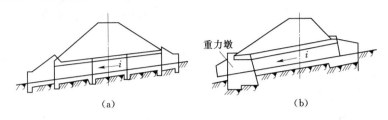

图 7.70　纵坡过陡的涵洞布置示意图
（a）齿状基础；（b）出口设置镇墩

7.8.3.2　涵洞进、出口段长度

实际工程中，输水涵洞进口收缩段的长度一般为渠道水深的 3～5 倍，出口段应适当加长，一般为渠道水深的 5～8 倍。

对于排水涵洞，进、出口段的长度可以适当缩短，但也不能过短，一般以不小于 1.5 倍的水深为限。

7.8.3.3　涵洞布置

（1）进、出口段。进、出口段的形式较多，主要有一字墙式、斜降八字墙式、反翼墙式、八字墙式及进口加高式等，如图 7.71 所示。

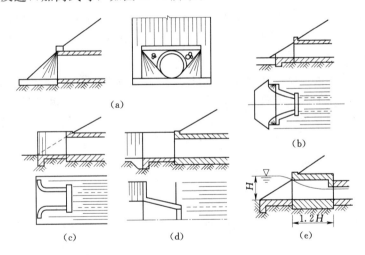

图 7.71　涵洞进出口型式
（a）一字墙式；（b）斜降八字墙式；（c）反翼墙式；（d）八字墙式；（e）进口加高式

1）一字墙式。又称圆锥护坡式，涵洞的进、出口设置圆锥形护坡与堤外边坡相连接，构造较为简单，但水力条件较差，多用于中小型涵洞的出口处。

2）斜降八字墙式。翼墙的高度沿程变化，在平面上呈八字形，一般扩散角为 20°～40°，其水力条件较好。

3）反翼墙式。进口两侧翼墙的高度沿程不变，从而形成廊道，水面在该段跌落后进入洞内，可以降低洞身的高度，但将增加工程量。

　　4）八字墙式。翼墙沿程等高，平面上为八字，墙体伸出填土边坡以外，其作用同反翼墙式，有时为了改善水流条件，可以改造成扭曲面式。

　　5）进口加高式。将涵洞的进口抬高，使水流不封闭洞顶，水面在 1.2H（H 为上游水深）范围内跌落，可以改善进流条件，因其构造较为简单，故常被采用。

　　进、出口段挡土墙的高度应根据上、下游设计水位确定。在进、出口一定范围内的渠道、沟床等处，应进行护砌以防止冲刷破坏，护砌的长度一般为 3～5m。对于出口流速较大的情况，还应采取适当的消能防冲措施。

　　（2）洞身段。对于洞身段的布置，主要应注意明流洞水面以上的净空、洞顶填土厚度、伸缩缝的设置以及涵洞的防渗等要求。

　　1）明流洞的净空。明流涵洞即无压洞，其水面以上要求有足够的净空高度，对于管涵和拱涵，净空高度应不小于涵洞高度的 1/4；对于箱形涵洞，则应不小于洞高的 1/6。

　　2）洞顶填土厚度。为了保证涵洞具有较好的工作条件，涵洞的顶部应有一定的填土厚度。一般要求应不小于 1.0m，对于进行衬砌的渠道，填土厚度可以适当减小，一般也不小于 0.5m。

　　3）伸缩缝的设置。为了适应低级不均匀沉陷、温度变化等条件引起的伸缩变形，应对软基上的涵洞分段设置沉降缝。对于砌石、混凝土、钢筋混凝土涵洞，沉降缝的间距应不大于 10m，并且小于 2～3 倍的洞高。沉降缝的位置通常设在进出口与洞身连接处，或外荷载变化较大的地方。对于预制涵管，应按管节长设缝。

　　4）涵洞的防渗。为了防止洞顶及两侧渗漏，可在涵洞外侧填一层防渗黏土，其厚度可采用 0.5～1.0m。有压涵可沿洞身设置截水环。在沉降缝设置处，应设置止水设施，其构造可参考倒虹吸管有关内容。

　　（3）基础。涵洞的基础应根据地基条件和涵洞的结构形式等因素进行设计。对于管形涵洞，常采用砌石或混凝土管座式，其包角为 90°～135°，可参考倒虹吸管有关内容。

　　对于拱形涵洞或箱形涵洞，若建在岩基上，仅将基面进行平整即可；若建在压缩较小的土基上，可进行素土或三合土夯实；若建在软弱地基上，可做碎石或砂砾石垫层。

　　涵洞的基本构造，可参考倒虹吸管有关内容。

7.8.4　涵洞的水力计算

　　涵洞的水力计算任务是确定涵洞的孔径、下游连接段的形式和尺寸。根据涵洞不同的水流状态，可将其分为无压流、有压流和半有压流三种情况。进行水力计算时，首先应根据上下游水位、洞身的长度及纵坡的大小判断涵洞的水流形态，然后按照不同的水力学过水能力计算公式进行计算。

　　对于无压流，当洞身长度 L<（5～15）H（H 为设计水深）时，属于短洞，洞身段水流可按淹没宽顶堰计算过流能力，过堰水头损失即为进口局部水头损失；当洞身长度 L≥（15～20）H 时，属于长洞，洞身段水流按明渠均匀流计算，其断面尺寸、水面衔接、总水位降低，均可参考渡槽的水力计算，在此不再重复。

　　对于有压流，其断面尺寸较小，进口水面壅高较大，通常以设计流量时上游允许的壅高水位计算洞身的断面尺寸。为保证洞内有压，洞身纵坡应尽量小些，断面尺寸也不宜太大,以防止洞内产生明、满流交替现象。具体计算方法,可参考倒虹吸管的水力计算。

7.8.5 涵洞的结构计算

在涵洞上作用的荷载主要有涵洞自重、填土压力、洞内外水压力、洞顶车辆荷载(道路下的涵洞)等。填土压力式涵洞的主要荷载包括垂直土压力和水平面土压力,其值的大小与填土高度、土壤性质、填土施工方法以及洞身的刚度有关。由于涵洞的形式不同,其内力计算方法也不一样。

对于整体式圆形涵洞,属于刚性管,是三次超静定结构,其内力计算可用弹性中心法。若为等厚圆形涵洞,其内力计算一般可以通过涵管内力计算表,根据不同的铺设方式查得。

盖板式涵洞在进行内力计算时,其盖板一般按简支梁计算;对于整体式底板,可将侧墙与底板视为整体结构计算;对于分离式底板,侧墙一般可按照挡土墙进行计算,有时为了节省工程量,也可将挡土墙按简支梁计算,即将涵洞的盖板和底板视为侧墙的支撑。

计算钢筋混凝土箱形涵洞的内力时,可视其为四边封闭的框架,采用力矩分配法计算较为简便,计算时可将地基反力简化为均布荷载。

计算拱形涵洞的内力时,应根据拱圈构造及侧墙底板的连接形式,采用相应的计算方法:①对于无铰拱,可按照弹性中心法计算;②对于整体式底板和侧墙,可按整体式结构计算;③对于分离式底板,其侧墙一般可按照重力式挡土墙法计算,考虑到顶拱推力及底板的支承作用,侧墙也可按拱桥轻型桥台计算;④对于底拱,可根据构造情况,按无铰拱和两铰拱计算。

涵洞的结构计算方法可以参考坝下埋管或倒虹吸管部分有关内容。

涵洞的进出口结构计算与其形式及其构造有关,一般可以按照挡土墙进行设计。

7.9 其他渠系建筑物

7.9.1 概述

除前述已讲过的水工隧洞、渡槽、倒虹吸管、涵洞等渠系建筑物外,常见的渠系建筑物还有跌水、陡坡等。

跌水与陡坡是指上、下游渠道高低不同部位之间的连接建筑物,因其将水流落差在此集中,故亦称落差建筑物。这种建筑物一般适用于地面过陡的地段,作为渠道的连接过渡段,可以保持渠道的设计坡降,避免过高的填方或过深的挖方。

落差建筑物的型式通常有跌水、陡坡、斜管式跌水和竖井式跌水等四种,如图 7.72 所示。其中,跌水和陡坡应用最为广泛。

跌水是指水流呈自由抛射状态跌落于下游消力池中的建筑物;陡坡是指水流受倾斜陡槽约束而沿槽身下泄的建筑物。二者的根本区别在于水流特征不同。

落差建筑物的主要用途是:①调整渠道的纵波,满足渠道不冲不淤的要求;②用于渠道上的排洪、泄水和退水建筑物中;③充分利用集中落差水流势能,修建小型水电站。

落差建筑物的设计内容主要是工程布置和水力计算。其护坡、护底及挡土墙等结构可参考一般工程经验进行设计。布置时应使进口前渠道水流不出现较大的水面降落和壅高，以免上游渠道产生冲刷或淤积；出口处必须设置消能防冲设施，避免下游渠道的冲刷。

落差建筑物的建筑材料一般采用砖、石、混凝土和钢筋混凝土，目前多用砌石和混凝土。

7.9.2　跌水

根据上、下游渠道间跌差（上下游水位差）的大小，跌水可分为两种型式，即单级跌水和多级跌水。一般单级跌水的跌差小于3～5m，超过此值时，宜采用多级跌水。二者的构造基本相同。

7.9.2.1　单级跌水

单级跌水是指渠道通过具有跌差地形条件时仅作一次跌落的跌水。其结构组成主要包括进口连接段、跌水口、跌水墙、消力池和出口连接段五个部分，如图7.72（a）所示。

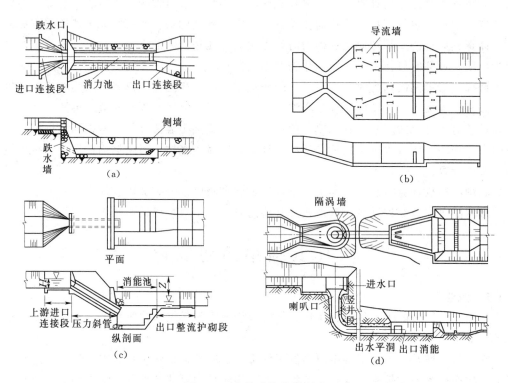

图7.72　落差建筑物的型式
(a) 跌水；(b) 陡坡；(c) 斜管式跌水；(d) 竖井式跌水

1. 进口连接段

进口连接段是指上游渠道与控制跌水缺口之间的连接过渡部分。这一段的主要作用是引导渠道水流平顺地进入跌水口，使泄水有良好的水力条件；增加渗径长度，减少跌水墙及消力池底板的渗透压力；保护渠底与岸坡，防止水流冲刷破坏。

进口连接段的型式主要有扭曲面、八字墙、横隔墙、圆锥形等。扭曲面翼墙较好，水流收缩平顺，水头损失小，是较常用型式。

连接段长度 L 与上游渠底宽 B 和水深 H 的比值有关，一般 B/H 越大，L 越长。根据工程经验，可参考表 7.9 确定。

表 7.9 连 接 段 长 度 L

B/H	≤1.5~2.0	2.1~3.5	>3.5
L	≤(2.0~3.5)H	(2.6~3.5)H	视具体要求适当加长

连接段在平面上的收缩线与渠道中线的夹角 α 应小于 45°，如图 7.73 所示。

连接段的翼墙在跌水口处应设置一定的直线段，其长度一般为 (1~1.5)H，翼墙顶应高出渠道最高水位 0.3m。

为了防止水流的冲刷和增加渗径长度，防止绕渗及减少跌水墙后和消力池底板的渗透压力，连接段可采用块石和混凝土进行衬砌。在连接段的翼墙和护底均应设置齿墙，并伸入两岸和渠底 0.3~0.5m。

为了防止渗漏和延长渗径，进口连接段前的渠道可设置护底。

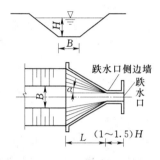

图 7.73 进口连接段

2. 跌水口

跌水口又称控制缺口，是设计跌水和陡坡的关键。为使上游渠道水面在各种流量下不生产壅高和降落，常将跌水口缩窄，减少水流的过水断面，以保持上游渠道的正常水深。常用的跌水缺口主要有矩形跌水口、梯形跌水口和台堰式跌水口等形式，如图 7.74 所示。

(1) 矩形跌水口。如图 7.74 (a) 所示，跌水口底部高程与上游渠底相同。由于跌水口的宽度往往是根据设计流量确定的，因此，当通过设计流量时，跌水口前的水深与渠道相近，而当流量大于或小于设计流量时，上游水位将产生壅高和降落。同时，由于缺口处断面收缩得较厉害，使其水流集中，单宽流量较大，所以，下游易产生严重的漩涡，消能防冲较为困难。这种跌水口因结构简单、施工方便，故对于渠道流量变化不大的情况较为适用。

(2) 梯形跌水口。如图 7.74 (b) 所示，跌水口底部高程与渠道相同，两侧呈斜坡状。因其跌水口断面狭窄，故又称狭缝堰。常用于流量变化较大或较频繁的情况。这种形式能适应渠道流量的变化，在通过各种流量时，上游渠道不致产生过大壅水和降落现象。水流条件较矩形跌水口有所改善。其单宽流量较矩形跌水口小，减小了对下游渠道的冲刷。但是，由于水流缩窄较快，故梯形跌水口的单宽流量仍较大，水流较集中，造成下游消能困难。因此，当渠道流量较大时，为减少对下游的冲刷，可采用隔墙将缺口分成几个梯形小缺口。

(3) 台堰式跌水口。如图 7.74 (c) 所示，在跌水口底部做一台堰，其宽度与渠底相等。这种跌水口能保持通过设计流量时，使跌水口前水深等于渠道正常水深。但通过小流量时，渠道水位将产生壅高或降低，同时台堰前易造成淤积，对含沙量大的渠道不宜采用。为了解决淤积或排除上游渠道余水问题，有时在堰上做成矩形小缺口，如图 7.74

293

(d) 所示。

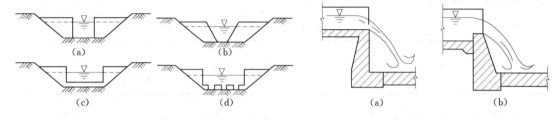

图 7.74　跌水口型式

(a) 矩形；(b) 梯形；(c) 台堰式；(d) 台堰带缺口式

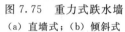

图 7.75　重力式跌水墙

(a) 直墙式；(b) 倾斜式

3. 跌水墙

跌水墙是指为了挡住跌坎上的填土，支撑上部结构和防止下游水流反冲刷等而设置的挡土墙结构。根据地形、地质条件和落差高低，跌水墙可采用重力式、悬臂式或扶臂式等结构，一般多采用重力式挡土墙，并且为直墙式和倾斜式两种，如图 7.75 所示。由于跌水墙插入两岸，其两侧有侧墙支撑，稳定性较好，设计时，可按照重力式挡土墙计算，但考虑到侧墙的支撑作用，也可按梁板结构计算。

对于可压缩性的地基，在跌水墙与侧墙之间常设置沉陷缝。对于沉陷量较小的地基，也可不设接缝，而将二者固接起来。

由于上游渠道的渗漏引起跌水下游的地下水位抬高，将增加跌水墙、侧墙背面地下水压力以及对消力池底板等的渗透压力，因此，应做好防渗排水设施。设置排水管道时，应与下游渠道相连。

4. 消力池

为了削减抛射水流的多余能量，在跌水墙下应设置消力池，以使下泄水流形成淹没水跃，进而转变为缓流，再流向下游渠道。

消力池在平面上的布置形式一般有扩散和不扩散两种。其横断面形式主要为矩形、梯形和折线形三种。一般来说，矩形断面的消力池，消能效率较高，水流条件较好，但其侧墙断面较大，与下游渠道连接不便；梯形断面的消力池便于与下游渠道连接，侧墙较简单，但是池内易产生回流，造成流态不稳、水面波动、消能效率低，下游渠道冲刷较为严重；折线形断面消力池的渠底高程以下为矩形，渠底高程以上为梯形，效果较好，目前采用较多。

消力池的各部分尺寸应由水力计算确定。其底板的衬砌厚度与单宽流量和跌差大小有关，根据经验，可取 0.4～0.8m。

5. 出口连接段

为改善流经消力池后的水力条件，调整流速在断面上的分布，防止水流对下游渠道的冲刷破坏，在消力池与下游渠道之间应设置出口连接段。

出口连接段的长度一般应略大于进口连接段的长度。

消力池末端常用 1：2～1：3 的反坡与下游渠底相连。平面扩散角度一般采用 30°～40°。

在出口连接段后的渠道仍应用干砌石、浆砌石或混凝土衬砌，以调整水流，防止冲刷，其护砌长度一般不小于 3 倍下游水深。

7.9.2.2　多级跌水

多级跌水是将消力池建造成几个阶梯形状，进行逐级消能的建筑物，如图 7.76 所示。一般适用于地形较陡、跌差较大（超过 3～5m）的情况。

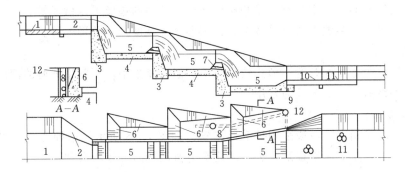

图 7.76　多级跌水

1—防渗铺盖；2—进口连接段；3—跌水墙；4—跌水护底；5—消力池；6—侧墙；7—泄水孔；
8—排水管；9—反滤结构；10—出口连接段；11—出口整流段；12—集水井

多级跌水的组成和构造与单级跌水基本相同。为使各级消力池具有相同的工作条件，并且便于施工管理，各级落差（高度）和消力池长度应当相等。

消力池的长度一般不超过 20m，所以沉陷缝可以设置在消力池的底板前、后两端，在缝内一般设有沥青麻布等止水材料，以适应不均匀沉降和温度变化引起的变形。

多级跌水的形式有设消力槛和不设消力槛两种。在上一级消力池末端设置一定高度的尾槛，可以缩短消力池的长度，以用来形成淹没水跃，并可作为下一级的控制堰口，各级布置应相同。为便于放空消力池内的积水，在消力池的尾槛上通常留有 10cm×10cm 或 20cm×20cm 的泄水孔。

多级跌水的分级数目和各级落差大小应根据地形、地质、工程量等经济技术指标综合比较确定。一般各级跌差可取 3～5m，对于小流量可取上限。最后一级跌水由于要和下游相连接，因此要进行单独设计。

7.9.3　陡坡

陡坡（图 7.77）是建在地形过陡的地段，用于连接上下游渠道的倾斜渠槽，由于该渠槽的坡度一般大于临界坡度而得名。陡坡的落差、比降应根据地形、地质条件以及沿渠调节分水需要等进行确定。一般陡坡的落差比跌水大，陡坡的比降不陡于 1:1.5。

根据地形条件和落差的大小，陡坡也可以布置成单级或多级。对多级陡坡，往往建在落差较大且有变坡或有台阶地形的渠段上。

陡坡由五部分所组成，包括进口连接段、

图 7.77　陡坡

控制堰口、陡坡段、消力池和出口连接段。

陡坡的各部分构造与跌水基本相同，主要区别是陡坡段代替了跌水墙。

在陡坡段水流速度较高，因此应作好进口和陡坡段的布置，以使下泄水流平稳、对称且均匀地扩散，以利于下游的消能和防冲。

陡坡段的横断面形式主要有矩形和梯形，梯形断面的边墙可以做成护坡式。

在平面布置上，陡坡可做成等宽度、扩散形（变宽度）和菱形三种。

1. 等宽度陡坡

等宽度陡坡为等宽度布置，形式较为简单，但水流集中，不利于下游的消能，所以对于小型渠道和跌差小的情况较为常用。

2. 扩散形陡坡

扩散形陡坡是指在陡坡段采用扩散形布置，如图 7.78 所示，这种形式可以使水流在陡坡上发生扩散，单宽流量逐渐减小，因此对下游消能防冲较为有利。

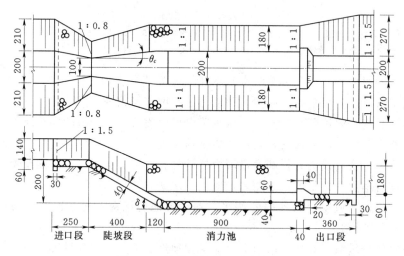

图 7.78　扩散形陡坡（单位：cm）

陡坡的比降应根据地形地质情况，跌差及流量的大小等条件进行确定。对于流量较小，跌差小且地质条件较好的情况，其比降可陡一些。土基上陡坡比降，一般可取 $1:2.5 \sim 1:5$。

对于土基上的陡坡，单宽流量不能太大，当落差不大时，多从进口后开始采用扩散形陡坡。

陡坡平面扩散角根据经验一般在 $5° \sim 7°$ 范围内。

3. 菱形陡坡

菱形陡坡是指在平面布置上呈菱形，即上部扩散而下部收缩。这种布置一般用于跌差在 $2.5 \sim 9.0\text{m}$ 的情况。

为了改变水流条件，一般在收缩段的边坡上设置导流肋，并使消力池的边墙边坡向陡槽段延伸，使其成为陡坡边坡的一部分，确保水跃前后的水面宽度相同，两侧不产生平面回流漩涡，使消力池平面上的单宽流量和流速分布均匀，从而减轻对下游的冲刷。

此外，还有人工加糙陡坡。

为了促使水流紊动扩散、降低流速、改善下游流态及利于防冲消能，可在陡坡段上进行人工加糙。常见的加糙形式有双人字形槛、单人字形槛、交错式矩形加糙条、棋盘形方墩等，如图 7.79 所示。

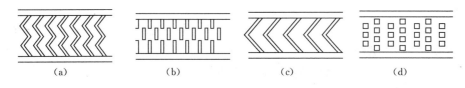

图 7.79　人工糙面的型式

(a) 双人字形；(b) 交错式矩形；(c) 单人字形；(d) 棋盘形

人工加糙的糙条间距一般不宜过密，否则将会使急流脱离底板而产生低压，从而影响陡坡的安全和消能效果。对于重要工程，其布置形式，条槛尺寸大小等应通过模型实验确定。设计时可参考有关教材。

思　考　题

1. 什么是压力前池？

2. 隧洞线路选择应注意哪些问题？

3. 阻抗式调压室的适用条件是什么？

4. 在渠系建筑物的布置工作中，一般应遵循哪些原则？

5. 渠系建筑物有何特点？

6. 渠道分为几级？各有什么作用？

7. 渠道的设计有哪些基本要求？

8. 渡槽的作用是什么？说明其组成及特点。

9. 渡槽的总体布置及槽址选择应考虑哪些因素？

10. 梁式渡槽的支承型式有哪几种？各有何有缺点？适用条件是什么？

11. 渡槽槽身与上下游渠道的连接方式有哪些？有何特点？

12. 拱式渡槽与梁式渡槽相比较有哪些特点？

13. 涵洞的主要作用是什么？

14. 倒虹吸管的作用及适用条件是什么？

15. 倒虹吸管有哪些类型？说明其组成、作用及构造。

16. 倒虹吸管布置的一般要求有哪些？

17. 倒虹吸管的管身布置和构造包括哪些内容？主要影响因素有哪些？

18. 什么是跌水和陡坡？二者有哪些区别？

19. 落差建筑物有哪几种型式？说明其主要用途。

20. 坝下涵管与涵洞相比较有何异同？

21. 压力明管敷设时应注意哪些问题？

22. 埋管有何特点？

第8章 水电站厂房

学习要求：了解水电站主要机电设备系统、水电站建筑物的组成和厂房的主要类型；熟悉水电站厂房的结构轮廓、分层、分段和结构布局；掌握水轮机、发电机及其附属设备的安装布置方法；掌握水电站厂房结构布置方法。

8.1 概　　述

8.1.1　水电站设计的基本资料

8.1.1.1　地形地质资料

厂区布置需要参考1∶500～1∶200的厂区地形图（如果厂区范围比较大，也可采用1∶1000～1∶2000的地形图）和1∶200、1∶500的厂区地质平面图、厂址纵横地质剖面图、地质报告（包括岩土物理力学指标，如地基承载力、地基摩擦系数等）。

8.1.1.2　水文资料

水电站上游最高水位、最低水位、设计水位和水电站的引用流量，作为河床式和坝式水电站进水口的布置依据。厂址尾水河道水位—流量关系，最高尾水位、最低水位作为厂房防洪设计标准、安装高程、变压器场、开关站和进厂公路高程确定的依据。

8.1.1.3　气象资料

气象资料包括多年日平均气温、月平均气温、季平均气温、水温，相对湿度，主导风向，最大风速，降水量，最大积雪深度及冻土层厚度等。

以上资料主要用于厂区建筑物地面高程的布置、基础埋深、厂内通风，以及屋面、外墙和排架的荷载计算。

8.1.1.4　机电设备资料

1. 水轮机及调速设备

（1）水轮机。主厂房下部结构的布置主要依据如下数据资料：水轮机型号、转轮直径、水轮机流道尺寸、蜗壳尺寸、尾水管尺寸、进水管直径、主阀尺寸、水轮机安装高程等。

（2）调速器。调速器的布置主要依据调速器型号、操作柜、油压装置、作用筒等的形式和尺寸。

2. 发电机

发电机墩、通风道外壁、水轮机井的布置设计需要的资料包括发电机型号、通风冷却方式、支承方式，基本尺寸包括转子直径与高度、定子内（外）直径与高度、风道内（外）径与高度、上机架、下机架、轴承、主轴长度等。

3. 辅助设备资料

（1）起重设备。主厂房内的起重设备的选择主要取决于厂房的布置、进水口闸门和尾水闸门及其起重设备的形式、尺寸和重量。主厂房内的起重设备一般采用桥式吊车。桥式吊车基本资料包括标准跨度、主副钩的起重量、主副钩的起吊范围（垂直方向、水平方向）、吊车的高度尺寸和横向尺寸等。这是厂房设备布置和排架布置设计的依据。

（2）油、气、水系统。油、气、水系统部分分散在厂房各处，部分集中设置。厂房布置时，需要了解油库、油处理设备室的大小，压气机房的大小，排水和取水泵房的大小，以及它们的布置要求。

4. 主变压器与开关站

所需安装的变压器的类型、台数、尺寸和重量等资料；布置开关站结构和设备所需的平面尺寸。

8.1.2 水电站机电设备系统

水电站是以水力发电为主的水利枢纽工程，水电站厂房是水电站的主要建筑物，是实现水能向电能转换的综合工程设施。厂房的主要任务是合理地布置水电站主要机电设备和辅助设备，使之能满足主辅机电设备的安装、运行和维修需要，并为运行管理人员提供良好的工作条件。

水电站厂房设计的任务是根据各种机电设备的安装、运行和维修要求，对厂房的建筑物进行空间布置设计和结构设计。水电站厂房的布置设计比较复杂，它要求水、机、电等各专业相互配合，特别要求水工设计人员必须熟悉水电站各种机电设备安装、运行和维修的要求，合理地进行结构物的设计。

8.1.2.1 水流系统

水电站厂房的水流系统包括压力水管、主阀、水轮机（蜗壳、导水机构、转轮、尾水管）、尾水闸门和尾水渠等。水流系统主要功能是将水引入水轮机，水轮机将水能变为机械能。水流系统的布置应尽量平顺，注重与引水系统、尾水河道的连接关系，减少水头损失。

8.1.2.2 电流系统

水电站的电流系统（即一次回路输变电设备系统）包括发电机、户内配电装置（开关柜）、主变压器、户外配电装置（开关站）四大部分。水轮机带动发电机，发电机将机械能转化为电能，电流由发电机定子引出，通过母线引至户内配电装置，再输送到变压器，升压后，经过开关站，最后输送到电网。电流系统的四大部分之间是用昂贵的母线相连接，因此，它们的连接必须平顺，路程尽量短。

8.1.2.3 水轮发电机组的附属设备、辅助设备和电气二次回路控制设备

1. 附属设备

水轮机的附属设备是指水轮机的调速系统，包括调速器的操作柜及其油压装置、自动化装置和接力器（作用筒）等。发电机的附属设备励磁系统包括励磁机、励磁调节装置（励磁盘）等，也有些小型水轮发电机组利用励磁变压器来提供励磁电流。

2. 辅助设备

水电站厂房的辅助设备主要包括油、气、水系统、起重设备、各种试验和维修设备等。

3. 电气二次回路控制设备

二次回路控制设备主要包括以中央控制室为中心的控制、保护、检测、监视、自动及

远动装置、通信及调度设备、直流系统设备和机旁控制盘等部分。中央控制室是厂房运行人员的值班主要场所，中央控制室的主要设备包括控制盘、继电保护屏、电厂自动化元件、厂用电动力屏、直流电源及其控制设备等；机旁控制盘一般布置在发电机附近，机旁盘包括机组自动操作盘、继电保护盘、测量盘和动力盘等。水电站厂房机电设备系统如图8.1所示。

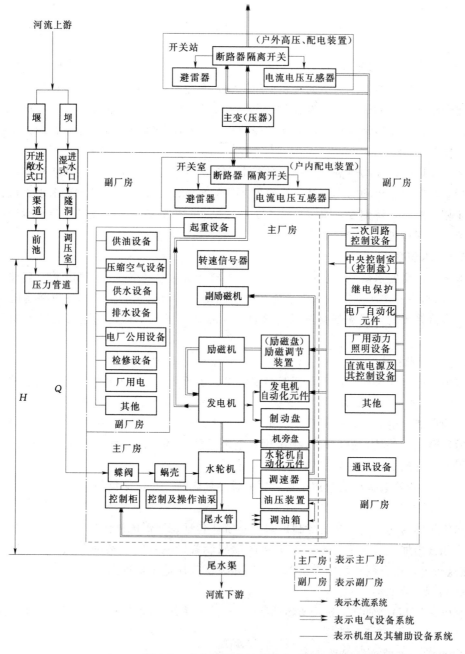

图 8.1　水电站厂房机电设备系统

厂房枢纽的建筑物按其类型可划分为：主厂房、副厂房、主变压器场和开关站。

（1）主厂房是由主机间和安装检修间组成，是厂房的主要组成部分。主机间内布置有主要机电设备（水轮发电机组及其附属设备）和辅助设备（油、气、水系统和起重设备等）。

（2）副厂房主要包括中央控制室、开关室等。中央控制室主要布置控制盘、继电保护屏、电厂自动化元件、厂用电动力屏、直流电源及其控制设备等；开关室主要布置户内配电装置。副厂房还包括通信、试验、维修、管理和仓库等部分。

（3）主变压器场主要布置主变压器。

（4）开关站是布置户外配电装置的场所，通过高压输电线由此将电能输往电网（用户）。

厂区四大建筑物与电流系统四大部分相对应：发电机—主厂房；户内配电装置（开关柜）—副厂房的开关室；主变压器—主变压器场；户外配电装置—开关站。这是厂区布置时应考虑的重要因素。

8.1.3　厂房的结构轮廓

本节主要介绍立式机组厂房的结构轮廓。

立式水电站厂房的结构特点是分层布置，水轮机与发电机布置在不同层，一般分为水轮机层、发电机层。习惯上把发电机层地面高程以上部分称为上部结构（图8.2中的585.00m高程），以下为下部结构。发电机层地面至厂房屋顶的高度为上部结构高度，尾水管底板底部至发电机层地面为下部结构高度，两者之和为厂房高度。

在平面上，机组主轴连线称为纵轴线，与之垂直的机组中心线称为横轴线。厂房纵轴线将厂房分为上游部分和下游部分，厂房宽度分上游部分宽度和下游部分宽度。上游部分宽度是指机组纵轴线到上游外墙的距离，机组纵轴线到下游外墙的距离为下游部分宽度，两部分之和为厂房上部结构宽度，一般称简为厂房宽度。每台机组所占据的纵向范围为一机组段，机组段长度是横轴线的间距，厂房纵向包括中间机组段、边机组段和安装间，它们长度之和为厂房长度。

（1）上部结构包括围墙、排架柱、牛腿、吊车梁和厂房屋面结构，这些构件与一般工业厂房相同，主要是钢筋混凝土结构。厂房上部结构布置桥式吊车及其轨道，地面属于发电机层。

发电机层（图8.3）布置发电机上机架、励磁机、机旁盘、调速器操作柜、油压装置等机电设备以及通道、上下楼梯、吊物孔等场内交通设施。同层的安装间为水轮发电机检修场所，设有吊物孔、检修墩（座）等，进厂大门开设在安装间，并与进厂公路连接，变压器检修时需要铺设变压器进厂轨道。

（2）下部结构一般可细分为水轮机层和蜗壳尾水管层，有时还可增设出线（电缆）层。水轮机层以下为混凝土块体结构。

水轮机层是指发电机层以下，蜗壳大块体混凝土以上的部分空间（图8.4）。主要布置发电机机墩、水轮机井、水轮机顶盖、调速器的接力器、各种进人孔和管线等，一般在水轮机层还布置油、气、水系统，包括油库、油处理室、压气机室、泵房和主阀室（廊道）等，发电机引出线和各种电缆布置在水轮机层的上部或电缆层。

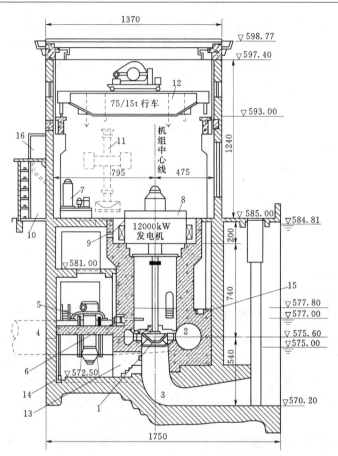

图 8.2 某水电站横剖面图

1—水轮机；2—蜗壳；3—尾水管；4—压力钢管；5—蝴蝶阀；6—调速器接力器；7—调速器；

8—发电机；9—发电机母线；10—母线廊道；11—吊装的发电机转子或水轮机转轮（带轴）；

12—桥式吊车；13—尾水管进人孔；14—排水沟；15—管路沟；16—通风道

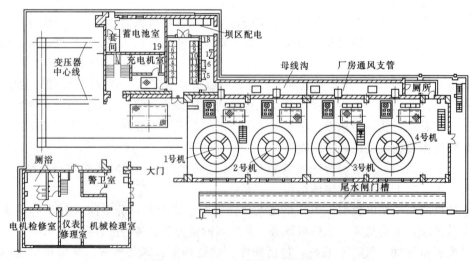

图 8.3 某水电站发电机层平面图

1～14—各种开关；15～17—母线井；18—爬梯；19—调速器

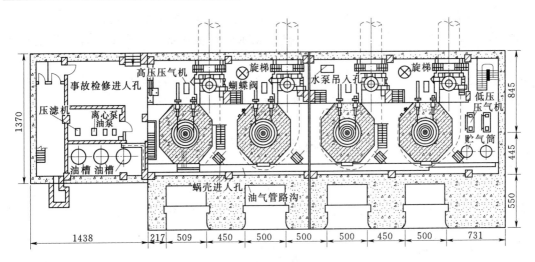

图 8.4　某水电站水轮机层平面图（单位：cm）

蜗壳尾水管层（图 8.5）是指水轮机安装高程对应的结构层。水轮机层地面以下基本上是混凝土块体结构，蜗壳尾水管埋设在这些混凝土之中。蜗壳的上游侧设有主阀室（廊道），尾水管进人孔有时也布置在这里，如果这部分空间比较大就形成蜗壳尾水管层。

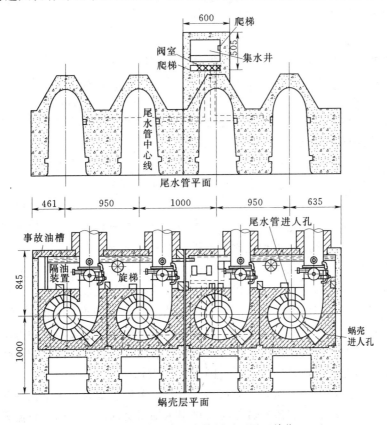

图 8.5　某水电站蜗壳尾水管层平面图（单位：cm）

基础结构。整个厂房的基础是由水轮机层以下部分的块体结构形成，上游部分基础是由主阀室的底板构成，下游部分基础是由尾水管底板构成。厂房最低部分是集水井底板。

厂房上游排架柱的下部与上游防渗墙连成整体，以防渗墙底部结构与主阀室底板作为基础；厂房下游排架柱的下部落在尾水管边墩，其荷载直接传给尾水管的边墩。

8.2 立式机组地面厂房剖面布置

厂房设备布置设计工作比较复杂，它是在三维空间全方位地进行布置，一般来说它没有明确的步骤和顺序，习惯上是边绘图边布置。因此，按绘图的步骤进行布置设计是比较方便的。

8.2.1 水轮机的剖面布置

8.2.1.1 水轮机类型及其组成

水轮机是将水能转变为旋转机械能的动力设备。根据能量转换特征的不同可分为两大类。①反击式水轮机是将水流的压能、位能和动能直接转变为旋转机械能的水轮机；②冲击式水轮机是将水流的能量转换为高速水流的动能，再将水流动能转换为旋转机械能的水轮机，它不能直接转化利用水流的压能和位能。

1. 反击式水轮机

反击式水轮机的转轮由若干个具有空间扭曲面的刚性叶片和轮毂等组成。当压力水流通过转轮时，由于叶片的作用，迫使水流改变其流动的方向和流速的大小，因而水流便以其势能和动能给叶片以反作用力，并形成旋转力矩使转轮转动。

反击式水轮机按转轮区水流相对于主轴的方向不同可分为混流式、轴流式、斜流式和贯流式等不同类型的水轮机。

（1）混流式水轮机。水流以辐向从四周进入转轮，而以轴向流出转轮的水轮机称为混流式水轮机，如图8.6所示。这种水轮机的适用水头范围为30～700m。由于其适用水头范围广，且结构简单、运行稳定、效率高，是目前应用最广泛的一种水轮机。

（2）轴流式水轮机。水轮机的水流在进入转轮时，流向与主轴中心线平行，水流经过转轮后又沿轴向流出，所以称为轴流式水轮机，如图8.7所示。

轴流式水轮机又可分为定桨式和转桨式两种。轴流定桨式水轮机结构简单，运行时其叶片是固定不动的。当水头和流量变化时，水轮机效率相差较大，所以多应用在负荷变化不大、水头和流量比较固定的小型水电站上，其适用水头范围为3～50m。轴流转桨式水轮机在运行时转轮的叶片是可以转动的，并和导叶的转动保持一定的协调关系，以适应水头和流量的变化，使水轮机在不同工况下都能保持有较高的效率，因此轴流转桨式水轮机多应用在大中型水电站上，其适用水头范围为3～80m。

轴流式水轮机适用于低水头、大流量的水电站，单机容量为几十千瓦到几十万千瓦。

（3）斜流式水轮机。水流流经转轮时与机组主轴斜交的水轮机称为斜流式水轮机，如图8.8所示。这种水轮机转轮的叶片也是可以转动的，叶片的轴线与主轴轴线斜交，其性

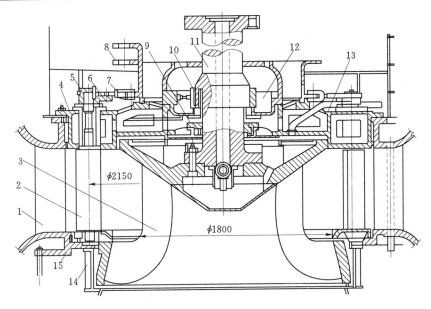

图 8.6 混流式水轮机（尺寸单位：mm）

1—座环；2—活动导叶；3—转轮；4—顶盖；5—拐臂；6—键；7—连杆；8—控制环（调速环）；9—密封装置；

10—导轴承；11—主轴；12—油冷却器；13—顶盖排水管；14—基础环；15—底环

能介于混流式与轴流式之间，适用水头范围 40～200m，可作为水泵—水轮机（可逆式机组）使用，广泛应用于抽水蓄能电站。

（4）贯流式水轮机。当水轮机的主轴成水平或倾斜布置，装置在流道中，使水流直贯转轮，这种水轮机称为贯流式水轮机，如图 8.9 所示。

贯流式水轮机过流能力较好，多用于河床式和潮汐式水电站，适用水头范围 2～30m，单机容量由几 kW 到几万 kW。

2．冲击式水轮机

冲击式水轮机主要由喷管和转轮组成。来自钢管的高压水流通过喷管端部的喷嘴变为高速的自由射流，射流冲击转轮（斗）叶片，产生转动力矩，推动轮转动。冲击式水轮机按射流冲击转轮的方式不同，可分为水斗式（切击式）、斜击式和双击式三种。

（1）水斗式水轮机。水斗式水轮机的转轮上装有水斗，水流在转轮的转动平面内沿圆周切线方向冲击转轮上的水斗而作

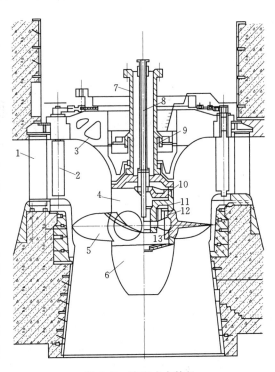

图 8.7 轴流式水轮机

1—座环；2—导叶；3—顶盖；4—轮毂；5—轮叶；6—泄水锥；7—主轴；8—压力油管；9—导轴承；10—活塞；11—连杆；12—轮叶转臂；13—轮叶转轴

305

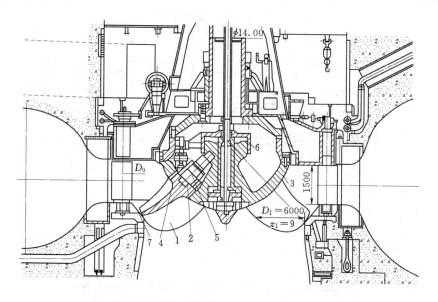

图 8.8　斜流式水轮机（尺寸单位：mm）

1—轮叶；2—枢轴；3—轮毂；4—转臂；5—连杆；6—接力器；7—转轮室

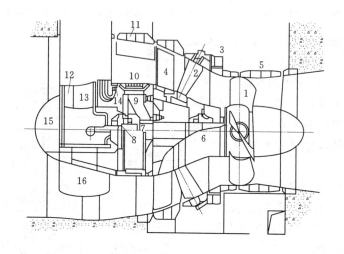

图 8.9　贯流式水轮机

1—转轮；2—导水机构；3—调速环；4—后支柱；5—转轮室；6、7—导轴承；
8—推力轴承；9—发电机转子；10—发电机定子；11、13—检修进人孔；
12—管道通道；14—母线通道；15—发电机壳体；16—前支柱

功，如图 8.10（a）所示。水斗式水轮机的适用水头范围为 $100 \sim 2000\text{m}$。

（2）斜击式水轮机。斜击式水轮机的射流沿着与转轮平面成某一角度（约为 $22.5°$）的方向，冲击转轮叶片，如图 8.10（b）所示。斜击式水轮机的适用水头范围为 $25 \sim 300\text{m}$。

（3）双击式水轮机。双击式水轮机如图 8.10（c）所示，由喷嘴出来的射流首先从转轮上部冲击叶片，接着水流又在转轮下部内缘再一次冲击叶片。双击式水轮机的适用水头范围为 5～80m。

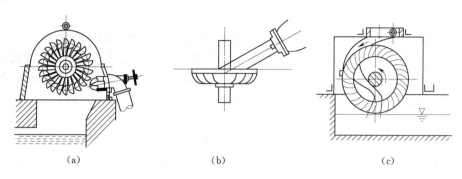

(a)   (b)   (c)

图 8.10 冲击式水轮机类型

(a) 水斗式；(b) 斜击式；(c) 双击式

斜击式和双击式水轮机构造简单，但效率较低，因而多用于小型水电站。水斗式水轮机效率高，工作稳定，适用水头范围广，是最常用的一种冲击式水轮机，我国磨房沟水电站安装运行的水斗式水轮发电机组单机容量为 12500kW，设计水头为 458m。广西天湖水电站安装的水斗式水轮发电机组单机容量为 12625kW，设计水头 1022.4m，设计流量为 1.8m³/s，额定转速为 780r/min，是我国设计水头最高的水斗式水轮机。

8.2.1.2 反击式水轮机的基本构造和尺寸

现代水轮机一般由进水设备、导水机构、转轮和出水设备所组成。对于不同类型的水轮机，上述四个组成部分在型式上各具特点，其中转轮是直接将水能转换为旋转机械能的过流部件，是水轮机的核心部分，对水轮机的性能、结构、尺寸等起着决定性的作用。进水设备和出水设备决定厂房下部结构的尺寸。

1. 水轮机的进水设备

反击式水轮机进水设备有开敞式与封闭式两大类。

(1) 开敞式（明槽式）进水设备。开敞式引水室的水轮机导水机构外围为矩形或蜗形的明槽，槽中水流具有自由水面。开敞式引水室只适用于水头在 10m 以下的小型水电站。

(2) 封闭式进水设备。封闭式进水设备可分为压力槽式、罐式和蜗壳式三种，通用的封闭式进水设备主要为蜗壳式，如图 8.11、图 8.12 所示。

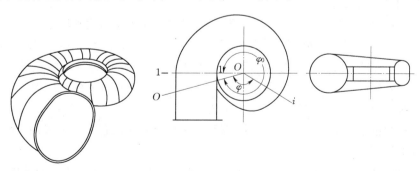

图 8.11 金属蜗壳

水流由压力管道进入蜗壳后，一方面沿圆周作环流，另一方面又经座环外圈均匀地、轴对称地流入导水机构。由于流量逐渐减小，所以蜗壳断面亦逐渐收缩，蜗壳外形很像蜗牛壳。

1）蜗壳分类。根据蜗壳材料不同，可分为金属蜗壳与混凝土蜗壳两种。

a. 金属蜗壳，如图 8.11 所示。水轮机的工作水头在 40m 以上或者小型卧式机组，蜗壳通常由钢板焊接或由钢铸造而成，统称为金属蜗壳。图中垂直于压力管道轴线的 1—1 断面为进口断面，进口断面的形状为圆形。蜗壳的末端为 O—O 断面，通常和座环的一个固定导叶连接在一起。

b. 混凝土蜗壳，如图 8.12 所示。当水轮机的最大工作水头在 40m 以下时，为了节约钢材，大多采用钢筋混凝土浇制的蜗壳，简称为混凝土蜗壳。

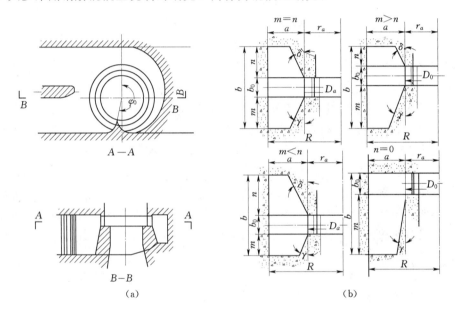

图 8.12　混凝土蜗壳

a—蜗壳的平面净宽；b—蜗壳的净高；b_0—转轮进口边高度；m—转轮
下环以下部分蜗壳净高；n—转轮上环以上部分蜗壳净高

2）蜗壳主要参数选择。

蜗壳的主要参数有蜗壳的包角、蜗壳断面形状和蜗壳进口断面平均流速。

a. 蜗壳包角。从进口断面到末端间的圆心夹角称蜗壳的包角，用 φ_0 表示。蜗壳包角大小直接影响蜗壳的平面尺寸，包角大时（接近 $360°$），水轮机流量全部经蜗壳进口断面进入水轮机，因此进口断面较大；包角较小时，部分流量直接进入导水机构，经进口断面进入水轮机的流量减少，进口断面尺寸相应减小。

金属蜗壳的包角为 $340°\sim350°$，多用 $345°$。混凝土蜗壳的包角一般采用 $180°\sim270°$，常选用的包角为 $180°$。

b. 蜗壳的断面形状。金属蜗壳断面形状为圆形，断面的半径从进口至末端随着流量的减小而减小，蜗壳尾部断面的半径较小，为了便于与座环连接，断面形状由圆形逐步过渡到椭圆形断面。

混凝土蜗壳的断面形状常为梯形。由于断面可以沿轴向向上或向下延伸，在断面积相等的情况下梯形比圆形径向尺寸要小，有利于减小厂房尺寸和基建投资，所以混凝土蜗壳特别适用于低水头大流量的轴流式水轮机。混凝土蜗壳也有用在水头大于40m的情况（目前最高可用到80m），此时需在蜗壳内壁作钢板衬砌，钢板的厚度为10～16mm，仅作为防渗与磨损的保护层。混凝土蜗壳断面形状见图8.12（b）。为减小蜗壳平面尺寸，通常选择 $b>a$。

当 $m=0$ 或 $n=0$ 时，$\dfrac{b}{a}=1.50\sim1.75$（最大可到2.0），$\delta=30°$，$\gamma=10°\sim15°$；

当 $m>n$ 时，$\dfrac{b-n}{a}=1.2\sim1.7$（最大可到1.85），$\delta=20°\sim30°$，$\gamma=10°\sim20°$；

当 $m\leqslant n$ 时，$\dfrac{b-m}{a}=1.2\sim1.7$（最大可到1.85），$\delta=20°\sim30°$，$\gamma=20°\sim35°$。

中小型水电站多采用 $n=0$ 的平顶梯形断面，有利于接力器的布置。

c. 蜗壳进口断面平均流速。蜗壳进口断面平均流速的大小不仅与蜗壳尺寸大小有关，还与蜗壳内水头损失有关。流量相同时，进口断面流速大，断面尺寸就小，机组间距也可减小，但蜗壳内水头损失就大；流速小，断面尺寸就大，将增加厂房投资。因此需要合理地选择进口平均流速。根据已运行的一些水轮机资料统计，推荐使用如图8.13所示的曲线，由水轮机的设计水头即可查得蜗壳进口断面的平均流速 V_p。一般情况下 V_p 可采取图上的中间值；对有钢板里衬的混凝土蜗壳和金属蜗壳，可取上限；当蜗壳在厂房中的布置不受限制时，也可取下限。

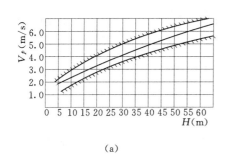

(a)

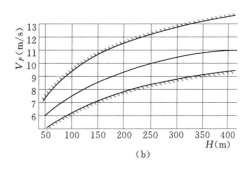

(b)

图 8.13　蜗壳进口断面流速

(a) 水头小于60m时；(b) 水头在50～400m时

3）蜗壳的水力计算。通过水力计算确定蜗壳各部分尺寸。由于蜗壳直接与水轮机座环相连，因此必须知道座环的尺寸，包括高度 b_0、外直径 D_a、内直径 D_b、蜗壳断面形状及设计流量 Q_T 与包角 φ_0 等。

a. 蜗壳断面面积。由于水流沿座环均匀、轴对称地进入导水机构及转轮，故经蜗壳任一断面的流量 Q_i 为

$$Q_i=\frac{Q_T}{360°}\varphi_i \tag{8.1}$$

式中　φ_i——表示计算断面与蜗壳末端的夹角。

蜗壳进口断面的流量 Q_0 为

$$Q_0 = \frac{Q_T}{360°}\varphi_0 \tag{8.2}$$

断面面积 F_i 为

$$F_i = \frac{Q_i}{V_p} \tag{8.3}$$

b. 蜗壳外形尺寸计算。

（a）金属蜗壳采用圆形断面，只要确定 Q、v 就可确定断面面积 F，然后求出其断面半径。断面半径为

$$\rho_i = \sqrt{\frac{Q_i}{\pi V_p}} \tag{8.4}$$

从轴中心线到蜗壳外缘的半径 R_i 为

$$R_i = r_a + 2\rho_i \tag{8.5}$$

（b）混凝土蜗壳外形尺寸计算。

令 $\varphi_i = \varphi_0$ 代入式（8.2）和式（8.3）计算进口断面面积 F_0，并根据前面的要求选择和确定进口断面 a、b、m、n、γ、δ 等参数。

c. 其余断面计算。首先选择蜗壳各断面的变化规律，即蜗壳上顶角 D 和下顶角 E 的变化规律。可选择下列一种：①均匀地减小宽度和高度的直线变化规律，如图 8.14（a）所示，即 AD 和 GE 为直线；②更快地减小高度或更快地减小宽度的曲线变化规律，如图 8.14（b）、（c）所示。常采用蜗壳顶角 D、E 按抛物线轨迹变化。AD 线方程为：$a_i = K_1\sqrt{n_i}$，GE 线方程为：$a_i = K_2\sqrt{m_i}$，系数 K_1、K_2 可根据进口断面尺寸来确定，m_i 为转轮任意断面下环以下部分蜗壳净高，n_i 为转轮任意断面上环以上部分蜗壳净高。

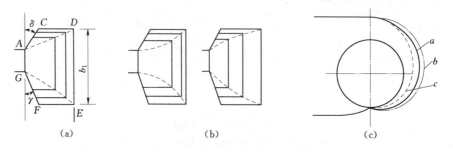

图 8.14 梯形断面变化规律

（a）直线规律变化；（b）抛物线轨迹变化；（c）蜗壳顶点轨迹变化平面图

根据蜗壳各断面的变化规律写出 R_i—F_i 关系式

$$F_i = f(R_i) \tag{8.6}$$

联立求解式（8.3）和式（8.6），即可求出 R_i 与 φ_i 的关系：$R_i = h(\varphi_i)$，并可据此绘图。式（8.3）和式（8.6）也可采用图解法求解。

2. 水轮机的出水设备

尾水管是反击式水轮机过流通道的最后部分，其型式和尺寸对转轮出口动能的回收有很大的影响，而且在很大程度上还影响着厂房基础开挖和下部块体混凝土的尺寸。增大尾

水管的尺寸可以提高水轮机的效率，但水电站的工程量和投资增大，因此应合理地选择尾水管的型式和尺寸。

目前工程上常用的尾水管型式有直锥形、弯锥形和弯肘形三种，前两种适用于小型水轮机，后一种适用于大中型水轮机。

（1）直锥形尾水管。图 8.15，为一竖轴水轮机的直锥形尾水管，图中 D_3 为尾水管的进口直径，其值可取为 $D_3 = D_1 + (0.5 \sim 1.0)$cm；$D_5$ 为尾水管的出口直径，与出口流速 V_5 有关，减小 V_5 可提高效率 η_d，但减小到一定程度时，η_d 提高得很小，反而会使尾水管的长度 L 增加，所以一般将出口流速控制在 $V_5 = (0.235 \sim 0.70)\sqrt{H}$ 之间，L/D_3 在 3～4 之间，相应的尾水管锥角 $\theta = 12° \sim 14°$ 之间，在 L 与 θ 值选定之后则 $D_5 = 2L\tan\dfrac{\theta}{2} + D_3$。

为了保证尾水管排出的水流能够在尾水渠中顺畅流动，尾水渠（图 8.15）的尺寸应不小于下列数值。

$$h = (1.1 \sim 1.5)D_3$$
$$B = (1.2 \sim 1.0)D_3$$
$$C = 0.85B$$

为了保证尾水管的工作，出口应淹没在下游水位以下，淹没深度 b_2 应不小于 0.3～0.5m。

直锥形尾水管一般用钢板制成，结构简单，性能良好，各部尺寸合宜时，效率 η_d 可达 0.80～0.85。直锥形尾水管仅适用于小型水轮机，大中型水轮机如果采用 $L/D_3 = 3 \sim 4$，会形成很深的开挖，很不经济。

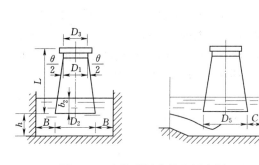

图 8.15　直锥形尾水管和尾水渠

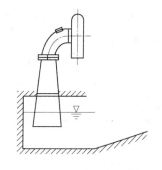

图 8.16　弯锥形尾水管

（2）弯锥形尾水管。对小型卧轴混流式水轮机，为了布置上的方便多采用弯锥形尾水管，由一等直径的 90° 弯管和一直锥管组成，如图 8.16 所示。由于弯管中流速较大，同时转弯后流速分布也不均匀，所以水力损失较大。直锥管的尺寸选择和上述情况一样，这种尾水管的效率 η_d 一般为 0.4～0.6。

（3）弯肘形尾水管。对于大中型水轮机，为了减小尾水管的开挖深度，都采用弯肘形尾水管。图 8.17 为轴流转桨式水轮机的弯肘形尾水管，图 8.18 为混流式水轮机的弯肘形尾水管。弯肘形尾水管是由进口直锥段、肘管和出口扩散段三部分组成。

1）进口直锥管。进口直锥管是一垂直的圆锥形扩散管，D_3 为在锥管的进口直径，由于混流式水轮机的直锥管与基础环相连接，D_3 等于转轮出口直径 D_2；轴流转桨式水轮机直锥管与转轮室里衬相连接，可取 $D_3 = 0.973D_1$。直锥管的扩散角 θ 的取值为：混流式水

轮机取值为 $\theta=14°\sim18°$，轴流转桨式水轮机 $\theta=16°\sim20°$。h_3 为直圆锥管的高度，增大 h_3 可以减小肘管的入口流速，减小水头损失。为了防止旋转水流和涡带脉动压力对管壁的破坏，一般在混凝土内壁作钢板里衬，里衬亦可作为施工时的内模板。

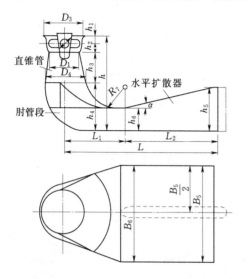

图 8.17　轴流转桨式水轮机弯肘形尾水管

($D_1=0.973D_3$)

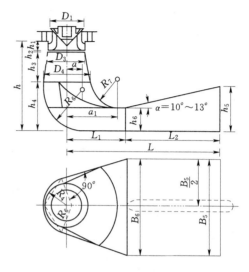

图 8.18　混流式水轮机的弯肘形尾水管

($D_1=0.326D_5$)

2）肘管。肘管是一 90°变断面的弯管，进口为圆断面，出口为矩形断面，如图 8.19、图 8.20 所示。水流在肘管转弯时受到离心力的作用，压力和流速的分布很不均匀，转弯后流向水平段时发生扩散，因而在肘管中产生了较大的水力损失。影响水头损失最主要因素是转弯半径和肘管的断面变化规律，如图 8.19 所示。曲率半径越小则离心力越大，一般推荐使用的合理半径 $R=(0.6\sim1.0)D_4$，外壁 R_6 用上限，内壁 R_7 用下限。为了减小水流在转弯处的脱流及涡流损失，肘管出口做成收缩断面，并使断面的高度缩小而宽度增大，高宽比约为 0.25，肘管进、出口面积比约在 1.3 左右。

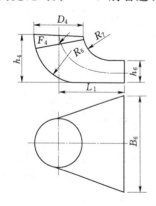

图 8.19　肘管的断面变化

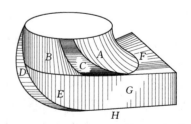

图 8.20　混凝土肘管的组成几何面

由于肘管中水流运动和断面变化的复杂性，肘管各部分尺寸很难用理论计算求得，因而必须经过反复试验才能决定较好的型式和尺寸。

3）出口扩散段。出口扩散段是一水平放置、断面为矩形的扩散管，出口宽度一般与肘管出口宽度相等；顶板向上倾斜，仰角 $\alpha = 10° \sim 13°$，长度 $L_2 = L - L_1 = (2 \sim 3)D_1$；底板呈水平。当出口宽度过大时，可按结构要求加设中间支墩，如图 8.17、图 8.18 所示。

4）推荐的尾水管尺寸。混流式和轴流式水轮机尾水管的尺寸，如图 8.17 及图 8.18 所示，一般情况下可按表 8.1 选用。表中的尺寸是对转轮直径 $D_1 = 1$m 而言的，当直径不为 1m 时，可乘以直径数值即得所需尺寸。

表 8.1 推荐的尾水管尺寸表

h	L	B_5	D_4	h_4	h_6	L_1	h_5	肘管型式	适用范围
2.2	4.5	1.808	1.00	1.10	0.574	0.94	1.30	金属里衬肘管	混流式 $D_1 > D_2$
2.3	4.5	2.420	1.20	1.20	0.600	1.62	1.27	标准混凝土肘管	轴流式
2.6	4.5	2.720	1.35	1.35	0.675	1.82	1.22	标准混凝土肘管	混流式 $D_1 < D_2$

3. 调速器

水轮机及其调速系统按部件来划分，调速系统是由三部分组成。调速系统的布置，就是要分别确定三部分部件的位置。

（1）调速器操作柜。它是调速器的核心部分，可以实现自动或手动调节导叶开度，以满足运行的要求。

（2）油压装置。提供有一定压力的透平油，通过油管与操作柜连接。通常压力油管为红色，回油管为黄色。

（3）接力器（作用筒）。一般是油压活塞筒，通常设有两个，一推一拉转动调速环。操作柜中的配压阀根据自动调节机构的指令，控制通向接力器压力油的流向，推动调速环，改变导叶开度，调节机组出力。

4. 水轮机安装高程

水轮机的安装高程是根据汽蚀条件进行计算确定的，但在水轮机的布置中，还要校核尾水管出口的最小淹没水深，以保证尾水管的正常工作。根据计算的安装高程可以推算出尾水管出口顶板高程，用最低尾水位校核，一般尾水管出口最小淹没深度为 $0.3 \sim 0.5$m。如果安装高程的计算值不能满足要求，可以适当降低安装高程，也可以采用壅高尾水位的工程措施来解决。

（1）水轮机的吸出高度。为防止汽蚀破坏，在设计水电站时则可选择适宜的安装高程，即选择静力真空值以达到限制汽蚀的目的。为此必须限制水轮机的吸出高度 H_s。

$$H_s = 10.0 - \frac{\nabla}{900} - (\sigma + \Delta\sigma)H \tag{8.7}$$

式中 ∇——水轮机安装处的海拔高程；

σ、$\Delta\sigma$——汽蚀系数及其修正值；

H——工作水头。

汽蚀系数修正值 $\Delta\sigma$ 可由图 8.21 查得。σ 可根据水轮机厂家提供的技术资料、特性曲线图中查算。

工程上对水轮机的吸出高度作如下的规定。

1）立轴混流式水轮机：如图 8.22
(b) 所示，H_s 是从导叶下部底环平面到
下游水面的垂直高度。

2）立轴轴流式水轮机：如图 8.22
(a) 所示，H_s 是从转轮叶片轴线到下游
水面的垂直高度。

3）卧轴混流式和贯流式水轮机：如
图 8.22 (d)、(e) 所示，H_s 是从转轮叶
片出口最高点到下游水面的垂直高度。

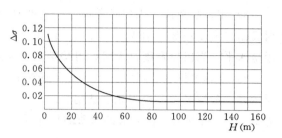

图 8.21 汽蚀系数修正值与水头关系曲线

为了保证水轮机在运行中不发生汽蚀，必须对各种特征工况下的吸出高度 H_s 进行验
算并选其中的最小值。当 H_s 为负值时，说明需要将上述部件装置在下游水面以下，使转
轮出口不再出现静力真空而产生正压，以抵消由于过大的动力真空所形成的负压。

（2）水轮机的安装高程。水轮机安装高程是水电站设计中的控制高程。立式机组的
安装高程定义为导水机构中心线的高程；卧式机组的安装高程定义为机组主轴中心线
高程。

在确定了吸出高度 H_s 以后，可以按下列公式计算水轮机的安装高程 Z_a。

1）反击式水轮机。

立轴混流式水轮机
$$Z_a = \nabla_w + H_s + \frac{b_0}{2} \tag{8.8}$$

立轴轴流式水轮机
$$Z_a = \nabla_w + H_s + x D_1 \tag{8.9}$$

卧轴水轮机
$$Z_a = \nabla_w + H_s - \frac{D_1}{2} \tag{8.10}$$

式中　∇_w——电站设计尾水位，m；

$\quad\quad b_0$——水轮机导叶高度，m；

$\quad\quad D_1$——水轮机转轮标称直径，m；

$\quad\quad x$——轴流式水轮机高度系数，为转轮中心线至导叶中心距离与转轮直径的比，
由水轮机制造厂家提供。一般为 $0.38\sim0.46$，初步计算时可取 0.41。

∇_w 应选择下游设计最低尾水位，可根据水电站的运行方式和机组台数选择水轮机的
过流量，从下游水位流量关系曲线中查得。一般情况下，水轮机的过流量可根据电站装机
台数按如下方法选用：电站装机 $1\sim2$ 台时采用 1 台机组半负荷所对应的过流量；3 台或 4
台机组的电站采用 1 台机组满出力运行时对应的过流量；5 台机组及以上的电站采用 1.5
~2 台机组满出力运行时对应的过流量。

2）冲击式水轮机。冲击式水轮机没有尾水管，除喷嘴、针阀和斗叶可能产生间隙汽
蚀外，其他部位均不产生叶型与空腔汽蚀。所以冲击式水轮机安装高程的确定应在充分利
用水头，又保证通风和落水回溅不妨碍转轮运转的前提下，尽量减小水轮机的泄水高度，
如图 8.22 (c)、(f) 所示：

a. 立轴水斗式水轮机。

安装高程规定为喷嘴中心线的高程，即

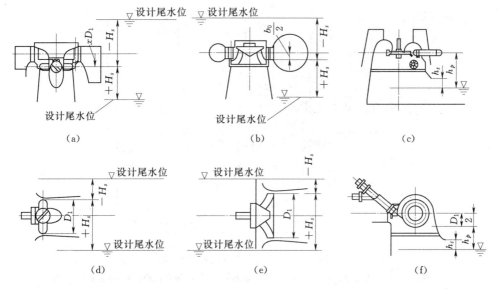

图 8.22 水轮机吸出高度和安装高程示意图

$$Z_a = \nabla_w + h_p \tag{8.11}$$

b. 卧轴水斗式水轮机。

安装高程规定为主轴中心线的高程，即

$$Z_a = \nabla_w + h_p + \frac{D_1}{2} \tag{8.12}$$

式中　∇_w——电站设计尾水位，m；

　　　h_p——泄水高度，m。

泄水高度 h_p 应根据实验和实际资料统计确定，$h_p = (1.0 \sim 1.5)D_1$，对于立轴机组取较大值，卧轴机组取较小值，通风高度 h_t 一般不宜小于 0.4m。

设计尾水位应选用最高尾水位，一般可采用 20 年至 50 年一遇洪水相应的下游水位。

8.2.1.3 蜗壳与尾水管布置

蜗壳、尾水管的尺寸一般由厂家提供。布置时，首先确定水轮机的安装高程轴线，再根据水轮机的流道、蜗壳、进水管和尾水管等的尺寸绘制水轮机剖面图（图 8.23）。

1. 蜗壳

蜗壳四周混凝土的厚度至少为 0.8～1.0m，要根据具体情况来确定。蜗壳顶部混凝土厚度由进口断面尺寸确定，要保证其厚度不小于最小值，一般为 1.0～2.0m，并由此确定水轮机层高程；蜗壳顶部混凝土还支承发电机墩，机墩内径与座环内径相近，厚度一般为 1.0m 以上。上游部分的混凝土厚度，在保证蜗壳混凝土结构需要的基础上，也要兼顾主阀室的布置要求，可适当小一些；下游部分的混凝土与尾水管顶板、下游防洪墙连成整体。

蜗壳进人孔可设在主阀后进水管处或蜗壳进口附近，也可在水轮机层地面开竖井进入蜗壳，进人孔直径不小于 0.45m。蜗壳的排水也布置在主阀后进水管底部。装设排水管，将水排至主阀室的排水沟中，或埋设排水管直通尾水管。

315

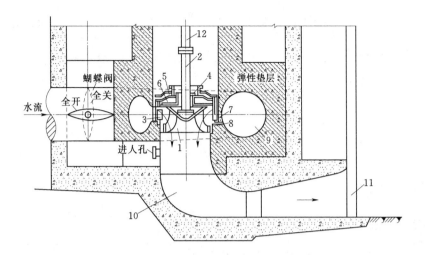

图 8.23　水轮机横剖面布置图

1—转轮；2—水轮机主轴；3—导叶；4—水导轴承；5—导叶转动机构；6—顶盖；7—座环；

8—基础环；9—蜗壳；10—尾水管；11—尾水闸门槽；12—发电机主轴

为了减小蜗壳的应力，金属蜗壳上半部分通常用弹性材料作垫层与混凝土适当隔开。

2. 进水管和主阀室

进水管通过主阀与蜗壳进口连接。进水管的中心轴线为水平线，与安装高程同高。在蜗壳上游混凝土层以外的空间布置主阀室，这一段水管为架空管，中间安装主阀，长度约为 4～5m，具体要根据主阀尺寸来确定。主阀室的上游布置防渗墙，厚度约 0.8m 左右，由此决定了厂房上游围墙位置，即厂房上游部分的宽度。

布置主阀时，要保证主阀四周有足够的工作空间和支墩布置位置，主阀安装检修所需的空间应不小于 1.0m。

主阀尺寸较大时，也可以设在厂外单独的主阀室内，这样必须增设独立的起重设备。

河床式水电站引水管比较短，一般不设主阀，由进口闸门代替，这样厂房的上游防洪墙在布置上不受主阀的影响，可根据上部结构的设备布置来确定。

3. 尾水管

立式机组的尾水管多数是弯曲形尾水管，少部分为直锥形尾水管。尾水管的尺寸由厂家提供，也可按水轮机手册进行计算。直锥段一般是金属结构，其余部分为钢筋混凝土结构。尾水管底板混凝土厚度为 1.0～2.0m，顶板出口处最小厚度为 0.5m，边墩厚度为 1.0～2.0m。

尾水管进人孔可设置在主阀室，通过直锥段进入尾水管，也可由尾水管出口的闸门前进入尾水管或在水轮机层开竖井，再通过水平通道进入尾水管。进人孔口最小尺寸不小于 0.45m。

尾水管的排水是由埋设的排水管排至集水井。

4. 尾水平台

尾水管出口要设置检修闸门，闸门布置所需的闸墩长度为 1.0～2.0m，主要考虑闸门厚度和闸门前后的安装维修与安全的空间。所以，在尾水管出口处要设置 1.0～2.0m 长的闸墩，底板也相应延长。尾水闸墩的高度一般要高于下游正常水位，洪水位不高时，可高于洪水位，否则，要设置排架式工作平台。尾水平台应高于下游洪水位，为方便交通，也可与发电机层同高。

尾水闸可采用平板闸门或叠梁式闸门，可数台机组共用一套启闭设备。可根据闸门的大小选择起重门机、桥式吊车、活动绞车和电动葫芦等启闭设备。

水轮机的剖面布置情况如图 8.23 所示。

8.2.2 发电机的剖面布置

8.2.2.1 发电机的型式和布置方式

（1）发电机的型式有悬挂式、伞式两种，其外形和主要尺寸如图 8.24 所示。

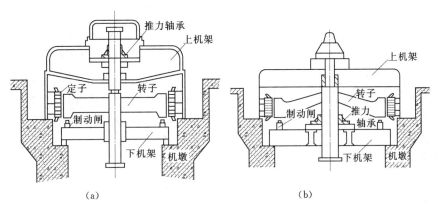

图 8.24 发电机外形及主要尺寸

（a）悬式发电机；（b）伞式发电机

发电机的转子是由推力轴承和导轴承固定在上下机架上，其中转动部分的荷载主要是传给推力轴承，导轴承起稳定作用，防止机组摆动。

悬挂式发电机的推力轴承设在上机架，荷载由推力轴承传给上机架，再由定子传给发电机墩。悬挂式发电机转动部分的重心低于悬挂点——推力轴承，因此，发电机的转动比较稳定，适应于高转速的发电机。转速大于 150r/min 的机组多采用悬挂式发电机。悬挂式发电机的上机架一般有 4~12 个支臂，视发电机尺寸和重量而定。下机架可由两根平行梁、十字梁或井字梁等制成，用于支承导轴承和制动闸。

伞式发电机的推力轴承设在下机架，荷载由推力轴承传给下机架，再传给发电机墩。伞式发电机的总高度比较低，可以降低厂房的高度，但由于转动部分的重心在推力轴承之上，发电机的转动稳定性比较差，因此，低转速的发电机多采用伞式结构。伞式发电机根据轴承的设置可细分为：普通伞式——有上下导轴承；半伞式——有上导轴承，无下导轴承；全伞式——无上导轴承，有下导轴承。

发电机的主要尺寸与参数包括上机架直径与高度、定子内外径与高度、通风道外径、下机架直径与高度、转子带轴的高度、水轮机井内径以及转子带轴的重量等。

（2）发电机的布置方式。发电机一般布置在发电机层或发电机层地面以下，主要形式有三种：埋没式、敞开式、半岛式，如图 8.25 所示。

埋没式是最常用的形式，发电机布置在发电机层楼板以下，即发电机层楼板位于定子

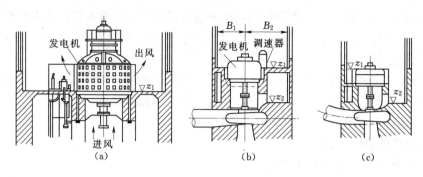

图 8.25　发电机布置方式示意图

(a) 敞开式；(b) 埋没式；(c) 半岛式

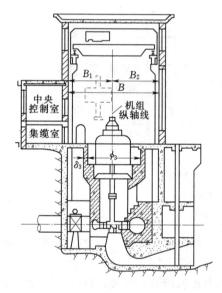

图 8.26　埋没式布置厂房剖面图

顶部，地面以上，只露出发电机上机架和励磁机。这种布置形式的发电机层比较宽敞，便于其他设备的布置，又不受发电机排出的热风影响，所以工作条件比较好。同时，也便于厂房内设备的吊运、安装、检修和发电机出线布置。适用于机组容量比较大的水电站见图 8.26。

敞开式的发电机布置在发电机层楼板以上，即发电机层楼板位于定子底部，发电机的大部分都露出在地面以上。这种布置形式的发电机层比较窄，不便于厂房内设备的吊运、安装、检修、其他辅助设备和发电机出线布置。由于受发电机排出的热风影响，所以工作条件比较差，适用于机组容量比较小的水电站。

8.2.2.2　发电机支承结构

发电机上部支承结构取决于发电机尺寸，主要是通风道外径及高度、定子内（外）径及高度、下机架直径及高度和水轮机井直径，它们决定了发电机墩上部的内部尺寸。水轮机井内径取决于发电机尺寸和水轮机转轮直径，除满足发电机定子和下机架安装需要的尺寸外，一般要比水轮机转轮直径大 $0.5 \sim 0.7$ m，底部可略大于水轮机座环内径。外部尺寸要考虑通风道外壁厚度和发电机墩壁厚度，一般通风道外壁直径大于发电机墩外壁直径，可用斜面进行连接，但要保证发电机定子地脚螺栓埋设需要，即要设置定子圈梁。定子圈梁高度一般不小于 1.0m。通风道外壁顶部一般与发电机层楼板连接。

发电机墩的下部结构是指定子圈梁以下部分的支承结构，常有以下几种型式。

（1）圆筒式机墩。如图 8.27（a）所示，它是上、下直径相同等厚度的钢筋混凝土圆筒结构。圆筒式机墩的筒壁厚度一般在 1.0m 以上，机墩的上部与定自圈梁连接，下部固结在蜗壳混凝土顶部。机墩底部一侧要布置调速器的接力器，另一侧布置水轮机井进人孔。进人孔的尺寸一般为 2×1.2 m 左右。

圆筒式机墩适用于容量比较大的机组，其特点是结构简单，刚度大，抗扭、抗震性能

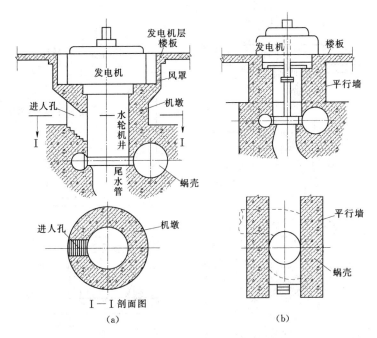

图 8.27　圆筒式机墩和平行墙式机墩

（a）圆筒式机墩；（b）平行墙式机墩

好。缺点是工程量比较大，水轮机井空间小，水轮机安装、检修不够方便。

（2）平行墙式机墩。如图 8.27（b）所示，平行墙式机墩是由两道钢筋混凝土平行墙组成，顶部连接发电机圈梁（或横梁），其特点是水轮机井比较宽敞，工作方便，水轮机检修时，不需要拆除发电机，水轮机转轮和导水机构可直接从平行墙之间吊出。但其刚度和抗扭性不如圆筒式机墩。

（3）环形梁式机墩。如图 8.28（a）所示，适用于中小型机组，由于机组产生的扭矩比较小，对机墩的抗扭性能要求比较低，为简化结构、减少投资，将圆筒式机墩的圆筒结构简化为 4 根（或 6 根）环形布置的立柱，即成为环形梁式机墩。其顶部仍与环形圈梁连接，这种机墩结构简单，经济，更加方便于水轮机的检修、安装和维护，便于接力器的布置。但其刚度和抗扭性比较差。

（4）框架式机墩。如图 8.28（b）所示。它是由两个平行的混凝土框架和两根横梁组成，发电机直接安装在横梁上，其特点与环形梁式机墩类似。适用于小型机组。

8.2.3　上部结构的剖面布置

厂房的上部结构的宽度取决于发电机通风道外径、机旁盘和吊物通道的布置要求。机旁盘和吊物通道可分别布置在上、下游两侧，机旁盘一侧的宽度一般为通风道外半径＋（2.5～3.0）m，吊物通道一侧取决于吊物的尺寸，一般为通风道外半径＋（2.0～3.0）m。所以，厂房总宽度一般为通风道外径＋（5.6～6.0）m，另外考虑桥式吊车的标准跨度取值，机旁盘一侧的宽度略大一些。结合厂房排架立柱的结构尺寸，最终确定厂房上、下游围墙的位置。

确定吊车轨顶高程（或吊车的安装高程）要考虑几个因素：主钩的上限位置（由厂家

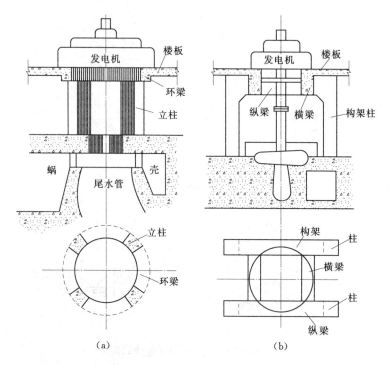

图 8.28　环形梁式机墩和框架式机墩

(a) 环形梁式机墩；(b) 框架式机墩

提供)、吊具和绳索长度（一般为 1.0～1.5m）、最大吊运部件的高度、跨越物的高度（高于发电机层地板的部分）。它们之和加上发电机层楼板高程，即为吊车轨顶高程。

吊车轨顶高程减去轨道高度（厂家提供）为吊车梁顶高程。吊车梁顶高程减去吊车梁高度（根据跨度决定）为牛腿顶面高程。

屋顶大梁底部高程等于吊车轨顶高程加上吊车高度，再加 0.2～0.3m 的安全距离。

屋面高程等于屋顶大梁底部高程加上屋顶大梁高度。

上部结构的布置包括发电机层楼面结构、厂房排架柱、屋面结构和围墙的布置，排架间距与平面布置有关，一般为 6.0～8.0m。发电机层楼板厚度一般为 0.15～0.25m，主次梁截面尺寸应根据跨度来确定。

8.3　立式机组厂房布置

8.3.1　发电机层平面布置

发电机层为安放水轮发电机组及辅助设备和仪表表盘的场地，也是运行人员巡回检查机组、监视仪表的场所。

主要设备有发电机、调速柜、油压装置、机旁盘、励磁盘、蝶阀孔、楼梯、吊物孔等，如图 8.29 所示。

8.3.1.1　机组段长度

厂房宽度由剖面布置确定，厂房长度为中间各机组段长度、边机组段长度和安装间长

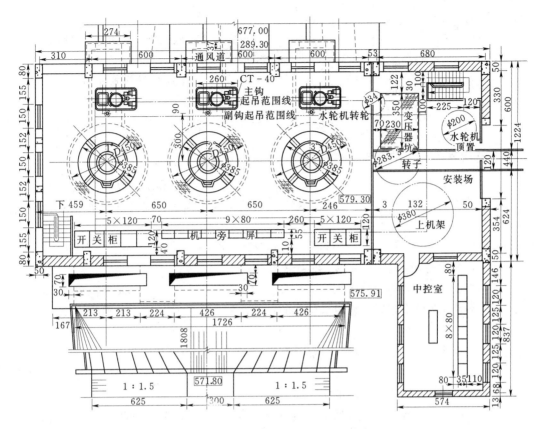

图 8.29 水电站厂房发电机层平面图（单位：cm）

度之和。

中间机组段的长度应按以下三方面要求来确定。同时，要考虑蜗壳的不对称影响。

（1）按发电机的布置要求确定。发电机的最大尺寸是通风道的外径，机组之间应留有必要的工作通道，一般为 2～3m。所以，机组段长度＝通风道的外径＋（2～3）m。

（2）按蜗壳布置要求确定。蜗壳最大宽度是蜗壳在厂房纵轴线上所占据的尺寸，蜗壳外围混凝土的厚度一般要求不小于 1.0m。因此，机组段长度＝蜗壳最大宽度＋（2～3）m。

（3）按尾水管布置要求确定。尾水管最大宽度是扩散段的宽度，尾水管扩散段的边墩不小于 1.0m。因此，机组段长度＝尾水管最大宽度＋（2～3）m。

边机组段的长度可适当加长，一般比中间机组段长 1～2m，但厂房的柱距最好调整为等跨布置。

8.3.1.2 安装间长度

安装间是厂房主要部件安装和检修的场所。安装间一般均布置在主厂房有对外道路的一端。对外交通通道必须直达安装间，便于车辆直接开入安装间，并用主厂房内用吊车卸货，且安装间最好与对外道路和发电机层同高。

安装间要保证一台机组检修布置所需的空间。在吊物范围内，布置机组四大部件：发电机转子、上机架、水轮机转轮和水轮机顶盖。发电机转子四周安全距离为 2.0m，其余部件四周要求有不小于 1.0m 的工作通道，并保证所有部件均在吊物范围内。

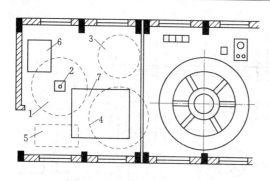

图 8.30　安装间布置示意图

1—发电机转子；2—发电机主轴孔；3—水轮机转子；
4—上机架；5—卡车；6—吊物孔；7—主变坑

安装间长度可取中间机组段的长度的 1.5 倍。同时应保证一台机组检修时所需的空间，如图 8.30 所示。

8.3.1.3　发电机层的设备布置

发电机层的设备布置要注意区域划分，一般以纵轴线为界分为上、下游侧，以横轴线为界分左右侧。设备布置的原则是要保证机电分侧布置。

（1）机旁盘和励磁盘。机旁盘包括一般包括自动操作盘、测量盘、动力盘、继电保护盘等，机旁盘和励磁盘一般有 2～3 块。机旁盘和励磁盘一般沿厂房纵向并排布置在发电机旁，前面必须留有足够的工作通道，一般为 1.0m 以上，后面有保证有 0.8m 以上的检修通道。

（2）调速器。调速器的操作柜、油压装置一般布置在发电机层，靠近机旁盘，但必须注意机电分侧，即分别布置在机组横轴线的左右两侧，避免管、线交叉现象。

8.3.1.4　厂内交通

（1）吊物通道。水平吊物通道最好布置在机旁盘的另一侧（上游侧或下游侧），保证最大物件吊运时所需的空间。垂直吊物通道（吊物孔）一般设在安装间，吊物孔尺寸应以最大部件来确定，保证物件四周的水平安全距离不小于 0.4m。

（2）厂内交通。水平交通包括主厂房与副厂房之间开设的门和通道，各种设备四周的安全距离和工作通道；垂直交通主要指发电机层与水轮机层设置的楼梯，一般不少于两个，分别布置在厂房两端。

8.3.1.5　厂外交通

进厂公路直接进入主厂房的安装间，进厂大门应保证汽车或列车开进厂房所需的尺寸。在主厂房另一端一般还设置小门方便对外交通。

8.3.2　水轮机层的布置

水轮机层主要建筑物有水轮机井、主阀廊道和上下楼梯。水轮机层的设备布置也考虑机电分侧，发电机引出线和各种电缆线应布置在机旁盘的同一侧（上游侧或下游侧），另一侧布置各种管沟。引出线和各种电缆线挂设在发电机层楼板下，管沟则铺设在水轮机层地面上，如图 8.31 所示。

水轮机层主要布置油、气、水系统。

1. 油系统

水电站的有系统包括透平油和绝缘油两个系统。

（1）透平油系统。供应机组所需的润滑油和操作调速器、主阀的压力油，均属于透平油。

（2）绝缘油系统。供应各种电器所需的绝缘用油，例如变压器的冷却用油、断路器所需的灭弧用油等。由于这两种用油性质不同，不能混用，因此，必须分开来布置。

油系统设备包括油泵、储油罐、油处理设备、油管和控制元件，设计时主要考虑设置油库、油处理室和各种油管的布置。

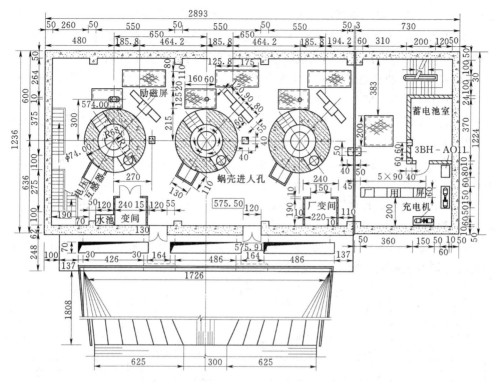

图 8.31 水轮机层布置示意图（单位：mm）

2. 压气系统

水电站所需的压气系统分为高压系统和低压系统。

（1）高压系统是指额定压力为 2.5MPa 和 4.0MPa 的压缩空气系统。主要向调速器的油压装置提供压缩空气，向断路器提供灭弧所需的压缩空气。

（2）低压系统是指额定压力为 0.5~0.8MPa 的压缩空气系统。主要供给机组制动、调相运行压水、各种风动工具和主阀止水带充气等。

压气系统的主要设备有空气压缩机、储气罐、阀门和管道。设计时主要考虑压气机室的布置。

油库、油处理室、压气机室、储气罐等均可布置在安装间下层。

3. 水系统

（1）供水系统。

1）厂房用水有技术用水、生活用水和消防用水等三个方面。

a. 技术用水。技术用水包括供给发电机冷却器、推力轴承和导轴承、水轮机导轴承油压装置油槽、水冷式压气机气缸、水冷式变压器等设备的冷却和润滑用水。

b. 生活用水。生活包括厂内和厂区各种生活设施的用水。

c. 消防用水。消防用水必须保证水流能喷射到建筑物最高部位，用水量保证有 15L/s 左右。

2）供水源与取水方式。

a. 水头较高的水电站，可直接从坝前、压力水管或蜗壳等处取水。当水头大于 40~

323

50m 时，应设置减压阀，降低水压力。

　　b. 低水头水电站或水头低于 8m 的水电站，可从尾水、集水井取水。

　　（2）排水系统。厂内排水包括机组检修排水和渗漏排水两个方面。

　　1）检修排水。机组在检修时，需要将蜗壳、尾水管内的水排出。蜗壳、尾水管内的水部分可以自流排出，部分需要用水泵抽排。

　　水泵抽排方式有两种：一是直接排水，用水泵直接从尾水管抽排；二是间接排水，用排水管将蜗壳、尾水管内的水引至集水井，再利用水泵从集水井抽排。

　　2）渗漏排水。厂内渗水包括技术用水、生活用水、水轮机顶盖与主轴的密封漏水、压力管伸缩节漏水、主阀漏水等的排水。

　　一般采用间接排水通过管、沟将渗漏水引至集水井，用水泵从集水井抽排。

8.3.3　蜗壳层的布置

　　水轮机层地面以下基本上是混凝土块体结构，蜗壳尾水管埋设在这些混凝土之中。蜗壳的上游侧设有主阀室（廊道），见图 8.32。

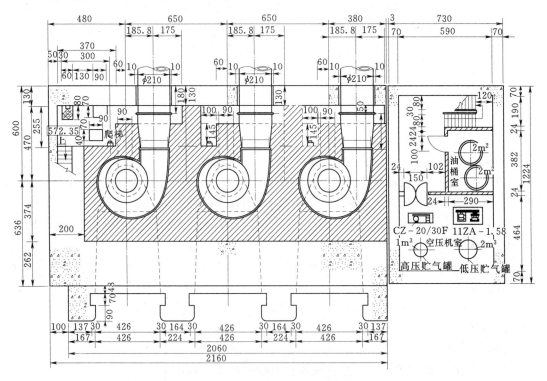

图 8.32　水电站厂房蜗壳层平面图

　　在下部块体结构中要设置通向蜗壳和尾水管的进人孔和通道。一般进人孔的直径为 60cm，进人孔通道尺寸不小于 1m×1m。

　　在蜗壳层以下的上游侧或下游侧均设有检查、排水廊道。

　　集水井位于全厂最低处，除要求能容纳运行时的渗漏水，还要担负机组检修时的集水、排水任务。

　　排水泵室一般布置在集水井的上层。电站排水都通向下游尾水渠。

8.3.4 副厂房的布置

副厂房是设置机电设备运行、控制、试验、管理和运行管理人员工作和生活的厂房建筑。副厂房布置包括中央控制室、集缆室、继电保护室、通讯室、开关室、母线廊道、厂用电设备室、电气试验室、值班调度室、办公室和生活用房等，见图8.33。

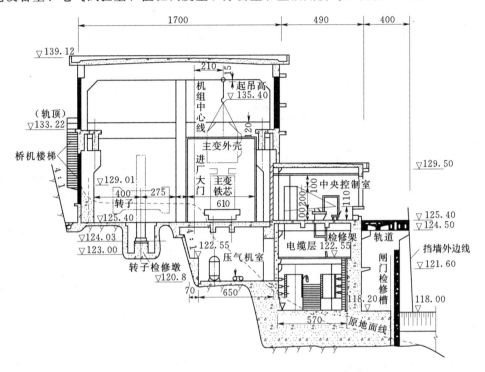

图 8.33 某水电站主副厂房布置图（高程单位：m，尺寸单位：mm）

8.3.4.1 中央控制室

中央控制室是负责水电站的运行、调度、控制、保护和监视等方面的任务，是整个水电站的中枢。布置的设备主要包括控制盘、继电保护盘、信号盘、直流盘、厂用电盘、照明盘等。

中央控制室应尽量靠近主厂房，以便巡视和及时处理事故。在主厂房与副厂房之间应设置玻璃窗，以便监视主厂房的运行情况。同时要保证中央控制室有好的工作条件，特别要保证在防止噪音、防潮、通风、采光等方面的工作条件。

中央控制室的面积取决于各种表盘的数目和布局，初步设计时可参照表8.2。室内高度为 4.0～4.5m 左右。

8.3.4.2 集缆室

集缆室是中央控制室下层用于布置中控室的各种电缆，电缆穿过楼板与各种设备连接。集缆室的面积等同于中控室，高度一般为 2～3m，不宜过高，以工作人员能直立工作为宜。集缆室出口应不少于两个，也要注意防潮问题。

8.3.4.3 继电保护室

继电保护装置是当电气设备发生故障时，能自动断开线路，隔离故障设备，防止事故

325

进一步扩大，保护电气设备的装置。各种继电保护装置一般集成在继电保护屏内，继电保护屏应布置在毗邻中控室的专门房间内，也可利用保护屏作为隔墙，布置在中控室内，以减小副厂房面积。

继电保护室层高不小于 3.5m。

8.3.4.4 开关室

发电机的配电装置常置于成套的开关柜中，开关柜一般集中布置在开关室。开关室应位于主厂房与主变压器之间，以缩短母线长度。

开关室的布置应考虑防火、防潮、防爆的要求，门应往外开启。开关室长度小于 7m

表 8.2　　　　　　　　　　　　　　　副厂房类型及其参考面积　　　　　　　　　　　　　单位：m²

序号	类别	名　称	130>N>20	20>N>0	10>N>2.5
1	直接生产副厂房	中央控制室	90～130	65～90	35～65
2		集缆室	90～130	65～90	35～65
3		继电保护室	80～120	50～80	30～50
4		通信及远动装置室	25～50	25～50	25～30
5		计算机室	100～120	100～120	100～120
6		开关室	按需要确定		
7		油、气、水系统	按需要确定		
8		厂用电变压器室	按需要确定		
9	检验试验副厂房	继电保护试验室	40～45	40～45	40～45
10		测量仪表试验室	35～40	30～35	25～30
11		精密仪器试验室	30～35	25～30	20～25
12		高压试验室	40～45	35～40	25～35
13		电工修理间	25～35	25～35	25～35
14		电气工具间	20	15	15
15		机械维修间	60～100	40～60	40～60
16		油化验室	10～20	10～20	10～20
17		仓库	10～25	10～25	10～25
18	间接辅助生产副厂房	总工程师室	20～25	20～25	20～25
19		运行分场	30～40	20～30	20～30
20		检修分场	30～40	20～30	20～30
21		水工分场	25～35	25～35	25～35
22		交接班室	20～25	20～25	15～20
23		生产技术科	25～30	25～30	20～25
24		厂长室	25	20	15
25		资料室	25～35	25～35	25～35
26		会议室	35～50	35～50	20～35
27		保安工具室	10	10	10
28		警卫室	10	10	10
29		仓库	15	15	15

注　N 的单位为万 kW。

时，可设 1 个出口；长度为 7～60m 时，应设置 2 个出口；长度超过 60m 时，应设置 3 个出口。

8.3.4.5　通讯室及远动装置室

当输电电压在 110kV 以上时，为了便于与调度中心联系，由系统调度中心指挥水电站运行，应专设载波电话通讯室、自动交换机室、微波通讯室和远动装置室等。这些房间应靠近中控室布置，并与中控室处于同一高程，室内最小高度为 3.5m。

副厂房各部分房间面积参考表 8.2。

8.4　卧式机组厂房布置

8.4.1　卧式机组地面厂房的特点

卧式机组地面厂房分为上部结构和下部结构，上部为单层结构，布置的设备有水轮机、发电机、调速器、机旁盘、桥式吊车等，平面上划分为主机室和安装间。下部结构主要有尾水室、尾水渠、主阀坑、管沟和基础等。与立式机组厂房相比，卧式机组厂房高度低，平面尺寸大，结构简单，造价低，设备布置、安装、检修和维护方便，适应于小型水电站。卧式机组一般为混流式、冲击式、贯流式。

8.4.2　厂房的设备布置

8.4.2.1　机组排列方式

卧式机组的水轮机和发电机成一线布置在厂房内，机组的排列方式有以下三种，如图 8.34 所示。

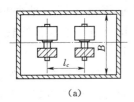 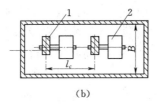 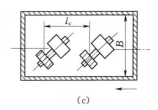

（a）　　　　　　　　　　　　（b）　　　　　　　　　　　　（c）

图 8.34　卧式机组的排列图

（a）横向布置；（b）纵向布置；（c）斜向布置

1—水轮机；2—发电机

（1）横向排列。各机组平行布置，即机组轴线与厂房纵轴线垂直，如图 8.34（a）所示。水轮机的进、出水方向与厂房横轴线垂直，而进水管与厂房横轴线平行，所以水流不平顺。厂房长度较小，宽度相对大，厂房的跨度大，增加厂房的结构投资。但机组台数多时，可以减小厂房长度，因此适用于机组较多的水电站。

（2）纵向排列。各机组成一线排列，即机组轴线与厂房纵轴线平行，如图 8.34（b）所示。水轮机的进、出水方向与厂房横轴线平行，水流平顺，有利于运行管理。厂房较长，宽度小，适用于机组较少的水电站。

（3）斜向排列。各机组平行布置，但机组轴线与厂房纵轴线成斜角，如图 8.34（c）所示。水轮机的进、出水方向与厂房横轴线成一夹角，而进水管与厂房横轴线平行，所以水头损失是介于以上两种之间。厂房长度、宽度也是介于以上两种之间。这种布置适用于机组较多，而又要减小厂房尺寸的水电站。

8.4.2.2 混流式、冲击式水轮机组厂房的设备布置

混流式、冲击式水轮机组的进水管、主阀坑和各种管沟均布置在厂房的上游侧，调速器一般固定在水轮机旁，机旁盘、励磁盘等布置在下游侧。吊物通道可设在上游侧，但要跨过主阀，如布置在下游侧，应在机旁盘与机组之间应有足够的距离。

（1）混流式水轮机组厂房下部结构的布置。混流式水轮机的蜗壳布置有两种方式：进口水平和进口朝下，如图 8.35 所示。

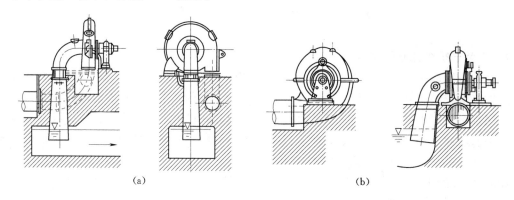

(a) (b)

图 8.35 卧轴金属蜗壳水轮机的布置

（a）进口水平；（b）进口朝下

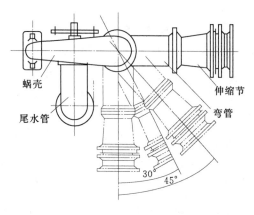

蜗壳
尾水管
伸缩节
弯管
30° 45°

图 8.36 进水弯管的
可能布置方式

进口水平布置可以减小蜗壳高度，水流亦比较平顺，但引水管露在厂房地面以上，影响厂房设备布置和交通。进水管管轴的方向必须与机组主轴垂直。

进口朝下布置蜗壳高度较大，进水管必须通过 90°的弯头，才能与蜗壳进口连接，水头损失较大，但这种方式，由于进水管埋在地面以下，所以不影响厂房内的交通与设备布置；进水管的布置也比较灵活，进水管管轴的方向可以与机组主轴垂直到平行的任何角度布置，如图 8.36 所示。

卧式机组常采用直锥形管，通过 90°的弯头与蜗壳出口连接，尾水管伸入尾水室，尾水管出口必须淹没在水面以下 0.3～0.5m。

卧轴混流式水轮发电机组的整个转动部分是由 2～3 个轴承支承，其中一个为推力轴承。轴承通过轴承座将力传给地基，并将轴承固定在基础上。水轮机蜗壳、发电机定子外壳由地脚螺丝直接固定在地基上。发电机地面以下中间位置开设电缆坑和通风道。采用横向布置时的卧式机组厂房结构，如图 8.37 所示。

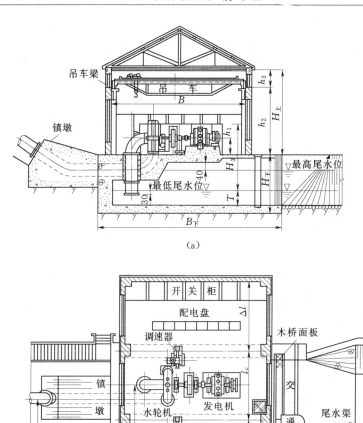

(a)

(b)

图 8.37 安装卧式反击式水轮机厂房

（2）冲击式水轮机组厂房下部结构的布置。冲击式水轮机组厂房的下部结构与混流式机组厂房相似，只是冲击式水轮机没有尾水管。由喷嘴射出的水流冲击转轮叶片后，自由落入尾水坑，再通过尾水渠排至下游。混流式水轮机对转轮是由悬臂支承的，而冲击式水轮机的转轮是由机壳两边的轴承支承的。冲击式水轮机的外壳由地脚螺丝直接固定在地基上。其余部分的支承方式和地下结构与卧式混流机组相同。

冲击式水轮机可以是单喷嘴如图 8.38 所示，也可以是双喷嘴如图 8.39 所示。为了提高效率和单机出力，有时还采用双转轮带动一台发电机的方式，如图 8.39 所示，这时发电机位于两转轮之间。

329

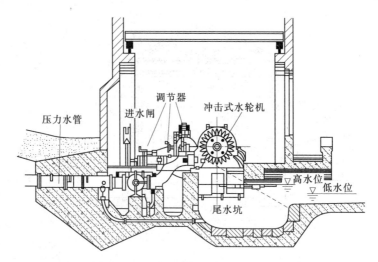

图 8.38　卧轴单喷嘴冲击式水轮机的厂房

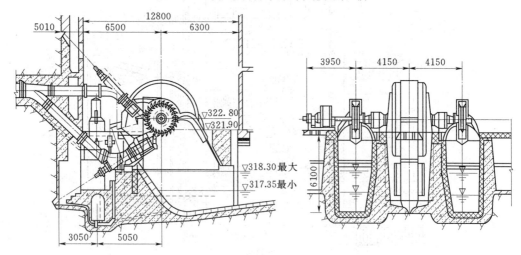

图 8.39　双喷嘴双转轮冲击式水轮机的厂房

冲击式水轮机进水管一般低于主厂房地面,如图 8.38 所示。在水轮机之前要布置球阀,置于球阀坑内。通常球阀坑上面用薄钢板覆盖,以便工作人员通行。球阀坑应设置排水管,通向集水井或尾水渠。

8.4.3　卧式机组主厂房尺寸的拟定

卧式机组主机房轮廓尺寸的拟定原则与立式机组厂房基本相同。

1. 水轮机安装高程和主机房高度尺寸确定

(1) 反击式水轮机的安装高程。应根据容许吸出高度 H_s 来计算水轮机主轴的安装高程 $Z_{s反}$。

$$Z_{s反} = H_s + \frac{b_0}{2} + 最低尾水位$$

式中　b_0——导叶高度。

根据尾水管长度验算尾水管出口淹没深度,要保证淹没深度不小于 0.3~0.5m,否则要加长尾水管或降低安装高程。

（2）冲击式水轮机的安装高程。水轮机主轴的安装高程 $Z_{s冲}$ 为

$$Z_{s冲}=\frac{D_1}{2}+h_f+最高尾水位$$

式中　D_1——蜗壳直径。

　　　h_f——自由高度，一般不小于 $0.5\sim1.0\mathrm{m}$。

（3）主厂房地面高程。由水轮机主轴的安装高程 Z_s 减去主轴中心到轴承底部的高度得到。其中轴承支架高度由飞轮直径及其安装检修要求决定，应使主机房地面高于最高尾水位，以利防潮。

（4）尾水室底板高程。对于反击式水轮机厂房，尾水室底板高程等于尾水管出口高程，减去保证泄水顺畅所需的水深（一般为 $1.3D_1$）。

对于卧轴冲击式水轮机的厂房尾水室底板高程为

$$Z_w=节圆半径-h_f-尾水坑水深$$

（5）针阀坑和球阀坑的底部高程。它由引水管高程和喷嘴的布置决定，最好高于尾水坑水位，以利排水管自流排水。否则需先排到集水井再由水泵抽排至下游。

（6）主机房的高度。主机房的高度由吊运发电机转子、水轮机转轮、发电机定子等设备高度决定，并应考虑安装方法的要求。

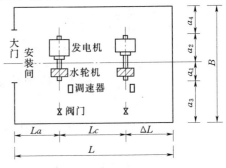

图 8.40　机组横向排列时的厂房
平面尺寸示意图

2．厂房的长度和宽度

厂房的长度和宽度主要决定于机组的排列方式和设备布置的情况。

（1）当机组为横向排列时，由图 8.40 可以看出：

主机房长度　　　　　　　　$L=nL_c+L_a+\Delta L$

主机房宽度　　　　　　　　$B=a_3+(a_1+a_2)+a_4$

式中　n——机组台数；

　　　L_c——机组段长度，机组外形尺寸宽＋工作通道宽（$0.8\sim1.2\mathrm{m}$）；

　　　L_a——安装间长度，$(1\sim1.2)L_c$；

　　　ΔL——边机组段的增长值，由该处的设备布置、通道要求和桥吊工作范围等因素确定，对于中小型水电站一般可取 $1\sim1.5\mathrm{m}$，如该处作为室内配电所，则 ΔL 应按实际需要确定；

　　　a_1+a_2——机组长度，由厂家提供；

　　　a_3、a_4——机组到边墙的距离，由设备布置和通道要求确定，如有主阀设在厂内，则 a_3 应按需要增大，a_4 的大小还要考虑发电机转子抽出检修的需要。

（2）当机组为纵向排列时，由图 8.41 可以看出：

主机房长度　　　　　　　$L=(n-1)L_c+(a_1+a_2)+a_3+L_a$

主机房宽度 $\qquad B=b_1+b_2+b_3+b_4$

其中 $\qquad L_c=a_1+a_2+d$

式中 $\quad d$——两机组间的通道宽，一般为 $0.8\sim1.2m$。

当发电机转子需要就地抽出检修时，应按转子带轴长决定。

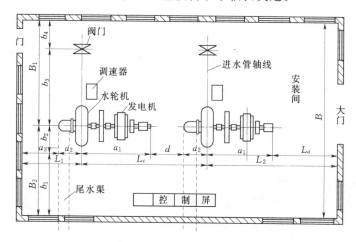

图8.41 卧式机组纵向排列时的厂房平面尺寸示意图

8.5 水电站厂房的类型和布置

8.5.1 水电站厂房的基本类型

水电站厂房型式往往是随不同的地形、地质、水文等自然条件和水电站的开发方式、水能利用条件、下游水位的变化、水利枢纽的总体布置而定。

8.5.1.1 地面式厂房

1. 河床式厂房

当水头较低、单机容量较大时，将厂房与整个进水建筑物连成一体，厂房本身起挡水作用，如图8.42所示。

图8.42 某电站河床式电站厂房

河床式厂房还有一种特殊形式，为了满足泄洪、排沙的需要，将厂房机组装设在加宽的闸墩中，称为闸墩式厂房或墩内式厂房。

2. 坝后式厂房

厂房位于拦河坝的下游，紧接坝后，在结构上与大坝用永久缝分开，发电用水由坝内高压管道引入厂房。有时为了解决泄水建筑物布置与厂房建筑物布置之间的矛盾，可将厂房布置成以下型式。

（1）坝后式明厂房。厂房在坝体下游，不起挡水作用，发电用水经坝式进水口沿压力管道进入厂房。适用于高、中水头，如图 8.43 所示。

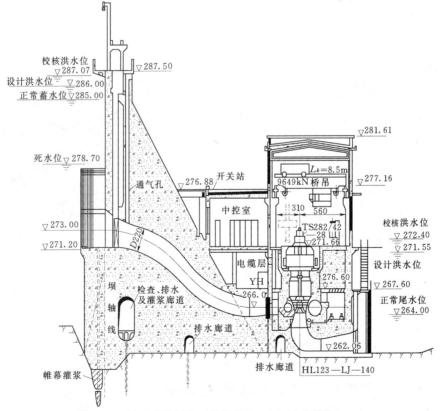

图 8.43 坝后式明厂房（高程单位：m；尺寸单位：cm）

333

（2）坝垛式厂房。厂房布置在连拱坝、支墩坝或平板坝之间，如图 8.44 所示。

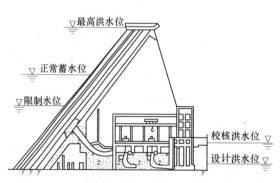

图 8.44　坝垛式厂房

（3）溢流式厂房。当河谷狭窄、泄洪量大，机组台数多，地质条件差，不能采用地下厂房而又要求保证有一定溢流段时，将厂房布置于坝后溢流坎下，厂房顶作为溢洪道，成为坝后溢流式厂房，如图 8.45 所示。这种厂房结构要求能抵抗高速水流荷载，溢流面施工要求平滑，使泄洪时不发生震动和气蚀，因此，厂房计算复杂，施工质量要求高。溢流式厂房通常是承受中、高水头的电站厂房。

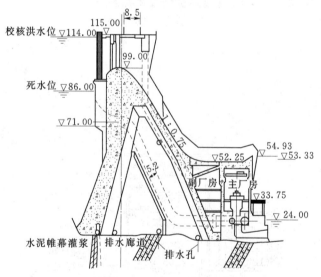

图 8.45　溢流式厂房（单位：m）

（4）挑越式厂房。对于峡谷中的高水头大流量电站，由于河谷狭窄，将厂房布置在挑流鼻坎后面，泄流时高速水流挑越过厂房，水舌射落到下游河床中，如图 8.46 所示。这种形式的厂房在泄洪开始时和终结前，会有小股水舌冲击厂房顶，但时间短，荷载不大，不要构成对厂房的威胁，也不致引起厂房的共振和气蚀。

对于溢流式和挑越式厂房，需妥善处理厂房的通风、照明、防潮、出线、交通、排水和下游消能及岸坡保护等问题。

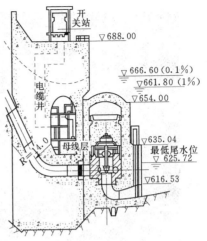

图 8.46 挑越式厂房（单位：m）

3. 坝内式厂房

当洪水量很大，河谷狭窄时，为减少开挖量，厂房移入溢流坝体空腹内，厂房与大坝连为一体，如图 8.47 所示。这种形式厂房可充分利用坝体强度，节省混凝土工程量。施工时，坝内空腔对混凝土散热和冷却有利，厂房布置不受下游水位变化的限制。但对坝体施工质量要求高，施工期拦洪和导流及大坝分期施工、蓄水等方面，不如实体坝。

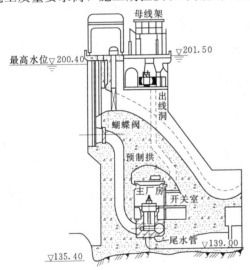

图 8.47 坝内式厂房剖面（单位：m）　　　　图 8.48 河岸式厂房

4. 河岸式厂房

发电用水来自较长的引水道，厂房远离挡水建筑物，一般位于河岸，其轴线常平行河道，如图 8.48 所示。

8.5.1.2 地下式厂房

由于受地形、地质条件限制，或国防需要，将厂房建在地下山体内，则称为地下厂房，如图 8.49 所示。

335

图 8.49 某电站地下厂房

（1）地下式厂房的优点包括以下五个方面。

1）当河谷较狭窄、泄洪量较大时，可解决厂房和泄洪建筑物的矛盾，对施工导流及大坝施工无干扰。

2）枢纽布置较灵活。可根据地质条件将厂房布置于引水建筑物的不同位置，靠近进水口形成"首部式"，布置在引水道末端形成"尾部式"，置于引水道中部形成"中部式"。

3）基本不受气候影响，可全年施工。

4）运行安全可靠，不受雪崩、山坡塌方影响，人防条件好。

5）下游水位变化大时，对厂房影响小。

（2）地下式厂房的缺点包括以下三个方面。

1）地勘工作量和洞挖工程量大。

2）施工较复杂。

3）照明、采光、通风必须采用人工措施，厂用电量大。

8.5.1.3 抽水蓄能电站厂房

电站设上游和下游两个水库，利用电网负荷较小时的电力驱动水泵，将下游水库的水抽至上游水库蓄存；高峰负荷时，将上游水库的水下放，利用水的势能冲击水轮机，水轮机带动发电机发电。

三机式机组：包括发电机（兼作电动机）、水轮机和水泵。

二机式可逆机组：包括发电机（兼作电动机）和水轮机（兼作水泵）。

8.5.1.4 潮汐电站厂房

利用海水涨落形成的潮汐能发电的电站。

涨潮时，关闭水闸，海水位比库水位高，海水通过水轮机流入水库发电；退潮时，库水位高于海水位，水库水通过水轮机流向海洋发电。

8.5.2 厂区布置的任务和原则

8.5.2.1 布置任务

厂区布置是指以水电站的主厂房为核心，合理安排主厂房、副厂房、主变压器场、高压开关站、引水道、尾水道及厂区交通的相互位置。进行厂区布置时，要综合考虑水电站枢纽总体布置、地形地质条件、运行管理、环境设计等各方面的因素，根据具体情况拟定出合理布置方案，如图 8.50 所示。

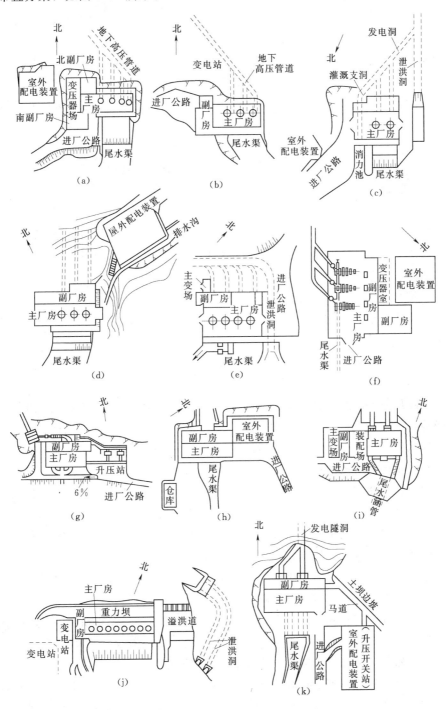

图 8.50　厂区布置方案

337

8.5.2.2 布置原则

（1）综合考虑自然条件、枢纽布置、厂房形式、对外交通、厂房进水方式等因素，使厂区各部分相互协调，避免干扰。

（2）既要照顾厂区各组成部分的不用作用和要求，又要考虑它们的联系与配合，要统筹兼顾，共同发挥作用。

（3）要充分考虑施工条件、程序、导截流方式等的影响，尽量利用施工场地周围的铁路、公路、建筑物，且还应考虑电站的分期建设、分期投产等问题。

（4）必须避免在陡坡、危岩、构造破碎带等处布置建筑物，保证厂区所有建筑物和设备都是安全可靠的。

（5）满足环保的要求。

（6）尽量选择电站工程量最少、投资最省、经济效益最高的方案。

8.5.2.3 各组成部分的布置

1. 主厂房

主厂房是厂区的核心，对厂区布置起决定性作用，在水利工程枢纽总体布置中确定主厂房位置，除了注意厂区各组成部分的协调配合外，还应考虑下列因素。

（1）地形地质条件好，开挖量小，岸坡稳定。

（2）尽量减小压力水管的长度。

（3）尾水渠尽量远离溢洪道或泄洪洞出口，防止水位波动对机组运行不利；尾水渠与下游河道衔接要平顺。

（4）主厂房的地基条件要好，对外交通和出线方便，并不受施工导流干扰。

2. 副厂房

（1）主厂房的上游侧。运行管理比较方便，电缆较短，在结构上与主厂房连成一体，造价较经济。

（2）尾水管顶板上。影响主厂房的通风、采光，需加长尾水管，从而增加工程量。由于尾水管在机组运行时振动较大，不宜布置中央控制室及继电保护设备。

（3）主厂房的两端。当机组台数多时，这种布置会增加母线及电缆的长度。

3. 主变压器场

主变压器位于高、低压配电装置之间，起连接作用，它的位置在很大程度上影响着主要电气设备的布置。变压器场一般露天布置，布置原则如下。

（1）尽量靠近厂房，以缩短昂贵的发电机电压母线长度，减小电能损失和故障机会，并满足防火、防爆、防雷、防水雾和通风冷却的要求，安全可靠。

（2）尽量与安装间在同一高程上，便于主变压器的运输、安装和利用轨道推进厂房的安装间进行检修。

（3）变压器的运输和高压侧出线要方便，且变压器之间要留 0.8～1.0m 以上空间。

（4）土建结构经济合理。基础安全可靠，高程应高于下游最高洪水位，且四周设置排水沟。

（5）便于主变通风、冷却和散热，并符合保安和防火要求。

4. 高压开关站

高压开关站布置各种高压配电装置和保护设备，如电缆、母线、各种互感器、各种开关继电保护装置、防雷保护、输电线路以及杆塔构架。这些设备型式、数量、布置方式和需要的场地面积是根据电气主接线图、主变的位置、地质地形条件及运行要求加以确定。其布置原则如下：

（1）要求高压进出线及低压控制电缆安排方便而且短，出线要避免交叉跨越水跃区、挑流区等。

（2）地基及边坡要稳定。

（3）场地布置整齐、清晰、紧凑，便于设备运输、维护、巡视和检修。

（4）土建结构经济合理，符合防火保安等要求。

高压开关站一般为露天布置。应尽量靠近主变压器场和中央控制室，且在同一高程上，但由于地形限制，往往有一高程差，通常布置在附近山坡上，也有布置在主厂房顶上的。当地形较陡时，可布置成阶梯式和高架式，以减少挖方。当高压出线不止一个等级，可分设两个或多个开关站。

思 考 题

1. 查阅有关资料，了解水轮机的构造和特性。

2. 查阅有关资料，了解水轮机汽蚀现象与汽蚀系数的确定。

3. 查阅有关资料，了解水轮机调速设备特性及其安装要求。

4. 查阅有关资料，了解发电机的基本构造和安装要求。

5. 查阅有关资料，了解水电站起重设备的特性和安装要求。

6. 查阅有关资料，了解单层工业厂房的建筑构造。

7. 水轮机布置的基本要点是什么？

8. 发电机布置的基本要点是什么？

9. 如何确定水电站厂房宽度？

10. 如何确定水电站厂房长度？

11. 如何确定水电站厂房各部分高程？

12. 如何布置副厂房？

13. 如何布置厂房内的水平和上下交通？

第9章 水利水电工程枢纽布置

学习要求：掌握水利枢纽的设计阶段及任务；了解拦河坝水利枢纽的布置；了解取水枢纽的布置型式及厂区布置相关内容。

9.1 水利水电枢纽设计的任务及阶段

水利枢纽的开发建设要根据经济发展的要求，在流域规划的基础上进行。一般要经过勘测、规划、设计、施工等阶段才能最后建成。

勘测和调查是进行规划和设计工作的前提。规划是在社会经济调查和充分掌握勘测资料的基础上，对流域开发作出各种方案的综合分析，以确定河流梯级开发方案。然后根据规划所确定的枢纽任务、规模、建设先后，分别进行水利枢纽的设计。

9.1.1 水利枢纽设计的任务

水利枢纽的设计应包括以下几方面的工作：

（1）水利经济方面。在河流规划的指导下，对本枢纽在防洪、发电、灌溉、给水等方面的效益作进一步的设计计算；研究枢纽建造后对附近生态及环境的影响；调查枢纽造成的淹没损失并确定赔偿办法。

（2）水工设计方面。进行坝段和坝轴线的选择，确定坝型和其他建筑物的型式、布置；进行枢纽布置设计，对已确定的建筑物进行结构、水力及构造设计。

（3）施工设计方面。进行施工导流及施工方法的设计，安排施工总进度，编制工程概算。

（4）科学研究工作。对枢纽设计中的一些重大的技术经济问题进行研究。

9.1.2 设计阶段的划分

水利工程建设应当遵照国家规定的基本建设程序，即设计前期工作、编制设计文件、工程施工和竣工验收等阶段进行。水利水电枢纽设计则贯穿在设计前期工作和编制设计文件两个阶段中。

水利水电工程设计分为预可行性研究报告、可行性研究报告、招标设计和施工图设计四个阶段。

9.1.2.1 预可行性研究阶段

在流域综合利用规划、河流（河段）水电规划和电网规划基础上进行的设计阶段为预可行性研究阶段。其任务是论证拟建工程在国民经济发展中的必要性、技术可行性、经济合理性。其主要内容包括：河流概况及水文气象等基本资料的分析；工程地质与建筑材料的评价；工程规模、综合利用及环境影响的论证；初拟坝址、厂址和引水系统线路；初步选择坝型、电站、泄洪、通航等主要建筑物的基本形式与枢纽布置方案；初拟主体工程的施工方法、施工总体布置及工程总投资估算、工程效益的分析和经济评价等。

预可行性研究阶段的成果为国家和有关部门作出投资决策提供基本依据。

9.1.2.2 可行性研究阶段

可行性研究阶段的任务是进一步论证拟建工程的技术可行性和经济合理性，并解决工程建设中重要的技术经济问题。其主要设计内容包括：对水文、气象、工程地质以及天然建筑材料等基本资料作进一步分析与评价；论证本工程及主要建筑物的等级；进行水文水利计算，确定水库的各种特征水位及流量，选择电站的装机容量、机组机型和电气主接线以及主要机电设备；论证并选定坝址、坝轴线、坝型，确定枢纽总体布置和其他主要建筑物的型式和控制性尺寸；选择施工导流方案，进行施工方法、施工进度和总体布置的设计，提出主要建筑材料、施工机械设备、劳动力、供水、供电的数量和供应计划；提出水库移民安置规划；提出工程总概算，进行技术经济分析，阐明工程效益。最后提交可行性研究报告文件，包括文字说明和设计图纸及有关附件。

9.1.2.3 招标设计阶段

招标设计是在批准的可行性研究报告的基础上，详细定出总体布置和各建筑物的轮廓尺寸、材料类型、工艺要求和技术要求等。要求做到可以根据招标设计图较准确地计算出各种建筑材料的规格、品种和数量，以及混凝土浇筑、土石方填筑和各类开挖、回填的工程量，各类机械电气和永久设备的安装工程量等。

根据招标设计图所确定的各类工程量和技术要求以及施工进度计划，进行施工规划并编制出工程概算，作为编制标底的依据。编标单位可以据此编制招标文件，包括合同的一般条款、特殊条款、技术规程和各项工程的工程量表。施工投标单位也可据此进行投标报价和编制施工方案和技术保证措施。

9.1.2.4 施工图设计阶段

施工图设计是在招标设计的基础上，对各建筑物进行结构和细部构造设计，最后确定地基处理方案，确定施工总体布置及施工方法，编制施工进度计划和施工预算等，并提出整个工程分项分部的施工、制造、安装详图。

施工详图是工程施工的依据，也是工程承包或工程结算的依据。

9.1.3 设计所需的基本资料

由于设计阶段的不同，所需资料的广度和深度也不同，一般需掌握的基本资料有以下几方面：

（1）自然地理。包括工程所处的地理位置、行政区域、地形、地貌、土壤植被、主要山脉、河川水系、水资源开发利用现状及存在的问题等。

（2）地质。包括区域地质、库区和枢纽工程区的工程地质条件，如地层、岩性、地质构造、地震烈度、不良地质现象，水文地质情况，岩石（土）的物理力学性质，天然建筑材料的品种、分布、储量、开采条件，工程地质评价与结论。

（3）水文。包括水文站网布设、资料年限、径流、洪水、泥沙、冰情以及人类活动对水文的影响等。

（4）气象。包括降水、蒸发、气温、风向、风速、冰霜、冰冻深度等气象要素的特点、站网布设和资料年限。

（5）社会经济。需要对社会经济现状及中长期发展规划进行全面的了解，包括人口、土地、种植面积、作物品种；工业产品、产量；工农业总产值；主要资源情况，文物古迹，动力、交通、投资环境等。

（6）作为设计依据的各种规程、规范。

9.2 拦河坝水利枢纽的布置

拦河坝水利枢纽是为解决来水与用水在时间和水量分配上存在的矛盾修建的以挡水建筑物为主体的建筑物综合运用休，又称水库枢纽，一般由挡水、泄水、放水及某些专门性建筑物组成。将这些作用不同的建筑物相对集中布置，并保证它们在运行中良好配合的工作，就是拦河坝水利枢纽布置。

拦河坝水利枢纽布置应根据国家水利建设的方针，依据流（区）域规划，从长远着眼，结合近期的发展需要，对各种可能的枢纽布置方案进行综合分析、比较，选定最优方案，然后严格按照水利枢纽的基建程序，分阶段有计划地进行规划设计。

拦河坝水利枢纽布置的主要工作内容有坝址、坝型选择和枢纽工程布置等。某水利枢纽布置如图 9.1 所示。

图 9.1 某水利枢纽布置

9.2.1 坝址及坝型选择

坝址及坝型选择的工作贯穿于各设计阶段之中，并且是逐步优化的。

在可行性研究阶段，一般是根据开发任务的要求，分析地形、地质及施工等条件，初选几个可能筑坝的地段（坝段）和若干条有代表性的坝轴线，通过枢纽布置进行综合比较，选择其中最有利的坝段和相对较好的坝轴线，进而提出推荐坝址。先在推荐坝址上进行枢纽工程布置，再通过方案比较，初选基本坝型和枢纽布置方式。

在初步设计阶段，要进一步进行枢纽布置，通过技术经济比较，选定最合理的坝轴线，确定坝型及其他建筑物的型式和主要尺寸，并进行具体的枢纽工程布置。

在施工详图阶段，随着地质资料和试验资料的进一步深入和详细，对已确定的坝轴线、坝型和枢纽布置做最后的修改和定案，并且作出能够依据施工的详图。

坝轴线及坝型选择是拦河水利枢纽设计中的一项很主要的工作，具有重大的技术经济意义，两者是相互关联的，影响因素也是多方面的，不仅要研究坝址及其周围的自然条件，还需考虑枢纽的施工、运用条件、发展远景和投资指标等。需进行全面论证和综合比较后，才能作出正确的判断和选择合理的方案。

9.2.1.1 坝址选择

选择坝址时，应综合考虑下述条件。

1. 地质条件

地质条件是建库建坝的基本条件，是衡量坝址优劣的重要条件之一，在某种程度上决定着兴建枢纽工程的难易。工程地质和水文地质条件是影响坝址、坝型选择的重要因素，且往往起决定性作用。

选择坝址首先要清楚有关区域的地质情况。坚硬完整、无构造缺陷的岩基是最理想的坝基；但如此理想的地质条件很少见，天然地基总会存在这样或那样的地质缺陷，要看能否通过合宜的地基处理措施使其达到筑坝的要求。在该方面必须注意的是：不能疏漏重大地质问题，对重大地质问题要有正确的定性判断，以便决定坝址的取舍或定出防护处理的措施，或在坝址选择和枢纽布置上设法适应坝址的地质条件。对存在破碎带、断层、裂隙、喀斯特溶洞、软弱夹层等坝基条件较差的，还有地震地区，应作充分的论证和可靠的技术措施。坝址选择还必须对区域地质稳定性和地质构造复杂性以及水库区的渗漏、库岸塌滑、岸坡及山体稳定等地质条件作出评价和论证。各种坝型及坝高对地质条件有不同的要求。如拱坝对两岸坝基的要求很高，支墩坝对地基要求也高，次之为重力坝，土石坝要求最低。一般较高的混凝土坝多要求建在岩基上。

2. 地形条件

坝址地形条件必须满足开发任务对枢纽组成建筑物的布置要求。通常，河谷两岸有适宜的高度和必需的挡水前缘宽度时，则对枢纽布置有利。一般来说，坝址河谷狭窄，坝轴线较短，坝体工程量较小，但河谷太窄则不利于泄水建筑物、发电建筑物、施工导流及施工场地的布置，有时反不如河谷稍宽处有利。除考虑坝轴线较短外，还应对坝址选择结合泄水建筑物、施工场地的布置和施工导流方案等综合考虑。枢纽上游最好有开阔的河谷，使在淹没损失尽量小的情况下，能获得较大的库容。

坝址地形条件还必须与坝型相互适应，拱坝要求河谷狭窄；土石坝适应河谷宽阔、岸坡平缓、坝址附近或库区内有高程合适的天然垭口，并且方便归河，以便布置河岸式溢洪道。岸坡过陡会使坝体与岸坡接合处削坡量过大。对于通航河道，还应注意通航建筑的布置、上河及下河的条件是否有利。对有暗礁、浅滩或陡坡、急流的通航河流，坝轴线宜选在浅滩稍下游或急流终点处，以改善通航条件。对于有瀑布的不通航河流，坝轴线宜选在瀑布稍上游处以节省大坝工程量。对于多泥沙河流及有漂木要求的河道，应注意坝址位段对取水防沙及漂木是否有利。

3. 建筑材料

在选择坝址、坝型时，当地材料的种类、数量及分布往往起决定性影响。对土石坝，坝址附近应有数量足够、质量能符合要求的土石料场；如为混凝土坝，则要求坝址附近有良好级配的砂石骨料。料场应便于开采、运输，且施工期间料场不会因淹没而影响施工。

所以对建筑材料的开采条件、经济成本等应进行认真的调查和分析。

4. 施工条件

从施工角度来看,坝址下游应有较开阔的滩地,以便布置施工场地、场内交通和进行导流。应对外交通方便,附近有廉价的电力供应,以满足照明及动力的需要。从长远利益来看,施工的安排应考虑今后运用、管理的方便。

5. 综合效益

坝址选择要综合考虑防洪、灌溉、发电、通航,过木、城市和工业用水、渔业以及旅游等各部门的经济效益,还应考虑上游淹没损失以及蓄水枢纽对上、下游生态环境的各方面的影响。兴建蓄水枢纽将形成水库,使大片原来的陆相地表和河流型水域变为湖泊型水域,改变了地区自然景观,对自然生态和社会经济产生多方面的环境影响。其有利影响是发展了水电、灌溉、供水、养殖、旅游等水利事业和解除洪水灾害、改善气候条件等,但是,也会给人类带来诸如淹没损失,浸没损失,土壤盐碱化或沼泽化,水库淤积,库区塌岸或滑坡,诱发地震,使水温、水质及卫生条件恶化,生态平衡受到破坏以及造成下游冲刷,河床演变等不利影响。虽然一般说来水库对环境的不利影响与水库带给人类的社会经济效益相比居次要地位,但处理不当也能造成严重的危害,故在进行水利规划和坝址选择时,必须对生态环境影响问题进行认真研究,并作为方案比较的因素之一加以考虑。不同的坝址、坝型对防洪、灌溉、发电、给水、航运等要求也不相同。至于是否经济,要根据枢纽总造价来衡量。

归纳上述条件,优良的坝址应是:地质条件好、地形有利、位置适宜、方便施工、造价低、效益好。所以应全面考虑、综合分析,进行多种方案比较,合理解决矛盾,选取最优成果。

9.2.1.2 坝型选择

常见的坝型有土石坝、重力坝及拱坝等。坝型选择仍取决于地质、地形、建材及施工、运用等条件。

1. 土石坝

在筑坝地区,若交通不便或缺乏三材,而当地有充足实用的土石料,地质方面无大的缺陷,又有合宜的布置河岸式溢洪道的有利地形时,则可就地取材,优先选用土石坝。随着设计理论、施工技术和施工机械方面的发展,近年来土石坝比重修建的数量已有明显的增长,而且其施工期较短,造价远低于混凝土坝。我国在中小型工程中,土石坝占有很大的比重。目前,土石坝是世界坝工建设中应用最为广泛和发展最快的一种坝型。目前已建、在建混凝土面板堆石坝中,坝高在 100m 以上的有 12 座;2011 年 4 月 21 日通过竣工验收的水布垭坝高 232m;南水北调西线的通天河引水与大渡河引水方案,需建面板堆石坝,坝高方案为 296~348m,且位于地震区。

2. 重力坝

有较好的地质条件,当地有大量的砂石骨料可以利用,交通又比较方便时,一般多考虑修筑混凝土重力坝。可直接由坝顶溢洪,而不需另建河岸溢洪道,抗震性能也较好。我国目前已建成的三峡大坝是世界上最大的混凝土浇筑实体重力坝。近年来碾压混凝土筑坝技术发展很快,自 1986 年我国建成第一座碾压混凝土坝到现在,已建、在建的有 43 座,其中超过 100m 的 8 座；设计待建的 21 座，其中超过 100m 的 8 座。我国是世界上建设碾压混凝土坝最多的国家，红水河龙滩坝坝高 192m，为世界最高的该坝型。

3. 拱坝

当坝址地形为 V 形或 U 形狭窄河谷，且两岸坝肩岩基良好时，则可考虑选用拱坝。它工程量小，比重力坝节省混凝土量 1/2～2/3，造价较低，工期短，也可从坝顶或坝体内开孔泄洪，因而也是近年来发展较快的一种坝型。已建成的二滩混凝土拱坝高 240m，在建的锦屏一级水电站大坝为混凝土双曲拱坝，最大坝高 305m，为世界第一高拱坝。另外，我国西南地区还修建了大量的浆砌石拱坝。

9.2.2 枢纽的工程布置

拦河筑坝以形成水库是拦河蓄水枢纽的主要特征。其组成建筑物除拦河坝和泄水建筑物外，根据枢纽任务还可能包括输水建筑物、水电站建筑物和过坝建筑物等。枢纽布置主要是研究和确定枢纽中各个水工建筑物的相互位置。该项工作涉及泄洪、发电、通航、导流等各项任务，并与坝址、坝型密切相关，需统筹兼顾、全面安排、认真分析、全面论证，最后通过综合比较，从若干个比较方案中选出最优的枢纽布置方案。

9.2.2.1 枢纽布置的原则

进行枢纽布置时，一般可遵循下述原则：

（1）为使枢纽能发挥最大的经济效益，进行枢纽布置时，应综合考虑防洪、灌溉、发电、航运、渔业、林业、交通、生态及环境等各方面的要求。应确保枢纽中各主要建筑物，在任何工作条件下都能协调地、无干扰地进行正常工作。

（2）为方便施工、缩短工期和能使工程提前发挥效益，枢纽布置应同时考虑选择施工导流的方式、程序和标准，选择主要建筑物的施工方法与施工进度计划等进行综合分析研究。工程实践证明，统筹得当不仅能方便施工，还能使部分建筑物提前发挥效益。

枢纽布置应做到在满足安全和运用管理要求的前提下，尽量降低枢纽总造价和年运行费用；如有可能，应考虑使一个建筑物能发挥多种作用。例如，使一条隧洞做到灌溉和发电相结合；施工导流与泄洪、排沙、放空水库相结合等。

（3）在不过多增加工程投资的前提下，枢纽布置应与周围自然环境相协调，应注意建筑艺术，力求造型美观，加强绿化环保，因地制宜地将人工环境和自然环境有机地结合起来，创造出一个完美的、多功能的宜人环境。

9.2.2.2 枢纽布置方案的选定

水利枢纽设计需通过论证比较，从若干个枢纽布置方案中选出一个最优方案。最优方案应该是技术上先进和可能、经济上合理、施工期短、运行可靠以及管理维修方便的方案。需论证比较的内容如下：

（1）主要工程量。如土石方、混凝土和钢筋混凝土、砌石、金属结构、机电安装、帷幕和固结灌浆等工程量。

（2）主要建筑材料数量。如木材、水泥、钢筋、钢材、砂石和炸药等用量。

（3）施工条件。如施工工期、发电日期、施工难易程度、所需劳动力和施工机械化水平等。

（4）运行管理条件。如泄洪、发电、通航是否相互干扰、建筑物及设备的运用操作和检修是否方便，对外交通是否便利等。

（5）经济指标。指总投资、总造价、年运行费用、电站单位千瓦投资、发电成本、单位灌溉面积投资、通航能力、防洪以及供水等综合利用效益等。

（6）其他。指根据枢纽具体情况，需专门进行比较的项目。如在多泥沙河流上兴建水利枢纽时，应注重泄水和取水建筑物的布置对水库淤积、水电站引水防沙和对不游河床冲刷的影响等。

上述项目有些可定量计算，有些则难以定量计算，这就给枢纽布置方案的选定增加了复杂性，因而，必须以国家研究制定的技术政策为指导，在充分掌握基本资料的基础上，以科学的态度，实事求是地全面论证，通过综合分析和技术经济比较选出最优方案。

9.2.2.3 枢纽建筑物的布置

1. 挡水建筑物的布置

为了减少拦河坝的体积，除拱坝外，其他坝型的坝轴线最好短而直，但根据实际情况，有时为了利用高程较高的地形以减少工程量，或为避开不利的地质条件，或为便于施工，也可采用较长的直线、折线或部分曲线。

当挡水建筑物兼有连通两岸交通干线的任务时，坝轴线与两岸的连接在转弯半径与坡度方面应满足交通上的要求。

对于用来封闭挡水高程不足的山垭口的副坝，不应片面追求工程量小而将坝轴线布置在垭口的山脊上。这样的坝坡可能产生局部滑动，容易使坝体产生裂缝。在这种情况下，一般将副坝的轴线布置在山脊略上游处，避免下游出现贴坡式填土坝坡；如下游山坡过陡，还应适当削坡以满足稳定要求。

2. 泄水及取水建筑物的布置

泄水及取水建筑物的类型和布置常决定于挡水建筑物所采用的坝型和坝址附近的地质条件。

（1）土坝枢纽。土坝枢纽一般均采用河岸溢洪道作为主要的泄水建筑物，而取水建筑物及辅助的泄水建筑物则采用开凿于两岸山体中的隧洞或埋于坝下的涵管。若两岸地势陡峭，但有高程合适的马鞍形垭口，或两岸地势平缓且有马鞍形山脊，以及需要修建副坝挡水的地方，其后又有便于洪水归河的通道，则是布置河岸溢洪道的良好位置。如果在这些位置上布置溢洪道进口，但其后的泄洪线路是通向另一河道的，只要经济合理且对另一河道的防洪问题能做妥善处理的，也是比较好的方案。对于上述利用有利条件布置溢洪道的土坝枢纽，枢纽中其他建筑物的布置一般容易满足各自的要求，干扰性也较小。当坝址附近或其上游较远的地方均无上述有利条件时，则常采用坝肩溢洪道的布置形式。

（2）重力坝枢纽。对于混凝土或浆砌石重力坝枢纽，通常采用河床式溢洪道（溢流坝段）作为主要泄水建筑物，而取水建筑物及辅助的泄水建筑物采用设置于坝体内的孔道或开凿于两岸山体中的隧洞。泄水建筑物的布置应使下泄水流方向尽量与原河流轴线方向一致，以利于下游河床的稳定。沿坝轴线上地质情况不同时，溢流坝应布置在比较坚实的基础上。

在含沙量大的河流上修建水利枢纽时，泄水及取水建筑物的布置应考虑水库淤积和对下游河床冲刷的影响，一般在多泥沙河流上的枢纽中，常设置大孔径的底孔或隧洞，汛期用来泄洪并排沙，以延长水库寿命；如汛期洪水中带有大量悬移质的细微颗粒时，应研究采用分层取水结构并利用泄水排沙孔来解决浊水长期化问题，减轻对环境的不利影响。

3. 电站、航运及过木等专门建筑物的布置

对于水电站、船闸、过木等专门建筑物的布置，最重要的是保证它们具有良好的运用条件，并便于管理。关键是进、出口的水流条件。布置时，必须选择好这些建筑物本身及其进、出口的位置，并处理好它们与泄水建筑物及其进、出口之间的关系。

电站建筑物的布置应使通向上、下游的水道尽量短、水流平顺，水头损失小，进水口应不致被淤积或受到冰块等的冲击；尾水渠应有足够的深度和宽度，平面弯曲度不大，且深度逐渐变化，并与自然河道或渠道平顺连接；泄水建筑物的出口水流或消能设施应尽量避免抬高电站尾水位。此外，电站厂房应布置在好的地基上，以简化地基处理，同时还应考虑尾水管的高程，避免石方开挖过大；厂房位置还应争取布置在可以先施工的地方，以便早日投入运转。电站最好靠近临交通线的河岸，密切与公路或铁路的联系，便于设备的运输；变电站应有合理的位置，应尽量靠近电站。航运设施的上游进口及下游出口处应有必要的水深，方向顺直并与原河道平顺连接，而且没有或仅有较小的横向水流，以保证船只、木筏不被冲入溢流孔口，船闸和码头或筏道及其停泊处通常布置在同一侧，不宜横穿溢流坝前缘，并使船闸和码头或筏道及其停泊处之间的航道尽量地短，以便在库区内风浪较大时仍能顺利通航。

船闸和电站最好分别布置于两岸，以免施工和运用期间的干扰。如必须布置在同一岸时，则水电站厂房最好布置在靠河一侧，船闸则靠河岸或切入河岸中布置，这样易于布置引航道。筏道最好布置在电站的另一岸。筏道上游常需设停泊处，以便重新绑扎木筏或竹筏。

在水利枢纽中，通航、过木以及过鱼等建筑物的布置均应与其形式和特点相适应，以满足正常的运用要求。

9.2.3 水利枢纽布置实例

9.2.3.1 小浪底水利枢纽布置

黄河小浪底水利枢纽位于中国河南省洛阳市以北40km，距三门峡大坝130km，控制流域面积69.42万km²，占黄河流域面积的92.3%，是黄河最下游的控制性骨干工程。坝址多年平均流量1342m³/s，多年平均年输沙量13.51亿t。

枢纽开发目标以防洪、减淤为主，兼顾供水、灌溉和发电，采取蓄清排浑的运用方式，除害兴利，综合利用。枢纽建成后，可使下游防洪标准由60年一遇提高到1000年一遇，基本解除凌汛灾害；减少下游河道淤积，增加灌溉面积266万hm²；水电站装机1800MW，多年平均年发电量51亿kW·h。枢纽正常蓄水位为275.00m，相应水库库容126.5亿m³，其中淤沙库容75.5亿m³，有效库容51亿m³。枢纽主要水工建筑物设计洪水标准为1000年一遇，洪峰流量4万m³/s，校核洪水标准为万年一遇，洪峰流量5.23万m³/s，枢纽总泄洪能力1.7万m³/s，在死水位230.00m时泄量为8000m³/s。

枢纽主要包括挡水、泄洪排沙和引水发电建筑物三大部分，其布置如图9.2所示。枢纽大坝为土质防渗体当地材料坝。最大坝高154m，坝顶高程281.00m，坝顶长1667m。总填筑量5185万m³，坝基混凝土防渗墙厚1.2m，最大深度81.9m，顶部插入斜心墙12m。上游围堰是主坝的一部分，斜墙下设塑性混凝土防渗墙和旋喷灌浆相结合的防渗措施，坝体防渗由主坝斜心墙、上爬式内铺盖、上游围堰斜墙与坝前淤积体组成完整的防渗体系，如图9.3所示。

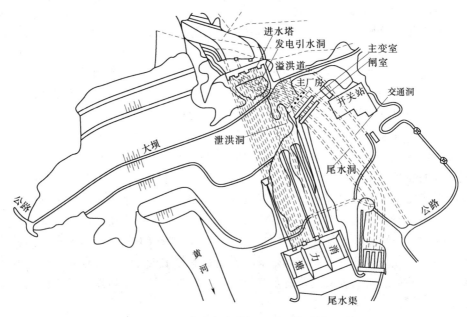

图 9.2 小浪底水利枢纽平面布置图

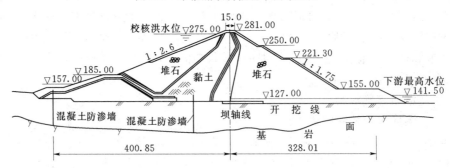

图 9.3 小浪底水利枢纽坝体剖面图（单位：m）

由于地形、地质条件的限制和进水口防淤堵等运用要求，泄洪、排沙、引水发电建筑物均布置在左岸，形成进水口、洞室群、出水口消力塘集中布置的特点。在面积约 $1km^2$ 的单薄山体中集中布置了各类洞室 100 多条。9 条泄洪排沙洞、6 条引水发电洞和 1 条灌溉洞的进水口组合成一字形排列的 10 座进水塔，其上游面在同一竖直面内，前缘总宽 276.4m，最大高度 113m。各洞进口错开布置，形成高水泄洪排污，低水泄洪排沙，中间引水发电的总体布局，可防止进水口淤堵、降低洞内流速、减轻流道磨蚀，提高闸门运用的可靠性。其中 6 条引水发电洞和 3 条排沙洞进口共组合成 3 座发电进水塔，每座塔布置两条发电洞进口，其下部中间为一条排沙洞进口，高差 15~20m，可使粗沙经排沙洞下泄，减少对水轮机的磨蚀。9 条泄洪排沙洞由 3 条导流隧洞改建的 3 条孔板洞、3 条明流洞、3 条排沙洞组成，与 1 条溢洪道在平面上平行布置，其出口处设总宽 356m，总长 210m，最大深度 28m 的 2 级消力塘，对以上 10 股水流集中消能，经尾水渠与下游黄河连接。进水塔和消力塘开挖形成的进出口高边坡最高达 120m。

为保证高边坡稳定，采用了减载、排水及 1100 多根预应力锚索支护、竖直抗滑桩加固的综合治理措施，取得了良好的效果。

引水发电系统由发电进水塔、引水洞、压力钢管、地下厂房、主变室、尾闸室、尾水洞、尾水渠和防淤闸等组成。地下厂房最大开挖尺寸长 251.5m，宽 26.2m，高 61.44m。上覆岩体厚 70～110m，其中有 4 层泥化夹层，采用了 325 根长 25m、1500kN 的预应力锚索支护，厂房内还采用了预应力锚固岩壁吊车梁。地下厂房中安装 6 台 300MW 水轮发电机组，引水为一机一洞，尾水为两机一洞。尾水渠末端设防淤闸，以防止停机时浑水回淤尾水洞。

9.2.3.2 三峡水利枢纽布置

三峡水利枢纽工程位于我国重庆市市区到湖北省宜昌市之间的长江干流上。大坝位于宜昌市上游不远处的三斗坪，俯瞰三峡水电站并和下游的葛洲坝水电站构成梯级电站。三峡水利枢纽工程的功能有 10 多种，如航运、发电、防洪、养殖等。

三峡水利枢纽工程采用"一级开发、一次建成、分期蓄水、连续移民"的实施方案。坝顶高程 185.00m，正常蓄水位 175.00m，总库容 393 亿 m³。初期正常蓄水位 156.00m。初期和最终的防洪限制水位分别为 135.00m 和 145.00m（图 9.4）。

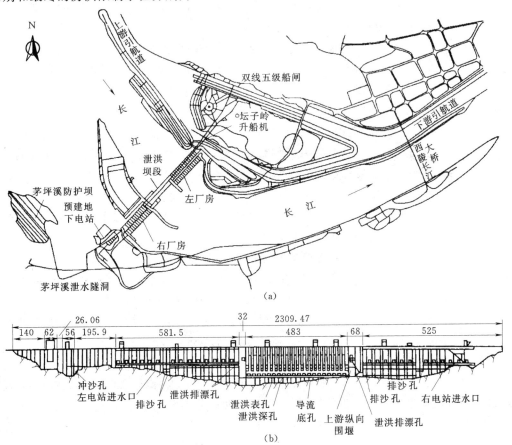

图 9.4 三峡水利枢纽布置图（单位：m）

(a) 平面布置图；(b) 上游立视图

三峡水利枢纽主要建筑物的设计洪水标准为 1000 年一遇,洪峰流量为 9.88 万 m^3/s;校核洪水标准为 1 万年一遇加 10%,洪峰流量为 12.43 万 m^3/s。相应的设计和校核水位分别为 175.00m 及 180.4.0m。地震设计烈度为 7 度。

拦河大坝为混凝土重力坝,大坝坝轴线全长 2309.47m,最大坝高 181m。大坝右侧茅坪溪防护坝为沥青混凝土心墙砂砾石坝,最大坝高 104m。泄洪坝段居河床中部,前沿总长483m,设有 23 个深孔、22 个表孔以及 22 个后期需封堵的临时导流底孔。深孔尺寸为 7m×9m,进口底板高程 90.00m。表孔净宽 8m,溢流堰顶高程 158.00m,下游采用鼻坎挑流方式消能。底孔尺寸 6m×8.5m,进口底高程 56.00~57.00m。枢纽在校核水位时的最大泄洪能力为 12.06 万 m^3/s。电站坝段位于泄洪坝段两侧,进水口尺寸为 11.2m×19.5m,进水口底高程为 108.00m。压力管道内径为 12.4m,采用钢衬钢筋混凝土联合受力的结构型式。

三峡水电站是世界上规模最大的水电站。水电站装机容量 1.82 万 MW,采用坝后式厂房,设有左、右岸两组厂房,共安装 26 台水轮发电机组。左岸厂房全长 643.7m,安装14 台水轮发电机组;右岸厂房全长 584.2m,安装 12 台水轮发电机组。水轮机为混流式,机组单机额定容量为 700MW。三峡水电站以 500kV 交流输电线路和 ±500kV 直流输电线路向华东、华中、华南送电。电站出线共 13 回。右岸山体内预留地下厂房的位置,后期扩机 6 台,总容量为 4200MW。

三峡工程通航建筑物包括永久船闸和升船机,均位于左岸的山体中。永久船闸为双线五级连续梯级船闸,单级闸室有效尺寸长 280m、宽 34m,坎上最小水深 5m,可通过万吨级船队。升船机为单线一级垂直提升,承船厢有效尺寸长 120m、宽 18m,水深 3.5m,一次可通过一艘 3000t 级的客货轮。

9.2.3.3 乌江渡水利枢纽工程

乌江渡水电站是乌江干流上第一座大型水电站,是我国在岩溶典型发育区修建的一座大型水电站,也是贵州省目前最大的水电站。

坝址处河谷狭窄,岸坡陡峭,枯水期水面宽仅 70m。大坝坐落在石灰岩地层上,两岸岩溶及暗河发育,断裂密集,坝址下游 50m 处有厚约 80m 的页岩层横穿河谷,地质构造复杂,附近无可供利用的天然建筑材料。

乌江渡水利枢纽 (图 9.5) 工程控制流域面积约 27790km²,多年平均流量 502.0m³/s,设计洪水流量 19200m³/s。校核洪水位 762.80m,正常蓄水位 760.00m,死水位 720.00m,校核尾水位 672.90m,设计尾水位 668.30m,最低尾水位 625.85m,总库容 23.0 亿 m³。

乌江渡水利枢纽大坝主坝坝型为混凝土拱形重力坝。坝顶高程为 765.00m。最大坝高是165m,为当时我国已建成水电站的第一高坝。坝顶弧长 368m,坝体工程量为 193 万 m³。

主要泄洪方式为坝顶溢流和隧洞泄洪。主坝中部为溢流坝,设有四个溢流表孔。溢流孔设有弧形闸门 (13m×19m),并设有检修闸门井和工作闸门井。溢流面 (板) 末端挑流鼻坎高程669.37m。溢流坝北、南两侧设有左、右溢洪道。两岸分别设有左、右岸泄洪洞。在坝体内,左、右泄洪洞高程 720.00m。左、右泄洪道内侧左、右泄洪中孔高程 680.00m。导流底孔高程 628.70m。

电站主厂房为坝后式厂房。副厂房在主厂房上游侧的坝内。主厂房与坝体之间设有厂坝分缝。坝体下游面 22 万 V 开关站基面高程 686.00m。引水钢管埋设在坝体内,进水口

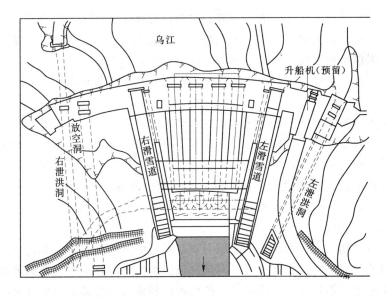

图 9.5　乌江渡水利枢纽平面布置图

高程 700.00m。水轮机的安装高程 622.50m。坝顶左侧设置有升船机。

乌江渡水电站溢流坝和厂房剖面图如图 9.6 所示。

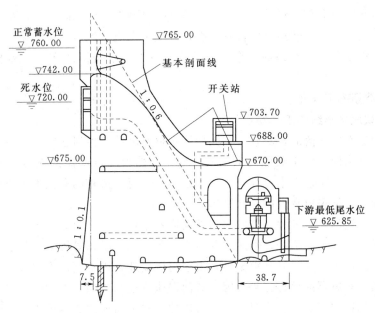

图 9.6　乌江渡水电站溢流坝和厂房剖面图（单位：m）

9.3　取 水 枢 纽 布 置

9.3.1　取水枢纽的作用和类型

通常所称的取水枢纽（引水枢纽）是指从河流或水库取水的水利枢纽，其作用是获取符合水量及水质要求的河水,以满足灌溉、发电、工业及生活用水的要求;并要求防止粗颗粒泥沙进入渠道,以免引起渠道的淤积和对水轮机或水泵叶片的磨损,保证渠道及水电站正常运行。因取水枢纽位于渠道首部,所以又称为渠首枢纽。

取水枢纽根据是否具有拦河建筑物可分为无坝取水枢纽和有坝取水枢纽两大类。

9.3.1.1 无坝取水枢纽

当河道枯水时期的水位和流量能满足取水要求时,不必在河床上修建拦河建筑物,只需在河流的适当地点开渠,并修建必要的建筑物自流引水,这种取水枢纽称为无坝取水枢纽。其优点是工程简单、投资少、施工比较容易、工期短、收效快,并且对河床演变的影响较小。缺点是不能控制河道水位和流量,枯水期引水保证率低。在多泥沙河流上引水时,如果布置不合理还可能引入大量泥沙,造成渠道淤积,不能正常工作。

9.3.1.2 有坝取水枢纽

当河道枯水时期的水位和流量能满足引水要求,但河道水位较低不能自流引水时,需修建壅水坝(或拦河闸)以抬高水位以满足自流引水的要求,这种具有壅水坝的引水枢纽称为有坝取水枢纽。不过在有些情况下,虽然水位和流量均可满足引水要求,但为了达到某种目的,也要采用有坝取水的方式。比如,采用无坝取水方式需开挖很长的水渠时,工程量大,造价高时;在通航河道上取水量大而影响正常航运时;河道含沙量大,要求有一定的水头冲洗取水口前淤积的泥沙时。有坝取水枢纽的优点是工作可靠,引水保证率高,便于引水防沙和综合利用,故应用较广。但相对无坝取水枢纽来说,工程复杂,投资较多,拦河建筑物破坏了天然河道的自然状态,改变了水流、泥沙的运动规律,尤其是在多泥沙河流上,如果布置不合理时,会引起渠首附近上下游河道的变形,影响渠首的正常运行。

9.3.2 取水枢纽的工作特点

9.3.2.1 无坝取水枢纽的工作特点

(1)受河道水位涨落的影响较大。无坝取水枢纽因没有拦河建筑物,不能控制河道水位和流量。在枯水期,由于天然河道中水位低,可能引不进所需的流量,引水保证率较低。而在汛期,由于河道中水位高,含沙量也大。因此,渠首的布置不仅要能适应河水涨落的变化,而且必须采取有效的防沙措施。

(2)河床变迁的影响较大。若取水口处河床不稳定,就会引起主流摆动。一旦主流脱离引水口,就会导致水流不畅;加之常受河水涨落、泥沙淤积等影响,可能还会使引水口被淤塞而失效。如黄河人民胜利渠渠首,由于河床变迁,进水闸前出现大片沙滩,引水十分困难。郑州市东风渠的渠首工程,因受黄河河床变迁的影响,迫使引水口被淤而不能取水。所以,在不稳定河流上引水时,引水口应选在靠近河道主流的地方。并随时观察河势变化,必要时,加以整治,防止河床变迁。

(3)水流转弯的影响。如在河道直段侧面引水,由于岸边引水口前水流转弯,从而形成侧面引水环流,使表层水流和底层水流分离。而且,进入渠道的底层水流宽度远大于表层水流,从而使大量推移质随着底流进入渠道。当引水比(引水流量与河道流量的比值)达50%时,河道的底沙几乎全部进入渠道。为此,应采取必要的防沙措施,改变流态,减小底流宽度或将底流导离引水口,以减少推移质入渠。

(4) 渠首运行管理的影响。渠首运行管理的好坏对防止泥沙入渠也有很大的关系。河流的泥沙高峰在洪水期，如果这时能关闸不引水，或少引水，避开泥沙高峰，就能有效地防止泥沙进入渠道造成淤积。

9.3.2.2 有坝引水枢纽的工作特点

(1) 对上游河床的影响。当渠首投入运用后，上游水位被壅水坝抬高，坝前流速较低。因此，大量泥沙沉积在坝前，沉积的速度也很快，在 1~2 年内，甚至一次洪水即可将坝前淤满，山区河流中，由于水中带的泥沙为砾石及大块石，因此坝前淤积往往高出坝顶，如陕西石头河的梅惠渠，坝前淤积高出坝顶 2.0m，壅水坝淤平后，即失去控制水流的作用，进水闸处于无坝取水状态。另外，当河道主流摆动后，上游河床常形成一些岔道，使得引水口附近不能保持稳定的深槽，从而影响渠首的正常工作。

(2) 对下游河床的影响。在渠首运行初期，壅水坝下泄的水流较清，具有很大的冲刷力，促使下游河床冲刷；当坝前淤平后，下泄水流的含沙量增大，又使下游河床逐渐淤积，严重时可将壅水坝埋于泥沙之中。陕西省织女渠首的壅水坝，其坝体大部分已被埋在沙内。

根据上述情况，不但要使建筑物布置合理，尺寸和高程选择恰当，而且还要考虑渠道上、下游河床的再造情况，进行必要的河道整治。

9.3.3 取水枢纽布置的一般要求

取水枢纽是整个渠系的咽喉，它的布置是否合理，对发挥工程效益影响极大。除枢纽的各个建筑物应满足一般水工建筑物的要求外，取水枢纽的布置还应满足以下的要求：

(1) 在任何时期，都应根据引水要求不间断地供水。

(2) 在多泥沙河流上，应采取有效的防沙措施，防止泥沙入渠。

(3) 对于综合利用的渠首，应保证各建筑物正常工作互相不干扰。

(4) 应采取措施防止冰凌等漂浮物进入渠道。

(5) 枢纽附近的河道应进行必要的整治，使主流靠近取水口，以保证引取所需水量。

(6) 枢纽布置应便于管理，易于采用现代化管理设施。

9.3.4 无坝取水枢纽的布置

9.3.4.1 无坝取水枢纽位置选择

无坝取水枢纽因没有拦河建筑物，不能控制河道水位和流量。所以，渠首位置的选择对于提高引水保证率，减少泥沙入渠，起着决定性作用。在选择位置时，除满足渠首位置选择的一般原则外，还必须详细了解河岸的地形、地质情况，河道洪水特性，含沙量及河床演变规律等，并根据以下原则，确定合理的位置。

(1) 根据河流弯道的水流特性，无坝渠首应设在河岸坚固、河流弯道的凹岸，以引取表层较清水流，防止泥沙入渠。因此取水口不应设在弯道的上半部，因为该处的横向环流还没有充分形成，河流中的泥沙还来不及带到凸岸。所以取水口应设在弯道顶点以下水深最深、单宽流量最大、环流作用最强的地方。

(2) 在有分汊的河段上，一般不宜将取水口布置在汊道上。由于分汊河段上主流不稳定，常发生交替变化，导致汊道淤塞而引水较困难。若由于具体位置的限制，只能在汊道上设取水口时，则应选择比较稳定的汊道，并对河道进行整治，将主汊控制在该汊道上。

（3）无坝渠首也不宜设在河流的直段上。因从河道直段的侧面引水，河道主流在取水口处流向下游，只有岸边的水流进入取水口，所以进水量相对较小且不均匀。此外，由于水流转弯，引起横向环流，使河道的推移质大量进入渠道。

9.3.4.2　无坝取水枢纽的布置形式

无坝取水枢纽的水工建筑物有进水闸、冲沙闸、沉沙池及上下游整治建筑物等。当有航运、漂木和渔业等要求时，还应考虑设置船闸、筏道和鱼道等。无坝取水枢纽的布置形式按取水口的数目可分为一首制和多首制两种，每种渠首的布置形式根据河床和河岸的稳定情况、河流的水沙特性以及引水流量的多少而有所不同。

根据情况不同有三种布置形式，即位于弯道凹岸的渠首、引水渠式渠首和导流堤式渠首。

1. 位于弯道凹岸的渠首

当河床稳定，河岸土质坚硬时，可将渠首进水闸建在河流弯道的凹岸，利用弯道环流原理，引取表层较清水流，排走底沙。这种渠首由拦沙坎、进水闸及沉沙设施等部分组成。进水闸的作用主要是控制入渠流量。拦沙坎和沉沙池的作用都是防沙。但拦沙坎的作用是加强天然河道环流，阻挡河道底部泥沙入渠并使河道底沙顺利排走。沉沙池是用来沉淀进入渠道的推移质及悬移质中颗粒较粗的泥沙的。

进水闸一般布置在取水口处，在保证工程安全的前提下，应尽量减少引水渠的长度，这样一方面可减少水头损失，又可减轻引水渠的清淤工作。取水口两侧的土堤一般用平缓的弧线与河堤相连，使取水口成为喇叭口形状。尤其是取水口的上唇应做成平缓的曲线，以使入渠水流平顺，减少水头损失；并减轻对取水口附近水流的扰动，对防止推移质泥沙随水流进入取水口很有益处。

2. 引水渠式渠首

当河岸土质较差易受水流冲刷而变形时，可将进水闸设在距河岸有一定距离的地方，使其不受河岸变形的影响。

取水口处设简易的拦沙设施，以防止泥沙入渠。在取水口和进水闸之间用引渠相连。引渠兼作沉沙渠，并在沉沙渠的末端，按正面引水、侧面排沙的原则布置进水闸和冲沙闸。冲沙闸用来冲洗沉沙渠内的泥沙，使泥沙重归河道。一般冲沙闸与引水渠水流方向的夹角为 $30°\sim60°$。冲沙闸底板高程比进水闸低 $0.5\sim1.0m$。在进水闸前也要设一道拦沙坎，以利导沙。为了冲洗引渠出口处，以便利用水力冲洗淤积在引水渠中的泥沙。必要时，也可辅以人力或机械清淤。

这种渠首的主要缺点是引水渠沉积泥沙后，冲沙效率不高。为保证引水，常需要用人工或机械辅助清淤。为了减轻引水渠的淤积，一般应在引水渠的入口处修建简单的拦沙设施。

3. 导流堤式渠首

在山区河流坡降较陡、引水量较大及不稳定的河道上，为控制河道流量，保证引水防沙，一般采用导流堤式。该渠首由导流堤、进水闸及泄水冲沙闸等所组成。导流堤的作用是束缩水流、抬高水位，以保证水流平顺入渠。进水闸的作用是控制入渠流量。泄水冲沙闸除了宣泄部分洪水外，平时也可用来排沙。

进水闸与泄水冲沙闸的位置一般按正面引水、侧面排沙的原则进行布置。进水闸与河道主流方向一致，泄水冲沙闸与水流方向一般做成接近90°夹角，以加强环流，有利于排沙。当河水流量大，渠首引水量较小时，也可采用正面排沙、侧面引水的布置形式。这时泄水冲沙闸的方向和主流方向一致，进水闸的中心线与主流方向成锐角，一般以30°～40°为宜。这样布置可以减轻洪水对进水闸的冲击，而冲沙闸又能有效地排除取水口前的泥沙。

　　为拦截泥沙，进水闸底板高程应高出引水段河床高程0.50～1.00m。泄水冲沙闸底板与该处河底齐平或略低，但比河道主槽要高，有利于泄水排沙。

　　导流堤的布置一般是从泄水闸向河流上游方向延伸，使其接近河道主流。导流堤的轴线与河道水流方向的夹角不宜过大，以免被洪水冲毁。但也不能太小，否则将使导流堤长度增加而增大工程量。一般取10°～20°的夹角。导流堤的长度决定于引水量的多少，堤愈长引水量愈多。有时在枯水期，为了引取河道全部流量，甚至可使导流堤拦断全部河床，但在洪水来临前，必须拆除一部分，让出河床，以利泄洪。

　　图9.7所示为我国古代著名的水利工程都江堰取水枢纽的布置示意图。它建于2300年前，也属于导流堤式渠首。整个渠首位置选择在岷江天然弯道上。它由百丈堤、导流堤、飞沙堰、泄水槽及进水口等建筑物组成。金刚堤（导流堤）位于进水口——宝瓶口前，建在江中卵石沉积的天然滩脊上，根据当时的施工条件和材料，堤身是用当地材料竹笼内装卵石及木桩加固而成，类似于现代的铅丝笼装卵石导流堤。金刚堤的最前端是分水鱼嘴。金刚堤的作用主要是分水和导流，它把岷江分为内江和外江。

(a) (b)

图9.7　都江堰取水枢纽平面布置图

　　在洪水时期，内江和外江水量的分配比例大约为4：6，大部分洪水从外江流走以保证灌区的安全；在枯水时期，内江和外江的分水比例恰好相反，大部分江水进入内江，保证了灌区用水。进水口——宝瓶口系由人工凿开玉垒山而成。由于岩石坚硬，能抵抗水流的冲击，并可以控制引取所需的水量。飞沙堰及泄水槽建在进水口前的导流堤上，用以宣泄进入内江的多余水量，排走泥沙，并保持取水口所需的水位。百丈堤位于导流堤上游，除引导江水外，还保护河岸免受冲刷。因整个工程布置合理，各建筑物能互相紧密配合，相互调节，起到了分水、泄洪、引水和防沙的作用，使成都平原农田可以自流灌溉，成为旱涝保收的富饶地区。这座工程的建造，充分体现了我国古代劳动人民具有无穷的智慧和高度的科学技术水平。

9.3.5　有坝取水枢纽的布置

有坝取水枢纽一般由拦河壅水建筑物（壅水坝或拦河闸）、进水闸、冲沙闸、防排沙设施及上下流河道整治措施等建筑物组成。拦河壅水建筑物的作用是抬高水位和宣泄河道多余的水量和汛期洪水；进水闸的作用是控制入渠流量；防排沙设施的作用是防止河流泥沙进入渠道。常用的防排沙设施有沉沙槽、冲沙闸、冲沙廊道、冲沙底孔及沉沙池等。

由于河道水流特性、地形、地质条件千差万别，各建筑物对枢纽工程的形式选择和布置起着决定性作用。一般情况下是先根据基础资料拟定几个不同的布置方案，进行技术经济比较后确定。下面将介绍常用的几种有坝取水枢纽的布置。

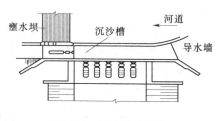

图 9.8　沉沙槽式渠首

9.3.5.1　沉沙槽式渠首

这种渠首按侧面引水、正面排沙的原则进行布置，由壅水坝、冲沙闸、冲沙槽、导水墙及进水闸等组成。因其最先建于印度，又称印度式渠首（图 9.8）。

1. 沉沙槽式渠首布置存在的主要问题

由于沉沙槽式渠首的布置和结构简单，施工容易，造价较低，故在我国西北、华北等地区得到广泛应用。但在运用实践中，发现这种渠首布置存在下述主要问题：

（1）由于进水闸与河流垂直，水流需转 90°急弯进入进水闸，这样便在进水口处产生横向环流，把部分推移质泥沙带入渠道。

（2）当冲沙闸冲沙时，槽内推移质发生跃移运动，为防止泥沙入渠，必须关闭进水闸，停止取水。

（3）当壅水坝前淤平后，该坝便失去控制水流作用，此时，进水闸处于无坝引水状态，引水得不到保证。

2. 改进措施

针对上述存在的缺点，改进措施有：

（1）加大沉沙槽及冲沙闸的尺寸，采用弧形沉沙槽，槽内增设潜设分水墙、导沙坎等改变水流内部结构，使表层水进入进水闸。

（2）合理选择进水闸与拦河建筑物之间的夹角，一般采用进水闸水流与河道水流成 30°～60°角，以减弱环流强度。

（3）将壅水坝全部或大部分改为拦河闸以稳定主流。

9.3.5.2　人工弯道式渠首

人工弯道式渠首是将弯曲河段整治为有规则的人工弯道，利用弯道环流原理，在弯道末端按正面引水、侧面排沙的原则布置进水闸和冲沙闸，以引取表层清水，排走底层泥沙，以达到引水排沙的目的。该渠首由人工弯道、进水闸、冲沙闸、泄洪闸以及下游排沙道等组成（图9.9）。

9.3.5.3 底栏栅式渠首

在山溪河道上，河床坡度较陡，水流中带有大量的卵石、砾石及粗沙，为防止大量泥沙入渠，常采用底栏栅式渠首。

这种渠首的主要建筑物有底栏栅坝、溢流堰、泄洪冲沙闸、导沙坎及上下游导流堤等组成（图9.10）。

9.3.5.4 底部冲沙廊道式渠首

由于河道中水流泥沙具有沿深度分层的特点，水流将垂直地划分为表层及底层两个部分，进水

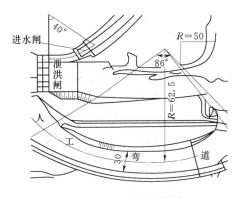

图 9.9 人工弯道式渠首

闸引取表层较清水流，而含沙量较高的底层水流则经过冲沙廊道或泄洪排沙闸排到下游。分层取水的渠首布置常采用底部冲沙廊道式渠首。如图9.11所示，由于廊道冲沙所需水量较少，常用于缺少冲沙流量的河流。当冲沙廊道用于宣泄部分洪水时，则需水量较多。这种枢纽要求坝前水位能形成较大的水头，使水流在廊道内产生 4～6m/s 的冲沙流速。

图 9.10 底栏栅式渠首

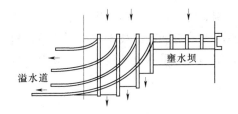

图 9.11 底部冲沙廊道式渠首

9.3.5.5 两岸引水式渠首

当河道两岸都需要引水时，常在拦河（溢流）坝两端分别建造沉沙槽式取水口，以满足两岸引水要求。实践证明，这种两岸引水式渠首常有一岸取水口被泥沙堵塞。为此，通常采用在一岸集中引水，然后用坝内输水管道向对岸输水，或用跨河渡槽或在河床内埋设涵洞向对岸输水。

这种从一岸取水并向对岸输水的方式，虽然结构复杂，但运用情况良好，不仅有利于水量调配，且便于管理。

9.3.5.6 少泥沙河流上综合利用的有坝渠首布置

在我国南方山区及平原地区河道上，多修建综合利用的取水枢纽工程，以满足灌溉、航运、筏运、发电和渔业的要求。因此，这类枢纽建筑物的组成，除进水闸和溢流坝外，根据用途的不同，还要修建一种或几种专门建筑物。

9.4　厂　区　布　置

9.4.1　水电站厂房的功用和基本类型

水电站厂房是将水能转为电能的综合工程设施，包括厂房建筑、水轮机、发电机、变压器、开关站等，也是运行人员进行生产和活动的场所。

9.4.1.1　水电站厂房的主要功用

（1）将水电站的主要机电设备集中布置在一起，使其具有良好的运行、管理、安装、检修等条件。

（2）布置各种辅助设备，保证机组安全经济运行和发电质量。

（3）布置必要的值班场所，为运行操作人员提供良好的工作环境。

9.4.1.2　水电站厂房的类型

由于水电站的开发方式、枢纽布置方案、装机容量、机组形式等条件的不同，厂房的形式也多种多样，通常按厂房的结构及布置上的特点，可分为地面式（包括河床式、坝后式、岸边式）、地下式（包括地下式、半地下式、窑洞式）、坝内式、厂顶溢流式及厂前挑流式等。而其中最常见的是坝后式厂房和岸边式厂房。现首先借助于它们的情况来阐述厂房的布置与结构，然后对其他形式的厂房就其特点作简单介绍。

1. 按厂房结构分类

（1）河岸式厂房。厂房与坝不直接相接，发电用水由引水建筑物引入厂房。当厂房设在河岸处时称为河岸式地面厂房。当河谷狭窄，岸坡陡峻，或有人防要求，布置地面厂房有困难时，把水电站厂房等主要建筑物布置在山岩洞室之中就是地下厂房。由于开挖机械的不断改进和施工技术的不断提高，地下开挖的进度越来越快，造价越来越低，因此近年来国内外地下水电站建设速度加快。地下式厂房剖面图如图 9.12 所示。

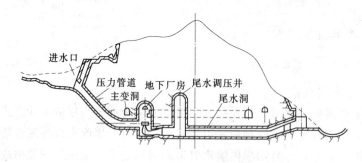

图 9.12　地下式厂房剖面图

（2）坝后式厂房。厂房布置在非溢流坝后，与坝体衔接，厂房间用永久缝分开，厂房不起挡水作用，不承受上游水压力，发电用水由穿过坝体的高压管道引入厂房，称为坝后式厂房，如图 9.13 所示。这种厂房独立承受荷载和保持稳定，厂坝连接处允许产生相对变位，因而结构受力明确，压力管道穿过永久缝处设伸缩节。坝址河谷较宽，河谷中除布置溢流坝外还需布置非溢流坝时，通常采用这种厂房。

有时，当河谷狭窄、泄洪量大，又需采用河床泄洪时，为了解决河床内不能同时布置

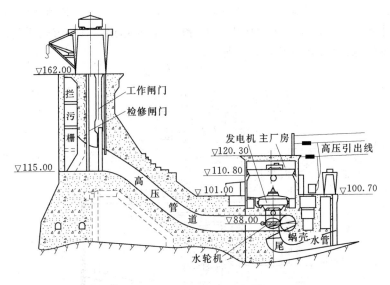

图 9.13 坝后式厂房剖面图（高程：m）

厂房建筑物和泄水建筑物之间的矛盾，可将常厂房布置成以下形式。

1）溢流式厂房。将厂房布置在溢流坝段下游，厂房顶作为溢洪道，称为溢流式厂房，如图 9.14 所示。溢流式厂房适用于中、高水头的水电站。坝址河谷狭窄，洪水流量大，河谷支沟布置溢流坝，采用坝后式厂房会引起大量的土石方开挖，这时可以采用溢流式厂房。其缺点是厂房结构计算复杂，施工质量要求高。浙江新安江水电站厂房是我国第一座溢流式厂房。

2）坝内式厂房。将厂房布置在坝体内空腹，坝顶设溢洪道，称为坝内式厂房。河谷狭窄不足以布置坝后式厂房，而坝高足够允许在坝内留出一定大小的空腔布置厂房时，可采用坝内式厂房。江西上犹江水电站厂房是我国第一座坝内式厂房。

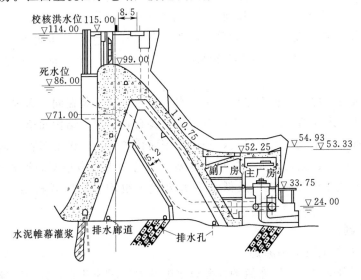

图 9.14 溢流式厂房剖面图（单位：m）

3）挑越式厂房。厂房位于溢流坝坝址处，溢流水舌挑越厂房顶泄入下游河道。

（3）河床式厂房。厂房位于河床中，本身也起挡水作用，其中普遍采用的是装置竖轴轴流式机组的河床式厂房，如图9.15所示。

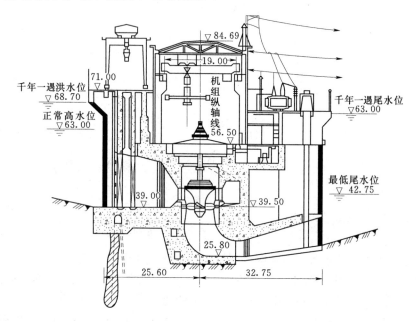

图9.15　河床式厂房剖面图（单位：m）

2. 按机组主轴布置方式分类

（1）立式机组厂房。水轮发电机主轴呈垂直向布置的厂房称为立式机组厂房。立式机组厂房的高度较大，设备在高度方向可分层布置，厂房较宽敞整齐，平面面积较小，厂房下部结构为大体积混凝土，整体性强，运行、管理方便，振动、噪音较小，通风、采光条件好，但厂房结构复杂，造价高。适用于下游水位变幅较大或下游水位较高的情况。目前，装设流量较大的反击式水轮机（贯流式除外）的水电站几乎都采用立式机组厂房。机组尺寸较大的冲击式水轮机，喷嘴数多于2～6个时，水电站也采用立式机组厂房。

（2）卧式机组厂房。水轮发电机主轴呈水平向布置且安装在同一高程地板上的厂房称为卧式机组厂房。卧式机组厂房的高度较小，设备布置紧凑，结构简单，造价低，厂房内大部分机电设备集中布置在发电机层，平面占用面积较大，但设备布置较拥挤，安装、检修、运行不便，噪音、振动较大，散热条件差。中高水头的中小型混流式水轮发电机组、高水头小型冲击式水轮发电机组及低水头贯流式机组均采用卧式机组厂房，如图9.16所示。

9.4.2　厂区布置

9.4.2.1　厂区布置的任务和原则

厂区也称厂房枢纽。厂区布置的任务以水电站主厂房为核心，合理安排主厂房、副厂房、变压器场、高压开关站、引水道（可能还有调压室或前池）、尾水道及交通线等的相

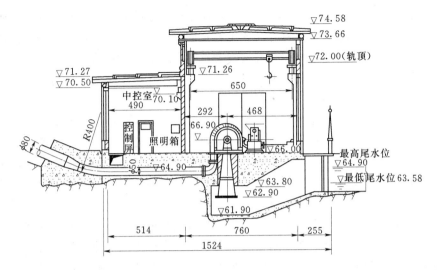

图 9.16 卧式机组厂房横剖面图（单位：cm；高程：m）

互位置。它是水利枢纽总体布置的重要组成部分。

9.4.2.2 厂区布置的原则

由于自然条件、水电站类型和厂房型式不同，厂区布置是多种多样的，但应遵循以下主要原则。

（1）综合考虑自然条件、枢纽布置、厂房型式、对外交通、厂房进水方式等因素，使厂区各部分与枢纽其他建筑物相互协调，避免或减少干扰。

（2）要照顾厂区各组成部分的不同作用和要求，也要考虑它们的联系与配合，要统筹兼顾，共同发挥作用。主厂房、副厂房、变压器场等建筑物应距离短、高差小、满足电站出线方便、电能损失小，便于设备的运输、安装、运行和检修。

（3）应充分考虑施工条件、施工程序、施工导流方式的影响。并尽量为施工期间利用已有铁路、公路、水运及建筑物等创造条件。还应考虑电站的分期施工和提前发电，宜尽量将本期工程的建筑物布置适当集中，以利分期建设分期安装，为后期工程或边发电边施工创造有利的施工和运行条件。

（4）应保证厂区所有设备和建筑物都是安全可靠的。必须避免在危岩、滑坡及构造破碎地带布置建筑物。对于陡坡则应采取必要的加固措施，并做好排水，以确保施工期和投产后都能安全可靠。

（5）应尽量减少破坏天然绿化。在满足运行管理的前提下，积极利用、改造荒坡地，尽量少占农田。

9.4.2.3 厂区主要建筑物的布置

1. 主厂房布置

主厂房应布置在地质条件较好、岸坡稳定、开挖量小、对外交通方便、施工条件好且导流容易解决、对整个水利枢纽工程经济合理的位置。

坝后式水电站厂房与整个枢纽紧密相连，厂房位置与泄洪建筑物的布置密切相关。

当河谷较宽，以重力坝作挡水建筑物时，常采用河床泄洪方案，将溢流坝段布置在主河槽中，以利泄洪和施工导流。而将厂房布置在靠近河岸的非溢流坝段下游，以便对外交通和布置变电站。厂房与溢流坝间应设置足够长的导墙，以防止泄洪对电站尾水的干扰。厂坝间一般设有沉陷伸缩缝，并在压力钢管进入厂房处设置伸缩节。当河谷狭窄，无法同时布置溢流坝段和厂房坝段，则可采用河岸泄洪方案或采用溢流式、坝内式、地下式厂房布置方案。

河床式水电站由于采用起挡水作用的河床式厂房，厂房与坝位于同一纵轴上。故厂房位置对枢纽布置、施工程序和施工导流影响很大，应给予充分注意，妥善解决。

当河床较宽时，应将主要的建筑物（厂房、溢流坝、船闸）布置在岸边，可布置在同一岸，也可分两岸布置，如厂房与溢流坝位于一岸，船闸在另一岸。当有河湾或滩地时，可将厂房和溢流坝布置在河湾凸岸或滩地上。

引水式水电站常用河岸式厂房。其特点是距枢纽较远，因此首部枢纽布置和施工条件对之影响甚小，而引水系统对其影响较大，所以应首先以地形、地质、水文等自然条件选择引水方式后，再确定厂房位置和布置。布置时应尽可能使厂房进出水平顺，最好采用正向进水，尾水渠要逐渐斜向下游，或加筑导墙以改善水流条件，免受河道洪水顶托而产生壅水，漩涡和淤积。

2. 副厂房布置

大中型水电站都设有副厂房，小型水电站有时可以不设专门副厂房。水轮机辅助设备尽可能放在副厂房内，而电气辅助设备多装设在副厂房内。按副厂房的作用可分为三类：

（1）直接生产副厂房。是布置与电能生产直接有关的辅助设备的房间，如中央控制室、低压开关室等。直接生产副厂房应尽量靠近主厂房，以便运行管理和缩短电缆。

（2）检修试验副厂房。是布置机电修理和试验设备的房间，如电工修理间、机械修理间、高压实验室等。此类副厂房可结合直接生产副厂房布置。

（3）生产管理副厂房。是运行管理人员办公和生活用房，如办公室、警卫室等。办公用房宜布置在对外联系方便的地方。

副厂房的位置可以在主厂房的上游侧、下游侧或一端。副厂房的布置在主厂房上游侧〔图9.17（a）、（c）、（e）、（f）〕运行管理比较方便，电缆也较短，在结构上与主厂房连成一体，造价较经济。当主厂房上游侧比较开阔，通风采光条件好时可以采用。副厂房布置在下游会影响主厂房通风采光；尾水管加长会增大工程量，且尾水平台一般是有振动的，中控室不宜布置在该处。副厂房布置在主厂房一端时〔图9.17（b）、（d）〕，宜布置在对外交通方便的一端，当机组台数较多时，会使电缆及母线加长。

坝后式水电站应尽量利用厂坝间的空间并结合端部布置副厂房。河床式水电站可利用尾水平台以下空间及端部布置副厂房〔图9.17（d）〕。引水式水电站的副厂房宜布置在副厂房的一端，或利用主厂房与后山坡之间的空间布置在主厂房的上游侧〔图9.17（f）〕。对明管引水的高、中水头引水式水电站，副厂房的布置宜偏离压力水管管槽的正下方。

3. 变压器场和开关站的布置

布置变压器场应考虑下列原则：

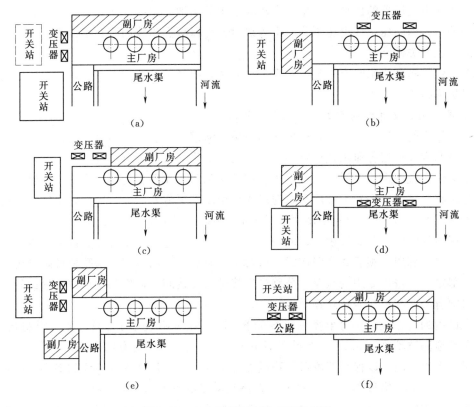

图 9.17 水电站厂区布置方案示意图

（1）主变压器尽可能靠近主厂房，以缩短昂贵的发电机电压母线和减少电能损失。

（2）要便于交通、安装和检修。

（3）便于维护、巡视及排除故障。为此在主变压器四周要留有 0.8～1.0m 以上空间。

（4）土建结构经济合理。主变压器基础安全可靠且高于最高洪水位。四周应有排水设施，以防雨水汇集为害。

（5）便于主变压器通风、冷却和散热，并符合保安和防火要求。

主变压器场具体位置应视电站不同情况选定。

坝后式水电站往往可利用厂坝之间布置主变压器。

河床式水电站上游侧由进水口及其设备占用，因此只好把主变压器布置在尾水平台上。

引水式水电站厂房多数是顺河流、沿山坡等高线布置，厂房与背后山坡间地方不大。为减少开挖量，可将主变压器布置在厂房一端的公路旁。

高压开关站一般为露天式。当地形陡峻时，为了减少开挖和平整的工程量，可采用阶梯布置方案或高架方案。

高压开关站的布置原则与变压器场相似，要求高压引出线及低压控制电缆安装方便而短；便于运输、检修、巡视；土建结构稳定。因为户外高压配电装置的故障率很低，所以靠近厂房和主变压器的山坡或河岸上有较为平坦的场地，出线方向和交通均较方便，即可布置开关站。当高压出线电压不是一个等级时，可以根据出线回路和出线方向，分设两个以上的高压开关站。

泄水建筑物在泄水时有水雾，对高压线不利，故开关站要距泄水建筑物远些，高压架空线尽量不跨越溢流坝。

4. 尾水渠、交通线的布置及厂区防洪排水

尾水渠应使水流顺畅下泄，根据地形地质、河道流向、泄洪影响、泥沙情况，并考虑下游梯级回水及枢纽各泄水建筑物的泄水对河床变化的可能影响进行布置。要避免泄洪时在尾水渠内形成壅水、漩涡和出现淤积。坝后式和河床式厂房的尾水渠宜与河道平行，与泄洪建筑物以足够长的导水墙隔开。河岸式厂房尾水渠应斜向河道下游，渠轴线与河道轴线角不宜大于 $45°$，必要时在上游侧加设导墙，保证泄洪时能正常发电。

厂区内外铁路、公路及桥梁、涵洞，应充分考虑机电设备重件、大件的运输。有水运条件时应尽量利用。坝后式及河床式厂房常由下游进厂，河岸式厂房受地形限制可沿等高线自端部进厂，进厂专用的铁路、公路应直接进入安装间，以便利用厂内桥吊卸货。厂区内还必须有公路与枢纽各建筑物及生活区相通。

厂区内的公路线的转弯半径一般不小于 35m，纵坡不宜小于 9%，坡长限制在 200m 内。单行道路宽不小于 3m，双车道宽不小于 6.5m。厂门口要有回车场。在靠近厂房处，公路最好有水平段，以保证车辆可平稳缓慢地进入厂房。厂区内铁路线的最小曲率半径一般为 200～300m，纵坡不大于 2%～3%，路基宽度不小于 4.6m，并应符合新建铁路设计技术规范的规定。铁路进厂前也要有一段较长的平直段，以保证车辆能安全、缓慢地进入厂房，并停在指定的位置。铁路一般从下游侧垂直厂房纵轴进厂。

厂区防洪排水应给以足够重视，应保证厂房在各设计水位条件下不受淹没。当下游洪水位较高时，为防止厂房受洪水倒灌，可采用尾水挡墙、防洪堤、防洪门、全封闭厂房，以及抬高进厂公路及安装间高程，或综合采用以上几种措施加以解决。在可能条件下尽量采用尾水挡墙或防洪堤以保证进厂交通线及厂房不受洪水威胁；对汛期洪水峰高量大、下游水位陡涨陡落的电站，进厂交通线的高程可以低于最高尾水位，但进厂大门在汛期必须采用密封闸门关闭，而同时另设一条高于最高尾水位的人行交通道作为临时出入口。全封闭厂房不设进厂大门，交通线在最高尾水位以上，通过竖井、电梯等运送设备和人员进厂，但运行不方便，中小型电站较少采用。

主、副厂房周围应采取有效的排水和保护措施，以防可能产生的山洪、暴雨的侵袭。邻近山坡的厂房，应沿山坡等高线设一道或数道有铺设的截水沟。整个厂区可利用路边沟，雨水明暗沟等构成排水系统，以迅速排除地面雨水。位于洪水位以下的厂区，为防止洪水期的倒灌和内涝，应设置机械排水装置。

思　考　题

1. 水利水电枢纽设计有哪些阶段？
2. 取水枢纽都有哪些类型？
3. 取水枢纽布置的基本要求有哪些？

4. 有坝取水枢纽主要有哪些类型？

5. 说明挡水、泄洪、发电、通航、供水和灌溉引水建筑物在拦河坝枢纽布置中，按重要性的排序。

6. 说明拦河坝枢纽与水电站厂区布置的关系。

7. 厂区布置的基本原则是什么？

参 考 文 献

[1]　林继镛. 水工建筑物. 第四版. 北京：中国水利水电出版社，1994.
[2]　程兴奇，王志凯. 水工建筑物. 北京：中国水利水电出版社，2003.
[3]　马善定，汪如泽. 水电站建筑物. 2版. 北京：水利水电出版社，1991.
[4]　刘启钊. 水电站. 北京：中国水利水电出版社，2008.
[5]　李珍照. 中国水利百科全书《水工建筑物分册》. 北京：中国水利水电出版社，2004.
[6]　韩菊红，温新丽，马跃先. 水电站. 郑州：黄河水利出版社，2003.
[7]　宋东辉，吴伟民. 水利水电工程建筑物. 郑州：黄河水利出版社，2009.
[8]　索丽生，刘宁. 水工设计手册. 2版. 北京：中国水利水电出版社，2011.
[9]　汤能见，吴伟民，胡天舒. 水工建筑物. 北京：中国水利水电出版社，2005.
[10]　DL/T 5057—2009 水工混凝土结构设计规范. 北京：中国电力出版社，2009.
[11]　SL 191—2008 水工混凝土结构设计规范. 北京：中国水利水电出版社，2008.
[12]　SL 265—2001 水闸设计规范. 北京：中国水利水电出版社，2001.
[13]　DL/T 5251—2010 水工混凝土建筑物缺陷检测和评估技术规程. 北京：中国电力出版社，2010.
[14]　DL/T 5353—2006 水电水利工程边坡设计规范. 北京：中国电力出版社，2006.
[15]　DL/T 5079—2007 水电站引水渠道及前池设计规范. 北京：中国电力出版社，2007.
[16]　DL/T 5398—2007 水电站进水口设计规范. 北京：中国电力出版社，2007.
[17]　SL 319—2005 混凝土重力坝设计规范. 北京：中国水利水电出版社，2005.
[18]　SL 285—2001 水利水电工程进水口设计规范. 北京：中国水利水电出版社，2003.
[19]　SL 25—2006 浆砌石坝设计规范. 北京：中国水利水电出版社，2006.
[20]　SL 319—2005 混凝土拱坝设计规范. 北京：中国水利水电出版社，2005.
[21]　SL 279—2002 水工隧洞设计规范. 北京：中国水利水电出版社，2002.
[22]　DL/T 5353—2007 水利水电工程边坡设计规范. 北京：中国电力出版社，2007.
[23]　SL 274—2001 碾压式土石坝设计规范. 北京：中国水利水电出版社，2001.
[24]　DL/T 5058—1996 水电站调压室设计规范. 北京：中国电力出版社，1996.
[25]　SL 227—98 橡胶坝技术规范. 北京：中国水利水电出版社，1998.
[26]　GB 50286—98 堤防工程设计规范. 北京：中国计划出版社，2004.
[27]　SL 281—2003 水电站压力钢管设计规范. 北京：中国水利水电出版社，2003.
[28]　SL 211—2006 水工建筑物抗冰冻设计规范. 北京：中国水利水电出版社，2006.
[29]　DL/T 5215—2005 水工建筑物止水带技术规范. 北京：中国电力出版社，2006.
[30]　SL 252—2000 水利水电工程等级划分及洪水标准. 北京：中国水利水电出版社，2000.
[31]　DL 5180—2003 水电枢纽工程等级划分及设计安全标准. 北京：中国电力出版社，2006.
[32]　DL 5073—2000 水工建筑物抗震设计规范. 北京：中国电力出版社，2006.
[33]　DL 5077—1997 水工建筑物荷载设计规范. 北京：中国电力出版社，2006.
[34]　中华人民共和国水利部，中华人民共和国统计局. 第一次全国水利普查公报. 北京：中国水利水电出版社，2013.